"十四五"国家重点出版物出版规划重大工程

量子科学出版工程

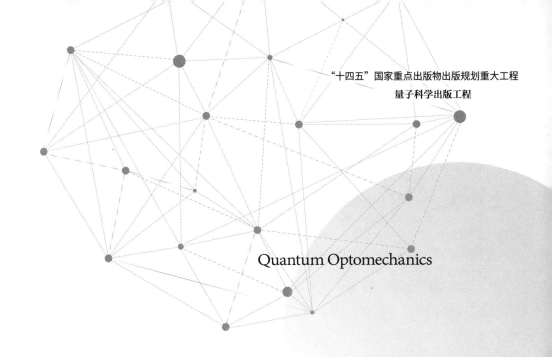

Quantum Optomechanics

〔澳〕沃里克·P.鲍恩
〔澳〕杰拉德·J.米尔本　　编著

张　昕　马稳龙　邓光伟　译

量子光力学

中国科学技术大学出版社

安徽省版权局著作权合同登记号：第 **12242138** 号

图书在版编目(CIP)数据

量子光力学/(澳)沃里克・P.鲍恩(Warwick P. Bowen),(澳)杰拉德・J.米尔本(Gerard J. Milburn)编著;张昕,马稳龙,邓光伟译.—合肥:中国科学技术大学出版社,2024.6

(量子科学出版工程)

"十四五"国家重点出版物出版规划重大工程

ISBN 978-7-312-05934-6

Ⅰ.量… Ⅱ.① 沃… ② 杰… ③ 张… ④ 马… ⑤ 邓… Ⅲ.① 量子光学—研究 ② 量子力学—研究 Ⅳ.O4

中国国家版本馆 CIP 数据核字(2024)第 079086 号

量子光力学

LIANGZI GUANGLIXUE

出版	中国科学技术大学出版社
	安徽省合肥市金寨路 96 号,230026
	http://press.ustc.edu.cn
	https://zgkxjsdxcbs.tmall.com
印刷	合肥华苑印刷包装有限公司
发行	中国科学技术大学出版社
开本	787 mm×1092 mm 1/16
印张	21.5
字数	430 千
版次	2024 年 6 月第 1 版
印次	2024 年 6 月第 1 次印刷
定价	128.00 元

内 容 简 介

量子光力学的起源可以追溯到 19 世纪人们对光的机械作用的研究.本书从实验和理论的角度向读者介绍量子光力学的一些现代发展,比如光力冷却和纠缠、测量精度的量子极限(以及如何通过规避反作用测量来克服它们)、反馈控制、单光子和非线性光力学、光力同步、光力系统与微波电路和两能级系统(诸如原子核和超导量子比特)的耦合、引力退相干的光力学验证,等等.

本书不仅适合量子信息、光子学、微电子、声学、精密测量、引力物理等学科的研究者和学生阅读,也为对量子物理学感兴趣的读者提供了深入了解量子光力学的机会.

中文版序

    量子光力学研究量子层面的光与机械运动的相互作用.虽然这听起来是一个抽象的概念,但是这种相互作用产生了非常广泛并且往往相当深刻的影响和意义.这样的影响和意义在深刻认识机械系统的量子性质,以及传感和量子计算的技术应用等方面,随处可见.

    本书英文版最初写于2015年,旨在为量子光力学领域提供一个教科书式的教学概述.本书介绍了理论框架、实验技术和应用场景.我们很高兴地看到已经深耕于该领域的人和想要加入该领域的人都在使用本书.

    我们特别高兴地看到本书被翻译成中文.这将使研究人员和从业人员能够更广泛地了解它.通常来说,翻译成不同的语言对于传播新知识和夯实入门学生的背景知识是非常重要的.对于这样一本技术性非常强的教科书来说,翻译过程可能特别困难.因此,我们非常赞赏来自中国科学院半导体研究所的张昕研究员、马稳龙研究员和电子科技大学的邓光伟教授共同翻译了本书,以及他们为支持中国量子光力学的发展所付出的努力.

自本书英文版出版以来，量子光力学发展迅速，并取得了重要进展，包括探测遥远宇宙中黑洞碰撞产生的引力波、室温悬浮纳米粒子的量子基态冷却，以及量子光力系统与超导器件的耦合.对量子光力学来说，这是一个令人振奋的时代，还有更多的进展即将到来.

我们非常欢迎你们来到量子光力学这个领域！

沃里克·P. 鲍恩

杰拉德·J. 米尔本

于昆士兰大学（澳大利亚布里斯班）

2022 年 10 月 26 日

译者序

    20世纪初创立的量子力学标志着人类认识自然实现了从宏观世界向微观世界的重大飞跃,它与相对论一起构成了现代物理学的理论基础.从技术发展趋势来看,人们基于量子力学规则发明出遵循这些规则的设备,比如激光器、场效应晶体管、磁共振成像等具有划时代意义的重大科技突破,隶属于第一次量子革命(quantum revolution,称为"量子1.0").在"量子1.0"时代,科学家们虽然已经深谙量子力学的基本原理,但是并不能在单体(single)层面上控制量子系统.当下的量子科技已经迈入了第二次量子革命(称为"量子2.0"),其最主要的标志是我们能够通过设计特定的量子系统完成既定的任务.当前的量子科技主要包括量子计算、量子通信、量子模拟、量子传感等.其核心的量子力学概念是量子叠加态、量子比特和量子纠缠.量子叠加态是指量子系统能够同时处于两个以上的态.比如量子比特正是利用此叠加性原理对信息进行编码(注意经典计算机只能使用比特0和1进行编码,而量子计算机还可以在0和1的组合上进行编码).量子纠缠是指一个系统的两个或更多个量子物体有内在的联系,即对一个物体的测量决定了对另一个物体可能的测量结果,而无论它们相距多远.2022年的诺贝尔物理学奖授予Alain Aspect、John F. Clauser和Anton Zeilinger,以表彰他们在量子纠缠方面作出的突出贡献,具体表彰内容是"进行了纠缠光子的实验,确立了贝尔不等式不成立,并开创了量子信息科学".

目前,世界上主要的工业发达国家已经提出中长期量子计划,旨在将量子科技从实验室推向工业界,从而显著地提升人类获取和处理信息的能力.

量子科技的快速发展离不开量子态的制备、测量以及控制.在长期的探索中,科学家们已经提出了量子科技不同的物理实现平台,比如机械振子、光量子、电荷、离子阱、核自旋、电子自旋、量子点、光学腔、微波腔等.这些物理实现平台相互竞争,各有优缺点.Michael A. Nielsen和Isaac L. Chuang在《量子计算与量子信息》一书中指出,机械振子在量子计算机方面存在诸多问题,比如初始态制备、量子态读出、非数字表示等.然而正如本书聚焦的内容,将机械振子置入高精细的光学腔,通过光辐射压力调控机械振子的运动,可以产生机械振动的宏观量子态、光力纠缠、微光力量子转换接口等.特别地,微光力量子转换接口,即连接片上量子比特与飞翔量子比特(光子),对构建量子计算机网络至关重要.

因为光子携带动量,所以能够产生辐射压力.实际上,早在17世纪,Johannes Kepler就假设了辐射压力的存在.他注意到,在彗星过境时,彗星的尘埃尾巴指向远离太阳的地方.20世纪70年代,Arthur Ashkin证明了聚焦激光束可以用来囚禁和控制电介质粒子.科学家们指出辐射压力的非守恒特征可用于冷却原子的运动.20世纪80年代,人们在实验上成功地实现了激光冷却.自此激光冷却成为一项非常重要的控制技术.Vladimir Borisovich Braginsky最早通过干涉仪来对大物体进行冷却研究.他揭示出辐射压力的动态延迟特性,以及涨落对位置测量精度的限制.自20世纪90年代,量子腔光力学的理论和实验研究进入高速发展阶段,诸如压缩光、量子非破坏测量、光力纠缠态、光力反馈冷却等一系列理论模型被建立,并且通过不同的实验方案得以实现,比如法布里-珀罗腔、回音壁腔、微型球腔、光子晶体腔、微波超导腔、悬浮粒子等光力系统.腔光力系统的基本结构包括:一个端镜可以简谐振动的法布里-珀罗腔,其中光腔增强的辐射压力驱动端镜进行振动.端镜通过改变腔长又反过来调制腔内光子数,产生了一种动态反作用.实际上,量子光力学提供了一个高精细的工程量子系统.它不仅允许操控和产生宏观体系的量子态来进行量子信息处理,而且可以对力、位移、质量等进行精密测量,更重要的是可以与其他自由度并不兼容的量子系统进行混合.由于量子光力学的理论成熟于2000年前后,属于比较"新"的知识体系,同时它涉及开放量子系统、量子测量与控制理论、量子光学测量技术等高阶专业基础知识,门槛相对较高,因此急需一本系统地阐述量子光力学的学术著作.

由 Warwick P. Bowen 和 Gerard J. Milburn 教授撰写的《量子光力学》正是这样一本非常优秀的教科书式著作,也是该领域的必备参考书.Warwick P. Bowen 是澳大利亚昆士兰大学物理学教授,他的研究方向包括量子光力学、精密测量和传感以及量子测量在生物方面的应用.他将激光冷却技术应用到超流氦的工作让人印象深刻,须知超流氦是下一代导航传感器的重要媒介.Gerard J. Milburn 同样是澳大利亚昆士兰大学的物理学教授,他还是澳大利亚研究理事会工程量子系统卓越中心的主任.他目前的研究领域包括量子信息理论、量子光学、量子控制与测量理论.他在压缩光和量子非破坏测量方面享有盛誉.他还分别于 2008 年和 2010 年撰写了《量子光学》和《量子测量与控制》两本经典的学术著作.

该书包括 10 章正文和附录.第 1 章系统地介绍量子简谐振子,包括如何量子化简谐振子和机械振子与环境相互作用的量子朗之万方程的建模.这是后续章节内容的基础.第 2 章介绍基本的辐射压力相互作用及其量子化产生的有效场理论,并对光力哈密顿量进行了线性化近似.第 3 章介绍机械运动的线性量子测量,阐述辐射压力的散粒噪声为位置和力测量设置的标准量子极限.第 4 章重点介绍光与机械运动之间的相干相互作用,包括机械运动的光学冷却,光力诱导透明与吸收,光的机械式压缩.第 5 章介绍机械运动的线性量子控制,包括通过随机主方程建模,阐明反馈冷却、规避反作用测量以及如何超越标准量子极限.第 6 章讨论单光子光力学,重点阐述如何使用单光子光力学产生宏观叠加态.第 7 章介绍非线性光力学,包括非线性引起的一些特殊物理过程,以及如何对机械振子进行非线性测量.第 8 章介绍混合光力系统,包括机电系统、二能级混合系统,以及如何实现微波与通信光波转换的接口.第 9 章介绍光力系统阵列内部的同步和不可逆现象.第 10 章探讨光力学在检验引力量子物理学方面的应用前景.附录详细地给出了光场线性探测的数学模型.该书深入浅出,内容丰富,详略得当,紧扣学术前沿,在正文中附有练习题,以加深读者对问题的理解.该书可作为量子光力学的教学参考书,也可供从事工程量子系统、量子测量与控制、量子光学、量子精密测量、凝聚态物理、半导体物理与器件、微纳机电系统等领域的研究生参考.

张昕研究员翻译了第 1~5 章、第 10 章和附录;马稳龙研究员翻译了第 6 章和第 7 章;邓光伟教授翻译了第 8 章和第 9 章.所有译者对各自负责的内容进行了校对,并仔细地校验了全部内容.译者共同讨论了专业词汇的翻译,并形成了中英文和英中文对照表,方便读者进行快速查阅.张昕研究员完成了全书的统稿工作.

译者沿用原文风格进行翻译,坚持逻辑清晰、语言简练、表达准确等翻译原则,旨在提高译著的易读性.一方面,该书所涉及的专业范围非常广泛,包括量子力学、量子光学、开放量子系统、凝聚态物理、非线性系统以及引力物理学等领域的物理概念和专业词汇.另一方面,由于量子光力学的专业词汇缺乏相关可供参考的中文翻译,译者针对关键词句进行了多次交流讨论,力求达到译文准确,但是由于译者水平及经验有限,本书难免存在不妥和疏漏之处,恳请广大读者批评指正.希望本书的出版能为从事或渴望进入量子光力学领域的科研工作者和广大研究生提供帮助.若您对本书有任何疑问或意见,请将邮件发送至 zhangxin@semi.ac.cn, wenlongma@semi.ac.cn, gwdeng@uestc.edu.cn.

感谢 Warwick P. Bowen 和 Gerard J. Milburn 教授对我们三位译者的信任和对具体翻译工作提供的帮助,以及撰写了特别的"中文版序".感谢中国科学技术大学出版社在出版过程中提供的大力协助,以及为本书的出版付出的辛勤劳动.感谢中国科学院量子信息重点实验室董春华教授对相关章节的审阅以及提出的宝贵意见.感谢陈雪、苏贵鑫、蒋沁原、梅新宇、曾钦阳为本书的相关章节输入公式及校对.本书的出版还得到了中国科学院大学校长李树深院士、中国科学技术大学郭光灿院士、中国科学院半导体研究所所长谭平恒研究员、中国科学技术大学郭国平教授等专家的大力支持,在此表示衷心的感谢.

张　昕　中国科学院半导体研究所
马稳龙　中国科学院半导体研究所
邓光伟　电子科技大学

2023 年 6 月

前言

　　量子光力学的起源可以追溯到 19 世纪人们对光的机械作用的研究. 与 21 世纪更相关的是它代表了从头设计制造量子系统的一种新兴能力. 通过使用现代制造技术来设计的量子系统, 能够实现在集体自由度中具备新颖量子行为的宏观系统.

　　本书的目的是从实验和理论的角度, 向读者介绍关于量子光力学的一些现代发展. 我们希望本书对积极参与该领域的物理学家和工程师, 以及希望熟悉该领域的人都有帮助. 我们并不寻求对该领域的研究脉络进行全面的回顾. 当然, 本书确实涵盖了一系列重要的主题, 包括光力冷却和纠缠、测量精度的量子极限 (及如何通过规避反作用测量来克服它们)、反馈控制、单光子和非线性光力学、光力同步、光力系统与微波电路和两能级系统 (诸如原子核和超导量子比特) 的耦合、引力退相干的光力学验证.

　　在西方哲学传统中, 光与物质的机械运动的关系是一个漫长而曲折的故事. 希腊原子论者认为光是一种微粒, 并且所有原子都可以参与运动. 公元前 55 年, 罗马史诗诗人 Lucretius 在《论自然》中以最优雅的方式描述了这一点: "太阳的光和热, 这些都是由微小的原子组成的, 当它们被推开时, 会不失时机地沿着推力的方向射过空气的间隙." 与实体主义者相反, 亚里士多德、柏拉图和新柏拉图主义者认为光是无形的. 那么如何解释光与物质的相互作用 (例如折射) 呢?

人们通常认为 Kepler 在解释彗星尾巴为什么会背向太阳时首次对光的机械作用作出了说明:"彗星的头部就像一个拥挤的星云,并且看起来有点透明;尾巴(或胡须)从头部流出,被太阳的光线驱逐到相反的区域,并且在持续的流出过程中头部最终被消耗殆尽,所以尾巴代表了头部的消亡过程."

事实上,在讨论折射问题时,Kepler 把光的作用看作机械性的,并且把它比作导弹撞击面板的作用.然而,我们必须对这种解释持谨慎的态度,因为我们忽略了Kepler观点中的一个关键点,而现代科学家非常难以理解这一关键点.Kepler 是一个新柏拉图主义者,他否认光的实体主义观点.[181]作为一个新柏拉图主义者,他认为光是一种普遍的动画原理,并且认为太阳光影响了彗星的尾巴.这与认为光影响所有物质运动的观点是一致的.

在 19 世纪,光可以有机械作用的想法被广泛地采纳.Kelvin 在 1852 年的《论辐射热或光的机械作用》一文中指出光对物质的加热是"动态的机械作用……只是激发或增强了其粒子间的某些运动".

20 世纪中期,激光的发现为研究和利用光产生的力提供了一个新工具.贝尔实验室的科学家 Arthur Ashkin 在 1970 年报道了来自紧密聚焦的激光场对微米级颗粒的光场梯度力的作用.[19]这一发现后来为光镊技术的发展提供了依据,并且它对生物学产生了巨大的影响.随后人们开始进行关于光对原子运动的作用力的研究,最终取得了一系列的突破,包括激光冷却和原子气体的玻色-爱因斯坦凝聚,并产生了 3 项诺贝尔奖,分别在 1997 年授予 Steven Chu、William Daniel Phillips 和 Claude Cohen-Tannoudji,2001 年授予 Wolfgang Ketterle、Eric A. Cornell 和 Carl E. Wieman,2012 年授予 David Wineland 和 Serge Haroche.一种基于激光冷却原子的新兴量子技术实现了对新型的重力梯度测量[264]和惯性传感[132].

离子阱也许是量子光力系统的一个最好的例子.[176]利用激光脉冲来控制内部自由度和机械运动之间的耦合,离子可以被冷却至集体运动的量子基态,从中可以产生高度非经典的量子态.离子阱是实现量子信息处理的最先进技术.然而,离子阱与本书所讨论的光力系统不同,后者关注的是对涉及超原子尺度的体弹性自由度的量子控制.

工程量子系统是研究量子物理的一个新范式,具有重要的应用前景.量子理论起源于对原子、分子、固体和光这些自然系统的研究.尽管在调和量子理论与我们的经典直觉方面尚存在困难,但它是一个非常成功的理论.人们常常声称,我们不应该对此感到震惊,因为期望我们的经典直觉适用于原子物理学这样一个陌生的领域是不合理的.然而,量子理论本身并不禁止我们将其应用于更大的领域,甚至是量子宇宙学里的整个宇宙.量子-经典的边界与微观-宏观的边界实际上并不重合.

直到最近,在宏观物理学主导的日常生活中出现量子现象也只存在于人们想象的实验中.但是过去10年左右的时间改变了这种情况.我们现在看到了一种快速发展的能力,能够通过工程设计超原子系统,使其在集体的宏观变量中表现出量子特征.量子光力学和超导量子电路(也在本书中讨论)就是例子.

工程量子系统理论的一个关键特征是如何给出量子描述.我们不会为宏观系统的每个原子或分子成分去求解薛定谔方程.相反,我们从相关的宏观自由度的经典描述开始——在力学情况下是弹性形变,对于量子电路来说是经典的电流和通量——并直接对这些集体自由度进行量子化.该方法只有在宏观系统的相关集体自由度与微观自由度大部分去耦合的情况下才是可行的,而微观自由度仅仅作为噪声和耗散的来源.

这种方法由Anthony Leggett在20世纪80年代首创于超导电路领域.他指出这种电路的量子理论可以从经典电路方程的直接量子化开始.1987年,由Martinis、Devoret和Clarke进行的里程碑式的实验证明了这种方法的可行性.[194]在量子光力学中,人们通常从弹性固体的经典连续力学开始,例如一块环形的二氧化硅或者一种流体(如超流体的氦)的集体激发,然后直接量子化这个连续场.从本质上讲,这是一种"有效的量子场理论".

工程量子系统有望在设计复杂系统以显示其功能性量子行为的基础上发展出新技术.在光力学的情况下,这可能包括提高对外部力和场(它们影响量子干涉现象)的灵敏度.当机械系统变得足够大,以至于需要包括引力相互作用时,一种有趣的可能性就出现了.对于更好地确定牛顿引力常数具有希望,甚至有可能发现量子理论和引力如何调和的实验证据(参见第10章).

本 书 结 构

本书从第1章开始介绍量子简谐振子的基本物理,以及它们如何与环境相互作用.第1章主要针对不熟悉开放量子系统物理学的读者,旨在提供一些基础知识和适用于量子光力学的有用工具,以及理解来自环境的量子强迫是如何决定量子简谐振子所经历的耗散和涨落的——它对于光力冷却等过程是一个重要的概念.在第2章中,我们介绍光与物质之间的辐射压力相互作用,以及在量子光力学中使用的基本哈密顿量.在稳态下求解量子光力系统的半经典动力学,从而得出光力双稳态的概念.

第 3～5 章集中讨论量子光力学的线性化作用区域,其中,单光子对光力学系统的影响可以忽略不计,而是使用了明亮的相干光驱动场.在第 3 章中,我们首先介绍由于光的动量冲击传递给机械振子的辐射压力噪声,以及该噪声对机械运动的测量设置的精度限制.第 4 章介绍光腔内的光和机械振子之间基于辐射压力的相干相互作用,包括强耦合(能量在光和机械振子之间相干地进行交换)、光力冷却和纠缠、光力诱导透明(相干的光驱动为光谱引入了一个尖锐的透明窗口),以及有质压缩(光力系统等效地引入光学克尔非线性,从而能够压缩光).第 5 章处理机械系统基于线性测量的控制,介绍反馈冷却以及规避反作用的量子测量技术.这种技术可避免第 3 章中介绍的辐射压力噪声.

在第 6 章和第 7 章中,我们考虑了量子光力学简单线性化图像不再成立的情况.其中,第 6 章介绍单光子强耦合区域下的量子光力学物理,在此作用区域,一个光子就足以对系统的动力学产生实质性的影响,例如阻止腔体对后续光子的吸收,或者允许产生机械振子的宏观量子叠加态.第 7 章讨论在辐射压力相互作用的常规非线性之外,向光力系统引入额外非线性的情况.这包括固有的机械式非线性,如杜芬非线性和非线性阻尼,以及通过工程设计引入的光力相互作用的非线性.

第 8 章介绍混合光力系统,其中,典型的量子光力系统被耦合到另一个量子实体上,如超导电路、微波场或两能级系统.第 9 章考虑了混合光力系统的另一种形式,即多种光力系统之间的相互作用.这种相互作用产生了同步现象,即通过与光的相互作用多个机械振子彼此锁定了相位.最后,我们在第 10 章中考虑了量子光力学验证引力物理学的可能性.

致 谢

多年来,我们从与量子光学和控制、量子光力学和精密测量领域同事的大量互动中受益匪浅.虽然我们有最深的感激之情,但我们不能(因此也不试图)向你们所有人致谢.你们知道自己是谁,也应该知道如果没有你们,本书就不会以现在的样式呈现.我们借此机会感谢那些在写作过程(从与困难概念的交流搏斗到长时间的校对和反馈)中具体地帮助过我们的人.我们深深地感谢 Markus Aspelmeyer、Sahar Basiri-Esfahani、James Bennett、Andrew Doherty、Adil Gangat、Kaerin Gardner、Simon Haine、Glen Harris、Catherine Holmes、Chitanya Joshi、Dvir Kafr、Nir Kampel、Florian Marquart、David McAuslan、Casey Myers、Cindy Regal、Stewart Szigeti、Jake Taylor 和 John Teufel.

中英文术语对照表

爱因斯坦-波多尔斯基-罗森悖论　Einstein-Podolsky-Rosen paradox

奥恩斯坦-乌伦贝克过程　Ornstein-Uhlenbeck process

膜居中模型　Membrane-in-the-middle model

边带不对称性　Sideband asymmetry

变分测量　Variation measurements

标准量子极限　Standard quantum limit

玻恩近似　Born approximation

博戈留波夫变换　Bogoliubov transformation

博戈留波夫模式　Bogoliubov modes

玻色对易关系　Boson commutation relation

参量放大　Parametric amplification

参量振荡　Parametric oscillation

超临界霍普夫分岔　Supercritical Hopf bifurcation

磁力共振显微镜　Magnetic force resonant microscopy

单次读出　Single-shot readout

单光子光力学　Single-photon optomechanics

单光子强耦合区域　Single-photon strong coupling regime

弹性常量　Spring constant

德尔塔关联　delta-correlation

等效温度　Effective temperature

电磁感应透明　Electromagnetically induced transparency

顶帽函数　Top-hat function

动量冲击　Momentum kick

独立振子模型　Independent-oscillator model

杜芬振子　Duffing oscillator

对数负性　Logarithmic negativity

厄米性　Hermitian

反馈冷却　Feedback cooling

范德波尔振子　van der Pol oscillator

放大　Amplification

冯·诺依曼测量　von Neumann measurement

辐射压力　Radiation pressure

福克-普朗克方程　Fokker-Planck equation

福克态　Fock state

辅助系统　Ancilla

高斯纠缠态　Gaussian entangled states

工程量子系统　Engineered quantum system

功率谱密度　Power spectral density

光电流　Photocurrent

光极化率　Optical susceptibility

光力耦合强度　Optomechanical coupling strength

光力耦合速率　Optomechanical coupling rate

光力式光子阻塞　Optomechanical photon blockade

光力双稳态　Optomechanical bistability

光力协同度　Optomechanical cooperativity

光力诱导透明　Optomechanically induced transparency

光学失谐　Optical detuning

光致弹性效应　Optical spring effect

光子　Photon

规避反作用测量　Back-action evading measurement

哈达玛引理　Hadamard lemma

海维塞德阶梯函数　Heaviside step function

耗散型光力学　Dissipative optomechanics

红失谐　Red detuning

回避交叉　Avoided crossing

机械极化率　Mechanical susceptibility

基态　Ground state

极化率　Susceptibility

极化子变换　Polaron transformation

极限环　Limit cycle

集总元件电路　Lumped element circuit

记忆核　Memory kernel

阶梯算符　Ladder operators

杰恩斯-卡明斯哈密顿量　Jaynes-Cummings Hamiltonian

纠缠　Entanglement

卡西米尔　Casimir

开关/转换点　Switching points

可分辨边带冷却　Resolved sideband cooling

克尔非线性　Kerr nonlinearity

控制场　Control field

库珀对盒子　Cooper pair box

兰姆位移　Lamb shift

蓝失谐　Blue detuning

两能级系统　Two-level system

量子反作用　Quantum back-action

量子非破坏测量　Quantum non-demolition measurement

量子关联　Quantum correlation

量子光力学　Quantum optomechanics

量子光学近似　Quantum optics approximation

量子轨迹　Quantum trajectory

量子回归定理　Quantum regression theorem

量子简谐振子　Quantum harmonic oscillator

量子朗之万方程　Quantum Langevin equation

量子强迫　Quantum forcing

量子三元　Qutrit

量子跳跃　Quantum jump

量子相干耦合区域　Quantum-coherent coupling regime

量子涨落-耗散定理　Quantum fluctuation-dissipation theorem

林德布拉德　Lindblad

零差探测　Homodyne detection

零点能量　Zero-point energy

刘维尔　Liouville

鲁斯兰-斯特拉托诺维奇　Ruslan Stratonovich

马尔可夫量子朗之万方程　Markov quantum Langevin equation

马赫-曾德尔干涉仪　Mach-Zender interferometer

脉冲光力学　Pulsed optomechanics

帕塞瓦尔定理　Parseval's theorem

齐次微分方程　Homogeneous differential equation

强耦合区域　Strong coupling regime

热库　Bath

弱耦合区域　Weak coupling regime

散粒噪声　Shot noise

色散型光力学　Dispersive optomechanics

声子　Phonon

声子-光子晶体　Phononic-photonic crystal

声子占据数　Phonon occupancy

输入端口　Input port

输入-输出关系　Input-output relations

双轨量子比特编码　Dual-rail qubit encoding

双频驱动　Two-tone driving

斯塔克移位　Stark shift

斯特恩-盖拉赫实验　Stern-Gerlach experiment

随机主方程　Stochastic master equation

损耗端口　Loss port

探测场　Probe field

条件压缩　Conditional squeezing

同步　Synchronisation

外差探测　Heterodyne detection

维格纳函数　Wigner function

维纳滤波器　Wiener filter

维纳-辛钦定理　Wiener-Khinchin theorem

位移测量　Displacement measurement

位置和动量正交分量　Position and momentum quadratures

无穷小的维纳增量　Infinitesimal Wiener increment

系综/集合　Ensemble

线性化近似　Linearisation approximation

辛本征值　Symplectic eigenvalues

新息　Innovation

旋转波近似　Rotating wave approximation

旋转坐标系　Rotating frame

幺正动力学　Unitary dynamics

一阶马尔可夫近似　First Markov approximation

伊藤积分　Ito calculus

因果滤波器　Causal filter

引力退相干　Gravitational decoherence

有质压缩　Ponderomotive squeezing

约瑟夫森结　Josephson junction

涨落-耗散定理　Fluctuation-dissipation theorem

真空光力耦合速率　Vacuum optomechanical coupling rate

振幅和相位正交分量　Amplitude and phase quadratures

正定算符取值测度　Positive operator-valued measures

正交分量　Quadratures

正交算符　Quadrature operator

缀饰态　Dressed state

自泵浦　Self-pulsing

自持振荡　Self-sustained oscillations

自由质量区域　Free-mass regime

阻尼　Damping

英中文术语对照表

Amplification　放大

Amplitude and phase quadratures　振幅和相位正交分量

Ancilla　辅助系统

Avoided crossing　回避交叉

Back-action evading measurement　规避反作用测量

Bath　热库

Blue detuning　蓝失谐

Bogoliubov modes　博戈留波夫模式

Bogoliubov transformation　博戈留波夫变换

Born approximation　玻恩近似

Boson commutation relation　玻色对易关系

Casimir　卡西米尔

Causal filter　因果滤波器

Conditional squeezing　条件压缩

Control field　控制场

Cooper pair box　库珀对盒子

Damping 阻尼

delta-correlation 德尔塔关联

Dispersive optomechanics 色散型光力学

Displacement measurement 位移测量

Dissipative optomechanics 耗散型光力学

Dressed state 缀饰态

Dual-rail qubit encoding 双轨量子比特编码

Duffing oscillator 杜芬振子

Effective temperature 等效温度

Einstein-Podolsky-Rosen paradox 爱因斯坦-波多尔斯基-罗森悖论

Electromagnetically induced transparency 电磁感应透明

Engineered quantum system 工程量子系统

Ensemble 系综/集合

Entanglement 纠缠

Feedback cooling 反馈冷却

First Markov approximation 一阶马尔可夫近似

Fluctuation-dissipation theorem 涨落-耗散定理

Fock state 福克态

Fokker-Planck equation 福克-普朗克方程

Free-mass regime 自由质量区域

Gaussian entangled states 高斯纠缠态

Gravitational decoherence 引力退相干

Ground state 基态

Hadamard lemma 哈达玛引理

Heaviside step function 海维塞德阶梯函数

Hermitian 厄米性

Heterodyne detection 外差探测

Homodyne detection 零差探测

Homogeneous differential equation 齐次微分方程

Independent-oscillator model 独立振子模型

Infinitesimal Wiener increment 无穷小的维纳增量

Innovation　新息

Input port　输入端口

Input-output relations　输入-输出关系

Ito calculus　伊藤积分

Jaynes-Cummings Hamiltonian　杰恩斯-卡明斯哈密顿量

Josephson junction　约瑟夫森结

Kerr nonlinearity　克尔非线性

Ladder operators　阶梯算符

Lamb shift　兰姆位移

Limit cycle　极限环

Lindblad　林德布拉德

Linearisation approximation　线性化近似

Liouville　刘维尔

Logarithmic negativity　对数负性

Loss port　损耗端口

Lumped element circuit　集总元件电路

Mach-Zender interferometer　马赫-曾德尔干涉仪

Magnetic force resonant microscopy　磁力共振显微镜

Markov quantum Langevin equation　马尔可夫量子朗之万方程

Mechanical susceptibility　机械极化率

Membrane-in-the-middle model　膜居中模型

Memory kernel　记忆核

Momentum kick　动量冲击

Optical detuning　光学失谐

Optical spring effect　光致弹性效应

Optical susceptibility　光极化率

Optomechanical bistability　光力双稳态

Optomechanical cooperativity　光力协同度

Optomechanical coupling rate　光力耦合速率

Optomechanical coupling strength　光力耦合强度

Optomechanical photon blockade　光力式光子阻塞

Optomechanically induced transparency　光力诱导透明

Ornstein-Uhlenbeck process　奥恩斯坦-乌伦贝克过程

Parametric amplification　参量放大

Parametric oscillation　参量振荡

Parseval's theorem　帕塞瓦尔定理

Phonon　声子

Phonon occupancy　声子占据数

Phononic-photonic crystal　声子-光子晶体

Photocurrent　光电流

Photon　光子

Polaron transformation　极化子变换

Ponderomotive squeezing　有质压缩

Position and momentum quadratures　位置和动量正交分量

Positive operator-valued measures　正定算符取值测度

Power spectral density　功率谱密度

Probe field　探测场

Pulsed optomechanics　脉冲光力学

Quadrature operator　正交算符

Quadratures　正交分量

Quantum back-action　量子反作用

Quantum correlation　量子关联

Quantum fluctuation-dissipation theorem　量子涨落-耗散定理

Quantum forcing　量子强迫

Quantum harmonic oscillator　量子简谐振子

Quantum jump　量子跳跃

Quantum Langevin equation　量子朗之万方程

Quantum non-demolition measurement　量子非破坏测量

Quantum optics approximation　量子光学近似

Quantum optomechanics　量子光力学

Quantum regression theorem　量子回归定理

Quantum trajectory　量子轨迹

Quantum-coherent coupling regime　量子相干耦合区域

Qutrit　量子三元

Radiation pressure　辐射压力

Red detuning　红失谐

Resolved sideband cooling　可分辨边带冷却

Rotating frame　旋转坐标系

Rotating wave approximation　旋转波近似

Ruslan Stratonovich　鲁斯兰-斯特拉托诺维奇

Self-pulsing　自泵浦

Self-sustained oscillations　自持振荡

Shot noise　散粒噪声

Sideband asymmetry　边带不对称性

Single-photon optomechanics　单光子光力学

Single-photon strong coupling regime　单光子强耦合区域

Single-shot readout　单次读出

Spring constant　弹性常量

Standard quantum limit　标准量子极限

Stark shift　斯塔克移位

Stern-Gerlach experiment　斯特恩-盖拉赫实验

Stochastic master equation　随机主方程

Strong coupling regime　强耦合区域

Supercritical Hopf bifurcation　超临界霍普夫分岔

Susceptibility　极化率

Switching points　开关/转换点

Symplectic eigenvalues　辛本征值

Synchronisation　同步

Top-hat function　顶帽函数

Two-level system　两能级系统

Two-tone driving　双频驱动

Unitary dynamics　幺正动力学

Vacuum optomechanical coupling rate　真空光力耦合速率

van der Pol oscillator　范德波尔振子

Variation measurements　变分测量

von Neumann measurement　冯·诺依曼测量

Weak coupling regime　弱耦合区域

Wiener filter　维纳滤波器

Wiener-Khinchin theorem　维纳-辛钦定理

Wigner function　维格纳函数

Zero-point energy　零点能量

目录

第 2 章
辐射压力相互作用 —— 034

第3章

机械运动的线性量子测量 —— 052

第 4 章

光与机械运动的相干作用 —— 083

第 5 章

机械运动的线性量子控制 —— 131

量子科学出版工程
Quantum Science Publishing Project

第 1 章

量子简谐振子

在本章中,我们将介绍关于量子简谐振子的基本概念,以及这类振子如何与环境进行耦合.我们的目的不是详尽地涵盖此系统的所有方面,而是提供必需的基础信息,以便在后面的章节中处理机械振子和光学腔(以及它们之间的相互作用)的量子力学问题.我们将推导量子涨落-耗散定理,通过该定理将环境对振子的强迫作用的功率谱密度与振子能量进入环境的衰减率联系起来.这可以直接类比于经典物理学中熟悉的涨落-耗散定理.然而,与经典的情况不同,位置和动量的非对易性导致了功率谱正负频率成分之间的不对称性.这为振子的等效温度提供了一个自然的定义.为了对量子系统的开放动力学建模,我们引入量子朗之万方法,其中包括了使用和不使用旋转波近似的情况.

1.1 量子化简谐振子

我们首先简要地介绍量子简谐振子,然后讨论与环境的耦合对其动力学的影响.关于量子简谐振子更加全面的讨论可以参考大多数量子力学的入门教科书(例如文献[129]).

如图 1.1 所示,简谐振子的基本量子特征是其量子化的能级,它们的平均间隔为 $\hbar\Omega$;以及当冷却至 0 K 的基态时,有限的零点振动能量为 $\hbar\Omega/2$.机械振子的量子化激发称为声子,而光场的量子化激发显然称为光子.

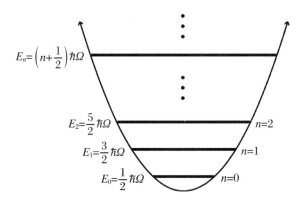

图 1.1 简谐振子的量子化能级 E_n.

能级间隔为 $\hbar\Omega$.

描述质量为 m、频率为 Ω 的独立的量子简谐振子的哈密顿量为

$$\hat{H} = \frac{k\hat{q}^2}{2} + \frac{\hat{p}^2}{2m} \tag{1.1}$$

其中,$\hat{q}$ 和 $\hat{p}$ 分别是位置和动量算符,而 $k \equiv m\Omega^2$ 是弹性常量.

1.1.1 阶梯算符

阶梯算符的作用是在振子中增加或减少声子,它被天然地用于描述量子简谐振子.产生算符 $a^\dagger$ 和湮灭算符 a 服从玻色对易关系:

$$[a, a^\dagger] = 1 \tag{1.2}$$

如果一个简谐振子最初被制备在声子数为 n 的声子态 $|n\rangle$,那么这些阶梯算符的作用如下:

$$a \mid n\rangle = \sqrt{n} \mid n-1\rangle \tag{1.3a}$$

$$a^\dagger \mid n\rangle = \sqrt{n+1} \mid n+1\rangle \tag{1.3b}$$

但是,$a\mid 0\rangle \equiv 0$ 除外,这是因为不可能从一个已经处于基态的振子中再减去一个声子.为

什么 $a^\dagger$ 和 a 被称为阶梯算符就变得显而易见了,因为它们分别导致了简谐振子能级在阶梯上向上和向下的跃迁.此外,由

$$a^\dagger a \mid n\rangle = n \mid n\rangle \tag{1.4}$$

可得

$$\hat{n} \equiv a^\dagger a \tag{1.5}$$

其中,$\hat{n}$ 是声子数算符.

1.1.2　热平衡统计

由于声子(和光子)是玻色子,当简谐振子在温度 T 与环境达到平衡时,玻色-爱因斯坦统计分布决定了每个能级的占据概率 $p(n)$.具体地说,有

$$p(n) = \exp\left(-\frac{\hbar\Omega n}{k_{\mathrm{B}} T}\right)\left[1 - \exp\left(-\frac{\hbar\Omega}{k_{\mathrm{B}} T}\right)\right] \tag{1.6}$$

其中,$k_{\mathrm{B}} = 1.381\times10^{-23}\ \mathrm{m}^2\cdot\mathrm{kg}\cdot\mathrm{s}^{-1}\cdot\mathrm{K}^{-1}$ 是玻尔兹曼常数.

振子的平均占据数为

$$\bar{n} = \langle\hat{n}\rangle = \sum_{n=0}^{\infty} n p(n) = \left[\exp\left(\frac{\hbar\Omega}{k_{\mathrm{B}} T}\right) - 1\right]^{-1} \tag{1.7}$$

在这里,我们经常使用重音符"‾"来表示一个可观测量的期望值.在 $k_{\mathrm{B}} T \gg \hbar\Omega$ 的经典极限中,它可以被简化为我们所熟知的表达式:

$$\bar{n}_{k_{\mathrm{B}} T \gg \hbar\Omega} = \frac{k_{\mathrm{B}} T}{\hbar\Omega} \tag{1.8}$$

也就是说,经典的简谐振子的平均占据数等于热能 $k_{\mathrm{B}} T$ 除以声子的能量.对于一个典型的微米或纳米机械振子,在温度为 300 K 时,其共振频率的范围是 $\Omega/(2\pi) = 1\sim1000\ \mathrm{MHz}$,相应地,$k_{\mathrm{B}} T/(\hbar\Omega) = 10^4\sim10^7$.因此,我们看到如果没有某种形式的冷却,在大多数情况下,这类振子可以被看作纯经典力学的.随着振子的尺寸变得更小,其共振频率通常会增加.因此,原子和分子的机械振动通常必须被看作满足量子力学的.因为光场是由原子能级之间的跃迁产生的,因此不难看出,我们也必须从量子力学上对其进行处理.可见光的特征频率为 $\Omega/(2\pi) \approx 5\times10^{14}\ \mathrm{Hz}$.公式(1.7)给出了在 300 K 时的平均热占据数为 $\bar{n} \approx 10^{-35}$.因此,在室温下,处于热平衡状态的光场可以安全地被认为处于它们的基态.这对量子光力学具有重要的影响.最特别的情况是,正如第 4 章所要讨论的,当光场适当地与

机械振子进行耦合时,光场就像一个冷的热库,可以将振子冷却至其量子基态.

1.1.3　零点运动和不确定性原理

位置和动量算符用阶梯算符来表示,为

$$\hat{q} = x_{zp}(a^{\dagger} + a) \tag{1.9a}$$

$$\hat{p} = \mathrm{i}p_{zp}(a^{\dagger} - a) \tag{1.9b}$$

其中,x_{zp} 和 p_{zp} 分别是振子的零点运动和零点动量的标准偏差,并由以下公式给出:

$$x_{zp} = \sqrt{\frac{\hbar}{2m\Omega}} \tag{1.10a}$$

$$p_{zp} = \sqrt{\frac{\hbar m\Omega}{2}} \tag{1.10b}$$

零点运动和零点动量的存在是由简谐振子零点振动能导致的直接结果.正如我们将在后续章节中所看到的,简谐振子的许多量子特性只有在能够以超过零点运动水平的精度来测量振子运动时才会变得明显.量子光力学实验使用的机械振子的尺寸和频率跨越许多数量级,一个典型的微米机械振子的质量和共振频率可能分别为 $m \approx 1\ \mu\mathrm{g}$ 和 $\Omega/(2\pi) \approx 1\ \mathrm{MHz}$,而纳米机械振子的质量减少到 $m \approx 1\ \mathrm{pg}$,导致其共振频率普遍较高,能够达到1 GHz的量级.通过公式(1.10a)获取的零点运动的典型数量级为 $x_{zp}^{\mathrm{micro}} \approx 10^{-17}\ \mathrm{m}$ 和 $x_{zp}^{\mathrm{nano}} \approx 10^{-14}\ \mathrm{m}$.

使用公式(1.9)、公式(1.10)和公式(1.2)的玻色对易关系,位置和动量算符服从如下对易关系:

$$[\hat{q}, \hat{p}] = \mathrm{i}\hbar \tag{1.11}$$

这个位置和动量之间的非零对易关系直接给出了著名的海森伯不确定性原理,即

$$\sigma(\hat{q})\sigma(\hat{p}) \geqslant \frac{1}{2}|\langle[\hat{q}, \hat{p}]\rangle| = \frac{\hbar}{2} \tag{1.12}$$

其中,$\sigma(\hat{O}) = [\langle\hat{O}^2\rangle - \langle\hat{O}\rangle^2]^{1/2}$ 是算符 $\hat{O}$ 的标准偏差.

1.1.4　无量纲的位置和动量算符

在本书中,我们一般会使用无量纲的位置算符 $\hat{Q}$ 和动量算符 $\hat{P}$:

$$\hat{Q} = \frac{1}{\sqrt{2}} \frac{\hat{q}}{x_{zp}} = \frac{1}{\sqrt{2}}(a^\dagger + a) \tag{1.13a}$$

$$\hat{P} = \frac{1}{\sqrt{2}} \frac{\hat{p}}{p_{zp}} = \frac{i}{\sqrt{2}}(a^\dagger - a) \tag{1.13b}$$

我们通常将这些算符简单地称为位置和动量,或者位置算符和动量算符.使用公式 (1.11),我们立即可以得到

$$[\hat{Q}, \hat{P}] = i \tag{1.14}$$

以及

$$\sigma(\hat{Q})\sigma(\hat{P}) \geqslant \frac{1}{2}|\langle[\hat{Q}, \hat{P}]\rangle| = \frac{1}{2} \tag{1.15}$$

与环境处于热平衡状态的振子的无量纲位置算符和动量算符的方差线性地依赖于平均声子数[①]:

$$\sigma^2(\hat{Q}) = \sigma^2(\hat{P}) = \bar{n} + \frac{1}{2} \tag{1.16}$$

正如预期的那样,在 0 K 时,位置算符和动量算符的方差并不趋近于零,而是饱和于不确定性原理(参见公式(1.15)).

将位置算符和动量算符旋转一个相位角 θ,我们还可以定义无量纲算符 $\hat{Q}^\theta$ 和 $\hat{P}^\theta$:

$$\hat{Q}^\theta = \frac{1}{\sqrt{2}}(a^\dagger e^{i\theta} + a e^{-i\theta}) = \hat{Q}\cos\theta + \hat{P}\sin\theta \tag{1.17a}$$

$$\hat{P}^\theta = \frac{i}{\sqrt{2}}(a^\dagger e^{i\theta} - a e^{-i\theta}) = \hat{P}\cos\theta - \hat{Q}\sin\theta \tag{1.17b}$$

它们也满足对易关系 $[\hat{Q}^\theta, \hat{P}^\theta] = i$.

1.1.5 相位图

与经典简谐振子类似,我们也可以将量子简谐振子的状态表示为位置-动量相位图

---

① 这些结果可以从方差的定义获取,比如,对于位置算符,有 $\sigma^2(\hat{Q}) = \langle\hat{Q}^2\rangle - \langle\hat{Q}\rangle^2$.展开 $\langle\hat{Q}\rangle = \langle a + a^\dagger\rangle/\sqrt{2}$ 和 $\hat{Q}^2 = \langle a^\dagger a + a a^\dagger + a^2 + a^{\dagger 2}\rangle/2$.考虑到热态的密度矩阵在声子数基矢上不存在非对角项,我们有 $\langle a\rangle = \langle a^\dagger\rangle = a^2 = \langle a^{\dagger 2}\rangle = 0$,因此,使用公式(1.2)的玻色对易关系,得到 $\sigma^2(\hat{Q}) = \langle a^\dagger a\rangle + 1/2$.

上的一个矢量.然而,与经典简谐振子不同,不确定性原理决定了矢量的方向和长度是不能完全确定的.有几个常用的量子相空间分布,包括 P、Q 和维格纳函数.[305]其中,维格纳函数或维格纳分布给出了与位置和动量经典相空间概率分布最接近的量子类似.它被认为是一种准概率分布,"准"是因为不确定性原理允许存在具有负的准概率分布的局域化区域.虽然这可能显得不切实际,但是维格纳函数的一个关键特性是:当投影到分布的任何边际时,该边际再现了波恩规则所给出的正确的正无限量子分布.此外,如果量子态的维格纳函数没有表现出负数性,那么它与具有符合维格纳函数形状的经典概率分布的经典态是无法区分的.通常在"球和棒"图上能直观显示振子的状态,例如,图 1.2 所示的偏置热占据态相位图.这是一个对维格纳函数的粗略图示,一般只包括从原点到 Q-P 平面上的 $\{\langle \hat{Q} \rangle, \langle \hat{P} \rangle\}$ 点的矢量(或棒),以及说明状态范围的不确定性轮廓(或球).

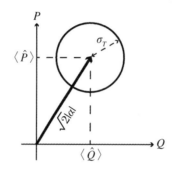

图 1.2 偏置热占据态相位图

其中,$\alpha = \langle a \rangle$,$\sigma_T = \sigma(\hat{Q}) = \sigma(\hat{P}) = [\bar{n} + 1/2]^{1/2}$.

1.1.6 海森伯绘景的幺正动力学

以无量纲的位置和动量算符表示,哈密顿量(公式(1.1))变成

$$\hat{H} = \frac{\hbar\Omega}{2}(\hat{Q}^2 + \hat{P}^2) \tag{1.18}$$

将公式(1.9a)和公式(1.9b)代入公式(1.1),我们可以再现规范量子简谐振子的哈密顿量,为

$$\hat{H} = \hbar\Omega\, a^\dagger a = \hbar\Omega\, \hat{n} \tag{1.19}$$

其中,我们忽略了零点振动能(即半个量子).

在没有与环境耦合的情况下,量子系统的任意算符$\hat{O}$的动力学可以由海森伯绘景中的海森伯运动方程确定:

$$\dot{\hat{O}}(t) = \frac{1}{\mathrm{i}\hbar}[\hat{O}(t), \hat{H}(t)] \tag{1.20}$$

使用公式(1.19)的规范哈密顿量,湮灭算符$a(t)$的动力学方程如下:

$$\dot{a}(t) = -\mathrm{i}\Omega[\hat{a}(t), \hat{a}^{\dagger}(t)\hat{a}(t)] \tag{1.21}$$

$$= -\mathrm{i}\Omega a(t) \tag{1.22}$$

这里我们明确地包括了对时间的依赖性,是为了提醒读者,在海森伯绘景中,算符伴随着时间演化,同时我们利用了玻色对易关系(公式(1.2)).

我们看到,湮灭算符服从简单谐振子的常规动力学方程,其解为

$$\hat{a}(t) = \hat{a}(0)\exp(-\mathrm{i}\Omega t) \tag{1.23}$$

然后,公式(1.13)给出了位置和动量算符的运动方程:

$$\hat{Q}(t) = \frac{1}{\sqrt{2}}[a^{\dagger}(t) + a(t)] = \cos(\Omega t)\hat{Q}(0) + \sin(\Omega t)\hat{P}(0) \tag{1.24a}$$

$$\hat{P}(t) = \frac{\mathrm{i}}{\sqrt{2}}[a^{\dagger}(t) - a(t)] = \cos(\Omega t)\hat{P}(0) - \sin(\Omega t)\hat{Q}(0) \tag{1.24b}$$

正如预期的那样,位置和动量以频率Ω进行振荡.

1.2 量子简谐振子的涨落与耗散

在任何开放量子系统的实际模型中,通常需要包括与环境的耦合.这种耦合既为系统引入了一个阻尼通道,又允许环境噪声对振子进行扰动.此外,它还提供了一个对系统的状态进行测量的通道.

1.2.1 经典涨落-耗散定理

在处理量子背景下的阻尼和扰动之间的联系之前,让我们先回顾一下它们之间的经

典关系.对于一个与温度为 T 的热库处于热平衡状态的经典振子,涨落-耗散定理在振子的能量衰减率 γ 和热库对其施加的热力 $F(t)$ 的功率谱密度 $S_{FF}(\omega)$ 之间建立了正式的联系[166]:

$$S_{FF}(\omega) = 2\gamma m k_B T \tag{1.25}$$

一般来说,一个复数的经典变量 $h(t)$ 的功率谱密度 $S_{hh}(\omega)$ 是

$$S_{hh}(\omega) = \lim_{\tau \to \infty} \frac{1}{\tau} \langle h_\tau^*(\omega) h_\tau(\omega) \rangle \tag{1.26}$$

其中,$h_\tau(\omega)$ 是 $h(t)$ 在 $-\tau/2 < t < \tau/2$ 时间内采样的傅里叶变换.在本书中,傅里叶变换及其逆变换定义为

$$h(\omega) = \mathcal{F}(h(t)) = \int_{-\infty}^{\infty} h(t) e^{i\omega t} dt \tag{1.27a}$$

$$h(t) = \mathcal{F}^{-1}(h(\omega)) = \frac{1}{2\pi} \int_{-\infty}^{\infty} h(\omega) e^{-i\omega t} d\omega \tag{1.27b}$$

因此,$h_\tau(\omega) = \int_{-\tau/2}^{\tau/2} h(t) e^{i\omega t} dt$.

维纳-辛钦定理提供了一个变量的功率谱密度和它在时域的自关联函数之间的直接联系.对于一个静止的、与时间无关的变量[①]:

$$S_{hh}(\omega) = \int_{-\infty}^{\infty} d\tau e^{i\omega \tau} \langle h^*(t+\tau) h(t) \rangle_{t=0} = \int_{-\infty}^{\infty} d\omega' \langle h^*(-\omega) h(\omega') \rangle \tag{1.28}$$

其中,第一个等式是维纳-辛钦定理.例如,读者可参考文献[68]了解其推导过程.第二个等式可以利用傅里叶变换的特性从第一个等式出发直接推导出.虽然第二个等式与公式(1.26)中的功率谱密度的标准定义有一些相似之处,但它往往使用起来更加方便,因为它采用完整型傅里叶变换 $h(\omega)$,而不是窗口型傅里叶变换 $h_\tau(\omega)$.请注意,在本书中,我们使用标准的约定,即 $h^*(\omega) = \mathcal{F}\{h(t)\}^*$,同时对算符也使用同样的约定.另一种约定是 $h^*(\omega) = \mathcal{F}\{h^*(t)\}$,它也经常出现在量子光力学的文献中.

练习 1.1 推导出公式(1.28)中的第二个等式.

1.2.2 简谐振子的量子强迫

为了给量子简谐振子引入阻尼和耗散,我们首先在公式(1.19)的哈密顿量中加入一

---

① 注意这里的静止并不是指变量本身是一个常数,而是指它的统计特性不随时间变化.

个强迫项：

$$\hat{V} = \hat{q}\hat{F} \tag{1.29}$$

其中，$\hat{F}$ 是由于与另一个量子系统组成的热库（或此类系统的系综）进行耦合而施加在振子上的力，它与位置 $\hat{q}$ 对易. 由此产生的哈密顿量是

$$\hat{H} = \hat{H}_0 + \hat{V} \tag{1.30}$$

其中，裸哈密顿量 $\hat{H}_0 = \hbar\Omega a^\dagger a + \hat{H}_{\text{bath}}$，$\hat{H}_{\text{bath}}$ 是热库的哈密顿量. 利用这个哈密顿量，我们可以很容易地推导出适用于量子简谐振子的量子版涨落-耗散定理. 这里，我们采用文献[73]中概述的方法. 该推导结果对理解机械系统的光学冷却和加热具有高度的启发性.

1. 向上跃迁概率

振子-热库构成的联合系统按照公式(1.30)的哈密顿量和薛定谔方程的规则进行演化. 在演化过程中，力 $\hat{F}(t)$ 驱动振子能级之间的跃迁. 我们想要计算从某个初始能量特征态 $|\psi(0)\rangle$，经过时间 t，过渡到一个与初态正交的最终能量特征态 $|\psi_f\rangle$ 的跃迁概率，并遵循费米黄金定则类似的推导.

通过进入相互作用绘景，可以方便地去除热库和振子自身的裸动力学. 联合系统的状态演化为 $|\psi_{\text{I}}(t)\rangle \equiv \hat{U}_0^\dagger(t)|\psi(t)\rangle = \hat{U}_{\text{I}}(t)|\psi(0)\rangle$. 其中，幺正时间演化算符为 $\hat{U}_0 = \mathrm{e}^{-\mathrm{i}\hat{H}_0 t/\hbar}$ 和 $\hat{U}_{\text{I}}(t) = \mathrm{e}^{-\mathrm{i}\hat{V}t/\hbar}$，下标 I 表示相互作用绘景. 系统在时间 t 处于状态 $|\psi_f\rangle$ 的概率振幅由 $|\psi_{\text{I}}(t)\rangle$ 的概率振幅给出，即

$$A_{\text{i}\to\text{f}}(t) = \langle\psi_f \mid \psi(t)\rangle \tag{1.31}$$

$$= \langle\psi_f \mid \hat{U}_0(t)\hat{U}_{\text{I}}(t) \mid \psi(0)\rangle \tag{1.32}$$

$$= \mathrm{e}^{-\mathrm{i}E_f t/\hbar}\langle\psi_f \mid \psi_{\text{I}}(t)\rangle \tag{1.33}$$

其中，我们使用了如下性质：由于 $|\psi_f\rangle$ 是一个能量特征态，所以 $\hat{U}_0(t)|\psi_f\rangle = \mathrm{e}^{-\mathrm{i}E_f t/\hbar}|\psi_f\rangle$，$E_f$ 是最终状态的能量.

在相互作用绘景中，公式(1.30)的哈密顿量变成了 $\hat{U}_0^\dagger(t)\hat{H}\hat{U}_0(t) = \hat{U}_0^\dagger(t)\hat{V}\hat{U}_0(t) = \hat{V}_{\text{I}}(t)$. 通过对薛定谔方程积分，整个系统的演化可以精确地表达为 Dyson 级数：

$$|\psi_{\text{I}}(t)\rangle = |\psi_{\text{I}}(0)\rangle + \frac{1}{\mathrm{i}\hbar}\int_0^t \mathrm{d}\tau_1 \hat{V}_{\text{I}}(\tau_1) \mid \psi_{\text{I}}(\tau_1)\rangle \tag{1.34}$$

$$= |\psi(0)\rangle + \frac{1}{\mathrm{i}\hbar}\int_0^t \mathrm{d}\tau_1 \hat{V}_{\text{I}}(\tau_1) \mid \psi_{\text{I}}(0)\rangle$$

$$+ \frac{1}{(\mathrm{i}\hbar)^2} \int_0^t \int_0^{\tau_1} \mathrm{d}\tau_1 \mathrm{d}\tau_2 \hat{V}_I(\tau_1) \hat{V}_I(\tau_2) \mid \psi_I(\tau_2) \rangle \tag{1.35}$$

在式(1.35)中,我们用$\mid \psi_I(0) \rangle$代替薛定谔绘景中的$\mid \psi(0) \rangle$,因为$\hat{U}_0(0) = \mathbb{1}$,其中,$\mathbb{1}$是单位算符.

我们希望在短时极限下确定振子能级之间的跃迁概率.因此,我们采用标准的含时一阶微扰理论,即忽略公式(1.35)中的最后一项.我们认为热库和振子的初始状态是可分离的,振子处于一个能量特征态$\mid n \rangle$,而热库处于某个特征态$\mid j \rangle$,所以$\mid \psi(0) \rangle = \mid \psi_{\mathrm{sys}}(0) \rangle \otimes \mid \psi_{\mathrm{bath}}(0) \rangle \equiv \mid n,j \rangle$,并且假定相互作用足够弱,热库足够大,以至于它们在整个演化过程中保持可分离状态.[①]考虑到初始状态和最终状态是正交的,因此有$\langle \psi_f \mid \psi(0) \rangle = 0$,并利用公式(1.33),相互作用导致振子向上跃迁的概率振幅为$\mid n+1 \rangle$,并使热库处于某个特征态$\mid k \rangle$的概率是

$$A_{i \to f}(t) = \frac{1}{\mathrm{i}\hbar} \int_0^t \mathrm{d}\tau_1 \langle n+1, k \mid \hat{V}_I(\tau_1) \mid n, j \rangle \tag{1.36}$$

$$= \frac{1}{\mathrm{i}\hbar} \int_0^t \mathrm{d}\tau_1 \langle n+1 \mid \hat{q}_I \mid n \rangle \langle k \mid \hat{F}_I(\tau_1) \mid j \rangle \tag{1.37}$$

$$= \frac{x_{\mathrm{zp}}}{\mathrm{i}\hbar} \int_0^t \mathrm{d}\tau_1 \mathrm{e}^{\mathrm{i}\Omega\tau_1} \langle n+1 \mid a^\dagger + a \mid n \rangle \langle k \mid \hat{F}_I(\tau_1) \mid j \rangle \tag{1.38}$$

$$= \frac{x_{\mathrm{zp}}\sqrt{n+1}}{\mathrm{i}\hbar} \int_0^t \mathrm{d}\tau_1 \mathrm{e}^{\mathrm{i}\Omega\tau_1} \langle k \mid \hat{F}_I(\tau_1) \mid j \rangle \tag{1.39}$$

其中,$\hat{q}_I \equiv \hat{U}_0^\dagger(t) \hat{q} \hat{U}_0(t)$和$\hat{F}_I \equiv \hat{U}_0^\dagger(t) \hat{F} \hat{U}_0(t)$,我们已经忽略了整体的相位系数$\mathrm{e}^{-\mathrm{i}E_f t/\hbar}$,这是因为它在最终的跃迁概率中被抵消,同时我们使用了公式(1.3)中湮灭算符和产生算符的特性.

最后,我们对热库的最终状态不感兴趣,或者说也确实无法确定其最终状态.我们将所有可能的热库的最终状态相加,则振子从状态$\mid n \rangle$跃迁到状态$\mid n+1 \rangle$的概率为

$$P_{n \to n+1} = \sum_k \mid A_{i \to f} \mid^2 \tag{1.40}$$

$$= \frac{x_{\mathrm{zp}}^2(n+1)}{\hbar^2} \iint_0^t \mathrm{d}\tau_1 \mathrm{d}\tau_2 \mathrm{e}^{\mathrm{i}\Omega(\tau_2 - \tau_1)} \sum_k \langle j \mid \hat{F}_I(\tau_1) \mid k \rangle \langle k \mid \hat{F}_I(\tau_2) \mid j \rangle$$

$$= \frac{x_{\mathrm{zp}}^2(n+1)}{\hbar^2} \iint_0^t \mathrm{d}\tau_1 \mathrm{d}\tau_2 \mathrm{e}^{\mathrm{i}\Omega(\tau_2 - \tau_1)} \langle \hat{F}_I(\tau_1) \hat{F}_I(\tau_2) \rangle \tag{1.41}$$

其中,我们利用了$\hat{F}$的厄米性($\hat{F}^\dagger = \hat{F}$),以及热库模式的完整性和正交性,所以

---

① 这是一种玻恩近似.

$$\sum_k |k\rangle\langle k| = \mathbb{1}.$$

2. 量子功率谱密度

公式(1.41)中的积分是自关联函数的一种形式,因此可以通过维纳-辛钦定理将它与力的功率谱密度进行联系.一般算符$\hat{O}$的功率谱密度定义为

$$S_{OO}(\omega) \equiv \lim_{\tau \to \infty} \frac{1}{\tau} \langle \hat{O}_\tau^\ddagger(\omega)\hat{O}_\tau(\omega)\rangle \tag{1.42}$$

它直接与经典的等价形式(公式(1.26))相类似,其中,与经典情况一样,$\hat{O}_\tau(\omega)$是$\hat{O}(t)$在$-\tau/2 < t < \tau/2$内的窗口型傅里叶变换.维纳-辛钦定理指出,对于一个具有静止统计特性的算符,有

$$S_{OO}(\omega) = \int_{-\infty}^{\infty} d\tau e^{i\omega\tau} \langle \hat{O}^\dagger(t+\tau)\hat{O}(t)\rangle_{t=0} = \int_{-\infty}^{\infty} d\omega' \langle \hat{O}^\dagger(-\omega)\hat{O}(\omega')\rangle \tag{1.43}$$

而对于其共轭算符,有

$$S_{O^\dagger O^\dagger}(\omega) = \int_{-\infty}^{\infty} d\tau e^{i\omega\tau} \langle \hat{O}(t+\tau)\hat{O}^\dagger(t)\rangle_{t=0} = \int_{-\infty}^{\infty} d\omega' \langle \hat{O}(\omega)\hat{O}^\dagger(\omega')\rangle \tag{1.44}$$

虽然与经典的功率谱密度类似,$S_{OO}(\omega)$和$S_{O^\dagger O^\dagger}(\omega)$总是实数,但是我们很容易发现量子和经典的功率谱密度之间的区别.对于一个经典变量$h(t)$,乘积$h^*(t+\tau)h(t) = h(t)h^*(t+\tau)$.然而,对于一个量子算符,一般来说$[\hat{O}^\dagger(t+\tau),\hat{O}(t)] \neq 0$.例如,考虑$\hat{O}$是孤立的量子机械振子的位置$\hat{q}$.然后,在四分之一个振荡器周期的时间延迟$\tau = \dfrac{\pi}{2\Omega}$之后,$\hat{q}(t+\tau) = \hat{p}(t)$,它显然与$\hat{q}(t)$不对易.

当$\hat{O}(t)$(因此$\hat{O}_\tau$)是一个厄米观测量时,如力、位置或动量[①],经典变量和量子变量的功率谱密度之间的这种差异变得特别明显.对于任何厄米算符,从傅里叶变换的定义可以直接看出,与实数经典变量类似,$\hat{O}^\dagger(\omega) = \hat{O}(-\omega)$.从公式(1.42)我们立即发现,$S_{OO}(\omega) = \lim_{\tau\to\infty}\langle \hat{O}_\tau(-\omega)\hat{O}_\tau(\omega)\rangle/\tau$,而$S_{OO}(-\omega)$与此类似,只是互换了算符排序.一方面,由于$\hat{O}_\tau(\omega)$和$\hat{O}_\tau(\omega')$不一定对易,对于量子观测量来说,$S_{OO}(\omega) \neq S_{OO}(-\omega)$.即一个算符的功率谱密度在频率上一般是不对称的.另一方面,经典变量的功率谱密度总是关于频率对称的($S_{hh}(\omega) = S_{hh}(-\omega)$).正如我们将在本章中所看到的,量子观测量的功率

---

① 一般来说,如果一个算符的属性$\hat{O}^\dagger(t) = \hat{O}(t)$成立,那么它就是厄米的.

谱密度的正负频率部分之间的这种差异,对我们理解量子系统的涨落和耗散有重要的影响,并且在定义它们的温度时非常有帮助.

3. 能级间跃迁概率

有了量子功率谱密度的定义,我们现在回到理解由外力驱动的量子简谐振子中各能级间的跃迁概率问题.为了将公式(1.41)转化为更接近于功率谱密度的形式,我们将进行如下替换:$\tau_1 = t' + \tau$ 和 $\tau_2 = t'$,以便得到

$$P_{n \to n+1} = \frac{x_{zp}^2 (n+1)}{\hbar^2} \int_0^t dt' \int_{-t'}^{t-t'} d\tau e^{-i\Omega\tau} \langle \hat{F}_I(t'+\tau) \hat{F}_I(t') \rangle \tag{1.45}$$

如果在比热库自关联时间较长的时间内进行积分[①],那么第二个积分的极限可以近似为 $\pm\infty$.向上跃迁的平均概率可以用功率谱密度表示为

$$P_{n \to n+1} = \frac{x_{zp}^2 (n+1)}{\hbar^2} \int_0^t dt' S_{FF}(-\Omega) \tag{1.46}$$

$$= \frac{x_{zp}^2 (n+1)}{\hbar^2} t S_{FF}(-\Omega) \tag{1.47}$$

其中,虽然我们丢弃了下标 I,但应该记住力 $\hat{F}_I(t)$ 处在相互作用绘景中.我们看到,跃迁概率随时间线性增加,并且与频率为 $-\Omega$ 的力功率谱密度成正比.请注意,由于我们采取了一阶微扰方法来推导此表达式,它只在时间足够短,以至于 $P_{n \to n+1} \ll 1$ 时才成立.对时间求导数,可以得到从 $|n\rangle$ 到 $|n+1\rangle$ 的向上跃迁概率:

$$\gamma_{n \to n+1} = \frac{x_{zp}^2 (n+1)}{\hbar^2} S_{FF}(-\Omega) \tag{1.48}$$

对于从 $|n\rangle$ 到 $|n-1\rangle$ 的向下跃迁,通过类似的计算可得到

$$\gamma_{n \to n-1} = \frac{x_{zp}^2}{\hbar^2} n S_{FF}(\Omega) \tag{1.49}$$

练习 1.2 请推导公式(1.49).首先计算跃迁 $|n, j\rangle \to |n-1, k\rangle$ 的概率振幅 $A_{i \to f}(t)$.其中,如前所述,括号中的第一个和第二个参数分别表示简谐振子和热库的能量特征态(参见 1.2.2 小节).

正如人们所期望的那样,向上和向下的跃迁都被占据数 n 所增强.当 $n = 0$ 时,向下

---

① 通常情况下,热库被认为是马尔可夫的,因此具有德尔塔关联性质,这样的近似是非常合理的(参见 1.3.1 小节).在本书后续处理的光腔内辐射压力强迫的情况下,自关联时间由光腔衰减时间决定,它通常比机械衰减时间短得多,在这种情况下,这样的近似也是合理的.

的跃迁概率等于零.注意到向上的跃迁由力功率谱密度的负频率部分驱动,而向下的跃迁由功率谱密度的正频率部分驱动.这有力地表明,机械振子的加热或冷却可以通过控制作用在它身上的力噪声的频谱来实现,并可以优雅地解释光腔对光功率谱密度的影响如何能够导致可分辨边带冷却.我们将在第 4 章中详细地研究可分辨边带冷却.

1.2.3　热平衡状态下 $S_{FF}(\Omega)$ 和 $S_{FF}(-\Omega)$ 的关系

结合细致平衡的概念和玻色-爱因斯坦分布,利用公式(1.48)和公式(1.49)中的向上和向下的跃迁概率可以在热平衡状态下建立力功率谱的正负频率之间严格的关系.细致平衡是热力学中的一个概念,它指出在平衡状态下,从一个状态到另一个状态的总转换率必须完全平衡其逆向转换率.[290]也就是说,在热平衡状态下,有

$$p(1)\gamma_{1\to2} = p(2)\gamma_{2\to1} \tag{1.50}$$

其中,$p(1)$ 和 $p(2)$ 是状态 1 和状态 2 的占据概率.使用公式(1.48)和公式(1.49)对简谐振子的跃迁 $n \to n+1$ 和 $n+1 \to n$ 应用细致平衡原理,我们发现

$$\frac{p(n+1)}{p(n)} = \frac{\gamma_{n\to n+1}}{\gamma_{n+1\to n}} = \frac{S_{FF}(-\Omega)}{S_{FF}(\Omega)} \tag{1.51}$$

热平衡状态下的机械振子的占据概率由公式(1.6)的玻色-爱因斯坦分布给出.代入 $p(n)$ 和 $p(n+1)$,我们立即发现

$$\frac{S_{FF}(\Omega)}{S_{FF}(-\Omega)} = \exp\left(\frac{\hbar\Omega}{k_B T}\right) \tag{1.52}$$

$$= 1 + \frac{1}{n} \tag{1.53}$$

在热平衡状态下,量子力功率谱密度的正负频率与玻尔兹曼常数有关.[254]在足够高的温度下,如 $\bar{n} \gg 1$,我们得到力的功率谱密度与频率 Ω 无关的经典结果(参见公式(1.25)).然而,在低温下这将不再成立,并且当 $\bar{n} \to 0$ 时,该比值会发散.

将公式(1.52)和公式(1.53)进行逆变换,可以获取热平衡状态下振子的温度和平均声子数的一般定义:

$$T = \frac{\hbar\Omega}{k_B}\left[\ln\left(\frac{S_{FF}(\Omega)}{S_{FF}(-\Omega)}\right)\right]^{-1} \tag{1.54a}$$

$$\bar{n} = \frac{S_{FF}(-\Omega)}{S_{FF}(\Omega) - S_{FF}(-\Omega)} \tag{1.54b}$$

通常我们会遇到这样的情况:振子已经达到稳定状态,但是由于光学冷却或加热等作用,振子不再处于热平衡状态.在这种情况下,自然要定义与频率有关的有效温度,即

$$T_{\mathrm{eff}}(\omega) = \frac{\hbar\omega}{k_{\mathrm{B}}} \left[\ln\left(\frac{S_{FF}(\omega)}{S_{FF}(-\omega)} \right) \right]^{-1} \tag{1.55}$$

这与公式(1.54a)类似.

1.2.4 量子涨落-耗散理论

现在我们已经把振子能级间的跃迁概率与来自热库的驱动力的功率谱密度联系起来,并把这个功率谱密度与热库的有效温度联系起来.这使得我们能推导出公式(1.25)中介绍的涨落-耗散定理的量子版本.

再次采用文献[73]中的方法,让我们考虑一个振子,在某个初始时刻,它处于非平衡状态,其平均声子占据数为

$$\bar{n}_b = \sum_{n=0}^{\infty} n p_n \tag{1.56}$$

其中,p_n 是态$|n\rangle$的占据概率.平均占据数的变化率为

$$\dot{\bar{n}}_b = \sum_{n=0}^{\infty} n \dot{p}_n \tag{1.57}$$

按照文献[73],我们可以使用公式(1.48)和公式(1.49)中的跃迁概率推导出简谐振子每个能级的占据数方程:

$$\dot{p}_0 = \gamma_\downarrow p_1 - \gamma_\uparrow p_0 \tag{1.58}$$

$$\dot{p}_1 = \gamma_\uparrow p_0 + 2\gamma_\downarrow p_2 - [\gamma_\downarrow + 2\gamma_\uparrow] p_1 \tag{1.59}$$

...

$$\dot{p}_n = n\gamma_\uparrow p_{n-1} + (n+1)\gamma_\downarrow p_{n+1} - [n\gamma_\downarrow + (n+1)\gamma_\uparrow] p_n \tag{1.60}$$

...

其中,我们定义了 $\gamma_{n\to n+1} \equiv (n+1)\gamma_\uparrow$ 和 $\gamma_{n\to n-1} \equiv n\gamma_\downarrow$.

练习 1.3 通过将公式(1.60)代入公式(1.57),证明

$$\dot{\bar{n}}_b = \gamma_\uparrow - \gamma\bar{n}_b \tag{1.61}$$

其中，耗散率 $\gamma = \gamma_\downarrow - \gamma_\uparrow$. 然后，利用上述 $\gamma_\downarrow$ 和 $\gamma_\uparrow$ 的定义以及公式(1.48)和公式(1.49)证明，对于公式(1.30)中的哈密顿量描述的线性强迫 $\hat{F}$，有

$$\gamma = \frac{x_{zp}^2}{\hbar^2}(S_{FF}(\Omega) - S_{FF}(-\Omega)) \tag{1.62}$$

公式(1.61)中的第一项由振子加热的涨落引起，而第二项描述了振子能量的指数衰减(或耗散)，其速率由力功率谱密度的正负频率的差异决定(公式(1.62)).

将公式(1.61)中的运动方程用能量重新表示，并代入 $\bar{n}_b = \dfrac{\bar{E}}{\hbar\Omega} - \dfrac{1}{2}$，我们可以得到

$$\dot{\bar{E}} = \frac{\hbar\Omega}{2}(\gamma_\uparrow + \gamma_\downarrow) - \gamma\bar{E} \tag{1.63}$$

$$= \frac{1}{2m}\bar{S}_{FF}(\Omega) - \gamma\bar{E} \tag{1.64}$$

其中，$\bar{S}_{FF}(\Omega)$ 是对称功率谱密度. 算符 $\hat{O}$ 的对称功率谱密度的一般定义为

$$\bar{S}_{OO}(\Omega) \equiv \frac{S_{OO}(\Omega) + S_{OO}(-\Omega)}{2} \tag{1.65}$$

为了得到最终的表达式，我们使用了 $\gamma_\downarrow$ 和 $\gamma_\uparrow$ 的定义以及公式(1.48)和公式(1.49). 虽然力 $\hat{F}$ 引入的耗散 γ 来自力功率谱密度的正负频率之差，但是涨落产生于总和. 对称功率谱密度具有广泛的物理意义. 例如，它们不仅可以量化从环境引入振子的涨落，而且，正如我们将在 3.3.4 小节中所看到的，还可以量化从理想光场的零差探测得到的频谱.

由于在热平衡状态下，$S_{FF}(\Omega)$ 和 $S_{FF}(-\Omega)$ 通过细致平衡(公式(1.52))而联系在一起，所以有可能将涨落的大小与耗散率联系起来. 使用公式(1.52)，对称力功率谱密度可以重新表达为

$$\bar{S}_{FF}(\Omega) = m\gamma\hbar\Omega(2\bar{n} + 1) \tag{1.66}$$

练习 1.4 请推导出这个结果.

这是量子版的涨落-耗散定理，它与公式(1.25)中给出的经典形式[166]相类似. 通过对公式(1.66)取高温经典极限，我们可以获取这种等价关系. 如果 $k_B T \gg \hbar\Omega$，则 $\coth(\hbar\Omega/(2k_B T)) \approx 2k_B T/(\hbar\Omega)$，所以

$$\bar{S}_{FF}(\Omega \ll k_B T/\hbar) = 2\gamma m k_B T \tag{1.67}$$

使用公式(1.66)，我们可以把与热环境耦合的振子能量的运动方程改写为

$$\dot{E} = \gamma \hbar \Omega \left(\bar{n} + \frac{1}{2} \right) - \gamma \bar{E} \tag{1.68}$$

这表明如果振子通过与热环境的耦合以 γ 的速率受到阻尼,那么它也将以 $\gamma \hbar \Omega (\bar{n} + 1/2)$ J·s^{-1}的速率加热.

一方面,敏锐的读者可能已经注意到与公式(1.68)和公式(1.61)中给出的能量和声子衰减的运动方程有关的一个难题,即衰减与振荡相位无关.另一方面,由于实际的机械振子经历的阻尼与它的速率成正比,因此,我们期望能量衰减在振子具有最大速率时的最大值和静止时的零之间振荡.严格来说,造成这种差异的原因是,1.2.2 小节中得出的向上和向下跃迁概率只适用于最初制备在机械福克态($|n\rangle$)上的机械振子,而且只适用于在短时间内回到态$|n\rangle$的跃迁,因此,干涉现象可以忽略不计.如果机械振子被制备在不同的状态下,如相干态或热态,则在进入每个能级的不同可能的路径之间会发生干涉.这种干涉导致了观察到的振荡的能量衰减.我们将在 1.4.7 小节中表明,公式(1.68)和公式(1.61)在旋转波近似的作用区域内普遍有效.这背后的基本物理原理是,要进行旋转波近似,需要振子具有高品质因子,而且相关的时间尺度比机械周期长.在这种情况下,能量衰减的振荡就会被平均化.

1.3 开放量子系统动力学的朗之万方程建模

在 1.2 节中,我们研究了外力对机械振子动力学的影响,得到了涨落-耗散定理的量子版本.现在我们将更广泛地考虑量子系统的开放动力学问题,通过引入量子朗之万方程对这类系统建模.其基本思想是将系统与大量(最终是无限)振子组成的热库进行耦合,如图 1.3 所示.通过这种方式,系统的动力学可能会受到热库存在的影响,而系统对每个单独的热库振子的影响仍然可以忽略不计.这样就有可能推导出描述系统动力学的方程,而不需要同时求解热库的动力学.这种方法是由朗之万在 1908 年引入的,用于研究布朗运动的经典统计力学.[170]20 世纪 80 年代和 90 年代,在量子光学领域的实验进展的推动下,为了将该方法扩展到开放量子过程和动力学,人们开发出了几种方法(例如参见文献[54,55,105,113,206,219]).由于它起源于经典统计力学,量子朗之万方法通常比其他已发展的开放量子系统模型的方法,如主方程(参见 5.1 节),更具有物理直观性.

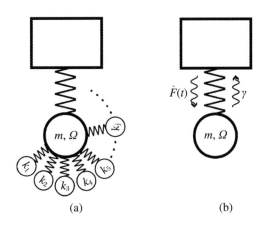

图 1.3　与环境耦合的量子系统(本例中是质量为 m、共振频率为 Ω 的机械振子)的图示
(a) 独立振子模型,其中量子系统通过弹性常量为 k_j 的弹簧耦合到一个大的环境振子系综.(b) 等效模型,与环境耦合的净结果是引入强迫 $\hat{F}(t)$ 和阻尼 γ.

　　量子朗之万方程已在许多教科书中得到了全面的处理,例如文献[111,310].这些处理方法通常利用了旋转波近似.这通常对量子光学问题是有效的,因为在这些问题中,光的频率通常比任何其他相关的频率快得多.旋转波近似通常对机械振子有效.但是由于它们的频率通常比光学频率约低 7 个数量级,因此情况并非总是如此.根据文献[105]和文献[118],我们简要地介绍一个非旋转波近似的量子朗之万方程,它适用于对量子光力系统进行建模.

1.3.1　势阱中粒子的量子朗之万方程

　　我们考虑在势 $\hat{V}(\hat{q})$ 中的量子系统.如图 1.3(a)所示,该势通过弹簧耦合到每个独立的热库振子系综,这就是所谓的独立振子模型[105].此模型与可能更加熟悉的 Caldeira-Leggett 模型(文献[54,55])密切相关.在此模型中,一个线性的位置-位置耦合作用被引入热库振子系综.虽然这两个模型产生了类似的结果,但在这里我们使用独立振子模型,因为 Caldeira-Leggett 模型需要引入一个非唯一的校正项来校正频率重正化效应,而这可能会导致错误的预测[55,105].在独立振子模型中,总的哈密顿量是

$$\hat{H} = \hat{H}_{\text{sys}} + \hat{H}_{\text{sys-bath}} \tag{1.69}$$

其中

$$\hat{H}_{\text{sys}} = \frac{\hat{p}^2}{2m} + \hat{V}(\hat{q}) \tag{1.70}$$

$$\hat{H}_{\text{sys-bath}} = \sum_j \left[\frac{\hat{p}_j^2}{2m_j} + \frac{k_j}{2}(\hat{q}_j - \hat{q})^2 \right] \tag{1.71}$$

其中,$\hat{q}_j$,$\hat{p}_j$,Ω_j,m_j 和 $k_j = m_j\Omega_j^2$ 分别是热库振子 j 的位置、动量、共振频率、质量和弹性常量.

练习 1.5 用公式(1.20)和公式(1.69)推导出算符 $\hat{q}$、$\hat{p}$、$\hat{q}_j$ 和 $\hat{p}_j$ 的海森伯运动方程.然后,消除动量算符,得到以下二阶微分方程:

$$m\ddot{\hat{q}} = -\frac{\partial \hat{V}(\hat{q})}{\partial \hat{q}} + \sum_j k_j(\hat{q}_j - \hat{q}) \tag{1.72a}$$

$$m_j\ddot{\hat{q}}_j = -k_j(\hat{q}_j - \hat{q}) \tag{1.72b}$$

公式(1.72b)的一般解是

$$\hat{q}_j = \hat{q}_j^h(t) + \hat{q}(t) - \int_{-\infty}^t \mathrm{d}t' \cos[\Omega_j(t - t')]\dot{\hat{q}}(t') \tag{1.73}$$

其中

$$\hat{q}_j^h(t) = \hat{q}_j(0)\cos(\Omega_j t) + \frac{\hat{p}_j(0)}{\Omega_j m_j}\sin(\Omega_j t) \tag{1.74}$$

它是通过省略公式(1.72b)中的 $\hat{q}$ 项而得到的齐次微分方程的解.正如在文献[105]中所详述的,将这个一般解代入公式(1.72a),可得到量子朗之万方程:

$$m\ddot{\hat{q}} + \int_{-\infty}^t \mathrm{d}t'\mu(t - t')\dot{\hat{q}}(t') + \frac{\partial \hat{V}(\hat{q})}{\partial \hat{q}} = \hat{F}(t) \tag{1.75}$$

其中,$\mu(t)$ 是一个记忆核,且

$$\hat{F}(t) = \sum_j k_j\hat{q}_j^h(t) \tag{1.76}$$

它是一个期望值为零的算符取值的随机力(operator-valued stochastic force).

记忆核 $\mu(t)$ 的具体表达式为

$$\mu(t) = \sum_j k_j\cos(\Omega_j t) \tag{1.77}$$

$$= \int_0^\infty \mathrm{d}\Omega\rho(\Omega)k(\Omega)\cos(\Omega t) \tag{1.78}$$

它表征了热库力消减的时间尺度,其中,我们在第二个方程中采取了连续极限,将总和表示为任意振子密度 $\rho(\Omega)$ 的积分.它的作用是对振子进行阻尼并移动其共振频率.这可以通过对公式(1.75)中的相关项进行傅里叶变换而得到.

练习 1.6 忽略初始条件产生的瞬态,表明

$$\mathcal{F}\left\{\int_{-\infty}^{t}\mathrm{d}t'\mu(t-t')\dot{\hat{q}}(t')\right\} = \mathcal{F}\left\{\int_{-\infty}^{\infty}\mathrm{d}t'\Theta(t-t')\mu(t-t')\dot{\hat{q}}(t')\right\}$$
$$= \left[k_{\text{bath}} - \mathrm{i}\omega m\gamma(\omega)\right]\hat{q}(\omega) \tag{1.79}$$

其中的系数是

$$k_{\text{bath}} = \int_0^\infty \mathrm{d}\Omega\rho(\Omega)k(\Omega) \tag{1.80a}$$

$$\gamma(\omega) = \frac{k(\omega)\rho(\omega)}{4m} \tag{1.80b}$$

其中,$\Theta(t)$ 是海维塞德阶梯函数,其傅里叶变换为 $\Theta(t) = \delta(\omega)/2 + \mathrm{i}/\omega$.需要用到傅里叶变换特性 $\mathcal{F}\{\dot{f}(t)\} = -\mathrm{i}\omega f(\omega)$ 和 $\mathcal{F}\{\cos(\Omega t)\} = \left[\delta(\omega-\Omega) + \delta(\omega+\Omega)\right]/2$.然后对公式(1.79)进行逆傅里叶变换,得

$$\int_{-\infty}^{t}\mathrm{d}t'\mu(t-t')\dot{\hat{q}}(t') = k_{\text{bath}}\hat{q}(t) + m\int_{-\infty}^{\infty}\mathrm{d}t'\gamma(t-t')\dot{\hat{q}}(t') \tag{1.81}$$

从这个结果可以看出,系统与热库的相互作用,既引入了预期的随频率变化的耗散 $\gamma(\omega)$,又引入了除裸系统势 $\hat{V}(\hat{q})$ 之外的具有弹性常量 k_{bath} 的简谐势.这个额外的势类似于原子能级由于与真空相互作用而表现出的兰姆移位.

按照保持因果关系的要求,将公式(1.81)中的积分上限设为 t,系统的量子朗之万方程(公式(1.75))就变成了

$$m\ddot{\hat{q}} + m\int_{-\infty}^{t}\mathrm{d}t'\gamma(t-t')\dot{\hat{q}}(t') + \frac{\partial\hat{V}(\hat{q})}{\partial\hat{q}} = \hat{F}(t) \tag{1.82}$$

其中,我们将热库引起的弹性常量纳入势中,即

$$\hat{V}(\hat{q}) \rightarrow \hat{V}(\hat{q}) + k_{\text{bath}}\hat{q}^2 \tag{1.83}$$

因此,我们看到求解量子系统耦合到大的热库振子系综组成的复合系统的动力学这一复杂问题,被简化为求解系统在阻尼 γ 和环境强迫 $\hat{F}(t)$ 时的动力学问题.图1.3(b)展示了此简化过程.

练习 1.7 假设热库振子处于热平衡状态,使用公式(1.76)中关于量子系统的热库强迫的表达式,表明力的功率谱密度 $S_{FF}(\omega)$ 和 $S_{FF}(-\omega)$ 分别是

$$S_{FF}(\omega) = 2m\gamma(\omega)\hbar\omega[\bar{n}(\omega) + 1] \tag{1.84a}$$

$$S_{FF}(-\omega) = 2m\gamma(\omega)\hbar\omega\bar{n}(\omega) \tag{1.84b}$$

其中,有

$$\bar{n}(\omega) = \frac{1}{e^{\hbar\omega/(k_B T)} - 1} \tag{1.85}$$

使用这些表达式来验证独立振子模型满足公式(1.66)中的量子涨落-耗散定理,并且得到的 $\gamma(\omega)$ 应该与公式(1.80b)一致.

1. 一般系统算符的量子朗之万方程

在上一节中,对于处在与热库耦合的势 $\hat{V}(\hat{q})$ 中的一个量子粒子,我们推导出了位置算符的量子朗之万方程.我们可以直接将该结果推广到其他任意的系统算符 $\hat{O}$.基于公式(1.69)的哈密顿量,海森伯运动方程为

$$\dot{\hat{O}} = \frac{1}{i\hbar}[\hat{O}, \hat{H}_{\text{sys}}] + \frac{1}{i\hbar}[\hat{O}, \hat{H}_{\text{sys-bath}}] \tag{1.86}$$

$$= \frac{1}{i\hbar}[\hat{O}, \hat{H}_{\text{sys}}] - \frac{1}{2i\hbar}\sum_j k_j \{[\hat{O}, \hat{q}], \hat{q}_j - \hat{q}\}_+ \tag{1.87}$$

其中,反对易关系定义为 $\{\hat{A}, \hat{B}\}_+ = \hat{A}\hat{B} + \hat{B}\hat{A}$.我们有对易关系 $[\hat{A}, \hat{B}^2] = \{[\hat{A}, \hat{B}], \hat{B}\}_+$,并明确地假设所有系统算符都与热库对易($[\hat{O}, \hat{q}_j] = 0$).

练习 1.8 用公式(1.73)替换 $\hat{q}_j - \hat{q}$,证明:

$$\dot{\hat{O}} = \frac{1}{i\hbar}[\hat{O}, \hat{H}_{\text{sys}}] - \frac{1}{i\hbar}[\hat{O}, \hat{q}]\hat{F}(t) + \frac{m}{2i\hbar}\left\{[\hat{O}, \hat{q}], \int_{-\infty}^{t} dt' \gamma(t-t')\dot{\hat{q}}(t')\right\}_+ \tag{1.88}$$

此处需要用到公式(1.76)和公式(1.77)中的 $\hat{F}(t)$ 和 $\mu(t)$,以及公式(1.81),并且再次将热库诱导的弹性常量 k_{bath} 引入系统的哈密顿量中.

2. 马尔可夫极限

恒定摩擦力导致的线性阻尼的极限情况对量子振子和许多其他量子系统的动力学特别相关.将 $\gamma(t) = \gamma\delta(t)$ 代入公式(1.82),即所谓的一阶马尔可夫近似[113],我们得到以下熟悉的量子马尔可夫朗之万方程:

$$m\ddot{\hat{q}} + m\gamma\dot{\hat{q}} + \frac{\partial\hat{V}(\hat{q})}{\partial\hat{q}} = \hat{F}(t) \tag{1.89}$$

同样代入公式(1.88)，我们得到一般观测量算符$\hat{O}$的量子马尔可夫朗之万方程：

$$\dot{\hat{O}} = \frac{1}{i\hbar}[\hat{O}, \hat{H}_{sys}] - \frac{1}{i\hbar}[\hat{O}, \hat{q}]\hat{F}(t) + \frac{m}{2i\hbar}\{[\hat{O}, \hat{q}], \gamma\dot{\hat{q}}(t)\}_+ \qquad (1.90)$$

对于经典过程，马尔可夫近似给出无记忆（或马尔可夫）的热库耦合，这由 δ 关联的热库强迫表征.然而，对于量子过程来说，情况通常并非如此.在一阶马尔可夫近似下，就我们的特殊情况而言，对称的力自关联函数[105]是

$$\frac{1}{2}\langle \hat{F}(t)\hat{F}(t') + \hat{F}(t')\hat{F}(t)\rangle = m\gamma k_B T \frac{d}{dt}\left\{\coth\left[\frac{\pi k_B T}{\hbar}(t - t')\right]\right\} \qquad (1.91)$$

这显然不是一个 δ 函数.相比之下，在 $\hbar \to 0$ 的经典极限情况下，自关联函数变成了

$$\frac{1}{2}\langle \hat{F}(t)\hat{F}(t') + \hat{F}(t')\hat{F}(t)\rangle_{\hbar \to 0} = 2m\gamma k_B T\delta(t - t') \qquad (1.92)$$

这正如对无记忆过程的预期.因此，热库和量子振子之间的线性耦合并不是严格的马尔可夫过程.然而，公式(1.91)中的函数在 $t \sim t'$ 处确有一个尖锐的峰值，其特征时间尺度为 $\hbar/(k_B T)$.当振子衰减量子能量的不确定性 $\hbar\gamma$ 远小于热能 $k_B T$ 时，振子的衰减时间 $2\pi/\gamma$ 远小于这个特征时间尺度.就所有的意图和目的而言，力 $\hat{F}(t)$ 可以被看作具备 δ 关联特性，即热库耦合满足马尔可夫过程.对于在室温下的振子，$\hbar/(k_B T)$ 是 10 fs，而在 10 mK时 $\hbar/(k_B T)$ 是 1 ns.在这两种情况下，特征时间尺度都明显短于量子光力学实验中所用振子的衰减时间.因此，我们把公式(1.90)称为马尔可夫量子朗之万方程，尽管应该意识到这只是一种有效近似.

一般来说，用无量纲位置算符 $\hat{Q}$（参见式(1.13)）和无量纲输入动量涨落来重新表达公式(1.90)是方便的：

$$\hat{P}_{in}(t) = \frac{i}{\sqrt{2}}[a_{in}^\dagger(t) - a_{in}(t)] \qquad (1.93)$$

$$\equiv \frac{x_{zp}\hat{F}(t)}{\hbar\sqrt{\gamma}} \qquad (1.94)$$

相应地，马尔可夫量子朗之万方程变成

$$\dot{\hat{O}} = \frac{1}{i\hbar}[\hat{O}, \hat{H}_{sys}] + i\sqrt{2\gamma}[\hat{O}, \hat{Q}]\hat{P}_{in}(t) + \frac{1}{2iQ}\{[\hat{O}, \hat{Q}], \dot{\hat{Q}}(t)\}_+ \qquad (1.95)$$

其中，$Q = \Omega/\gamma$ 是振子的品质因子，但不要与无量纲位置算符 $\hat{Q}$ 相混淆.

1.3.2 简谐振子的动力学

朗之万方程提供了一种研究一般量子系统与其环境进行线性相互作用的动力学方法.这里,作为一个特别相关的例子,我们用公式(1.90)来研究一个简单的谐振子与马尔可夫热库相互作用的简单情况.海森伯绘景中湮灭算符 $a(t)$ 的动力学可以通过将简单谐振子的哈密顿量(公式(1.19))代入公式(1.90)的量子朗之万方程,并设定 $\hat{O} = a$ 来确定,从而得到动态随机运动方程:

$$\dot{a} = -\mathrm{i}\Omega a + \frac{\gamma}{2}(a^{\dagger} - a) + \frac{\mathrm{i}x_{\mathrm{zp}}\hat{F}(t)}{\hbar} \tag{1.96}$$

练习1.9 请推导出上述结果.

利用公式(1.13)中的关系,可以直接获得主导位置和动量算符的动态方程:

$$\dot{\hat{Q}} = \Omega\hat{P} \tag{1.97a}$$

$$\dot{\hat{P}} = -\Omega\hat{Q} - \gamma\hat{P} + \sqrt{2\gamma}\hat{P}_{\mathrm{in}} \tag{1.97b}$$

从这些运动方程中,我们立即观察到,正如对黏性无记忆强迫的预期,阻尼和涨落只出现在振子的动量上.

$\hat{P}_{\mathrm{in}}(t)$ 的正负频率功率谱密度可以通过对公式(1.94)进行傅里叶变换,并使用公式(1.43)和公式(1.84)得到,其结果是

$$S_{P_{\mathrm{in}}P_{\mathrm{in}}}(\omega) = \frac{\omega}{\Omega}\left[\bar{n}(\omega) + 1\right] \tag{1.98a}$$

$$S_{P_{\mathrm{in}}P_{\mathrm{in}}}(-\omega) = \frac{\omega}{\Omega}\bar{n}(\omega) \tag{1.98b}$$

图1.4显示了对称的热库功率谱密度 $\bar{S}_{P_{\mathrm{in}}P_{\mathrm{in}}}(\omega) = \left[S_{P_{\mathrm{in}}P_{\mathrm{in}}}(-\omega) + S_{P_{\mathrm{in}}P_{\mathrm{in}}}(\omega)\right]/2$ 与频率 ω 的函数.在频率 $\hbar\omega/(k_{\mathrm{B}}T) \ll 1$ 的情况下,热库功率谱密度是平坦的,大致等于 $\hbar\omega/(k_{\mathrm{B}}T)$,而与表现出平坦频谱的经典马尔可夫过程相反,在较高的频率下,热库功率谱密度随频率呈现出线性增长趋势.

通常方便的做法是进行所谓的量子光学近似,即认为公式(1.98)中的热库功率谱密度在频谱上是平坦的,并且有

$$S_{P_{\mathrm{in}}P_{\mathrm{in}}}(\omega) = \bar{n} + 1 \tag{1.99a}$$

$$S_{P_{in}P_{in}}(-\omega) = \bar{n} \tag{1.99b}$$

此后,在本书中我们定义 $\bar{n} \equiv \bar{n}(\Omega)$,即对应缺少参数 ω 的情况,平均光子数应该取振子共振频率 Ω 处的值.这个近似值在两个区域内是准确的.第一个区域是半经典区域,其中 $\hbar\omega/(k_BT)\ll1$,热库涨落由热噪声所支配.正如上一段所讨论的,在这个区域,功率谱密度是平坦的.第二个区域是振子具有足够高的品质因子,所有感兴趣的频率都位于 Ω 周围的一个窄带内.在这个窄带内,即使在 $\hbar\omega/(k_BT)\gg1$ 极限下,功率谱密度也基本上是平坦的.一般来说,微米和纳米机械振子位于第一个区域,而光腔场位于第二个区域.

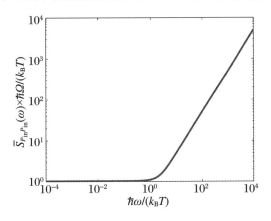

图 1.4 对称的热库功率谱密度 $\bar{S}_{P_{in}P_{in}}(\omega) = [S_{P_{in}P_{in}}(-\omega) + S_{P_{in}P_{in}}(\omega)]/2$ 与 $\hbar\omega/(k_BT)$ 的关系图

1. 振子的极化率

振子的机械动力学可以完全用位置算符来表示,将公式(1.97a)中的 $\hat{P}$ 代入公式(1.97b),即可获得

$$\ddot{\hat{Q}} + \gamma\dot{\hat{Q}} + \Omega^2\hat{Q} = \sqrt{2\gamma}\Omega\hat{P}_{in} \tag{1.100}$$

此方程可以在频域中方便地求解.通过进行傅里叶变换,我们发现

$$\hat{Q}(\omega) = \sqrt{2\gamma}\chi(\omega)\hat{P}_{in}(\omega) \tag{1.101}$$

其中,$\chi(\omega)$ 是极化率,它量化了振子对外力的响应,并且是频率的函数,在此定义为

$$\chi(\omega) \equiv \frac{\Omega}{\Omega^2 - \omega^2 - i\omega\gamma} \tag{1.102}$$

该极化率是一个广义的洛伦兹函数.对高品质因子的振子($Q\equiv\Omega/\gamma\gg1$)来说,在振子的共振频率处表现出一个尖锐的峰值,在 $\omega=0$ 附近区域衰减到一个非零的平台,即 $|\chi(0)/\chi(\Omega)| = Q^{-1}$,并在足够大的频率下向零衰减(参见图1.5).

1.3.3 通过边带不对称性确定谐振子的温度

在1.2.3小节中,我们介绍了一个基于振子频率的正负力功率谱密度之比的方法来定义振子温度.这个定义基于这样一个事实:在热平衡状态下,Ω处的力功率谱密度大于$-\Omega$处的力功率谱密度(参见公式(1.99)).强迫力的这种边带不对称性导致了振子的可直接测量的位置功率谱密度的等效边带不对称性.公式(1.101)将机械位置与频域中的力噪声联系起来.然后,用公式(1.43)确定$\pm\Omega$处的位置功率谱密度为

$$S_{QQ}(\Omega) = 2\gamma \,|\, \chi(\Omega)\,|^2 S_{P_{in}P_{in}}(\Omega) \tag{1.103a}$$

$$S_{QQ}(-\Omega) = 2\gamma \,|\, \chi(-\Omega)\,|^2 S_{P_{in}P_{in}}(-\Omega) \tag{1.103b}$$

从公式(1.102)中我们可以看到$|\,\chi(-\Omega)\,|^2 = |\,\chi(\Omega)\,|^2$.因此,公式(1.54)中给出的热平衡振子的温度和声子数可以直接用可测量的机械位置功率谱密度重新表示为

$$T = \frac{\hbar\Omega}{k_B}\left[\ln\left(\frac{S_{QQ}(\Omega)}{S_{QQ}(-\Omega)}\right)\right]^{-1} \tag{1.104a}$$

$$\bar{n} = \left(\frac{S_{QQ}(\Omega)}{S_{QQ}(-\Omega)} - 1\right)^{-1} \tag{1.104b}$$

使用正负频率功率谱密度的比值来确定振子的温度的一个特别有吸引力的特点是,原则上它是一个绝对和无须校准的测量.因此,公式(1.104)经常被用于离子囚禁实验,最近还被应用于一些量子光力学实验(例如文献[48,244,308]).

1.3.4 从 $\bar{S}_{QQ}(\omega)$ 的积分确定等效振子温度

在某些情况下,不能独立地直接测量位置功率谱密度的正负频率分量.最明显的情况是对与振子相互作用后的光场或微波场相位进行的零差探测(参见3.3.3小节).相反,这种测量确定了对称功率谱密度$\bar{S}_{QQ}(\omega) = [S_{QQ}(\omega) + S_{QQ}(-\omega)]/2$.尽管还需要精确的校准,但基于对称功率谱密度仍可以确定振子的温度.

一个具有弹性常量k的振子具有势能$\hat{U} = k\hat{q}^2/2$.因此,它在很长一段时间内的平均势能是

$$\bar{U} = \frac{1}{2}k \lim_{\tau \to \infty} \frac{1}{\tau}\int_{-\tau/2}^{\tau/2}\langle\hat{q}^2(t)\rangle\mathrm{d}t \tag{1.105}$$

使用帕塞瓦尔定理[①],可以用振子的位置功率谱密度将公式(1.105)表示为

$$\overline{U} = \frac{k}{4\pi} \int_{-\infty}^{\infty} \mathrm{d}\omega\, S_{qq}(\omega) \tag{1.106}$$

$$= \frac{k}{4\pi} \int_{0}^{\infty} \mathrm{d}\omega \left[S_{qq}(\omega) + S_{qq}(-\omega) \right] \tag{1.107}$$

$$= \frac{k}{2\pi} \int_{0}^{\infty} \mathrm{d}\omega\, \overline{S}_{qq}(\omega) \tag{1.108}$$

从中我们可以看到,1.2.4 小节中定义的对称功率谱密度 $\overline{S}_{qq}(\omega)$ 与振子的能量密切相关.在热平衡状态下,振子的平均动能和势能相等,所以时间平均的总能量为

$$\overline{E} = \hbar\Omega \left(\overline{n} + \frac{1}{2} \right) = \frac{k}{\pi} \int_{0}^{\infty} \mathrm{d}\omega\, \overline{S}_{qq}(\omega) \tag{1.109}$$

这使得我们可以通过实验上的位置功率谱密度确定振子中量子的平均数.然后,通过公式(1.54)可以很容易得到振子的温度.用无量纲的位置算符,公式(1.109)简化为

$$\frac{1}{\pi} \int_{0}^{\infty} \mathrm{d}\omega\, \overline{S}_{QQ}(\omega) = \overline{n} + \frac{1}{2} \tag{1.110}$$

练习 1.10 在 $\Omega \gg \gamma$ 极限下,解析计算公式(1.110)的积分,以确认独立振子模型正确地预测了在该极限中的 $\overline{n}$.此处需要使用公式(1.99)中的机械热库功率谱密度和公式(1.101)中 $\hat{Q}(\omega)$ 的频域表达式.

对于一个远离热平衡的振子,可以很自然地使用与公式(1.55)相同的方式来定义有效温度和用公式(1.110)来确定振子中量子的有效平均数.

1.4 旋转波近似的朗之万方程

一般来说,在量子光学中,尤其是在光力学中,热库耦合率比系统中的其他相关速率小得多.在这种情况下,对公式(1.69)中的系统-热库的哈密顿量进行旋转波近似,忽略非能量守恒项,并得出新的旋转波量子朗之万方程是非常有益的.将 $\hat{q} = x_{\mathrm{zp}}(a^{\dagger} + a)$,$\hat{p} = \mathrm{i} p_{\mathrm{zp}}(a^{\dagger} - a)$,$\hat{q}_j = x_{\mathrm{zp},j}(a_j^{\dagger} + a_j)$,$\hat{p}_j = \mathrm{i} p_{\mathrm{zp},j}(a_j^{\dagger} - a_j)$ 代入公式(1.69),并忽略反旋

[①] 对于算符 $\hat{O}$,帕塞瓦尔定理表明:$\lim\limits_{\tau \to \infty} \dfrac{1}{\tau} \int_{-\tau/2}^{\tau/2} \mathrm{d}t \langle \hat{O}^{\dagger}(t)\hat{O}(t) \rangle = \dfrac{1}{2\pi} \int_{-\infty}^{\infty} \mathrm{d}\omega\, S_{OO}(\omega) = \dfrac{1}{\pi} \int_{0}^{\infty} \mathrm{d}\omega\, \overline{S}_{OO}(\omega).$

转项 $aa, a^\dagger a^\dagger, a_j^\dagger a_j^\dagger$ 和 $a_j a_j$. 我们进一步作典型的变换: $a_j \to \mathrm{i}a_j$, 以保持与文献的一致性, 并为了后续符号的使用方便. 这就产生了一个新的哈密顿量形式:

$$\hat{H}_{\mathrm{RWA}} = \hat{H}_{\mathrm{sys}} + \sum_j \left[\hbar\Omega_j a_j^\dagger a_j + \mathrm{i}\hbar\gamma_j (a_j a^\dagger - a_j^\dagger a) \right] \tag{1.111}$$

其中, γ_j 定义了与每个热库振子 j 的耦合强度. 我们已经忽略热库的零点能量, 因为这对系统的动力学没有任何影响. 然后, 可以用与上面类似的方法推导出旋转波量子朗之万方程. 关于这个过程的细节, 请读者参考文献[113]. 在马尔可夫极限下, 得到的方程是

$$\dot{\hat{O}} = \frac{1}{\mathrm{i}\hbar}[\hat{O}, \hat{H}_{\mathrm{sys}}] - [\hat{O}, a^\dagger]\left(\frac{\gamma}{2}a - \sqrt{\gamma}a_{\mathrm{in}}(t)\right) + \left(\frac{\gamma}{2}a^\dagger - \sqrt{\gamma}a_{\mathrm{in}}^\dagger(t)\right)[\hat{O}, a] \tag{1.112}$$

这里强迫项表示为输入噪声算符:

$$a_{\mathrm{in}}(t) \equiv \frac{1}{2\pi}\int_{-\infty}^{\infty}\mathrm{d}\omega \, \mathrm{e}^{-\mathrm{i}\omega(t-t_-)} a_-(\omega) \tag{1.113}$$

其中, $a_-(\omega)$ 是在某个初始时刻 $t_- < t$ 时具有共振频率 ω 的热库振子的湮灭算符, 它来自对热库算符之和 a_j 进行的连续求极限. 请注意, 将公式(1.113)中的积分取到负无穷大显然是不符合物理学原理的, 这是因为它包括了频率为负的热库振子. 然而, 只要系统动力学被限制在一个与零较好分离的狭窄频率带, 就像具有高品质因子的简谐振子那样, 这种近似就是合理的. 在这个近似中, 公式(1.113)只是一个逆傅里叶变换(参见公式(1.27b)). 在这种情况下, 频域中输入噪声算符为 $a_{\mathrm{in}}(\omega) = a_-(\omega)\mathrm{e}^{\mathrm{i}\omega t_-}$.

通过检查公式(1.113), 我们立即看到 $a_{\mathrm{in}}(t)$ 和 $a_-(\omega)$ 的单位不一样. 事实上, $\hat{n}_{\mathrm{in}}(t) = a_{\mathrm{in}}^\dagger(t)a_{\mathrm{in}}(t)$ 是时刻 t 时从环境中入射到系统的量子(如声子或光子)的通量, 单位为 s^{-1}. 在这个图像中, 可以认为系统在每个时刻 t 与一个由公式(1.113)定义的 δ 类似的热库模式相互作用. 该热库模式与之前或之后的其他热库模式无关.

1.4.1　对易和关联关系

输入噪声算符 $a_{\mathrm{in}}(t)$ 及其共轭 $a_{\mathrm{in}}^\dagger(t)$ 服从如下对易和关联关系:

$$[a_{\mathrm{in}}(t), a_{\mathrm{in}}^\dagger(t')] = \delta(t - t') \tag{1.114a}$$

$$[a_{\mathrm{in}}(t), a_{\mathrm{in}}(t')] = [a_{\mathrm{in}}^\dagger(t), a_{\mathrm{in}}^\dagger(t')] = 0 \tag{1.114b}$$

$\delta(t)$ 为狄拉克-德尔塔函数, 假设输入处于热态, 则它们服从如下关联关系:

$$\langle a_{\text{in}}^{\dagger}(t) a_{\text{in}}(t') \rangle = \bar{n} \delta(t - t') \tag{1.115a}$$

$$\langle a_{\text{in}}(t) a_{\text{in}}^{\dagger}(t') \rangle = (\bar{n} + 1) \delta(t - t') \tag{1.115b}$$

$$\langle a_{\text{in}}(t) a_{\text{in}}(t') \rangle = \langle a_{\text{in}}^{\dagger}(t) a_{\text{in}}^{\dagger}(t') \rangle = 0 \tag{1.115c}$$

相应的频域对易和关联关系可以直接从各自的时域表达式中推导出来,并且它们是相同的,只是在整个过程中需要替换 $t \to \omega$.

练习 1.11 基于 $[a_-(\omega), a_-^{\dagger}(\omega')] = \delta(\omega - \omega')$,求出公式(1.114)中的对易关系.

从公式(1.114)和公式(1.115)可以直接看出,无量纲的热库位置算符 $\hat{Q}_{\text{in}} = (a_{\text{in}}^{\dagger} + a_{\text{in}})/\sqrt{2}$ 和动量算符 $\hat{P}_{\text{in}} = \text{i}(a_{\text{in}}^{\dagger} - a_{\text{in}})/\sqrt{2}$ 满足如下对易和关联关系:

$$[\hat{Q}_{\text{in}}(t), \hat{P}_{\text{in}}(t')] = \text{i} \delta(t - t') \tag{1.116a}$$

$$[\hat{Q}_{\text{in}}(t), \hat{Q}_{\text{in}}(t')] = [\hat{P}_{\text{in}}(t), P_{\text{in}}(t')] = 0 \tag{1.116b}$$

$$\langle \hat{Q}_{\text{in}}(t) \hat{Q}_{\text{in}}(t') \rangle = \langle \hat{P}_{\text{in}}(t) \hat{P}_{\text{in}}(t') \rangle = \left(\bar{n} + \frac{1}{2} \right) \delta(t - t') \tag{1.116c}$$

$$\langle \hat{Q}_{\text{in}}(t) \hat{P}_{\text{in}}(t') \rangle = - \langle \hat{P}_{\text{in}}(t) \hat{Q}_{\text{in}}(t') \rangle = \frac{\text{i}}{2} \delta(t - t') \tag{1.116d}$$

而频域的位置算符 $\hat{Q}_{\text{in}}(\omega) = [a_{\text{in}}^{\dagger}(-\omega) + a_{\text{in}}(\omega)]/\sqrt{2}$ 和动量算符 $\hat{P}_{\text{in}}(\omega) = \text{i}[a_{\text{in}}^{\dagger}(-\omega) - a_{\text{in}}(\omega)]/\sqrt{2}$ 满足以下方程组:

$$[\hat{Q}_{\text{in}}^{\dagger}(\omega), \hat{P}_{\text{in}}(\omega')] = [\hat{Q}_{\text{in}}(\omega), \hat{P}_{\text{in}}^{\dagger}(\omega')] = \text{i} \delta(\omega - \omega') \tag{1.117a}$$

$$[\hat{Q}_{\text{in}}(\omega), \hat{Q}_{\text{in}}(\omega')] = [\hat{P}_{\text{in}}(\omega), \hat{P}_{\text{in}}(\omega')] = 0 \tag{1.117b}$$

$$\langle \hat{Q}_{\text{in}}^{\dagger}(\omega) \hat{Q}_{\text{in}}(\omega') \rangle = \langle \hat{P}_{\text{in}}^{\dagger}(\omega) \hat{P}_{\text{in}}(\omega') \rangle = \left(\bar{n} + \frac{1}{2} \right) \delta(\omega - \omega') \tag{1.117c}$$

$$\langle \hat{Q}_{\text{in}}^{\dagger}(\omega) \hat{P}_{\text{in}}(\omega') \rangle = - \langle \hat{P}_{\text{in}}^{\dagger}(\omega) \hat{Q}_{\text{in}}(\omega') \rangle = \frac{\text{i}}{2} \delta(\omega - \omega') \tag{1.117d}$$

1.4.2 在旋转波近似下热库的功率谱密度和不确定性关系

从公式(1.117c)和公式(1.117d)中的关联关系来看,在旋转波近似中,无量纲的热库位置和动量算符的功率谱密度可以表示为

$$S_{Q_{\text{in}} Q_{\text{in}}}(\pm \omega) = S_{P_{\text{in}} P_{\text{in}}}(\pm \omega) = \bar{n} + \frac{1}{2} \tag{1.118a}$$

$$S_{Q_{\text{in}} P_{\text{in}}}(\pm \omega) = - S_{P_{\text{in}} Q_{\text{in}}}(\pm \omega) = \frac{\text{i}}{2} \tag{1.118b}$$

其中，$S_{Q_{in}P_{in}}(\pm\omega)$ 和 $S_{P_{in}Q_{in}}(\pm\omega)$ 是热库位置和动量算符之间的交叉谱密度. 为了得到这些表达式，我们使用了公式(1.43)和交叉谱密度. 对于两个任意的算符 $\hat{A}$ 和 $\hat{B}$，交叉谱密度在对公式(1.43)的直接扩展中被定义为

$$S_{AB}(\omega) = \int_{-\infty}^{\infty} d\tau e^{i\omega\tau} \langle \hat{A}^{\dagger}(t+\tau)\hat{B}(t)\rangle_{t=0} = \int_{-\infty}^{\infty} d\omega' \langle \hat{A}^{\dagger}(-\omega)\hat{B}(\omega')\rangle \quad (1.119)$$

但与自功率谱密度 $S_{AA}(\omega)$ 不同，交叉功率谱密度可以是复数.

练习 1.12　使用公式(1.119)，证明：

$$S_{AB}(\omega) = S_{BA}^{*}(\omega) \quad (1.120)$$

我们从公式(1.118)中看到，与非旋转坐标系的热库功率谱密度(参见公式(1.99))相比，在旋转坐标系内，热库功率谱密度在频率上是对称的.

公式(1.117a)中的对易关系导致了热库位置算符和动量功率谱之间的不确定性原则：

$$S_{Q_{in}Q_{in}}(\omega)S_{P_{in}P_{in}}(\omega) \geqslant \frac{1}{4} \quad (1.121)$$

从公式(1.118a)中可以看出，对于真空状态($\bar{n}=0$)[①]，它趋于饱和的不确定性原理.

练习 1.13　使用公式(1.118)表明，形式为 $\hat{A}(t) = f(t)*\hat{Q}_{in}(t) + g(t)*\hat{P}_{in}(t)$ 的厄米算符的对称功率谱密度为

$$\bar{S}_{AA}(\omega) = |f(\omega)|^{2}S_{Q_{in}Q_{in}}(\omega) + |g(\omega)|^{2}S_{P_{in}P_{in}}(\omega) \quad (1.122)$$

$$= (|f(\omega)|^{2} + |g(\omega)|^{2})\left(\bar{n} + \frac{1}{2}\right) \quad (1.123)$$

其中，$f(t)$ 和 $g(t)$ 是任意函数，如果 $\hat{A}(t)$ 是厄米的，则它们必须为实数.

上述练习提供了一个有用的结果，即在任何观测对象的测量的对称功率谱密度中，热库交叉相关项 $S_{Q_{in}P_{in}}(\pm\omega)$ 和 $S_{P_{in}Q_{in}}(\pm\omega)$ 相互抵消.

---

① 这可以用类似于我们将在 4.4.8 小节中处理机械振子和外部光场之间的纠缠的方法得出. 简而言之，通过定义一个适当的归一化热库谱模式 $u(\omega)$，其无量纲位置算符 $\hat{Q}_{u,in}(\omega) = u(\omega)\hat{Q}_{in}(\omega)$ 和动量算符 $\hat{P}_{u,in}(\omega) = u(\omega)\hat{P}_{in}(\omega)$；在 $u(\omega) = \delta(\omega')$ 的情况下，计算这些正交分量的功率谱密度. 即对应于某个频率 ω' 的热库涨落的模式；使用功率谱密度来确定模式 u 的正交分量方差；从而表明 $\sigma^2(\hat{Q}_{u,in}) = S_{Q_{in}Q_{in}}(\omega')$ 和 $\sigma^2(\hat{P}_{u,in}) = S_{P_{in}P_{in}}(\omega')$. 然后，由公式(1.117a)直接得出结果.

1.4.3 输入-输出关系

与上面描述的步骤类似,但在时刻 $t_+ > t$ 时定义热库的初始条件,允许输出模式与公式(1.113)的输入模式类似地被定义为

$$a_{\text{out}}(t) \equiv \frac{1}{2\pi} \int_{-\infty}^{\infty} \mathrm{d}\omega \mathrm{e}^{-\mathrm{i}\omega(t-t_+)} a_+(\omega) \tag{1.124}$$

其中,$a_+(\omega)$ 是 t_+ 时刻具有共振频率 ω 的热库振子的湮灭算符.可以直接表明,a_{out} 满足与 a_{in} 相同的对易关系.然后,我们可以推导出一个时间反演的量子朗之万方程.在与公式(1.112)一致的要求下,运用输入-输出关系[113]:

$$a_{\text{out}}(t) = a_{\text{in}}(t) - \sqrt{\gamma} a(t) \tag{1.125}$$

因为这是线性关系,所以它可直接转化为位置和动量算符:

$$\hat{Q}_{\text{out}}(t) = \hat{Q}_{\text{in}}(t) - \sqrt{\gamma} \hat{Q}(t) \tag{1.126a}$$

$$\hat{P}_{\text{out}}(t) = \hat{P}_{\text{in}}(t) - \sqrt{\gamma} \hat{P}(t) \tag{1.126b}$$

在许多情况下,很难通过实验来获取或控制量子系统的输入和输出.例如,机械振子运动驱使能量进入环境,引起声子损失.通常情况下,这些声子损失进入环境的许多振动模式,并不能被隔离以使它们被测量或注入另一个量子系统.然而,在某些情况下,有可能对隔离通道的耦合率进行设计,使其与所有不受控制的耦合率之和相当,甚至超过它们.光腔是一个很好的例子,其中,输入和输出耦合器的传输通常可以被设计为实现一个对环境的不受控(由光子散射和吸收导致)的耦合率.对于机械振子也可以采取类似的方法,即通过设计其与声子波导的耦合.对已知的隔离通道,在可以实现可观耦合率的情况下,公式(1.125)对于确定与系统相互作用后的通道内的场属性是特别有用的.

1.4.4 旋转波近似下的简谐振子动力学

在 1.3.2 小节中,我们研究了不采用旋转波近似的简谐振子的动力学.虽然旋转波近似是一个强大的工具,可以显著地简化许多问题,但了解它的适用范围是很重要的.为此,我们现在对使用旋转波近似预测的动力学进行分析.

在旋转波近似的情况下,振子的动力学可以通过类似于我们之前的一般动力学的结

果来确定.使用公式(1.112)的旋转波量子朗之万方程,我们发现运动方程为

$$\dot{a} = -\mathrm{i}\Omega a - \frac{\gamma}{2} a + \sqrt{\gamma} a_{\mathrm{in}} \tag{1.127a}$$

$$\dot{\hat{Q}} = \Omega \hat{P} - \frac{\gamma}{2} \hat{Q} + \sqrt{\gamma} \hat{Q}_{\mathrm{in}} \tag{1.127b}$$

$$\dot{\hat{P}} = -\Omega \hat{Q} - \frac{\gamma}{2} \hat{P} + \sqrt{\gamma} \hat{P}_{\mathrm{in}} \tag{1.127c}$$

公式(1.96)中的反旋转项并不存在于公式(1.127a)中,正如人们从旋转波近似中所期望的那样,耗散和涨落现在被平均地分布在位置和动量上.这有一定的意义,因为旋转波近似可以被认为是在整个振荡周期内对热库的相互作用进行了平均化.

1. 旋转波近似下的机械极化率

对公式(1.127b)和公式(1.127c)进行傅里叶变换,并忽略初始条件引起的瞬时变化,可得到

$$\hat{Q}(\omega) = \left(\frac{1}{\gamma/2 - \mathrm{i}\omega} \right) \left[\Omega \hat{P}(\omega) + \sqrt{\gamma} \hat{Q}_{\mathrm{in}}(\omega) \right] \tag{1.128a}$$

$$\hat{P}(\omega) = \left(\frac{1}{\gamma/2 - \mathrm{i}\omega} \right) \left[-\Omega \hat{Q}(\omega) + \sqrt{\gamma} \hat{P}_{\mathrm{in}}(\omega) \right] \tag{1.128b}$$

这些方程组可以同时求解 $\hat{Q}(\omega)$,其结果是

$$\hat{Q}(\omega) = \sqrt{\gamma} \chi_P^{\mathrm{RWA}}(\omega) \hat{P}_{\mathrm{in}}(\omega) + \sqrt{\gamma} \chi_Q^{\mathrm{RWA}}(\omega) \hat{Q}_{\mathrm{in}}(\omega) \tag{1.129}$$

我们看到,在旋转波近似中,机械位置经历了来自热库位置和动量的强迫,具有以下极化率:

$$\chi_Q^{\mathrm{RWA}}(\omega) = \frac{\gamma/2 - \mathrm{i}\omega}{\Omega^2 - \omega^2 - \mathrm{i}\gamma\omega + (\gamma/2)^2} \tag{1.130a}$$

$$\chi_P^{\mathrm{RWA}}(\omega) = \frac{\Omega}{\Omega^2 - \omega^2 - \mathrm{i}\gamma\omega + (\gamma/2)^2} \tag{1.130b}$$

这显然与非近似解(公式(1.101))有很大的不同,无论在极化率强度的函数形式,还是在位置驱动的引入方面.为了说明这些差异,图1.5绘制了两个不同品质因子振子的有无旋转波近似的极化率.很明显,对于低频振荡(图1.5(a)),低估了在低频下的动量强迫[1].而额外的位置强迫在频率 $\omega \ll \Omega$ 下可以忽略,但在 $\omega = \Omega$ 时与动量强迫旗鼓相当,在

---

[1] 由于公式(1.129)也缺少了公式(1.101)中的一个 $\sqrt{2}$ 系数,所以图中没有充分体现出来.

$\omega \gg \Omega$ 时占主导地位.然而,即使对于中等品质因子 $Q = \Omega/\gamma = 8$(图 1.5(b))的情况,旋转波近似也准确地再现了正确的极化率.事实上,在高品质因子振子的极限中,$\Delta = \Omega - \omega$ 和衰减率 γ 远小于共振频率 Ω,可以看出,公式(1.130a)和公式(1.130b)都接近 $\chi(\omega)$ (参见公式(1.102)).

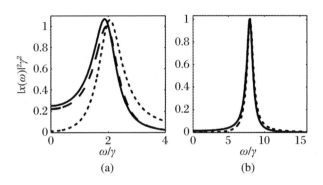

图 1.5 有无旋转波近似的振子的极化率与频率的关系

实线:$\chi(\omega)$;点线:$\chi_Q^{RWA}(\omega)$;虚线:$\chi_P^{RWA}(\omega)$.(a) $Q = \Omega/\gamma = 2$;(b) $Q = \Omega/\gamma = 8$.

一般来说,只要 $\{\Delta, \gamma\} \ll \Omega$,旋转波近似就是对简谐振子动力学的一个很好的近似.尽管它甚至可能在这个系统中失效,但这取决于具体的应用.例如,感兴趣的动力学发生在比 Ω^{-1} 快的时间尺度上的情况.

1.4.5 变换至旋转坐标系

当使用旋转波近似时,自然也要移动到一个接近简谐振子共振频率旋转的坐标系(或相互作用绘景)中.为了做到这一点,我们进行哈密顿量变换,得

$$\widetilde{H} = \hat{U}^\dagger \hat{H} \hat{U} - \hat{A} \tag{1.131}$$

其中,重音符"~"用于标识在旋转坐标系中的新哈密顿量

$$\hat{A} = \hbar \Omega_r a^\dagger a \tag{1.132}$$

和

$$\hat{U} = e^{-i\hat{A}t/\hbar} \tag{1.133}$$

Ω_r 是旋转的频率.只要算符 a 没有明确的时间依赖性,就可以通过对薛定谔方程应用幺

正的 $\hat{U}^{\dagger}$ 直接得出这种变换.

练习 1.14 请让自己相信这一点. 在旋转坐标系内, 湮灭算符 $\tilde{a}$ 具有明确的时间依赖性, 即

$$\tilde{a}(t) = \hat{U}^{\dagger} a \hat{U} = a\mathrm{e}^{-\mathrm{i}\Omega_r t} \tag{1.134}$$

在这里, 为了清楚起见, 我们将旋转坐标系内的湮灭算符标记为重音符 "～". 显然, 在旋转坐标系内, 湮灭算符和产生算符保留了它们常规的玻色对易关系(公式(1.2)). 一般来说, 在本书中, 算符的使用背景足以确定它们是旋转的还是静止的, 除非特别不清楚的情形, 否则, 我们通常会放弃重音符, 在两种情况下都使用 a.

1.4.6 正交算符

从旋转坐标系的湮灭算符出发, 我们可以定义旋转坐标系的算符 $\hat{X}$ 和 $\hat{Y}$, 它们类似于无量纲的位置算符 $\hat{Q}$ 和动量算符 $\hat{P}$:

$$\hat{X}(t) = \frac{1}{\sqrt{2}}(\tilde{a}^{\dagger} + \tilde{a}) = \frac{1}{\sqrt{2}}(a^{\dagger}\mathrm{e}^{\mathrm{i}\Omega_r t} + a\mathrm{e}^{-\mathrm{i}\Omega_r t}) = \hat{Q}^{\Omega_r t} \tag{1.135a}$$

$$\hat{Y}(t) = \frac{\mathrm{i}}{\sqrt{2}}(\tilde{a}^{\dagger} - \tilde{a}) = \frac{\mathrm{i}}{\sqrt{2}}(a^{\dagger}\mathrm{e}^{\mathrm{i}\Omega_r t} - a\mathrm{e}^{-\mathrm{i}\Omega_r t}) = \hat{P}^{\Omega_r t} \tag{1.135b}$$

其中, $\hat{Q}^{\Omega_r t}$ 和 $\hat{P}^{\Omega_r t}$ 分别是旋转了一个角度 $\theta = \Omega_r t$ 的位置算符和动量算符(参见公式 (1.17)), 并且由于 $\tilde{a}$ 和 $\tilde{a}^{\dagger}$ 之间的玻色对易关系, 我们有 $[\hat{X}, \hat{Y}] = \mathrm{i}$. 算符 $\hat{X}(t)$ 和 $\hat{Y}(t)$ 在频率 Ω_r 的非旋转位置和动量之间随时间进行交替. 这些旋转坐标系的无量纲的位置算符和动量算符通常被称为正交算符. 在机械振子的特定情况下, 它们被称为位置正交算符和动量正交算符, 而对于光场, 它们被称为振幅正交算符和相位正交算符.

在旋转波近似中, 可以很简单地表明旋转坐标系中热库算符的对易关系、关联关系和功率谱密度, 与公式(1.114)至公式(1.121)中给出的结果一致, 但是要进行 $\hat{Q} \to \hat{X}$ 和 $\hat{P} \to \hat{Y}$ 替换. 同样的替换也适用于公式(1.125)和公式(1.126)中的输入-输出关系.

1.4.7 有无旋转波近似下的能量衰减

在 1.2 节中, 我们通过考虑由外力驱动的上升和下降跃迁概率, 推导出了简谐振子

中平均量子数的阻尼率方程.然而,这个推导是针对初始态是福克态$|n\rangle$的特殊情况而进行的.在此,我们简要地重温一下使用量子朗之万方程的计算.为了进行计算,我们将$\hat{O} = \hat{n} = \hat{b}^{\dagger}\hat{b}$代入马尔可夫量子朗之万方程(公式(1.90))和马尔可夫情况下的旋转波近似的量子朗之万方程(公式(1.112)).得出了以下运动方程:

$$\dot{\hat{n}} = \sqrt{\gamma}\hat{P}_{\mathrm{in}}\hat{P} - \gamma\hat{P}^2 \tag{1.136a}$$

$$\dot{\hat{n}}_{\mathrm{RWA}} = \sqrt{\gamma}(a_{\mathrm{in}}a^{\dagger} + a_{\mathrm{in}}^{\dagger}a) - \gamma\hat{n}_{\mathrm{RWA}} \tag{1.136b}$$

其中,$\hat{n}_{\mathrm{RWA}}$表示旋转波近似中的声子数算符.

练习1.15 请推导公式(1.136).

虽然旋转波近似预测的阻尼率与振子中的量子数成正比,这与前面的公式(1.61)一致,但完整的量子朗之万方程预测了正确的动量平方的阻尼.图1.6显示了从公式(1.136)计算出来的最初以大相干位移激发的机械振子的平均能量衰减情况.可以看出,整体的指数变化是一致的.然而,完整的动力学给出在零阻尼($\langle\hat{P}\rangle = 0$)到最大阻尼($\langle\hat{P}\rangle$最大)之间的振荡,而在使用旋转波近似时则不存在这样的振荡.这种差异性随着振子的品质因子的增加而变得不那么严重,并且在大多数情况下,可以忽略对$Q = \Omega/\gamma \geqslant 10$的计算结果的影响.

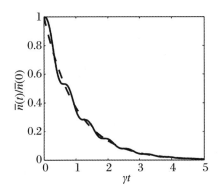

图1.6 品质因子$Q = \Omega/\gamma = 5$的受阻尼简谐振子的平均能量衰减情况
实线表示使用完整模型,虚线表示旋转波近似.

第 2 章

辐射压力相互作用

在本章中,我们将介绍机械结构和腔场之间基本的辐射压力相互作用.该相互作用是腔光力学的核心.我们首先推导出光腔内色散型光力学完整的相互作用哈密顿量,并简要地介绍实现腔光力学的光力和机电系统的范围,以及与它们相关的退相干速率.然后,我们将研究腔光力系统的半经典动力学,揭示出它们表现出的光力双稳态.我们将推导出线性化的光力哈密顿量.本章最后部分将介绍耗散型光力学的概念.

2.1　基本的辐射压力相互作用

在其最基本的层面上,光和物质之间的辐射压力相互作用涉及光和机械自由度之间的动量交换.在详细地研究这种相互作用之前,我们考虑一个基本的例子:一个单光子被一个机械简谐振子的镜面反射.光子对振子产生一个动量冲击,并迫使振子开始振荡.从量子力学的角度来看,振子的最大位移大于其零点运动 $x_{zp} = [\hbar/(2m\Omega)]^{1/2}$ 的情况显然是很有趣的.在这种情况下,对最初处于基态的机械振子进行测量可以揭示出是否发生了光子撞击.这种测量是对场内光子数量的一种量子非破坏测量.由于波长为 λ 的光子动量是 h/λ,在光子以正入射且以 100% 效率被机械振子反射这一简单情况下,光子给了振子 $2h/\lambda$ 的动量冲击.假设振子没有受到阻尼,在四分之一个周期后,这个动量冲击导致了 $\Delta q = 2h/(\lambda m\Omega) = 8\pi x_{zp}^2/\lambda$ 的位移.例如,可以利用公式(1.13)和公式(1.24)来直接证明这一点.重新排列后,我们立即得出需要超过振子的零点运动的反冲条件为

$$\frac{x_{zp}}{\lambda} > \frac{1}{8\pi} \qquad (2.1)$$

对于典型的微米机械振子来说,由于 x_{zp} 低于飞米量级,而光波长度在微米范围内,微波波长甚至更大,要实现这个反冲条件是一项重大的挑战.因此,为了进入量子作用区域,我们需要有一些方式来增强光场和振子之间的相互作用.标准的方法是:将光场限制在光学或微波腔中(以此增加光子与振子相互作用的次数)来增加光场的强度(正如我们将在 2.7 节所看到的,尽管这也改变了相互作用的形式,而抹去了一些有趣的物理现象),减少振子的质量以增加其零点运动.这就驱使本章先处理腔增强的机械振子和明亮光场之间的光力相互作用.

请注意,公式(2.1)只是为了粗略地说明量子力学在光场和机械振子之间的相互作用中起作用的场景.更严格的处理方法需要包括额外的限制,即对于典型的共振频率处在兆赫兹至千兆赫兹范围内的机械振子,它们仍然远离其热平衡时的基态(即使放在最好的制冷环境里).这就需要我们在量子光力学实验中使用低温技术.此外,对于高品质因子的机械振子,我们可以在振子的多个周期内进行测量,而不是像上面考虑的那样只在一个周期内进行测量.这能够放宽公式(2.1)的标准.第 3 章将对这个问题进行更严格的处理.

2.2 有效量子化

在上一节中,我们介绍了量子力学可以在光与宏观物体的相互作用中发挥重要作用,而不必去关心物体的微观自由度.宏观物体可能是一个大块的弹性材料、一个以简谐方式锚定的镜子、一个原子系综甚至只是一个单原子.我们将只关注前两种情况.当然,

块状弹性材料也是由原子组成的,但我们并不以块状物质的原子成分及其相应的声子模式来描述光力相互作用.相反,我们以有效量子场理论的形式给出该理论.

最初是基于连续力学方式经典描述的块体的应变场来模拟弹性材料对所施加光压力的反应.我们用一个简单的标量位移场 $u(\boldsymbol{x},t)$ 来处理应变场,其中,$\boldsymbol{x}$ 标定了块体中的一个点.通常情况下,对应变场的响应是弹性的,并且位移场服从线性波动方程.在这种情况下,我们用简正模式展开标量场:

$$u(\boldsymbol{x},t) = \sum_k \alpha_k(t)\varphi_k^*(\boldsymbol{x}) + \alpha_k^*(t)\varphi_k^*(\boldsymbol{x}) \tag{2.2}$$

其中,$\varphi_k^*(\boldsymbol{x})$ 是一组合适的空间模式函数.振幅 $\alpha_k(t)$ 服从等同于独立简谐振子的运动方程:

$$\dot{\alpha}_k = -\mathrm{i}\omega_k\alpha_k \tag{2.3}$$

在转入量子描述时,我们只需用量子简谐振子来替换

$$\alpha_k(t) \rightarrow a_k(t) \tag{2.4}$$

$$\alpha_k^*(t) \rightarrow a_k^\dagger(t) \tag{2.5}$$

这些简谐振子.它们满足规范的对易关系 $[a_k(t),a_{k'}^\dagger(t)] = \delta_{k,k'}$.在大多数情况下,我们可以将讨论限制在频率为 Ω_0 的单一模式 a_0 对所施加的光力的响应.我们可以等价地通过

$$\hat{q} = \frac{\hbar}{2m_0\Omega_0}(a_0 + a_0^\dagger) \tag{2.6}$$

$$\hat{p} = -\mathrm{i}\frac{\hbar m_0\Omega_0}{2}(a_0 - a_0^\dagger) \tag{2.7}$$

为这个模式引入规范的位移算符和动量算符,其中,m_0 是这个特定简正模式的有效质量.在本书中,我们几乎总是使用这种单模处理的方法,因此,我们将忽略质量 m 和频率 Ω 的下标.关于这种方法的更多细节介绍,请参考文献[201].

这种有效的量子化步骤在本书中讨论的许多实验中是非常清楚的.它之所以有效,是因为在适当的条件下(通常是非常低的温度),这些集体自由度与微观原子自由度(在这种情况下是短波长声子模式)的相互作用非常弱.相关的宏观位移坐标在很大程度上脱离了众多的微观自由度,但这些自由度仍然是耗散和噪声的来源[313].这种集体宏观自由度的有效量子化是我们描述一大类工程量子系统所采用的典型方法.我们将在第 8 章讨论超导量子电路时看到另外一个有效量子化的例子.

2.3 色散型光力学

在色散型光力学中,机械振子的位置与光腔或微波谐振器的共振频率进行了参量耦合.由光场或微波场带来的辐射压力能够控制振子的运动,而离开腔或振子的光场则带有关于共振频率(因此也是机械位置)的相关信息.

通过考虑由机械位置变化引起的法布里-珀罗光腔[①]共振频率的变化,我们可以很容易地建立描述机械振子和光场之间的参量化相互作用的哈密顿量.

让我们考虑一个长度为 L 的法布里-珀罗光腔,其一端的镜子构成了机械振子的一部分,如图 2.1 所示.机械振子的运动以 $L(q) = L - q$ 的方式改变光腔的长度,其中,q 是机械振子离开其平衡位置的位移,而减号只定义了机械运动的正方向.长度为 $L(q)$ 的法布里-珀罗光腔拥有波长为

$$\lambda_j = \frac{2(L - q)}{j} \tag{2.8}$$

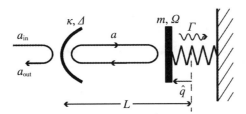

图 2.1 一个规范腔光力系统的示意图

κ, Δ 和 L 分别是腔衰减率、失谐和裸腔长;而 m, Ω 和 Γ 分别是机械振子的有效质量、共振频率和阻尼率;a 和 $\hat{q}$ 分别是腔内场的湮灭算符和机械振子的位置算符;a_{in} 和 a_{out} 分别是入射场和输出场的湮灭算符.

的纵向光学模式组合,其中,j 是模式数.因此,模式的频率为

$$\Omega_{c,j}(q) = \frac{2\pi c}{\lambda_j} = \frac{\pi c j}{L - q} \approx \Omega_{c,j}\left(1 + \frac{q}{L}\right) \tag{2.9}$$

其中,只要 $q \ll L$,该近似值就是有效的,而这适用于绝大多数腔光力系统,c 是光速,

[①] 请注意,在本节中我们通常会参照光腔来讨论腔光力系统的物理过程.然而,我们应该记住这些物理过程(至少在底层上是相同的)同样适用于微波谐振器(参见 8.1 节).

$\Omega_{c,j} = \Omega_{c,j}(0)$ 是腔光学模式的共振频率,下标 c 在本书中用于标记腔/微波谐振器的共振频率.不出所料,我们看到一阶近似的机械振子的运动线性地改变光学共振频率.光力耦合强度 G 量化了单位长度(米)的频移:

$$G \equiv \frac{\delta\Omega_c(q)}{\delta q} \tag{2.10}$$

$$= \frac{\Omega_c}{L} \quad (\text{对于法布里-珀罗光腔}) \tag{2.11}$$

我们已经忽略模式数的下标 j.虽然我们通过考虑法布里-珀罗光腔的特殊情况得出了公式(2.10),并且关系 $G = \Omega_c/L$ 只与该几何形状有关,但光力耦合强度是一个重要且广泛适用的参数.

我们现在可以开始描述腔场和机械元件之间的相互作用.对于一个特定的腔模式,光的能量由每个量子的能量 $\hbar\Omega_c$ 乘以腔中光子数量 $n(t)$ 得到

$$H_L = \hbar\Omega_c(q)n \tag{2.12}$$

其中,我们明确地包括了腔频率对上述机械振子的经典位移量的依赖关系.在没有辐射压力相互作用的情况下,机械振子的能量为

$$H_M = \frac{p^2}{2m} + \frac{m\Omega^2}{2}q^2 \tag{2.13}$$

其中,从这里开始,我们用 Ω 表示机械振子的共振频率,并像往常一样,p 和 m 分别对应于它的动量和质量.总的经典哈密顿量是 $H = H_L + H_M$.从机械元件的角度来看,与光的相互作用表现为一个势能项和一个对应单个光子的力 $F_1 = -\hbar\dfrac{\mathrm{d}\Omega_c(q)}{\mathrm{d}q}$.如果我们把 $\Omega_c(q)$ 展开到 q 的线性阶数,如公式(2.9),那么我们看到这个力只是 $F_1 \approx \hbar G$.

正如 2.2 节对机械振子所概述的那样,系统的量子描述是通过用相应的算符 $q \to \hat{q}$,$p \to \hat{p}$,$n \to a^\dagger a$ 来代替经典变量.这些算符满足公式(1.2)和公式(1.11)中给出的规范对易关系.因此,量子哈密顿量是

$$\hat{H} = \frac{\hat{p}^2}{2m} + \frac{m\Omega^2}{2}\hat{q}^2 + \hbar\Omega_c(\hat{q})a^\dagger a \tag{2.14}$$

进一步引入机械激发的上升算符 $b^\dagger$ 和下降算符 b,它们也满足公式(1.2)中的玻色对易关系,并将频率扩展到 $\hat{q}$ 的线性阶数,得

$$\hat{H} = \hbar(\Omega_c + G\hat{q})a^\dagger a + \hbar\Omega b^\dagger b \tag{2.15}$$

$$= \hbar\Omega_c a^\dagger a + \hbar\Omega b^\dagger b + \hbar g_0 a^\dagger a(b^\dagger + b) \tag{2.16}$$

为了得到公式(2.16),我们使用了公式(1.9a)中 $\hat{q}$ 的定义,并且我们定义了真空光力耦合率:

$$g_0 = Gx_{zp} \tag{2.17}$$

其单位为 $\text{rad} \cdot \text{s}^{-1}$. 从腔场的角度来看,对于任何腔光力几何结构,光力耦合强度都量化了由机械运动引起的光学共振频率的线性色散的频移.

真空光力耦合率 g_0 是量子光力学领域的核心参数之一. 从公式(2.16)中可以看出(请记住 $b^\dagger + b = \hat{q}/x_{zp}$), g_0 可以被解释为对应于机械位移引起的光频移等于机械零点运动的情况. 反之,腔内单个光子的辐射压力会使机械振子发生位移. 实际上, g_0/Ω 以机械零点运动为单位量化了由光辐压力引起的位移. 在本书的其余部分,我们分别为腔场和机械振子预留湮灭算符 a 和 b,为机械振子预留位置算符 $\hat{p}$ 和动量算符 $\hat{q}$.

在大多数腔光力学实验中,光腔(或微波谐振器)的共振频率 Ω_c 要比所有其他系统的速率大得多. 例如,将典型的可见光激光器的频率 5×10^{14} Hz 与典型的机械振子相比,激光器的光学衰减率在 $10^3 \sim 10^9$ Hz 范围内. 在这种情况下,进入入射激光频率为 Ω_L 的旋转坐标系可以消除光场的快速振荡. 因为用于转换到旋转坐标系的幺正变换(公式(1.133))与公式(2.16)的所有项对易,所以转换也特别简单,其结果为

$$\hat{H} = \hbar\Delta a^\dagger a + \hbar\Omega b^\dagger b + \hbar g_0 a^\dagger a(b^\dagger + b) \tag{2.18}$$

这里的 a 现在处于旋转坐标系中,并且我们定义了光腔和入射激光频率之间的失谐 Δ 为

$$\Delta \equiv \Omega_c - \Omega_L \tag{2.19}$$

2.4　机电和光力系统

在本书的大部分内容中,虽然我们使用了量子光力学这个术语,但应该清楚所描述的物理过程并不局限于光学领域. 事实上,量子光力学实验不仅在光学频率下进行,而且也在微波领域进行(参见图2.2).

光学领域的基本相互作用,正如上一节所述,即机械振子的运动引起光学共振频率的色散型移动. 正如下面所讨论的,这个领域的主要优势在于因为光场的高频率特征,光场的热平衡热库(即使在室温下)基本处于真空状态. 第二个重要的优势是,由于光波长

度在 1 μm 附近,因此有可能在微米和纳米尺度上制造出小型光腔,从而提高光力耦合强度(参见公式(2.11)),并同时借助了具有大零点运动的小尺寸、低质量机械振子.此外,光学领域提供了从瓦特到单光子水平范围内所有强度下都能发挥作用的先进的高效率探测器,并能自然地将它们整合到光纤通信系统中.

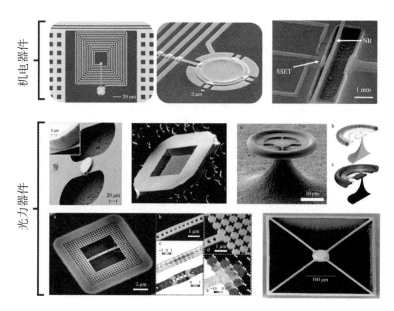

图 2.2　光力和机电器件的例子

机电器件:左图为铝鼓状机械振子与超导集总微波谐振器耦合;右图为纳米机械臂与超导单电子晶体管耦合(经许可改编自文献[208],麦克米伦出版有限公司版权所有(2006)).光力器件:从左上角顺时针方向依次为来自法布里-珀罗腔光力系统的微型端面镜(经许可改编自文献[131],麦克米伦出版有限公司版权所有(2009));用于膜居中型的法布里-珀罗腔光力系统的氮化硅膜(经许可改编自文献[283],麦克米伦出版有限公司版权所有(2008));微环集成腔光力系统(经许可改编自文献[295],麦克米伦出版有限公司版权所有(2012));声子-光子晶体集成腔光力系统(经许可改编自文献[66],麦克米伦出版有限公司版权所有(2011));法布里-珀罗腔光力系统的蹦床式微尺度端面镜[162](经许可改编自文献[282],麦克米伦出版有限公司版权所有(2011)).

　　机电系统通常使用频率为 10 GHz 左右的微波场进行操作.乍一看,与光力系统相比,这种系统似乎有几个明显的缺点.除了在冻结环境中的热噪声方面存在明显的挑战(参见下一节),由于光子动量的尺度为 λ^{-1},单个微波光子在反射时产生的动量比光学光子的动量小 4 个数量级.此外,由于微波场的厘米级波长,微波腔的尺寸被限制在厘米级甚至更大范围内.综上,这两个效应似乎严重地制约了微波领域可以实现的光力耦合强度(这一点从公式(2.11)中可以立即看出).为了克服这些限制,机电系统使用传输线谐振器或集总电路而不是微波腔来限制微波场.传输线谐振器可以在 $10\ \mu m$ 以下进行一维限制[32].集总电路由独立的电感和电容元件组成,分别包含磁场和电场,其体积可以比立方体波长小很多数量级.例如,图 2.2 左上角所示的集总电路中的电容器,将电路的电场在两个维度上限制在 $15\ \mu m$ 左右和在第三个维度上限制在 50 nm 左右.[282]腔光力系统是通过使电容器的一个板符合机械要求而形成的.机械鼓状模式改变了板的距离,并通过它改变了电路的电容和 LC 共振频率.机电系统的一个实质性优势是它们可以直接耦合至超导量子比特,而超导量子比特可以用来控制和读出机械振子的状态.我们将在 8.2 节中对此进一步讨论.

2.5　机械和光学退相干速率

光学和机械自由度的衰减速率是光力系统的关键参数,它与光力耦合速率一起,在决定它们展示出物理类型方面起着核心作用.在 1.2.4 小节中,我们表明在旋转波近似中,与热环境耦合的量子振子的平均加热速率是 $\gamma\hbar\Omega\,(\bar{n}+1/2)$ J/s(参见公式(1.68)).这种加热给振子的状态引入了量子退相干.这种退相干的自然时间尺度定义为半个量子的能量从环境中进入振子的时间,即环境引入的能量等于振子基态(或零点)能量的时间尺度.因此,可以为振子定义一个特征热退相干速率:

$$\gamma_{\mathrm{decoh}}\ =\ \gamma\,(2\bar{n}+1) \tag{2.20}$$

虽然这个速率在量子光力学中具有广泛的意义,但应该注意到,严格来说,量子退相干是一种依赖于状态的现象.例如,众所周知的薛定谔猫态的退相干速率随着叠加的分离度增加而增加,而对于粒子数态 $|n\rangle$ 来说,退相干速率为 $\gamma_{\mathrm{decoh}}^{(n)}=\gamma\,[\,(n+1)\bar{n}+n(\bar{n}+1)\,]$,因此随着 n 的增加而增加.

练习 2.1　请用公式(1.48)、公式(1.49)、公式(1.53)和公式(1.62)推导出上述粒子数态的退相干速率 $\gamma_{\mathrm{decoh}}^{(n)}$ 的表达式.

正如期望的那样,公式(2.20)中的热退相干速率包含一个真空项和一个与热库温度成线性比例的项.这就为退相干引入了两个自然作用区域:一个是热噪声主导的区域,另一个是真空噪声主导的区域.即使在室温下,光腔的高共振频率也使它们在很大程度上处于真空主导区域,$\bar{n}\approx10^{-36}$(参见公式(1.7)).①另一方面,一个 $\Omega=10$ GHz 的微波谐

---

①　请注意,在技术性激光噪声中将有效底噪声提高到真空噪声水平以上是很常见的.

振器在室温下具有 $\bar{n} \approx 600$,所以它处于热噪声主导区域.因此,所有微波量子光力学实验都需要在低温条件下进行.[①]对于 10 GHz 的共振频率,热噪声和真空噪声主导区域之间的交叉发生在 $T \approx \hbar\Omega/k_B = 0.5$ K.因此需要在稀释制冷机和绝热退磁制冷机提供的超低温条件下工作.在本书中除非另有明确的说明,我们将把光腔/微波谐振器视为处在真空噪声主导的区域内,其退相干速率为

$$\kappa_{\text{decoh}} = \kappa \tag{2.21}$$

在这里我们做了如下替换 $\gamma \to \kappa$,并在本书中预留了腔衰减速率的符号 κ.

机械振子的共振频率通常远远低于上述微波谐振频率.因此,它们的退相干速率通常受到热噪声限制,所以

$$\Gamma_{\text{decoh}} = \Gamma(2\bar{n} + 1) \approx 2\Gamma\bar{n} \tag{2.22}$$

我们在这里做了如下替换:$\gamma \to \Gamma$,并且此后预留了机械衰减速率的符号 Γ 和机械热库的平均声子数 $\bar{n}$.

对于大多数量子光力学实验来说,一个重要的最低要求是光腔场和机械振子的各自振荡都是量子相干的.即在振子的一个周期内引入的涨落要小于振子的零点涨落,或者在一个振荡周期内引入的热量要小于半个量子.就振子的共振频率而言,这个标准可以简单地表示为

$$\Omega > \gamma_{\text{decoh}} \tag{2.23}$$

对于共振频率为 Ω_c 的光腔场来说,这相当于条件 $\Omega_c > \kappa$,换句话说,腔没有过阻尼($Q_c = \Omega_c/\kappa > 1$).而基本上总是这样的情况.对于机械振子来说,非零热库声子数将导致如下更严格的条件:

$$\Omega > \Gamma(2\bar{n} + 1) \tag{2.24}$$

在假设在 $\bar{n} \gg 1$ 的情况下,我们可以近似地认为 $2\bar{n} + 1 \approx 2k_B T/(\hbar\Omega)$.重新排列公式(2.24),我们可以得到机械振子的量子相干振荡的条件:

$$Q\Omega > \frac{2k_B T}{\hbar} \tag{2.25}$$

其中,$Q = \Omega/\Gamma$ 是机械振子的品质因子.由于这个表达式的右侧仅是温度和基本常数的函数,我们看到所谓的 $Q\text{-}f$ 乘积[②]是量化某个机械振子是否适用于量子力学实验或应用的重要指标.因此,人们一直努力通过增加机械振子的频率同时保持或减少机械耗散率

---

① 这还有一个好处,就是可以使用超导材料从而显著地降低振子的衰减速率.

② 译音注:$\Omega \approx 2\pi f$.

来提高 $Q\text{-}f$ 乘积[125]. 需要注意在纳米和微米机电领域,人们发现在机械耗散率由内部材料损失主导的情况下,对于给定的材料和温度,$Q\text{-}f$ 乘积在广泛的机械振子几何形状范围内大致保持不变.[117] 因此,材料的选择对于量子光力学实验至关重要.

2.6 色散型光力系统的动力学

使用公式 (2.18) 中的哈密顿量,我们有可能使用第 1 章发展的工具来确定用于描述腔光力系统的开放系统动力学的朗之万运动方程. 正如在 1.3.1 和 1.3.2 小节中所讨论的,一般来说可以把光和机械热库都当作是马尔可夫的. 我们在这里采用此假设. 此外我们对光场做了一个旋转波近似. 由于光场频率很高,这种近似在几乎所有情况下都是合理的. 旋转波近似通常也适用于高品质因子的机械振子;然而我们不打算做这种近似,其目的是保持推导过程的普遍性. 正如预期的那样,我们可以从这些表达式中观察到,光力相互作用对机械振子施加了一个辐射压力,驱动其动量,并改变了光腔的有效失谐量.

练习 2.2 请用公式 (1.95) 的一般马尔可夫朗之万方程表示机械振子变量,并用公式 (1.112) 的旋转波朗之万方程表示光场,推导出哈密顿量 (公式 (2.18)) 给出的腔光力开放系统动力学,即

$$\dot{a} = -\left[\frac{\kappa}{2} + \mathrm{i}(\Delta + \sqrt{2}g_0\hat{Q})\right]a + \sqrt{\kappa}a_{\mathrm{in}} \tag{2.26a}$$

$$\dot{\hat{Q}} = \Omega\hat{P} \tag{2.26b}$$

$$\dot{\hat{P}} = -\Omega\hat{Q} + \sqrt{2\Gamma}\hat{P}_{\mathrm{in}} - \Gamma\hat{P} - \sqrt{2}g_0 a^{\dagger}a \tag{2.26c}$$

其中,我们将 $\hat{Q}$ 和 $\hat{P}$ 与机械振子的无量纲位置和动量正交分量相联系,像往常一样,κ 和 Γ 分别是光腔和机械振子的衰减速率.

a_{in} 代表光腔的输入场,它驱动光腔并且通常处于相干布居状态,即 $\alpha_{\mathrm{in}} \equiv \langle a_{\mathrm{in}} \rangle \neq 0$. 然而,一般来说,光腔的耗散(和驱动它的涨落)是通过几个通道发生的,包括一个实验上可获得的相干驱动通道(我们称之为输入端口)以及其他损耗通道,例如,由于吸收、散射或不完善的镜面涂层,我们将其视为综合的损耗端口. 实际上,对这两种不同类型的通道分别进行核算是很重要的. 这可以通过代入公式 (2.27) 来实现:

$$\sqrt{\kappa}a_{\mathrm{in}} \rightarrow \sqrt{\kappa_{\mathrm{in}}}a_{\mathrm{in}} + \sqrt{\kappa_{\mathrm{loss}}}a_{\mathrm{loss}} \tag{2.27}$$

其中，κ_{in} 和 κ_{loss} 分别是通过输入端口和损耗端口的耗散率，而总耗散率为 $\kappa = \kappa_{in} + \kappa_{loss}$，$a_{in}$ 和 a_{loss} 是通过每个端口进入的场. 对于室温下的光腔，通过损耗端口进入的场可以被当作真空态处理，即 $\langle a_{loss} \rangle = 0$.

公式(2.26)是非线性耦合的量子微分方程，其矩一般来说是非解析的. 我们请读者参阅第 6 章、第 7 章和第 9 章了解适用于某些特定情况的处理方法. 在本章的剩余部分，我们将考虑它们的半经典解和半经典稳态解附近的微小涨落而产生的线性化方程.

2.6.1　半经典动力学

腔光力系统的半经典动力学可以通过取公式(2.26)的期望值，并将形式为 $\langle \hat{A}\hat{B} \rangle$ 的算符乘积项近似为 $\langle \hat{A} \rangle \langle \hat{B} \rangle$ 来获得. 只要每个算符乘积的涨落项 $\langle (\hat{A} - \langle \hat{A} \rangle)(\hat{B} - \langle \hat{B} \rangle) \rangle$ 小于 $\langle \hat{A} \rangle \langle \hat{B} \rangle$，这种近似就是合理的. 这在腔内平均有明显多于一个光子的腔光力系统中通常都可以做这样的近似（尽管并不总是）. 当系统被驱动到接近不稳定状态时，应该特别小心，因为在不稳定状态下，涨落项会被显著地放大（例如文献[324]）. 这个取期望值的过程给出了以下一组耦合的经典微分运动方程：

$$\dot{\alpha} = -\left[\frac{\kappa}{2} + i(\Delta + \sqrt{2}g_0 \langle \hat{Q} \rangle) \right]\alpha + \sqrt{\kappa_{in}}\,\alpha_{in} \tag{2.28a}$$

$$\langle \dot{\hat{Q}} \rangle = \Omega \langle \hat{P} \rangle \tag{2.28b}$$

$$\langle \dot{\hat{P}} \rangle = -\Omega \langle \hat{Q} \rangle - \Gamma \langle \hat{P} \rangle - \sqrt{2}g_0 |\alpha|^2 \tag{2.28c}$$

其中，我们使用了公式(2.27)中的替换方式. 假设热库（$\langle \hat{P}_{in} \rangle = 0$）以非相干的方式驱动机械振子，并定义腔内的相干振幅为 $\alpha \equiv \langle a \rangle$，它与相干驱动引入的光腔的平均占有数 N 有关，即 $N = |\alpha|^2$. 这些方程显示了机械振子和光场之间的非线性耦合，并引起了丰富的经典行为，包括以机械振子振幅的指数增长为特征的参量不稳定作用区域（例如文献[61, 159]）以及混沌区域[60]. 因此，我们通常难以用解析方式求解此方程组.

1. 机械振子和场的稳态位移

由于我们主要对某些经典稳态附近的微小量子涨落感兴趣，在这里我们只考虑稳定状态下的稳态解，其中，机械位置的振荡小到足以只对光场进行微弱的调制. 我们设想系统在某个时刻 t_0 达到稳态，并在随后长度为 τ 的时间内对公式(2.28b)和公式(2.28c)进行平均. 这个时间段 τ 比机械振子周期和任何光强度振荡的时间尺度长得多. 在这种

情况下,公式(2.28b)和公式(2.28c)左侧每个导数的平均值均为零:

$$\frac{1}{\tau}\int_{t_0}^{t_0+\tau}\langle\dot{Q}\rangle\mathrm{d}t = \frac{1}{\tau}\int_{t_0}^{t_0+\tau}\langle\dot{P}\rangle\mathrm{d}t = 0 \tag{2.29}$$

因此,得

$$\overline{Q} = -\frac{\sqrt{2}g_0}{\Omega_\tau}\int_{t_0}^{t_0+\tau}|\alpha|^2\mathrm{d}\tau, \quad \overline{P} = 0 \tag{2.30}$$

其中

$$\overline{Q} \equiv \frac{1}{\tau}\int_{t_0}^{t_0+\tau}\langle\hat{Q}\rangle\mathrm{d}t \tag{2.31}$$

它是$\langle\hat{Q}\rangle$的时间平均值,并且$\overline{P}$的定义与此类似.

我们希望使公式(2.28a)中的近似值$\langle\hat{Q}\rangle\to\overline{Q}$,这样只有时间平均的机械位置对$\alpha$的动力学有贡献.只要$\langle\hat{Q}\rangle$的涨落部分足够小,具体是$|\langle\hat{Q}\rangle-\overline{Q}|\ll\kappa/(2\sqrt{2}g_0)$,而这就是典型腔光力系统远离不稳定状态时的情况,那么取这种近似就是合理的.然后,公式(2.28a)则变成

$$\dot{\alpha} = -\alpha\left[\frac{\kappa}{2}+\mathrm{i}(\Delta+\sqrt{2}g_0\overline{Q}_{ss})\right]+\sqrt{\kappa_{in}}\alpha_{in} \tag{2.32}$$

我们现在考虑当相干光学驱动α_{in}是单频时,且在实验室坐标(即非旋转坐标)中以激光频率Ω_L振荡的特定情况.这就是与大多数量子光力学实验有关的典型情况.[①]在旋转坐标中α_{in}是一个常数.由于方括号内的项也是一个常数,在长时极限内,腔内相干振幅也是常数,即导数$\dot{\alpha}=0$.因此,我们从公式(2.28a)和公式(2.30)中发现,在稳态时腔内相干振幅α_{ss}和机械位移$\overline{Q}_{ss}$为

$$\alpha_{ss} = \sqrt{\kappa_{in}}\alpha_{in}\left[\frac{\kappa}{2}+\mathrm{i}(\Delta+\sqrt{2}g_0\overline{Q})\right]^{-1} \tag{2.33a}$$

$$\overline{Q}_{ss} = -\frac{\sqrt{2}g_0|\alpha_{ss}|^2}{\Omega} \tag{2.33b}$$

---

① 注意有一类腔光力协议被称为脉冲光力学[292],其中,输入场是脉冲的光,其脉冲长度通常比机械频率短,这样光力相互作用发生在机械振子基本上可以被视为静止的时间尺度内.虽然在这些协议中,α_{in}根据定义在时间上是变化的,但通常选择的时间尺度比光腔的衰减时间要慢,在这种情况下,公式(2.28a)的稳态解(即通过将机械振子视为静止)在每个时刻上提供了适当的α.

2.6.2　光力双稳态

从公式(2.33)中我们看到,光场的平均效应是使机械振子的位置发生位移.位移量取决于光力耦合强度、机械共振频率和光强度.从公式(2.33a)中可以看出,机械振子本身的位移会改变光腔的共振频率,并通过它改变腔内光强度.这就产生了多态性,即一个给定的入射光强度可以在腔内光子数和机械位置上产生多个不同的稳定状态.1983 年,Herbert Walther 实验室使用光学领域的法布里-珀罗型光力系统首次对这些想法进行了实验探索[93].

将公式(2.33b)代入公式(2.33a),即给出 $N = |\alpha_{ss}|^2$ 的三次方程.三次方程表现为有 1 个实数根的区域以及有 3 个实数根的独立区域.因此,腔光力系统的经典动力学将表现出在稳定状态下对于 N 只存在 1 个实数解,而其他区域则存在 3 个可能的解.

练习 2.3　请推导:

$$N\left[\frac{\kappa^2}{4} + \left(\Delta - \frac{2g_0^2}{\Omega}N\right)^2\right] = \kappa_{in}N_{in} \tag{2.34}$$

其中,$N_{in} = |\alpha_{in}|^2$ 是以光子每秒为单位的输入光通量.找到这个表达式根的解析表达式,并确定单稳定和多稳定区域.

图 2.3 展示了稳态腔内光子数 N 的实数解与光腔失谐 Δ 的函数.图 2.3(a)显示了没有光力相互作用的情况($g_0 = 0$).正如可以看到的那样(也应该是预期的那样),腔内光子数是一个以零失谐为中心的对称洛伦兹曲线.随着光力相互作用的增加(图 2.3(b)),洛伦兹曲线向更高的失谐倾斜,并伴随着作用在机械振子上的辐射压力改变了腔的共振频率.在足够高的光力相互作用强度下(图 2.3(c)和 2.3(d)),出现了三态性,即在稳定状态下有 3 种可能的腔内光子数.虽然存在 3 种解,但在实验中很难获得中心解.一方面,如果腔失谐被绝热地向上扫频,腔内光子数就会跟随上分支直到它不再存在,然后,不连续地跳到下分支(参见图 2.3(c)和 2.3(d)上的向下箭头);另一方面,在迟滞的行为中,如果腔被绝热地向下扫频,腔内光子数会跟随下分支并最终跳到上分支(参见图 2.3(c)和 2.3(d)中的向上箭头).因此,虽然光力系统严格地来说是拥有三稳态的,但就大多数实际意图和目的而言,其行为表现出双稳态.

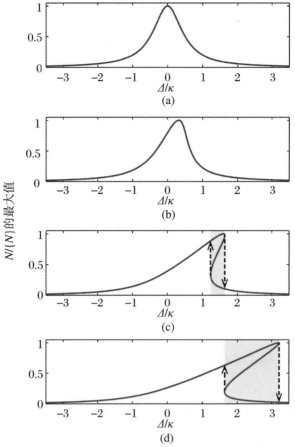

图2.3　光力相互作用对光学腔内平均光子数 $N = |\alpha|^2$ 的影响

该影响显示出光力双稳态.水平轴:被光学衰变率 κ 归一化的光学失谐 Δ.垂直轴:腔内平均光子数 N,归一化条件为腔处于共振状态且没有光力相互作用($\Delta = g_0 = 0$)时达到的峰值 N.阴影区域:多态性区域.箭头:随着失谐的增加和减小,平均光子数出现不连续的跳跃并显示出迟滞特性.对于这些模型,入射光子通量 $N_{in} = |\alpha_{in}|^2$ 是 $N_{in} = 40\kappa/\eta$,其中,$\eta = \kappa_{in}/\kappa$ 是腔逃逸效率,而对于(a)~(d),光力相互作用强度分别对应 $g_0^2/(\kappa\Omega) = \{0,1,5,10\} \times 10^{-3}$.

2.7　线性化光力哈密顿量

真空光力耦合率 g_0 通常比公式(2.21)和公式(2.22)的光学和机械退相干速率小得

多.[1]正如我们在本章前面讨论的半经典极限,解决这个问题的一个常见方法是通过注入一个明亮的相干场来相干地驱动光腔(而不是依靠单个腔内光子和机械振子之间的耦合).这样做的效果是显著地增加了辐射压力,从而增加了光力耦合率,但同时也改变了相互作用的基本特征.

我们在上一节讨论的由光力相互作用产生的三稳态和双稳态,虽然本身很有趣,但是对于量子光力实验来说往往并不重要(一些例外参见第7章和第9章).当相干驱动具有适当的强度时,系统动力学通常可以通过线性化描述很好地近似.线性化描述只考虑半经典稳态附近的微小涨落.

我们可以从哈密顿量层面引入相干光驱动,即通过在公式(2.18)中加入一个驱动项:

$$\hat{H} = \hbar\Delta a^\dagger a + \hbar\Omega b^\dagger b + \hbar g_0 a^\dagger a(b^\dagger + b) + \hbar\epsilon(a^\dagger + a) \tag{2.35}$$

其中,ϵ是驱动强度.我们已经将其不失一般性地定义为实数,并且ϵ正比于前几节使用的输入光场振幅 α_{in}.我们在2.6.1小节中看到,这种驱动的效果是使腔内场和机械位置(通过光力相互作用)的稳定状态发生偏移.为了线性化哈密顿量,我们希望消除这些位移量,并转换到 $\alpha_{\mathrm{ss}} = \bar{Q}_{\mathrm{ss}} = 0$ 的坐标中;也就是说,我们希望进行以下偏移:

$$a \rightarrow \alpha + a \tag{2.36a}$$

$$b \rightarrow \beta + b \tag{2.36b}$$

其中,$\beta \equiv \langle b\rangle = \bar{Q}_{\mathrm{ss}}/\sqrt{2}$是机械状态的光学诱导稳态偏移,而且是实数.同时为了简洁起见,我们省略了 α_{ss}的下标[2].因此,我们令腔内光相干振幅 α 也为实数.这样做并不失一般性,并且腔内场为输入场和输出场以及引入系统的任何其他场提供了相位参考.

练习2.4 将公式(2.36)代入哈密顿量,请推导出光学位移

$$\alpha = -\frac{\epsilon}{\Delta + 2\beta g_0} \tag{2.37}$$

该光学位移消除了相干光学驱动(与 $a^\dagger + a$ 成比例的项),而当 $\bar{Q}$ 等于我们先前发现的稳态机械位移时(公式(2.33b)),相干机械驱动也被消除了.

综上,公式(2.37)和公式(2.33)将本节介绍的驱动强度ϵ与输入光场的相干振幅 α_{in} 联系起来.

---

[1]　并不总是这种情况,第6章将详细讨论其他情况.

[2]　从形式上看,这些位移可以通过将位移算符 $\hat{D}_a(\alpha) = \exp(\alpha a^\dagger - \alpha^* a)$ 和 $\hat{D}_b(\beta) = \exp[\beta(b^\dagger - b)]$ 应用到哈密顿量而实现,即 $\hat{H} \rightarrow \hat{D}_a^\dagger \hat{D}_b^\dagger \hat{H}\hat{D}_a\hat{D}_b$.这相当于将公式(2.36)代入哈密顿量.

练习 2.5 在练习 2.4 中得出的哈密顿量中,通过忽略不依赖于 a 或 b 的项(因此对其动力学的运动方程没有贡献),请推导出驱动位移的光力哈密顿量:

$$\hat{H} = \hbar\left(\Delta - \frac{2g_0^2\alpha^2}{\Omega}\right)a^\dagger a + \hbar\Omega b^\dagger b + \hbar g_0\left[\alpha(a^\dagger + a) + a^\dagger a\right](b^\dagger + b) \quad (2.38)$$

从公式(2.38)中的哈密顿量可以有几点发现. 光力相互作用改变了光腔的失谐. 这与我们之前的半经典分析一致(参见公式(2.33)),失谐与腔内光子数 $N = \alpha^2$ 和真空光力耦合率 g_0 的平方成正比,但与机械频率 Ω 成反比. 方括号中的第一项是光的振幅正交分量和机械振子的无量纲位置之间的位置-位置相互作用项. 关于这个项,我们可以立即得出两个发现. 首先,场的相干振幅 α 放大了此项,对于一个典型的腔光力系统来说,它可能是 10^3 量级;其次,原始哈密顿量中的相互作用项涉及 3 个算符的乘积,因此,构成了三阶非线性,而这个项涉及两个算符的乘积,因此,只是一个二阶非线性项. 方括号中的第二项保留了三阶非线性,但没有被场的相干振幅增强. 因为在这个位移坐标中,$\langle a\rangle = 0$,与其他项相比,通常可以忽略不计. 请注意情况并不总是如此. 第 6 章将研究不能忽略这个项的情况.

受上一段讨论的启发,我们忽略了公式(2.38)中方括号内的第二项. 这就是所谓的线性化近似. 由于在实验中,光学失谐通常很容易通过调整入射激光器的频率或修改光腔的长度来控制,我们进一步将光学失谐的光力修正归入整体失谐中,并做如下替换:

$$\Delta \rightarrow \Delta + \frac{2g_0^2\alpha^2}{\Omega} \quad (2.39)$$

然后,我们可得出以下线性化的腔光力哈密顿量:

$$\hat{H} = \hbar\Delta a^\dagger a + \hbar\Omega b^\dagger b + \hbar g(a^\dagger + a)(b^\dagger + b) \quad (2.40)$$

$$= \frac{\hbar\Delta}{2}(\hat{X}^2 + \hat{Y}^2) + \frac{\hbar\Omega}{2}(\hat{Q}^2 + \hat{P}^2) + 2\hbar g\hat{X}\hat{Q} \quad (2.41)$$

我们已经使用了公式(1.13)中的无量纲位置和动量算符的定义,以及公式(1.135)中的正交算符来得出第二个方程,并定义线性化的光力耦合率为

$$g \equiv \alpha g_0 \quad (2.42)$$

此外,我们还用符号 $\hat{X}$ 和 $\hat{Y}$ 来表示光学振幅和相位正交分量,用 $\hat{Q}$ 和 $\hat{P}$ 来表示无量纲的机械位置和动量. 这种术语的选择是为了保持符号的简洁性,因为在本书中,我们通常(尽管并不总是)处理旋转坐标内的光场和静止坐标内的机械振子. 我们看到线性化的光力相互作用只是一对位置-位置耦合振子的相互作用. 这种线性化的相互作用可以用来描述迄今为止的大多子光力学实验,并将构成第 3~5 章的大部分内容的基础.

随着公式(2.39)中光失谐定义的改变,公式(2.33)的腔内光相干振幅变为

$$\alpha = \left(\frac{\sqrt{\kappa_{in}}}{\kappa/2 + i\Delta} \right) \alpha_{in} \tag{2.43}$$

使用输入-输出关系(公式(1.125)),输出耦合场的相干振幅就可以表示为

$$\alpha_{out} = \left(1 - \frac{\sqrt{\kappa_{in}}}{\kappa/2 + i\Delta} \right) \alpha_{in} \tag{2.44}$$

图 2.4 的相位图说明了完整的和线性化的光力哈密顿量作用的差异.在一阶情况下,如图 2.4(左上)所示,当光腔失谐为零时,完整哈密顿量按 $\hat{Q}$ 的比例移动光场的相位,并按光子数算符 $a^{\dagger}a$ 的比例移动机械振子的动量.相比之下,线性化哈密顿量使光场的相位正交分量 $\hat{Y}$ 与 $\alpha\hat{Q}$ 成正比,使机械振子的动量与 $\alpha\hat{X}$ 成正比.

练习 2.6 请让自己相信以上描述.

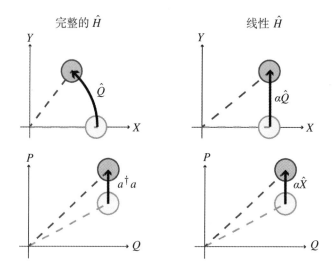

图 2.4 相位图(或"球棒"图;参见 1.1.5 小节)

比较了完整的(左栏)和线性化的(右栏)光力哈密顿量对机械振子和腔内光场的影响.顶部:腔内光场的相位图.底部:机械振子的相位图.浅灰色相位代表没有任何光力相互作用的光学和机械状态.箭头和深灰色相位(示例性的)代表相互作用的效果.

2.8 耗散型光力学

腔光力学的另一种方法是在腔内光场和光热库之间引入一个与机械位置相关的耦合率.由于这种光力相互作用改变了光耗散而不是腔共振频率,因此,被称为耗散型光力学[102].在通常的线性耗散型光力学中,光学衰减率 κ 被替换为

$$\kappa \rightarrow \kappa + H\hat{q} = \kappa + h_0\hat{Q} \tag{2.45}$$

其中,H 是耗散型光力学耦合强度,单位为 $\mathrm{Hz/m}$;$h_0 \equiv x_{\mathrm{zp}}H$ 是耗散型真空光力学耦合率.耗散型光力学系统显示出许多与色散型光力学系统相同的特征,包括双稳态、不稳定性和辐射压力加热等.然而,它们也表现出显著的差异性.例如,理论上已经表明它们可以允许机械振子的基态冷却,而不需要反馈控制或系统处于良好的腔情况($\kappa \ll \Omega$)[102,325].虽然耗散型耦合是一个有趣的替代方案,但截至目前,这一领域的实验进展明显不足.因此,我们把本书的其余部分集中在色散型光力学上.

第 3 章

机械运动的线性量子测量

在本章中,我们将使用连续测量的量子理论来描述腔光力系统中光和机械振子之间的线性化相互作用,并对光学输出场如何用于监测机械系统的量子状态进行量化. 我们将说明连续测量会导致不可避免的量子反作用. 该反作用加热了机械振子,并且为力和位移的传感引入了一个标准量子极限. 本章也将详细地说明如何通过光学测量来表征量子光力学的重要参数,包括光力耦合率、协同度和振子温度.

3.1 自由质量标准量子极限

在介绍量子测量对腔光力系统的动力学和精度的影响之前,我们先考虑自由质量体的位置的量子测量这个简单的例子. 具体来说,我们希望通过执行两个连续的位置测量来确定一段时间后质量体的位置,并观察测量的反作用对精度产生的影响.[44,63,215,327] 在其连续极限中[46,64-65]，该情形与干涉仪式引力波观测站相关.这些观测站试图通过引力波在干涉仪中引起的长度变化来观测时空的涟漪.目前,基于地球观测站的目标是频率在千赫兹范围内的引力波,并且拥有着千克级的悬浮端镜,其基本共振频率在赫兹范围内.因此,在引力波的特征时间尺度上,完全可以认为端镜属于自由质量体系.

如果初始测量以标准偏差 $\sigma[\hat{q}(0)]$ 使质量体的位置局域化,海森伯不确定性原理(公式(1.12))则告诉我们,测量也必然对振子的动量引入量子反作用,促使其不确定性至少增加到

$$\sigma[\hat{p}(0)] = \frac{\hbar}{2\sigma[\hat{q}(0)]} \tag{3.1}$$

然后,质量体将自由地演化,直到在 τ 时刻对它进行第二次测量.当然这种演化受公式(3.2)的哈密顿量支配,即

$$\hat{H} = \frac{\hat{p}^2}{2m} \tag{3.2}$$

使用海森伯运动方程(公式(1.20)),可以得到如下演化关系:

$$\hat{q}(\tau) = \hat{q}(0) + \frac{\tau}{m}\hat{p}(0) \tag{3.3}$$

原则上,第二次测量可以以任意的精度进行,而不会对评估位置有任何反作用干扰.因为第二次测量所引入的任何反作用效应只会改变未来时间的动力学.测量结果的不确定性则完全由 $\sigma[\hat{q}(\tau)]$ 指定,其中,只包括质量的初始定位的不确定性 $\sigma[\hat{q}(0)]$ 和在演化过程中已经耦合到位置上的质量体的动量不确定性的分量:

$$\sigma[\hat{q}(\tau)] = \sigma^2\left[\hat{q}(0) + \frac{\tau}{m}\hat{p}(0)\right] \tag{3.4}$$

$$= \sigma^2[\hat{q}(0)] + \left(\frac{\tau}{m}\right)^2 \sigma^2[\hat{p}(0)] \tag{3.5}$$

$$= \sigma^2[\hat{q}(0)] + \left(\frac{\hbar\tau}{2m}\right)^2 \frac{1}{\sigma^2[\hat{q}(0)]} \tag{3.6}$$

在这里,通过简单地获取位置和动量的不确定性的贡献之和,因为我们假定质量体的位置和动量在第一次测量后没有关联.①事实上,正如公式(3.1)所描述的那样,如果质量体处于最小不确定性状态,就不存在这种关联性.打破此假设的情况是有趣的,并且可以用于提高测量精度.我们将在第5章中详细地考虑这种情况.

_____

① 或者具体地，$\langle\hat{q}(0)\hat{p}(0) + \hat{p}(0)\hat{q}(0)\rangle - 2\langle\hat{p}(0)\rangle\langle\hat{q}(0)\rangle = 0$.

由于公式(3.6)包含了以 $\sigma^2[\hat{q}(0)]$ 和 $\sigma^{-2}[\hat{q}(0)]$ 为尺度的项,很明显存在一个最佳的测量精度使测量的精度最大化.我们直接可推导这个最佳值是

$$\sigma_{\text{sql}}[\hat{q}(0)] = \sqrt{\frac{\hbar\tau}{2m}} \tag{3.7}$$

这产生了一个自由质量位置测量的标准量子极限:

$$\sigma_{\text{sql}}[\hat{q}(\tau)] = \sqrt{\frac{\hbar\tau}{m}} \tag{3.8}$$

因此,我们看到存在量子测量反作用为位置测量的精度提供了一个基本的限制.举个例子,由于引力波会引起干涉仪两臂相对长度的振荡,如果第一次测量是在干涉仪的一个臂完全伸展时进行的,而第二次测量是在它完全收缩时进行的,那么差分位置测量则对它们最为敏感.因此,对千赫兹引力波的探测需要延迟约 1 ms 的测量.如果端镜是 1 kg 的质量体,公式(3.8)给出的标准量子极限的精度为 4×10^{-19} m,那么它处在目前最先进的地面引力波干涉仪灵敏度的一个数量级内.

3.2 辐射压力的散粒噪声

在本章剩余的大部分内容里,我们将研究这种测量反作用的连续极限及其对位置和力传感器的精度的影响.在这一节中,我们首先考虑由光学散粒噪声引起的辐射压力涨落对机械振子动力学的影响.这种辐射压力散粒噪声是振子上必要的量子反作用,它提供了映射在光场上关于振子位置的信息.

3.2.1 共振光驱动的光力动力学

在这里,我们将只考虑光力系统的线性动力学(如 2.7 节所讨论的).采取明亮光场入射腔,并且系统远离单光子强耦合作用区域(参见第 6 章对该作用区域的讨论)的极限情况.我们将进一步采取马尔可夫极限(在这个极限中,光场和机械振子都没有记忆性),并对光场做旋转波近似,认为腔共振频率远远高于问题中的任何其他速率.在这个作用区域,机械振子和光场的无量纲位置和动量的线性化运动方程可以由公式(2.41)的哈密

顿量推导出,同时使用量子朗之万方程,即公式(1.90)和公式(1.112)(它们适用于机械振子和光场).由此得到的运动方程为

$$\dot{\hat{X}} = -\frac{\kappa}{2}\hat{X} + \sqrt{\kappa}\hat{X}_{\text{in}} \tag{3.9a}$$

$$\dot{\hat{Y}} = -\frac{\kappa}{2}\hat{Y} + \sqrt{\kappa}\hat{Y}_{\text{in}} - 2g\hat{Q} \tag{3.9b}$$

$$\dot{\hat{Q}} = \Omega\hat{P} \tag{3.9c}$$

$$\dot{\hat{P}} = -\Omega\hat{Q} - \Gamma\hat{P} + \sqrt{2\Gamma}\hat{P}_{\text{in}} - 2g\hat{X} \tag{3.9d}$$

为简单起见,我们采取了共振光驱动($\Delta = 0$)的情况.我们提醒读者,像往常一样,$\hat{X}$ 和 $\hat{Y}$ 指的是光学振幅和相位正交分量,$\hat{Q}$ 和 $\hat{P}$ 指的是无量纲的机械位置和动量,κ 和 Γ 是光学和机械的衰减率,g 是相干振幅增强的光力耦合率.非零失谐的情况是非常有趣的,因为它允许冷却、光-机械纠缠,以及超越标准量子极限的测量.我们将在第 4 章和第 5 章中考虑这些情况.请注意,正如预期的那样,以及在上一章中所讨论过的,机械振子的位置映射在腔内场的相位(或动量)正交分量上,而光场的振幅(或位置)正交分量也同样映射在机械振子的动量上.

因为我们选择了共振驱动光腔($\Delta = 0$),描述光振幅和相位的量子随机方程(公式(3.9a)和公式(3.9b))是互相独立的.但是对于机械振子来说,情况并非如此.然而,描述机械振子的两个一阶随机微分方程(公式(3.9c)和公式(3.9d))很容易合并成一个二阶微分方程:

$$\ddot{\hat{Q}} + \Gamma\dot{\hat{Q}} + \Omega^2\hat{Q} = \sqrt{2\Gamma}\Omega\hat{P}_{\text{in}} - 2g\Omega\hat{X} \tag{3.10}$$

然后,可以在频域中直接求解上述线性方程组.通过傅里叶变换,我们得到以下稳态解:

$$\hat{X}(\omega) = \frac{\sqrt{\kappa}\hat{X}_{\text{in}}}{\kappa/2 - \mathrm{i}\omega} \tag{3.11a}$$

$$\hat{Y}(\omega) = \frac{\sqrt{\kappa}\hat{Y}_{\text{in}} - 2g\hat{Q}}{\kappa/2 - \mathrm{i}\omega} \tag{3.11b}$$

$$\hat{Q}(\omega) = \chi(\omega)(\sqrt{2\Gamma}\hat{P}_{\text{in}} - 2g\hat{X}) \tag{3.11c}$$

其中,机械极化率 $\chi(\omega) \equiv \Omega/(\Omega^2 - \omega^2 - \mathrm{i}\omega\Gamma)$,并且我们忽略了右侧和后续分析中的参数 ω.这里得出的机械极化率与第 1 章中在没有光学驱动的情况下得出的极化率一致(参见公式(1.102)),这表明对于零失谐($\Delta = 0$),光场不会改变机械振子对其环境的响应.我们将在后面看到,如果有光腔失谐存在,此结论就不再成立.

将公式(3.11a)中的光振幅正交分量代入公式(3.11c)，我们得出机械位置的表达式为

$$\hat{Q}(\omega) = \sqrt{2\Gamma}\chi(\omega)(\hat{P}_{\mathrm{in}} - \sqrt{2C_{\mathrm{eff}}}\hat{X}_{\mathrm{in}}) \tag{3.12}$$

我们引入了

$$C_{\mathrm{eff}}(\omega) \equiv \frac{C}{(1 - 2\mathrm{i}\omega/\kappa)^2} \tag{3.13}$$

其中，C 是光力协同度，为

$$C \equiv \frac{4g^2}{\kappa\Gamma} \tag{3.14}$$

我们看到，通过辐射压力，光散粒噪声对机械振子的动力学贡献了一个加热项，其大小取决于等效的光力协同度。正如预期的那样，在高于腔带宽($\omega > \kappa$)的频率上，这种加热是衰减的，因为这些频率上的入射光涨落是非共振的，因此部分地被腔所排斥。特别是在第4章和第5章中将要详细考虑的 $\Omega > \kappa$ 的可分辨边带区域中，这种衰减降低了光力相互作用强度。然而，这并不构成一个基本的限制。腔光力系统已经被提出并且证明，可利用多个光学共振来改变光学响应函数，从而确保光腔在光载波频率和远离载波而由机械共振频率间隔的边带处接收光学涨落(例如文献[45,89,336])。

3.2.2　失谐的影响

我们已经看到，在零光学失谐($\Delta = 0$)的情况下，辐射压力对机械振子的影响仅仅是引入额外的加热。但是当出现非零失谐时，动力学将变得更加复杂。在这种情况下，光学振幅和相位正交分量是动态联系在一起的。编码在腔内相位正交分量上的机械位置信息随后被转移到腔内振幅正交分量上，并能够进一步驱动机械振子的动量。这种对机械振子的动态反作用，起到了改变机械振子极化率的作用，并引起可能的激光冷却、参量放大和其他动态效应(参见第4章)。

练习3.1　请推导出与公式(3.9)类似的光场和机械振子的运动方程，但是需要包括光学失谐 Δ。以与上述相同的方式来求解这些方程，表明辐射压力相互作用将机械极化率修改为

$$\chi^{-1}(\omega, \Delta) = \chi^{-1}(\omega) - \frac{4g^2\Delta}{(\kappa/2 - \mathrm{i}\omega)^2 + \Delta^2} \tag{3.15}$$

其中，$\chi(\omega)$是没有光场时的裸极化率，参见公式(1.102).

与裸机械极化率不同，一般来说，公式(3.15)中由动态反作用修正的机械极化率不是一个广义的洛伦兹函数.然而，在 $\omega^2 \ll (\kappa/2)^2 + \Delta^2$ 的低频极限中，可以证明它具有与公式(3.15)大致相同的函数形式，其修正的衰减率 $\Gamma(\Delta)$ 和频率 $\Omega(\Delta)$ 由

$$\frac{\Gamma(\Delta)}{\Gamma} = 1 + C \frac{\Delta \kappa^2 \Omega}{(\kappa^2/4 + \Delta^2)^2} \tag{3.16a}$$

$$\frac{\Omega(\Delta)}{\Omega} = \left(1 - \frac{C}{Q} \frac{\kappa \Delta}{\kappa^2/4 + \Delta^2}\right)^{1/2} \tag{3.16b}$$

给出.其中，$Q \equiv \Omega/\Gamma$ 是机械振子的品质因子.

练习 3.2 请推导出这些结果.

我们可以从这些表达式中看到，在非零失谐的情况下，辐射压力相互作用提供了一种方法.既可以偏移机械共振频率(称为光致弹性效应，并首次在文献[259]中得到证明)，也可以通过改变机械振子的能量衰减率(而不改变其环境的加热速率)来参量化加热或冷却机械振子[37,160].关于参量化加热和冷却的进一步讨论，以及它们各自在达到机械基态和产生光力纠缠方面的用途，请读者参阅第4.2和4.4节.从公式(3.16)可以看出，失谐的符号决定了是发生加热还是冷却效应，以及光致弹性效应是否将振子拉到更高或更低的频率.在失谐 $|\Delta| = \kappa/2$ 的特殊情况下，我们发现一旦光力协同度 $C \approx \kappa/\Omega$，就会发生明显的冷却或加热过程，而当 $C \approx Q$ 时，光致弹性效应则会引起与机械共振频率相当的频率移动.

3.2.3 共振光驱动的机械功率谱密度

现在让我们回到零失谐的情况.用公式(1.43)计算机械振子的位置功率谱密度，我们发现：

$$S_{QQ}(\omega) = 2\Gamma |\chi(\omega)|^2 \left[S_{P_{in}P_{in}}(\omega) + 2|C_{eff}(\omega)| S_{X_{in}X_{in}}(\omega)\right] \tag{3.17}$$

其中，我们假设光和机械热库是独立和不关联的，因此忽略了它们的交叉项.

练习 3.3 假设光场的频率足够高，使得光热库基本处于真空状态，请证明在量子光学近似下(参见1.3.2小节)，功率谱密度为

$$S_{QQ}(\omega) = 2\Gamma |\chi(\omega)|^2 (\bar{n} + |C_{eff}(\omega)| + 1) \tag{3.18a}$$

$$S_{QQ}(-\omega) = 2\Gamma |\chi(\omega)|^2 (\bar{n} + |C_{eff}(\omega)|) \tag{3.18b}$$

然后,在机械共振范围内,将等效的光力协同度视为常数,表明辐射压力的散粒噪声将热平衡状态下的机械振子的平均占据数由 $\bar{n}$ 提高到 $\bar{n}_b$:

$$\bar{n}_b = \bar{n} + \bar{n}_{ba} \tag{3.19}$$

其中

$$\bar{n}_{ba} \equiv |C_{\text{eff}}(\Omega)| = \frac{C}{1 + 4(\Omega/\kappa)^2} \tag{3.20}$$

量化了由于辐射压力反作用而增加的机械声子占据数.

提示:在旋转坐标中,光热库功率谱密度 $S_{X_{\text{in}}X_{\text{in}}}(\omega) = \bar{n}_L + 1/2$(参见 1.4.6 小节),其中,$\bar{n}_L$ 是在激光载波频率 Ω_L 处评估的入射光场的光子占据数.

公式(3.19)使等效的光力协同度 C_{eff} 的物理意义变得非常清楚.它确定了机械振子上的光学反作用加热振子的一个声子所需的光力耦合强度.正如我们在后面的章节中所看到的,光力协同度也有其他意义.例如,它是确定可分辨边带冷却(参见 4.2.2 小节)和反馈冷却(参见 5.2 节)过程有效性的指标.

冷原子气体的实验中广泛存在辐射压力效应.例如,原子在自发辐射光时所经历的随机后坐力对磁光阱中的原子集合的温度设置了一个限制.[177]然而,我们在这里介绍的单一集体运动模式的辐射压力反作用加热直到 2008 年才首次被观察到[207],该工作使用的是 9000 个超冷原子云的集体机械运动模式.由于光力协同度与机械振子的零点运动的平方成正比,随着机械振子质量的增加,$|C_{\text{eff}}| > \bar{n}$ 变得越来越难以实现.$|C_{\text{eff}}| > \bar{n}$ 也是辐射压力散粒噪声支配热力学加热的条件.2013 年,科学家们在使用 7 ng 氮化硅膜[231]构成的宏观机械振子的机械共振中首次观察到辐射压力的散粒噪声(图 3.1).

3.3 机械运动的测量

如上所述,辐射压力的相互作用会扰乱机械振子的运动而引入噪声.这种噪声可以理解为位置和动量之间的海森伯不确定性原理的直接作用后果.相互作用将位置信息编码至光场,使得机械动量的噪声必须增加.在这一节中,我们将介绍零差和外差探测的线性探测过程.该过程通常用于从离开光力系统的光场中提取有关机械振子的信息.这将使我们能够在本章后面建立适用于机械位置和力测量的标准量子极限.

然而,在开始讨论探测技术之前,我们将建立一个关于测量不精确度和施加在机械

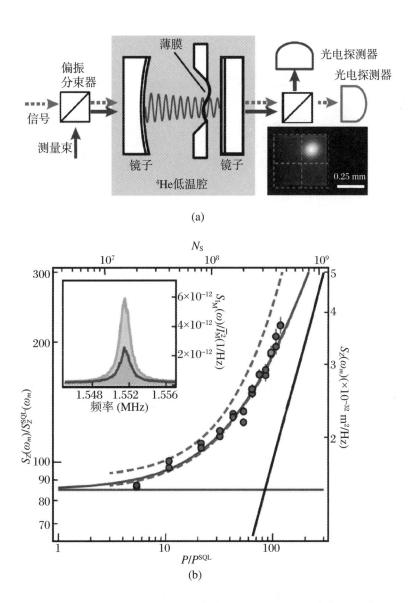

图 3.1　法布里-珀罗腔中,在有效质量为 7 ng 的低温冷却的氮化硅膜上观察到的测量反作用

(a) 实验原理图;(b) 峰值位置功率谱密度作为入射功率的函数,表明共振模式的温度随着功率的增加而增加.(经美国科学促进会(AAAS)许可转载自文献[231])

振子上的辐射压力噪声大小的乘积的形式上的最小约束关系.该约束关系在连续性测量的情况下有效[44].

3.3.1 力-精度乘积的量子约束

在由公式(2.41)线性化哈密顿量描述的光力系统中,机械振子所经历的力可以按常规方式通过 $\hat{F} = \dfrac{\partial \hat{H}}{\partial \hat{q}}$ 确定,其中, $\hat{q}$ 是机械位置算符.光场对这个力的贡献很容易被证明是

$$\hat{F}_{\mathrm{L}} = \frac{\sqrt{2}\,\hbar g}{x_{\mathrm{zp}}}\hat{X} \tag{3.21}$$

练习 3.4 请让自己相信这一点.

正如我们在公式(3.9a)中已经发现的,这里的光场振幅正交分量 $\hat{X}$ 由光输入场 $\hat{X}_{\mathrm{in}}$ 的涨落驱动.现在让我们考虑 κ 远大于 Ω 以及所有其他系统的速率的差腔极限,而把更普遍的处理留给后面的章节.在这种简单的情况下, $\hat{X}$ 达到平衡的速率比任何其他系统的速率快得多,通过近似 $\dot{\hat{X}} = 0$ 可以绝热地去除公式(3.9a).然后,公式(3.21)可以用输入光场的涨落表示为

$$\hat{F}_{\mathrm{L}} = \sqrt{\frac{8}{\kappa}}\left(\frac{\hbar g}{x_{\mathrm{zp}}}\right)\hat{X}_{\mathrm{in}} \tag{3.22}$$

辐射压力功率谱密度由

$$S_{FF}(\omega) = \frac{8}{\kappa}\left(\frac{\hbar g}{x_{\mathrm{zp}}}\right)^2 S_{X_{\mathrm{in}}X_{\mathrm{in}}}(\omega) \tag{3.23}$$

给出.对公式(3.9b)中的 $\hat{Y}$ 进行类似的绝热消除,可使腔内光相位正交分量与机械位置 $\hat{q}$ 和输入光相位正交分量的涨落 $\hat{Y}$ 简单地进行联系,即

$$\hat{Y} = \frac{2}{\kappa}\left(\sqrt{\kappa}\,\hat{Y}_{\mathrm{in}} - \frac{\sqrt{2}g}{x_{\mathrm{zp}}}\hat{q}\right) \tag{3.24}$$

然后,由公式(1.126)给出的输入-输出关系可以确定输出光的相位正交分量的涨落,即

$$\hat{Y}_{\mathrm{out}} = -\,\hat{Y}_{\mathrm{in}} + \sqrt{\frac{8}{\kappa}}\left(\frac{g}{x_{\mathrm{zp}}}\right)\hat{q} \tag{3.25}$$

机械位置可以通过测量 $\hat{Y}_{\mathrm{out}}$ 来确定,理想的测量只受输入相位正交分量 $\hat{Y}_{\mathrm{in}}$ 涨落的干扰.通过检查公式(3.25), $\hat{Y}_{\mathrm{in}}$ 与机械位置并不相关,最小可能的测量(或不精确度)噪声由功

率谱密度(公式(3.26))量化:

$$S_{qq}^{\mathrm{imp}}(\omega) = \frac{\kappa}{8}\left(\frac{x_{\mathrm{zp}}}{g}\right)^2 S_{Y_{\mathrm{in}}Y_{\mathrm{in}}}(\omega) \tag{3.26}$$

因此,我们发现不精确度和力噪声功率谱密度的乘积是

$$S_{FF}(\omega)S_{qq}^{\mathrm{imp}}(\omega) = \hbar^2 S_{X_{\mathrm{in}}X_{\mathrm{in}}}(\omega)S_{Y_{\mathrm{in}}Y_{\mathrm{in}}}(\omega) \tag{3.27}$$

在振幅和相位正交分量功率谱密度之间存在一个海森伯不确定性原理(参见公式(1.121)).这将导致来自测量干扰的下限为

$$S_{FF}(\omega)S_{qq}^{\mathrm{imp}}(\omega) \geqslant \left(\frac{\hbar}{2}\right)^2 \tag{3.28}$$

因此,我们看到事实上对机械运动的线性测量将不可避免地导致对机械振子的量子反作用力.虽然在这里我们通过考虑在差腔和对机械振子进行连续测量的特殊情况得出了公式(3.28),但这个表达式是相当普遍的,它适用于在没有量子关联[44]情况下的任何连续测量.这导致了位置和力测量中的标准量子极限.非连续测量或涉及光或机械振子的非经典状态的测量可以超越公式(3.28)中规定的极限条件.这类方案构成了第5章大部分的讨论内容.

3.3.2　腔光力系统的输出场

现在我们回到本节的主要内容,即处理腔光力系统的光场输出,以及从该输出光场中提取机械振子信息的方法.该方法比上一节考虑的差腔情况更为普遍有效.

利用公式(3.11a)和公式(3.11b)以及公式(1.126)中给出的输入-输出关系,我们可以确定腔光力系统输出光场的正交分量,其结果是

$$\hat{X}_{\mathrm{out}}(\omega) = -\left(\frac{\kappa/2 + \mathrm{i}\omega}{\kappa/2 - \mathrm{i}\omega}\right)\hat{X}_{\mathrm{in}} \tag{3.29a}$$

$$\hat{Y}_{\mathrm{out}}(\omega) = -\left(\frac{\kappa/2 + \mathrm{i}\omega}{\kappa/2 - \mathrm{i}\omega}\right)\hat{Y}_{\mathrm{in}} + \frac{2\sqrt{\kappa}g\hat{Q}}{\kappa/2 - \mathrm{i}\omega}$$

$$= -\left(\frac{\kappa/2 + \mathrm{i}\omega}{\kappa/2 - \mathrm{i}\omega}\right)\hat{Y}_{\mathrm{in}} + 2\sqrt{\Gamma C_{\mathrm{eff}}}\hat{Q} \tag{3.29b}$$

正如预期的那样,我们看到由于光学共振,两个正交分量都经历了与频率有关的相位旋

转,并使得机械位置映射在输出光相位正交分量上,其大小由特征速率 $\mu = \Gamma|C_{\text{eff}}|$ 决定[①].一方面,在非分辨边带极限情况下,即当 $\Omega \ll \kappa$ 时,这个速率可以近似为 $\mu = 4g^2/\kappa$;另一方面,在可分辨边带情况下,即当 $\Omega/\kappa \to \infty$ 时,测量率 $\mu \to 0$.因此,映射在光场上的信息将渐进地减少.正如4.2.2小节所要讨论的那样,这对可分辨边带冷却很重要,因为光场中包含的任何信息都必然会引入一个馈赠的反作用加热.这对冷却性能施加了一个基本限制.[191]

3.3.3 光场的线性探测

尽管非线性技术,如光子计数或与超导量子比特的耦合已经被用于探测腔光力系统的输出场(参见8.2节),但到目前为止,最常见的探测技术还是线性的,它们最终提供与光场振幅成比例的信号.通过直接探测明亮场的例子,我们可以最佳地理解这种探测技术.

在海森伯绘景中,当由湮灭算符 $a_{\text{det}}(t)$ 描述的光场撞击一个半导体光电二极管时,光场中的光子被转化为光电子,从而产生(非线性化的)光电流,可以用探测场算符来描述光电流为

$$\hat{i}(t) = \hat{n}_{\text{det}}(t) = a_{\text{det}}^{\dagger}(t) a_{\text{det}}(t) \tag{3.30}$$

其中,$\hat{n}_{\text{det}}$ 是探测场的光子数算符,并且 $\langle a_{\text{det}}\rangle = \alpha_{\text{det}}$ 是该场的相干振幅,$\alpha_{\text{det}}^{*} \alpha_{\text{det}}$ 代表每秒入射到探测器上的平均光子通量.以常规方式对光场进行线性化,即进行如下替换:$a_{\text{det}} \to \alpha_{\text{det}} + a_{\text{det}}$,并忽略常数项($\alpha_{\text{det}}^{*} \alpha_{\text{det}}$)和算符乘积项($a_{\text{det}}^{\dagger} a_{\text{det}}$),得到线性化的探测场算符为

$$\hat{i}(t) = \alpha_{\text{det}} a_{\text{det}}^{\dagger} + \alpha_{\text{det}}^{*} a_{\text{det}} \tag{3.31}$$

$$= |\alpha_{\text{det}}| \hat{X}_{\text{det}}^{\theta_{\text{det}}} \tag{3.32}$$

其中,$e^{i\theta_{\text{det}}} = \alpha_{\text{det}}/|\alpha_{\text{det}}|$,并且旋转的正交算符 $\hat{X}_{\text{det}}^{\theta_{\text{det}}}$ 由公式(1.17a)定义.因此,我们可以预期,直接探测光场将产生随机的光电流,它与场的正交分量直接成正比,而场的正交方向即为相干振幅的方向(参见图1.2).然而,正如我们将在下一节所看到的,在这种解释中我们必须要小心谨慎,因为 $\hat{i}(t)$ 是一个算符而不是一个经典的变量.

---

① 虽然这个速率似乎线性地依赖于机械衰减率 Γ,因此,其随着机械振子的品质因子的降低而提高,但情况并非如此,因为 Γ 也出现在 $|C_{\text{eff}}|$ 表达式的分母中.

3.3.4　光电流功率谱密度

任何真实的经典光电流必须有一个在频率上对称的功率谱密度. 一般来说, 对于 $\hat{i}(t)$, 情况并非如此. 例如在本章中所考虑的机械运动的光学探测中, $\hat{i}(t)$ 必然包含一个与 $\hat{Q}(t)$ 成比例的项. 正如我们在 1.2 节所看到的, $\hat{Q}(t)$ 在频率上是不对称的. 解决这个明显的矛盾的方法是: $\hat{i}(t)$ 当然并仍然是一个量子算符. 通过探测过程和随后的不可逆电子放大过程, 它被转化为具有对称功率谱密度的随机的真实经典变量 $\bar{i}(t)$. 这个观测的功率谱密度可以用 Glauber 的光探测理论来计算[122]. 使用公式 (1.43), 我们可以通过替换 $\hat{O}(t) = \hat{i}(t)$ 立即计算出算符 $\hat{i}(t)$ 的功率谱密度 $S_{\hat{i}\hat{i}}(\omega)$. 另一方面, 光电流 $i(t)$ 是由探测器上的光子湮灭事件产生的, 光电流的功率谱密度涉及两次光子重合. 正如 Glauber 所认识到的那样, 为了准确地确定光电流, 湮灭算符和产生算符必须按正常序排列.[①] 因此, 直接探测场 a_{det} 产生如下功率谱密度:

$$S_{ii}(\omega) = \int_{-\infty}^{\infty} \mathrm{d}\tau \, \mathrm{e}^{\mathrm{i}\omega\tau} \langle a_{\mathrm{det}}^{\dagger}(t+\tau) a_{\mathrm{det}}^{\dagger}(t) a_{\mathrm{det}}(t+\tau) \hat{a}_{\mathrm{det}}(t) \rangle_{t=0} \tag{3.33}$$

使用公式 (1.114) 中的对易关系, 可以用光电流算符 $\bar{S}_{\hat{i}\hat{i}}(\omega)$ 的对称功率谱密度将公式 (3.33) 重新表示为[②]

$$S_{ii}(\omega) = \bar{S}_{\hat{i}\hat{i}}(\omega) - \langle \hat{n}_{\mathrm{det}} \rangle \tag{3.34}$$

$$\approx \bar{S}_{\hat{i}\hat{i}}(\omega) \tag{3.35}$$

其中, 公式 (3.35) 只在线性化近似中有效. 这是因为对于 $\bar{S}_{\hat{i}\hat{i}}(\omega)$ 的线性化给出了被场的相干振幅平方放大的正交方差项. 因此, 我们看到光电探测总是产生一个对称的功率谱密度.

练习 3.5　请推导出这个结果.

3.3.5　相敏探测

在本章考虑的零失谐 $(\Delta = 0)$ 稳态腔光力系统的特殊情况下, 我们从公式 (2.43) 和公

---

① 也就是说, 产生算符应该全部出现在湮灭算符的左边.

② 注意这里的 "$\hat{\ }$" 用来区分经典变量和探测到的场算符.

式(2.44)中看到输出场的相干振幅 α_{out} 是实数.[①]这意味着如果直接对场进行探测,则 $\theta_{\text{det}} = m\pi$,其中,$m$ 是整数,测量的正交分量对应光振幅正交分量.对公式(3.29)的检查表明,在这个正交分量上并不包含任何关于机械振子的信息.因此,在没有腔失谐的情况下,直接探测机械振子是无效的.这就需要在光腔中引入失谐,或者使用提供相敏的其他探测形式.零差探测和外差探测代表两种这样的相敏探测技术.它们在相干通信、微波电子学和量子光学以及量子光力学中已经得到了广泛使用.这些技术与图3.2中的直接探测形成了鲜明对比.

附录A处理了零差探测和外差探测的数学问题.对于本书的大部分内容来说,只需要知道通过对探测场与相同载波频率的明亮的局部振子场进行干涉,零差探测提供了对探测光场的任意正交分量 $\hat{X}_{\text{det}}^{\theta}$ 的测量,其归一化功率谱密度为

$$S_{ii}^{\text{homo}}(\omega) = \bar{S}_{X_{\text{det}}^{\theta} X_{\text{det}}^{\theta}}(\omega) \tag{3.36}$$

另一方面,外差探测使用的载波频率与激光频率 Ω_{L} 相差 Δ_{LO}.利用旋转波近似(参见附录A),可以得出归一化功率谱密度为

$$\begin{aligned} S_{ii}^{\text{het}}(\omega) = \frac{1}{4} \big[& S_{X_{\text{det}} X_{\text{det}}}(\Delta_{\text{LO}} + \omega) + S_{Y_{\text{det}} Y_{\text{det}}}(\Delta_{\text{LO}} + \omega) \\ & + S_{X_{\text{det}} X_{\text{det}}}(\Delta_{\text{LO}} - \omega) + S_{Y_{\text{det}} Y_{\text{det}}}(\Delta_{\text{LO}} - \omega) \big] \end{aligned} \tag{3.37}$$

这里,在 $\Delta_{\text{LO}} \pm \omega$ 处的频率成分已经由探测场和本地振子之间的拍频"混合"到 ω 处.

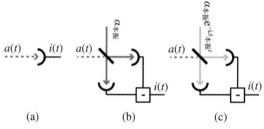

图3.2　光场的不同探测示意图

(a)直接探测,(b)零差探测,(c)外差探测.$a(t)$ 是待测的输入场;$i(t)$ 是产生的光电流.在零差探测中,输入场在 50/50 分束器上与具有相同光载波频率的明亮的本地振子进行相干.本地振子的相位 $\alpha_{\text{本振}}$ 决定了测量的光场正交分量.在外差探测中,使用了一个偏置的本地振子载波频率,给出相对于输入场的时间振荡的相位.因此,测得的光场正交分量也会随时间振荡.

---

① 记住我们已经将腔内振幅 α 定义为实数.

3.3.6 腔光力系统的实测功率谱密度

利用上一节的结果,我们可以确定从腔光力系统出来的光场的零差探测和外差探测的功率谱密度.正如我们之前所观察到的,公式(3.29)表示在零失谐的情况下,光场的振幅正交分量不包含机械运动的信息.因此,这里我们只考虑 $\theta = \pi/2$ 的情况,在频域中探测到的正交分量是

$$\hat{X}_{\det}^{\pi/2}(\omega) = \hat{Y}_{\text{out}}(\omega) \tag{3.38}$$

$$= -\left(\frac{\kappa/2 + \mathrm{i}\omega}{\kappa/2 - \mathrm{i}\omega}\right)\hat{Y}_{\text{in}}(\omega) - 4\Gamma C_{\text{eff}}\chi(\omega)\hat{X}_{\text{in}}(\omega) + 2\sqrt{\Gamma C_{\text{eff}}}\hat{Q}^{(0)}(\omega) \tag{3.39}$$

$$= -\left(\frac{\kappa/2 + \mathrm{i}\omega}{\kappa/2 - \mathrm{i}\omega}\right)\hat{Y}_{\text{in}}(\omega) + 2\Gamma\sqrt{2C_{\text{eff}}}\chi(\omega)\left[\hat{P}_{\text{in}}(\omega) - \sqrt{2C_{\text{eff}}}\hat{X}_{\text{in}}(\omega)\right]$$

$$\tag{3.40}$$

其中

$$\hat{Q}^{(0)}(\omega) \equiv \sqrt{2\Gamma}\chi(\omega)\hat{P}_{\text{in}}(\omega) \tag{3.41}$$

是没有测量时的机械位置(即 $C_{\text{eff}} = 0$).请注意,事实上虽然探测到的信号在 $\theta_{\text{LO}} = \pi/2$ 时是最大的,但由于辐射压力的相互作用,输出光学振幅和相位正交分量的噪声之间的关联性,测量中的噪声(因此信噪比)可以通过将局部振子的相位从 $\pi/2$ 移开来减少.我们将在第 5 章中研究这些影响.

从公式(3.40)和公式(3.37)可以看出,零差探测和外差探测的相位正交分量的功率谱密度包含了机械热库涨落、光学输入振幅和相位正交分量之间的交叉项.虽然原则上,这些热库之间有可能存在关联性(例如,如果机械热库由一些传导声子模式组成,而这些声子模式先前已与光场发生了强烈的相互作用),但在这里我们处理通常的情况,即这些热库是不互相关联的,因此,它们的交叉谱密度是零.这样就只剩下输入场的振幅和相位正交分量之间的交叉谱密度 $S_{X_{\text{in}}P_{\text{in}}}(\pm\omega)$ 和 $S_{P_{\text{in}}X_{\text{in}}}(\pm\omega)$.正如我们在练习 1.13 中发现的,在一般情况下,对于相干或热输入场,这些交叉谱密度也是零.

1. 零差探测的功率谱密度

在没有热库关联的情况下,相位正交分量的零差功率谱密度只是公式(3.40)中每项对称功率谱密度之和,可得

$$S_{ii}^{\text{homo}}(\omega) = \frac{1}{2} + 8\eta\Gamma^2 \mid C_{\text{eff}} \mid^2 \mid \chi(\omega) \mid^2 + 4\eta\Gamma \mid C_{\text{eff}} \mid \bar{S}_{Q^{(0)}Q^{(0)}}(\omega) \qquad (3.42)$$

$$= \frac{1}{2} + 8\eta\Gamma^2 \mid C_{\text{eff}} \mid^2 \mid \chi(\omega) \mid^2 \left(\bar{n}_b + \frac{1}{2}\right) \qquad (3.43)$$

$$= \frac{1}{2} + 4\eta\Gamma \mid C_{\text{eff}} \mid \bar{S}_{QQ}(\omega) \qquad (3.44)$$

其中, $S_{Q^{(0)}Q^{(0)}}(\omega)$ 代表没有辐射压力时机械位置的功率谱密度.为了得出公式(3.43),我们已经使用了公式(1.98)和公式(1.118a)中分别给出的非旋转和旋转坐标热库的功率谱密度来表示机械热库和光场,并假定光场具有足够高的频率.因此,光场可以很好地近似为没有热占据数.为了得到最终的表达式,我们使用了公式(3.18),并且认识到机械占据数包括来自机械热库和辐射压力的散粒噪声加热的贡献(即 $\bar{n}_b = \bar{n} + \bar{n}_{ba}$).公式(3.43)和公式(3.44)前面的 1/2 系数代表了由光场上的散粒噪声而产生的白噪声背景谱,而第二项由机械振子贡献,包括了来自辐射压力散粒噪声驱动的加热效应.

敏锐的读者会注意到,在公式(3.42)~公式(3.44)中引入了符号 η .它代表了一个整体的探测效率,涉及光场从腔体中逃逸和任何传播的损耗.例如,在探测器之前的散射和吸收,以及探测过程本身的低效率.附录 A 给出了关于在海森伯绘景中对探测效率建模的讨论.

练习 3.6 请推导出包括探测效率在内的公式(3.43).

图 3.3 显示了公式(3.44)中给出的零差功率谱密度在一定有效协同度 C_{eff} 范围内与频率的函数.可以看出机械模式的热噪声给功率谱密度引入了一个洛伦兹噪声峰值.随着光力相互作用强度的增加,峰值的高度也在增加.这既是由于机械传感能力的提升,也是由于辐射压力散粒噪声的加热(即对于 $\mid C_{\text{eff}} \mid > \bar{n}$)作用.

2. 外差探测的功率谱密度

外差探测的功率谱密度可以用与零差测量相同的方法来确定.将腔光力系统输出的光振幅正交算符 $\hat{X}_{\text{det}}$ 和相位正交算符 $\hat{Y}_{\text{det}}$ (公式(3.29))代入公式(3.37),并使用公式(1.118a)中定义的光热库功率谱密度,我们得到

$$S_{ii}^{\text{het}}(\omega) = \frac{1}{2} + \eta\Gamma \big[\mid C_{\text{eff}}(\Delta_{\text{LO}} + \omega) \mid S_{QQ}(\Delta_{\text{LO}} + \omega)$$
$$+ \mid C_{\text{eff}}(\Delta_{\text{LO}} - \omega) \mid S_{QQ}(\Delta_{\text{LO}} - \omega) \big] \qquad (3.45)$$

在这里,由于机械振子 $S_{QQ}(\omega)$ 的功率谱在频率 $\omega = \pm\Omega$ 处有尖锐的峰值,我们可以观察到,机械峰值将出现在 4 个不同的频率处,与 $\pm\Delta_{\text{LO}}$ 相差 $\pm\Omega$.只要 $\Gamma \ll \Delta_{\text{LO}}$,使得公式(3.45)中的非机械共振项可以被忽略, Δ_{LO} 的正负频率侧的外差功率谱密度为

$$S_{ii}^{het}(\Delta_{LO} + \omega) = \frac{1}{2} + \eta\Gamma|C_{eff}|S_{QQ}(-\omega) \qquad (3.46)$$

$$= \frac{1}{2} + 2\eta\Gamma^2|C_{eff}||\chi(\omega)|^2\bar{n}_b \qquad (3.47)$$

$$S_{ii}^{het}(\Delta_{LO} - \omega) = \frac{1}{2} + \eta\Gamma|C_{eff}|S_{QQ}(\omega) \qquad (3.48)$$

$$= \frac{1}{2} + 2\eta\Gamma^2|C_{eff}||\chi(\omega)|^2(\bar{n}_b + 1) \qquad (3.49)$$

其中,我们使用了公式(3.18)和公式(3.19),并再次包括总体探测效率 η. 与零差探测的情况一样,它只是作为削弱机械信号的一个前置因素而出现.

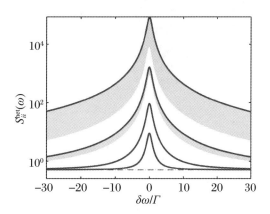

图 3.3 腔失谐 $\Delta = 0$ 时的腔光力系统输出场的零差相位探测的光电流功率谱密度与机械共振的频率偏移 $(\delta\omega = \omega - \Omega)$ 的函数

从下到上的曲线对应的等效协同度分别为 $|C_{eff}| = \{0.1, 1, 10, 100\}$. 阴影区域(只有顶部两条曲线可见)是由辐射压力散粒噪声加热引入的额外噪声功率. 点状虚线代表光学散粒噪声水平. 对于每条曲线,热占据数 $\bar{n} = 10$,机械品质因子 $Q = \Omega/\Gamma = 1000$,测量效率被认为是完美的(即 $\eta = 1$).

上述功率谱密度与公式(3.43)中使用零差探测得到的功率谱密度相似. 但是有两个明显的区别. 首先,这里的机械信号被削弱了 4 倍. 其中,2 倍是由于外差探测对探测光场的振幅和相位正交分量都很敏感,而机械信号编码只对相位正交分量进行;第二个 2 倍是由于机械峰值在外差探测功率谱中出现 4 次,而在零差探测功率谱中只出现 2 次. 更重要的是,不同于零差探测产生对称的机械功率谱密度,外差探测功率谱密度中的机械成分在本地振子失谐 Δ_{LO} 的正反两侧之间是不对称的,而与机械振子本身的量子功率谱密度相匹配. 因此,外差探测允许直接探测机械功率谱的量子不对称性.

科学家已经在各种腔光力系统中对边带不对称性进行了实验探索,例如,包括声子-光子晶体[244]、腔内冷原子云[48]以及超导微波光力系统[308]. 图 3.4 显示了在稀释制冷机中冷却到毫开尔文时在超导腔光力系统中观察到的边带不对称性,并使用了可分辨边带冷却效应(参见 4.2.2 小节)对光力系统进行进一步冷却.[308]

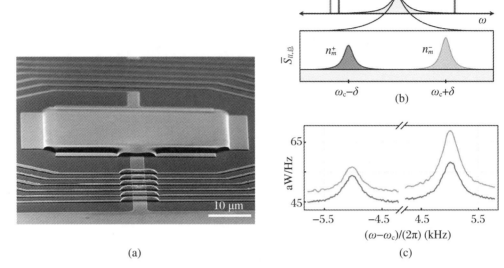

图 3.4　边带不对称实验图[308]

(a) 块体超导微波光力器件;(b) 外差探测功率谱的说明;(c) 观察到的 $\bar{n}_b = 0.6$(浅灰色)和 $\bar{n}_b = 2.5$(深灰色)的外差探测功率谱的边带不对称性.

3. 光力参数表征

零差探测和外差探测是表征量子光力系统中许多重要参数的宝贵工具.最重要的参数一般是光力协同度 C 和机械占据数 $\bar{n}$.附录 A 讨论了一些实用的方法来表征这些参数.这些方法利用光散粒噪声水平和边带不对称性作为量子尺子的形式来实现精确校准.

3.4　机械位置测量的标准量子极限

我们已经确定了腔光力系统输出场的探测功率谱密度,包括了由辐射压力引起的对机械振子的测量反作用,则我们可以严格地推导出光力传感的标准量子极限.该极限已在 3.1 节中首次以自由质量为例作了介绍.

我们将输出场的相位正交分量(公式(3.39))用机械位置的单位重新归一化:

$$\hat{Q}_{\text{det}}(\omega) \equiv \frac{\hat{X}_{\text{det}}^{\pi/2}(\omega)}{2\sqrt{\Gamma C_{\text{eff}}}}$$

$$= \hat{Q}^{(0)}(\omega) - \frac{1}{2\sqrt{\Gamma C_{\text{eff}}}}\left(\frac{\kappa/2 + \mathrm{i}\omega}{\kappa/2 - \mathrm{i}\omega}\right)\hat{Y}_{\text{in}}(\omega) - 2\sqrt{\Gamma C_{\text{eff}}}\,\chi(\omega)\hat{X}_{\text{in}}(\omega) \quad (3.50)$$

显然在输出场测量中对机械位置的任何估计都会受到输入场的相位和振幅正交分量的干扰.相位正交分量贡献了常见的测量噪声(或者散粒噪声).它是许多光学系统和传感器中的常见噪声.相比之下,振幅正交分量则是由驱动机械运动的辐射压力引起的一种测量反作用噪声(正如我们在3.2节中所看到的).这两个噪声源共同设置了测量精度的标准量子极限.

再次将问题限制在相干光驱动的情况下,其中,$S_{X_{\text{in}}X_{\text{in}}}(\omega) = S_{Y_{\text{in}}Y_{\text{in}}}(\omega) = 1/2$,$\bar{S}_{X_{\text{in}}Y_{\text{in}}}(\omega) = 0$.由于测量误差和反作用导致的总零差探测噪声功率谱密度 $\bar{S}_{\text{det}}(\omega)$ 可以从公式(3.50)推导出,为

$$\bar{S}_{\text{det}}(\omega) = \frac{1}{8\eta\Gamma|C_{\text{eff}}|} + 2\Gamma|\chi(\omega)|^2|C_{\text{eff}}| \quad (3.51)$$

其中,类似于我们先前对零差探测和外差探测问题的处理,我们引入了参数 η 来表示测量的总探测效率,包括从光腔的逃逸效率和后续的损耗.考虑到机械位置算符 $\hat{q} = \sqrt{2}\,x_{\text{zp}}\hat{Q}$,这个本底噪声可以通过 $\bar{S}_{q_{\text{det}}q_{\text{det}}}(\omega) = 2x_{\text{zp}}^2\bar{S}_{\text{det}}(\omega)$ 用振子的绝对位置来表示,其单位是 m^2/Hz.还需要注意的是,如果限制在共振光驱动($\Delta = 0$)与热库的输入正交分量之间没有关联性的情况下,我们则忽略了为提高测量精度提供途径的重要物理过程.我们将在5.4节详细考虑这些情况.

从公式(3.51)中可以看出,由于光学测量噪声随着光力协同度的增加而减少,而反向作用噪声随着协同度的增加而增加,因此,这里存在一个最佳的协同度,它使位置测量的总噪声最小.这个最佳条件是

$$|C_{\text{eff}}^{\text{opt}}| = \frac{1}{4\eta^{1/2}\Gamma|\chi(\omega)|} \quad (3.52)$$

对于公式(3.52)给出的相互作用强度,测量和反作用噪声项完全平衡,而总的探测不确定性由

$$\bar{S}_{\text{det}}^{\text{opt}}(\omega) = \frac{|\chi(\omega)|}{\eta^{1/2}} \quad (3.53)$$

给出.我们看到,即使选择了最佳的相互作用强度,探测机械振子也必然会引入额外的噪声.由于机械极化率 $\chi(\omega)$ 在共振时最大,所以,在共振时这种额外的噪声最大(图3.5).

探测噪声随着测量效率的提高而降低,当 $\eta \to 1$ 时达到标准量子极限:

$$\bar{S}_{\text{det}}^{\text{SQL}}(\omega) = |\chi(\omega)| \tag{3.54}$$

该极限量化了在没有量子关联或规避反作用测量的情况下,对于给定的机械极化率可以达到的最佳测量精度[①].

值得注意的是,在与引力波干涉仪等相关的自由质量极限中(参见 3.5 节),其中,$\omega \gg \{\Omega, \Gamma\}$,当通过乘以 $2x_{\text{zp}}^2$ 将其归一化为绝对位置单位时,公式(3.54)的标准量子极限不依赖于机械共振频率和衰变率,而只取决于机械振子的质量 m.

练习 3.7 请推导出此结果.

3.4.1 标准量子极限所需的入射功率

实际上,知道在机械共振频率下达到标准量子极限所需的入射光功率是很有用的,我们将其定义为 P^{SQL}. 能够平衡探测和反作用噪声的光力协同度可以用公式(3.13)重新表述为最佳腔内光相干振幅 α^{opt},其结果为

$$|C_{\text{eff}}^{\text{opt}}(\Omega)| = \frac{1}{4\eta^{1/2}} = \frac{4\alpha^{\text{opt}^2} g_0^2}{\kappa \Gamma [1 + (2\Omega/\kappa)^2]} \tag{3.55}$$

使用公式(2.43),腔内振幅 α 本身可以通过

$$P = \hbar\Omega_{\text{L}} |\alpha_{\text{in}}|^2 \tag{3.56}$$

$$= \frac{\hbar\Omega_{\text{L}}\kappa}{4\eta_{\text{esc}}}\left[1 + \left(\frac{2\Delta}{\kappa}\right)^2\right]\alpha^2 \tag{3.57}$$

与入射到光腔的光功率 P(单位为瓦特)进行联系,其中,逃逸效率 $\eta_{\text{esc}} = \kappa_{\text{in}}/\kappa$[②];如前所述,$\Omega_{\text{L}}$ 是激光频率.因此,优化共振($\omega = \Omega$)测量精度所需要的入射光功率为

$$P^{\text{opt}} = \frac{\hbar\Omega_{\text{L}}\Gamma\kappa^2}{64g_0^2\eta^{1/2}\eta_{\text{esc}}}\left[1 + \left(\frac{2\Delta}{\kappa}\right)^2\right]\left[1 + \left(\frac{2\Omega}{\kappa}\right)^2\right] \tag{3.58}$$

其中,方括号内的项是由腔失谐和光力相互作用的可分辨边带抑制而产生的修正.当进行

---

① 注意,将这里讨论的光力标准量子极限与量子计量学文献中广泛讨论的不同计量学标准量子极限区分开来是很重要的.前者是由光学散粒噪声和辐射压力噪声的平衡而产生的,而后者仅仅是光学散粒噪声作用的结果,并且通常在光子通量低到不会引入显著的辐射压力噪声的情况下才有效.对后者的粗略表述是,它是在没有辐射压力噪声的情况下,使用相干光进行线性测量时可能达到的最佳灵敏度.

② 总效率 $\eta = \eta_{\text{esc}}\eta_{\text{det}}$,是逃逸效率和从腔中逃逸的光子的探测效率的乘积.

完美探测($\eta = \eta_{\text{esc}} = 1$)时,就达到了共振标准量子极限,即 $P^{\text{SQL}} \equiv P^{\text{opt}}(\eta = \eta_{\text{esc}} = 1)$. 采用腔光力系统中常见的参数 $\Omega_{\text{L}}/(2\pi) = 2 \times 10^{14}$ Hz, $\kappa/(2\pi) = 10$ MHz, $\Delta = 0$, $\Omega/(2\pi) = 10$ MHz, $\Gamma/(2\pi) = 1$ kHz, $g_0/(2\pi) = 100$ Hz,我们发现在这种特殊情况下,$P^{\text{SQL}} \approx 700$ nW.

3.4.2 探测噪声谱对入射功率的依赖性

图 3.5 显示了一系列入射光功率和完美探测效率下的探测噪声功率谱密度 $\bar{S}_{\text{det}}(\omega)$. 可以看出,对于远低于 P^{SQL} 的入射功率,探测噪声的频谱是平坦的. 随着入射功率的增加,在机械共振频率附近出现一个洛伦兹峰. 当入射功率等于 P^{SQL} 时,探测精度在共振时饱和于标准量子极限,但在共振外仍高于标准量子极限.

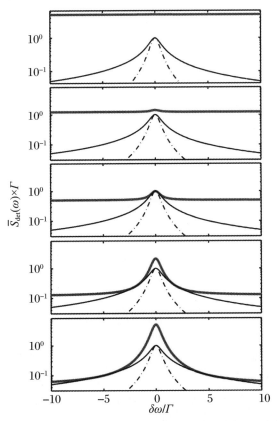

图 3.5 在各种入射光功率和完美效率($\eta = \eta_{\text{esc}} = 1$)情况下,总探测噪声功率谱密度 $\bar{S}_{\text{det}}(\omega)$ 与频率的函数. 频率轴以机械共振频率为中心,$\delta\omega = \omega - \Omega$. 粗实曲线为 $\bar{S}(\omega)$;细实曲线为标准量子极限 $\bar{S}_{\text{det}}^{\text{SQL}}(\omega)$;细点虚线为热库零点运动方差 $\bar{S}_{\text{det}}^{\text{ZPL}}(\omega)$. 对于每条曲线,机械品质因子 $Q = \Omega/\Gamma = 1000$,而从上到下分别对应于 $P/P^{\text{SQL}} = \{0.1, 0.4, 1, 4, 10\}$.

一旦入射功率超过 P^{SQL}，反作用噪声就会降低共振时的探测精度. 然而，非共振精度继续提高，在完美探测效率($\eta = 1$)的限制条件下，可以达到标准量子极限. 通过将公式(3.51)中的探测噪声功率谱密度等同于公式(3.54)的标准量子极限，并求解 ω，可以找到发生这种情况的频率，其结果为

$$\frac{\omega}{\Omega} = \left[1 \pm \frac{1}{Q} \sqrt{\left(\frac{P}{P^{\mathrm{SQL}}} \right)^2 - 1} \right]^{1/2} \tag{3.59}$$

练习 3.8 请推导出公式(3.59).

只要 $P/P^{\mathrm{SQL}} \geqslant 1$，较高频率的解就是实数的. 这表明一旦入射功率超过共振的标准量子极限，在完美效率的极限条件下，总是存在一个高于机械共振频率的频率，在这个频率中达到标准量子极限. 如果再满足额外的条件 $Q^2 \geqslant (P/P^{\mathrm{SQL}})^2 - 1$，也可以在小于机械共振的第二个频率达到标准量子极限.

3.4.3 光力系统探测机械热库

请注意，由于公式(3.54)的标准量子极限是机械极化率的函数，因此它与器件相关. 也就是说，在实际条件中，如果希望提高测量的精度，使其超过特定器件的标准量子极限，这不仅可以通过利用量子测量技术来实现(如第5章所要讨论的)，还可以通过在感兴趣的频率上设计具有较小极化率的器件，或者通过改变振子的动力学(例如通过动态光力效应[42-43,155,195,197,259,296])来直接修改极化率. 另一种更基本的约束来自对机械振子位置的光学测量，它是对机械热库变量 $\hat{P}_{\mathrm{in}}$ 的间接探测. 也就是说，机械热库驱动机械振子，而光场则读出所产生的运动. 然后，很自然地将这种测量的精度与机械热库的零点不确定度进行比较：

$$\bar{S}_{P_{\mathrm{in}} P_{\mathrm{in}}}^{(\bar{n} = 0)}(\omega) = \frac{\omega}{2\Omega} \tag{3.60}$$

在这里，为了保持远离机械共振频率区域的有效性，我们选择不做通常的量子光学近似，而是采用公式(1.98)中的一般机械热库功率谱密度的零温度极限.

当由公式(3.60)的零温度热库驱动时，从公式(3.41)中可以发现，在没有辐射压力的情况下，机械振子的功率谱密度为

$$\bar{S}_{QQ}^{(\bar{n} = 0)}(\omega) = \bar{S}_{\mathrm{det}}^{\mathrm{ZPL}}(\omega) = \frac{\omega}{Q} \left| \chi(\omega) \right|^2 \tag{3.61}$$

其中，像往常一样，$Q = \Omega/\Gamma$ 代表机械品质因子. 我们将在第5章看到，这个零点机械功

率谱密度限制了对机械振子的连续量子测量的精度,即使在有量子关联的情况下也是如此.我们把它称为零点极限.饱和于这一极限的测量正好可以分辨出机械热库的零点不确定性.

比较零点极限和公式(3.54)的标准量子极限,我们发现

$$\bar{S}_{\text{det}}^{\text{ZPL}}(\omega) / \bar{S}_{\text{det}}^{\text{SQL}}(\omega) = \frac{\omega}{Q} |\chi(\omega)| \tag{3.62}$$

这两个极限在机械共振频率上是相等的,在这个频率上机械极化率是最大的($\chi(\Omega)=1/\Gamma$),但在共振之外就会出现偏离,而在这些频率上标准量子极限的测量无法分辨机械零点涨落(图 3.5).正如我们将在第 5 章所看到的,量子关联原则上允许在所有频率处达到零点极限,而规避反作用技术则允许超越零点极限.

3.4.4 位置测量的标准量子极限

在许多情况下,人们对测量一个通过例如外力在机械振子的运动上编码的经典信号感兴趣.在这种情况下,由环境驱动机械振子的运动是一个额外的噪声源.公式(3.50)中机械位置的对称功率谱密度 $\hat{Q}_{\text{det}}$ 就决定了测量的总本底噪声.这由

$$\bar{S}_{Q_{\text{det}} Q_{\text{det}}}(\omega) = \bar{S}_{QQ}^{(0)}(\omega) + \bar{S}_{\text{det}}(\omega) \tag{3.63}$$

$$= \frac{\omega}{Q} |\chi(\omega)|^2 [2\bar{n}(\omega) + 1] + \bar{S}_{\text{det}}(\omega) \tag{3.64}$$

给出.其中,我们再次使用了公式(1.98)中的一般热库功率谱密度.一般频率相关的热库占据数 $\bar{n}(\omega)$ 由公式(1.85)定义.结合公式(3.51)的 $\bar{S}_{\text{det}}(\omega)$,对这个表达式进行检查,我们可以发现 3 个有趣的情况:当光功率低到足以使 $|C_{\text{eff}}| < 8\eta\Gamma |\chi(\omega)|^2 [2\bar{n}(\omega) + 1]\omega/Q$ 时,测量的精度甚至不足以分辨机械振子的热运动,因此测量噪声占主导地位;当 $8\eta\Gamma |\chi(\omega)|^2 [2\bar{n}(\omega) + 1]\omega/Q < |C_{\text{eff}}| < [\bar{n}(\omega) + 1/2]\omega/\Omega$ 时,机械热噪声占主导地位;而当 $|C_{\text{eff}}| > [\bar{n}(\omega) + 1/2]\omega/\Omega$ 时,反作用噪声占主导地位.

图 3.6 显示了由公式(3.64)计算出的机械共振频率处探测到的机械功率谱密度 $\bar{S}_{Q_{\text{det}} Q_{\text{det}}}(\omega)$ 作为入射光功率、声子占据数和光学效率的函数.从图 3.6(a)可以看出,在完美的探测效率下,功率谱密度在入射功率与共振 P^{SQL} 匹配时达到最小.在较低的功率下,光学测量噪声占主导地位,而在较高的功率下,反作用噪声占主导地位,由于机械振子的热占据数,对应于在 P^{SQL} 附近存在一个平台区域.图 3.6(b)显示了测量效率低下的影响

是:增加了光学测量噪声,提高了最小可实现的功率谱密度,并需要高于 P^{SQL} 的入射功率.

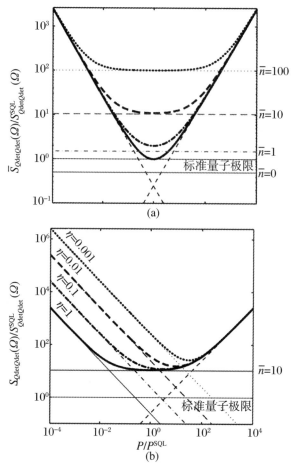

图 3.6　机械振子上连续位置测量的共振功率谱密度与入射光功率的函数

图中显示了标准量子极限.(a) 不同热占据数和 $\eta=1$ 的功率谱密度,表明当机械振子处于基态和入射光功率等于 P^{SQL} 时,达到标准量子极限.(b) 不同的光学测量效率 η 和固定的共振热占据数 $\bar{n}(\Omega)=10$ 的功率谱密度,表明随着效率的降低,达到最小功率谱密度的光功率会增加,而整体测量灵敏度会下降.斜率为负的黑色虚线,表示测量噪声;斜率为正的黑色虚线,表示测量反作用噪声.

在机械振子的热噪声可以忽略不计($\bar{n}\ll1$)和光学测量以完美的探测效率进行($\eta=1$)的情况下,最佳测量精度达到位置测量的标准量子极限:

$$\bar{S}^{SQL}_{Q_{det}Q_{det}}(\omega) = \frac{\omega}{Q}\,|\chi(\omega)|^2 + |\chi(\omega)| \tag{3.65}$$

在机械共振频率下,极化率 $|\chi(\Omega)|=1/\Gamma$.记住品质因子 $Q\equiv\Omega/\Gamma$,我们因此可以看

到,对机械振子位置的连续量子测量的后果是在机械频率上引入了额外的噪声,其大小等于振子的共振机械零点涨落(也就是说,比零点运动所决定的不精确度高出 1 倍).正如 3.1 节中自由质量的简单例子所说明的那样,量子力学需要这种额外的噪声来确保测量遵从不确定性原理.

任何实际的光力系统都会存在一些机械的热噪声和光学的低效率,因此(如果没有规避反作用测量或非经典的关联性)将无法达到标准量子极限.选择公式(3.52)的最佳等效协同度,在有这些不完美条件的情况下,连续位置测量的最佳精度可以从公式(3.64)中找到,即

$$\bar{S}^{\text{opt}}_{Q_{\text{det}}Q_{\text{det}}}(\omega) = \bar{S}^{\text{SQL}}_{Q_{\text{det}}Q_{\text{det}}}(\omega) + \bar{S}^{\text{excess}}_{Q_{\text{det}}Q_{\text{det}}}(\omega) \tag{3.66}$$

其中,高于标准量子极限的超额噪声是

$$\bar{S}^{\text{excess}}_{Q_{\text{det}}Q_{\text{det}}}(\omega) = \frac{2\bar{n}(\omega)\omega}{Q}|\chi(\omega)|^2 + |\chi(\omega)|(\eta^{-1/2} - 1) \tag{3.67}$$

我们很自然地要问是否存在可以忽略不计热噪声和低效率影响的实际情况,或者换句话说,何时满足条件 $\bar{S}^{\text{excess}}_{Q_{\text{det}}Q_{\text{det}}}(\omega) \ll \bar{S}^{\text{SQL}}_{Q_{\text{det}}Q_{\text{det}}}(\omega)$?有两种特别有趣的情况可以来分析研究这个问题.第一种对应共振情况($\omega = \Omega$),其中条件变为

$$\bar{n} + \frac{\eta^{-1/2} - 1}{2} \ll 1 \tag{3.68}$$

因此,只有当机械热库接近其基态时,才能接近位置测量的共振标准量子极限,热占据数 $\bar{n} \equiv \bar{n}(\Omega) \ll 1$ 以及效率 $\eta^{-1/2} - 1 \ll 2$.对效率的要求不是特别严格,当 $\eta = 1/9$ 时,不等式的左右两边相等.然而,由于要求机械热库接近其基态,因此在许多情况下无法达到标准量子极限.

第二种有趣的情况对应自由质量区域,其中感兴趣的频率远远高于机械共振频率,即 $\omega \gg \{\Omega, \Gamma\}$.在这一体系中,机械极化率可以近似为 $|\chi(\omega)| = \Omega/\omega^2$,如果

$$2\bar{n}(\omega)\frac{\Gamma}{\omega} + \eta^{-1/2} - 1 \ll 1 \tag{3.69}$$

那么热噪声和低效率则都可以忽略不计.也就是说,必须满足 $\bar{n}(\omega) \ll \omega/(2\Gamma)$ 和 $\eta^{-1/2} - 1 \ll 1$ 这两个要求.虽然在共振情况下,冷却到接近基态是接近标准量子极限的必要条件,但我们在这里看到,对于自由质量体系,热占据数总是可以忽略不计的.因此,即使对于热机械振子,标准量子极限也有可能对精度施加主导性约束.从公式(3.67)和公式(3.54)可以看出,其原因是热噪声随频率 ω 下降的速度比探测噪声快.与共振情况相比,效率标准的两个(不是特别重要的)差异因素也是类似的,因为随着 ω 的增加,机械零点运动的下降速率比探测噪声的下降速率快(参见公式(3.65)).因此,虽然零点运动和探

测噪声对标准量子极限的贡献在共振时完全相等,但零点运动的贡献对于自由质量体系就变得可以忽略不计了.

我们可以通过做高温近似 $\bar{n}(\omega) = k_B T/(\hbar\omega)$ 来获得关于自由质量体系中热占据数的条件,在这种情况下,条件变为

$$\frac{\omega^2}{\Gamma} > \frac{2 k_B T}{\hbar} \tag{3.70}$$

这与公式(2.25)中给出的机械振子的量子相干振荡的条件非常相似.然而,此条件的意义在于为了使量子噪声占主导地位,在频率为 ω 的一个振荡周期内,必须引入少于半个量子的热力学加热.

图 3.7(左栏)比较了探测的机械振子位置功率谱密度与位置测量的标准量

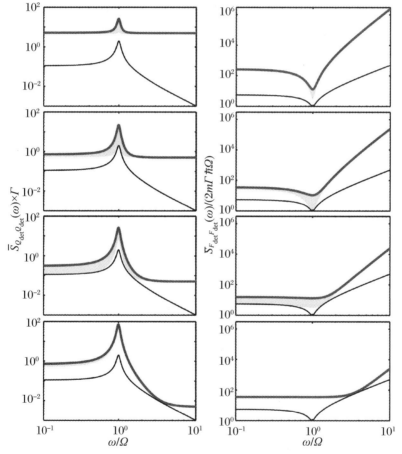

图 3.7　探测的机械位置(左栏)和力(右栏)功率谱密度与频率的关系

粗线:功率谱密度;细线:标准量子极限;阴影区域:对功率谱密度的热贡献.从上到下,垂直排列的子图分别对应不断增加的入射功率 $P/P^{SQL} = \{0.1, 1, 10, 100\}$.机械振子的热占据数和品质因子分别为 $Q = 10$ 和 $\bar{n}(\Omega) = 10$,光学测量效率为 $\eta = 1$.

子极限.上面的子图显示了远低于标准量子极限的入射功率的功率谱.在这个系统中,来自机械热运动的贡献在测量噪声之上可能是可以分辨的(如这里的情况),但来自机械零点涨落的贡献则不可以分辨.第二张子图显示了当入射功率 $P = P^{SQL}$ 时的功率谱.此外,机械零点涨落在测量噪声之上是可以分辨的,但在这种情况下,仍然被机械热涨落所掩盖.随着入射功率的进一步增加,机械热涨落和真空涨落对功率谱的贡献相对于光学反作用的贡献有所减少.我们可以看到(正如预期的那样,考虑振子的热占据 $\bar{n} = 10$),探测的机械功率谱密度在机械共振频率处从未达到标准量子极限.然而,正如我们在本节前面所观察到的,热占据数并不排除在远离机械共振的地方接近标准量子极限.事实上,这完全是有可能的,如底部子图所示.

3.5 引力波干涉仪的标准量子极限

大多数相关的光力测量涉及对施加在机械振子上的力的光学传感,这将在 3.6 节中讨论.然而,在某些情况下,人们希望测量腔路径长度的直接调制,而不是由振子上的力导致的调制.最明显的例子是引力波干涉仪,其中,流动的引力波直接调制干涉仪的相对臂长.此外,为了保持一致性,我们将推导出使用光腔进行路径长度测量的标准量子极限.虽然引力波探测器是干涉仪,但其本质效果是相同的,同时,对于具有缩放系数的不同几何形状,其结果是一致的.在光腔中,路径长度变化的净效应是改变光腔的共振频率,将其推离与入射激光的共振状态.为了建立标准量子极限模型,我们必须在哈密顿量中引入一个额外的失谐项 Δ_{sig}.为了做到这一点,我们从公式(2.18)的非线性化的哈密顿量开始,将总失谐替换为 $\Delta \rightarrow \Delta + \Delta_{\mathrm{sig}}$.然后,额外的腔失谐项是 $\hbar \Delta_{\mathrm{sig}} a^\dagger a$.我们以常规的方式对这个项进行线性化,即进行如下替换:$a \rightarrow \alpha + a$,其中,α 是原始算符的稳态期望值,并忽略算符的乘积项,得

$$\hbar \Delta_{\mathrm{sig}} a^\dagger a = \hbar \Delta_{\mathrm{sig}} (\alpha^2 + \sqrt{2} \alpha \hat{X}) \tag{3.71}$$

这个表达式中的第一项在稳态下是一个常数,因此对稳态动力学没有影响,可以安全地忽略.当没有信号时,将腔失谐设置为零,那么公式(2.41)的线性化光力哈密顿量就变成了

$$\hat{H} = \frac{\hbar \Omega}{2} (\hat{Q}^2 + \hat{P}^2) + \sqrt{2} \, \hbar \alpha \Delta_{\mathrm{sig}} \hat{X} + 2 \hbar g \hat{X} \hat{Q} \tag{3.72}$$

通过几何参数,腔失谐可以通过

$$\frac{\Delta_{\text{sig}}}{\Omega_{\text{c}}} = -\frac{l}{L} = -h \tag{3.73}$$

与路径长度 l 和应变 h 的变化进行联系,其中,L 和 Ω_{c} 分别是腔路径长度和共振频率. 然后,我们得到

$$\hat{H} = \frac{\hbar\Omega}{2}(\hat{Q}^2 + \hat{P}^2) - \sqrt{2}\,\hbar\Omega_{\text{c}}\alpha h\hat{X} + 2\hbar g\hat{X}\hat{Q} \tag{3.74}$$

从这个哈密顿量得出的朗之万运动方程与从公式(2.41)得出的方程相同,只是在公式(3.9b)中引入了一个与应变 h 成比例的额外的相干位移,变成了

$$\dot{\hat{Y}} = -\frac{\kappa}{2}\hat{Y} + \sqrt{2\kappa}\hat{Y}_{\text{in}} + \sqrt{2}\Omega_{\text{c}}\alpha h - 2g\hat{Q} \tag{3.75}$$

我们可以立即从这个表达式中看到,除了按系数 $-\Omega_{\text{c}}/(\sqrt{2}g_0)$(记住 $g \equiv \alpha g_0$)缩放外,应变的影响与机械振子的位置 $\hat{Q}$ 相同. 因此,腔光力系统的应变灵敏度可以通过

$$\bar{S}_{hh}(\omega) = 2\left(\frac{g_0}{\Omega_{\text{c}}}\right)\bar{S}_{Q_{\text{det}}Q_{\text{det}}}(\omega) \tag{3.76}$$

与机械振子的位移灵敏度进行联系. 在法布里-珀罗腔的特殊情况下,这个表达式可以得到一定程度的简化. 我们在 2.3 节中表明,对于法布里-珀罗腔,$g_0 = x_{\text{zp}}\Omega_{\text{c}}/L$. 定义零点应变 $h_{\text{zp}} \equiv x_{\text{zp}}/L$,我们就可以得到

$$\bar{S}_{hh}(\omega) = 2h_{\text{zp}}^2\bar{S}_{Q_{\text{det}}Q_{\text{det}}}(\omega) \tag{3.77}$$

引力波干涉仪运行在 $\omega \gg \{\Omega, \Gamma\}$ 的自由质量体系状态,其反射镜安装在大型低频悬挂系统上. 在这个极限中,极化率 $|\chi(\omega)| \approx \Omega/\omega^2$. 将其代入位置标准量子极限的公式(3.65),并使用公式(3.77)中的关系,我们就可以得出应变感应的标准量子极限,为

$$\bar{S}_{hh}^{\text{SQL}}(\omega) = \frac{2\Omega}{\omega^2}h_{\text{zp}}^2 \tag{3.78}$$

$$= \frac{\hbar}{mL^2\omega^2} \tag{3.79}$$

类似的结果也适用于迈克尔逊干涉仪配置中的应变传感,仅有 4 倍之差. 我们看到,这个极限与测量频率 ω、振子的质量和腔路径长度呈现出较好的比例关系,而与机械振子的共振频率和质量无关. 这促使人们在引力波干涉仪中使用带有大质量端镜的长基线干涉仪. 对于长度为 $L = 4\ \text{km}$ 的腔,质量为 $m = 1\ \text{kg}$ 的悬挂镜,信号频率为 $\omega/(2\pi) = 1\ \text{kHz}$,

公式(3.79)给出的应变灵敏度为 $\overline{S}_{hh}^{SQL}(\omega)^{1/2}/(2\pi) = 10^{-24}\,\text{Hz}^{-1/2}$. 正如上一节所讨论的, 随着机械共振频率以上 ω 的增加, 热噪声的抑制使得在未来的引力波干涉仪中达到这样的灵敏度是可行的.

3.6 力测量的标准量子极限

如上一节所讨论的那样, 虽然位置测量有一个显著的优点, 即在共振时表现出对热噪声的抑制, 但在机械振子的典型应用中, 我们最感兴趣的还是施加在机械振子上的力, 而不是它所引起的位移. 使用公式(1.94)和公式(3.17), 我们可以直接用外力来重新描述位置测量的不确定度. 公式(1.94)允许我们将驱动振子的外力的功率谱密度与无量纲热库动量算符的功率谱密度联系起来, 即 $\overline{S}_{FF}(\omega) = 2\Gamma m\hbar\Omega\,\overline{S}_{P_{in}P_{in}}(\omega)$, 而根据公式(3.17), 我们有 $\overline{S}_{QQ}^{0}(\omega) = 2\Gamma\,|\chi(\omega)|^{2}\,\overline{S}_{P_{in}P_{in}}(\omega)$. 因此, 有

$$\overline{S}_{FF}(\omega) = \frac{m\,\hbar\Omega}{|\chi(\omega)|^{2}}\overline{S}_{QQ}^{0}(\omega) \tag{3.80}$$

除了建立起将位置功率谱密度转换为力功率谱密度的系数, 这个表达式还清楚地表明力的测量精度在共振时得到加强, 这是因为在共振时极化率 $\chi(\omega)$ 达到最大. 由于位移和力的功率谱密度是线性关联的, 公式(3.65)不仅为位移传感, 也为力传感定义了一个标准量子极限. 最近在使用冷却到接近基态的冷原子云的集体运动的腔光力学实验中, 科学家们证明了力传感的精度在这一极限的四分之一范围内[253].

通过乘以公式(3.80)中确定的系数 $m\hbar\Omega/|\chi(\omega)|^{2}$, 将公式(3.64)中的位移本底噪声重新归一化为 $\text{N/Hz}^{1/2}$, 可得到腔光力传感器的力的本底噪声为

$$\overline{S}_{F_{det}F_{det}}(\omega) = 2m\Gamma\hbar\Omega\left\{\frac{\omega}{\Omega}\left[\bar{n}(\omega) + \frac{1}{2}\right] + \frac{1}{16\eta\Gamma^{2}\,|\chi(\omega)|^{2}\,|C_{eff}|} + |C_{eff}|\right\} \tag{3.81}$$

在公式(3.52)针对位移传感给出的同等最佳等效协同度下, 该噪声最小. 图 3.7 的右边一栏显示了对应一系列协同度值的力功率谱密度作为频率的函数. 它清楚地显示了在机械共振频率 Ω 附近出现一个最小值, 并且随着远离共振区域而退化. 这与位置传感的功率谱密度(图 3.7 的左栏)形成了鲜明对比, 后者显示出相反的行为.

3.6.1 光力传感的带宽

前面几节的内容表明,测量反作用为基于机械振子的传感精度引入了一个基本的量子限制.因此,人们可能会认为将等效协同度提高到公式(3.52)中给出的最佳值以上并无任何益处.在第5章中,我们将看到对于特殊形式的测量,如规避反作用的测量,正如其名称所示,可以规避反作用的干扰.第二个优势(也许更为重要)是增加测量带宽(通过增加相互作用强度).图3.7(右栏)显示,对于小的协同度,机械力的功率谱密度在 Ω 附近达到尖锐的峰值,但是随着协同度的提高,功率谱密度会展宽,最终在小于 Ω 的频率范围内成为常数从而增加了传感带宽.

力感应带宽可以合理地定义为频率空间区域的宽度,在此范围内,力噪声功率谱密度处于 $\omega = \Omega$ 的最小值的 2 倍之内.基于公式(3.81),假设它们完全位于腔线宽($\kappa \gg \omega$)内(因此 $C_{\text{eff}}(\omega) \approx C$),我们可以确定力噪声功率谱密度正好是最小值 2 倍的频率 $\omega_{3\text{dB}}^{\pm}$.根据量子光学近似,$[\bar{n}(\omega) + 1/2]\omega/\Omega = \bar{n}(\Omega) + 1/2$,在这个作用区域,它们被发现是

$$\left(\frac{\omega_{3\text{dB}}^{\pm}}{\Omega}\right)^2 = 1 - \frac{1}{2Q^2} \pm \frac{1}{Q}\left[\frac{1}{4Q^2} + 1 + 16\eta C\left(\bar{n} + \frac{1}{2} + C\right)\right]^{1/2} \tag{3.82}$$

其中,$\bar{n} \equiv \bar{n}(\Omega)$,如往常一样参数已被省略.

练习 3.9 请推导出这个结果.

显然,随着协同度的增加,低频解和高频解之间的分离将变得更大.因此,带宽也随之增加.高频率的解总是实数.另一方面,一旦协同度足够大,机械热噪声和光学噪声对功率谱密度的贡献在零频率处变得相当大,低频解就会变成虚数.这种转变发生在协同度为 $C = Q^2\left[8\eta(2\bar{n} + 1)\right]^{-1}$ 时,此时传感带宽一直延伸到 $\omega = 0$.

鉴于低频解的行为,力感应带宽为

$$B = \omega_{3\text{dB}}^{+} - \text{real}\{\omega_{3\text{dB}}^{-}\} \tag{3.83}$$

如图 3.8 所示,这个带宽随着协同度的增加有几个不同的作用区域.在相对较低的协同度下,即 $\left[16\eta(\bar{n} + 1/2)\right]^{-1} \ll C \ll \{\bar{n} + 1/2, Q^2\left[16\eta(\bar{n} + 1/2)\right]^{-1}\}$,同时机械热噪声在零频率处的光学噪声水平以下是不可分辨的,可以证明带宽是

$$B = 4\Gamma\left[\eta C\left(\bar{n} + \frac{1}{2}\right)\right]^{1/2} \tag{3.84}$$

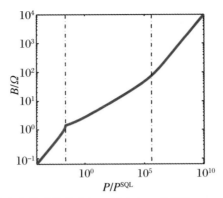

图3.8 在 $\kappa \gg \omega$ 的情况下,腔光力传感的带宽与入射功率 P 的函数

最左边的垂直线:在 $\omega = 0$ 处,光学测量噪声等于热噪声时的入射功率.最右边的垂直线:反作用噪声支配热噪声时的入射功率.设定机械振子具有的品质因子 $Q = 100$ 和热占据数 $\bar{n} = 10^5$,而光学测量的效率 $\eta = 1$.

它的缩放系数为 $C^{1/2}$.一旦可以分辨出机械热噪声,即对应条件 $Q^2 / \left[16 \eta C \left(\bar{n} + 1/2 \right) \right]^{-1} \ll C \ll \bar{n} + 1/2$,带宽为

$$B = 2 \sqrt{\Gamma \Omega} \left[\eta C \left(\bar{n} + \frac{1}{2} \right) \right]^{1/4} \tag{3.85}$$

它的缩放系数为 $C^{1/4}$;而当测量反作用占主导地位时,即在条件 $C \gg \{ \bar{n} + 1/2, Q/4 \eta^{1/2} \}$ 下,带宽为

$$B = 2 \sqrt{\Gamma \Omega C} \eta^{1/4} \tag{3.86}$$

它的缩放比例再次为 $C^{1/2}$.在反作用主导的情况下,除了测量噪声随着 C^{-1} 的减少而减少,并允许机械热噪声进一步从共振处可分辨,带宽比例的改善是由于振子的反作用加热增加了相对于光学测量噪声的总机械噪声.第二种效应通过降低共振时的灵敏度来增加带宽,而不是在共振的两翼增加灵敏度.尽管如此,可以看出虽然缩放比例随协同度而变化,但带宽随 C 增加的一般趋势仍然存在,甚至在测量反作用主导的测量情况下也是如此.

3.6.2 经典力传感的灵敏度

微米和纳米机械振子通常被用作力和惯性传感器.这类传感器通常工作在机械热噪声在共振处占主导地位,而传感器上的量子反作用噪声可以忽略不计的情况下.此时,取

$\bar{n}(\omega)+1/2\approx k_B T/(\hbar\omega)$的高温极限,我们得到受光学散粒噪声限制的本底力噪声为

$$S_{F_{\mathrm{det}} F_{\mathrm{det}}}^{\mathrm{class}}(\omega) = 2m\Gamma k_B T + \frac{m\,\hbar Q}{8\eta\,|\chi(\omega)|^2\,|C_{\mathrm{eff}}|} \tag{3.87}$$

等号右边的第一项(即谱平坦项)来自微机械力传感器通常的热机械力传感极限.[①]等号只能通过对耦合到机械振子的热库的工程设计的方法来超越该极限,例如,通过冷却或压缩热库.等号右边第二项是测量的本底噪声,它在机械共振频率 Ω 附近有一个最小值,并随着光力协同度的增加而减少.例如,在 $\omega\gg\{\Omega,\Gamma\}$ 的情况下,$|\chi(\omega)|^2$ 与 Q^2 呈比例.因此,测量本底噪声随着 Q^{-1} 的增加而降低.多年来,在纳米和微米机电领域,人们为提高测量精度从而达到热力学噪声主导的区域,以及通过降低 Γ 和 m 来降低该区域的本底噪声做出了巨大的努力.[101]

人们可能会认为,一旦热力学噪声主导了测量,由光腔等提供的改进的测量精度在力传感方面就失去优势.在这种情况下,提升的测量精度不会改善机械共振峰值的力灵敏度.然而,正如上一节所讨论的,提高精度将增加热力学噪声主导测量噪声的带宽.这增加了可以实现最大灵敏度的带宽,同时允许在测量宽带信号(如非相干力)时提高灵敏度.这使得可以演示一系列高带宽和高灵敏度的腔光力传感器,包括力传感器[115,136,213]、惯性传感器[164]和磁力计[106-107].

---

① 请注意,通常在力传感文献中,衰减率被定义为机械共振的半高宽,它等于这里所用数值的一半.因此,这个经典的力传感极限通常被引述为 $S_{FF}^{\mathrm{class}}(\omega)=4m\Gamma k_B T$.

第 4 章

光与机械运动的相干作用

在上一章中,我们研究了在相干共振驱动光腔的情况下,腔光力系统中光场和机械振子之间线性化辐射压力的相互作用.本章将介绍基于辐射压力的光与机械振子之间的相干耦合,而这种耦合发生在引入光失谐时.我们讨论诸如可分辨边带冷却、光力诱导透明,以及产生光力纠缠和光的压缩态等效应.这些效应都是由这种相干相互作用而表现出来的.在此过程中,我们将介绍从输出光场中最佳地评估机械位置和动量的维纳滤波的概念,用于验证和量化双模高斯纠缠的方法,以及对后面涉及单光子光力学的章节很重要的极化子变换.

4.1 强耦合

作为光力冷却的前奏,在光学失谐等于机械共振频率($\Delta = \Omega$)的特殊情况下,研究由公式(2.41)给出的线性化光力哈密顿量产生的无耗散动力学是非常有意义的.这个哈密顿量中耦合项的"$X-X$"形式让人联想到关于一对线性耦合振子这样简单的问题.事实上,这就是哈密顿量所描述的基本物理过程.选取 $\Delta = \Omega$,使得驱动激光场以机械共振频率的能量失谐至光腔共振的低能量一侧,使得两个振子的有效共振频率简并[①],从而使它们最有效地进行耦合.用湮灭算符来表示,光力哈密顿量是

$$\hat{H} = \hbar\Omega a^{\dagger}a + \hbar\Omega b^{\dagger}b + \hbar g(a^{\dagger} + a)(b^{\dagger} + b) \tag{4.1}$$

其中,g 是由相干振幅增强的光力耦合率.这个完全对称的哈密顿量可以通过转换为简正模式而被直接对角化,可得

$$c = \frac{1}{\sqrt{2}}(a + b) \tag{4.2}$$

$$d = \frac{1}{\sqrt{2}}(a - b) \tag{4.3}$$

其中,很容易表明 c 和 d 保留了 a 和 b 的玻色对易特性(公式(1.2)).将 a 和 b 代入哈密顿量并展开,然后经过一些推导工作,我们发现

$$\hat{H} = \hbar(\Omega + g)c^{\dagger}c + \hbar(\Omega - g)d^{\dagger}d \tag{4.4}$$

练习 4.1　请推导出此结果.

从这个表达式中可以得到几个重要的事实.首先,在这个简正模式的基础上,哈密顿量确实被对角化了,消除了模式之间的相互作用,系统的动力学也因此得到显著简化.其次,c 和 d 是一对独立的量子简谐振子.最后,模式 a 和 b 之间的原始耦合被替换为 c 和 d 之间相反的频移,导致这些模式之间的频率分裂的大小为 $2g$(参见图4.6的实验演示).

在时域中,c 和 d 表现出简单的简谐振荡,并具有熟知的动力学特性[②]:

$$c(t) = c(0)\mathrm{e}^{-\mathrm{i}(\Omega+g)t} \tag{4.5a}$$

$$d(t) = d(0)\mathrm{e}^{-\mathrm{i}(\Omega-g)t} \tag{4.5b}$$

使用 $b = (c - d)/\sqrt{2}$,机械振子的动力学可以表示为

$$b(t) = \left[b(0)\cos(gt) - \mathrm{i}a(0)\sin(gt)\right]\mathrm{e}^{-\mathrm{i}\Omega t} \tag{4.6}$$

$$= b^{(0)}(t)\cos(gt) - \mathrm{i}a^{(0)}(t)\sin(gt) \tag{4.7}$$

其中,$a^{(0)}(t)$ 和 $b^{(0)}(t)$ 是描述腔内光场和机械振子随时间演化的湮灭算符,如果没有光

---

① 记住,在公式(2.41)中,光场处在驱动激光频率的旋转坐标系中.

② 例如,这可以用公式(1.20)来说明.

力耦合($g=0$).对光场进行类似地计算,可以得到

$$a(t) = a^{(0)}(t)\cos(gt) - ib^{(0)}(t)\sin(gt) \tag{4.8}$$

我们看到,设定一个光学失谐 $\Delta = \Omega$,光力相互作用使得光和机械振子的量子态相干地和幺正地进行交换.

当然,在有耗散的实际情况下,这种交换变得并不完美.我们可以自然地定义两个物理区域,即强耦合和量子相干耦合区域.[①]在强耦合区域,即 $g > \{\kappa, \Gamma\}$,因此,在机械和光学衰减时间内,光和振子之间发生了完全的交换,并且可从频谱上分辨出简正模式之间的非简并性.在量子相干耦合区域,$g > \{(2\bar{n}_L+1)\kappa, (2\bar{n}+1)\Gamma\}$,其中,$\bar{n}$ 和 $\bar{n}_L$ 分别是机械和光热库的平均占据数,所以光和振子之间的完全交换发生在光和机械振子的量子退相干时间内(参见 2.5 节).实验上的强耦合和量子相干耦合区域分别在文献[130]和文献[295]中首次被实现.

值得注意的是,如果 $gt = \pi/2$,在公式(4.7)和公式(4.8)的无耗散情况下,光学和机械状态是完全交换的.8.3 节将讨论这种状态交换的连续版本,作为实现光学和微波自由度之间量子转换的一种方法.即使光只处于相对不感兴趣的相干状态[②],状态交换也允许基态冷却机械振子,典型的高热占据的机械状态被交换到光场上,而接近零热占据的光学状态被交换到机械振子上.在下一节中,我们将介绍这种机械冷却方法的连续版本,包括限制了最终机械占据数的耗散过程.

4.2　机械运动的光学冷却

在上一章中,我们介绍了机械运动的共振($\Delta = 0$)光学探测,并表明辐射压力的散粒噪声会加热机械振子.这种反作用加热是因为机械运动的信息被映射在光场的相位上,也是确保不违反海森伯不确定性原理的必要条件.然而,正如上一节中的简单例子所表明的那样,反作用加热的存在并不一定排除对机械振子的整体光学冷却效应.事实上,正如我们在 3.2.2 小节中简要看到的那样,机械运动对腔内场的映射表明,当 $\Delta \neq 0$ 时,可能存在一种基于动态反作用的冷却机制.其基本的思想是,当光腔失谐时,机械位置至少

---

① 注意,这些情况与 3.2 节中介绍的辐射压力散粒噪声主导的区域不同,后者要求光力协同度 $C = 4g^2/(\kappa\Gamma) > \bar{n}+1/2$.这种辐射压力散粒噪声主导的情况位于强耦合和量子相干耦合区域之间.

② 因此,在线性化图像中使用的位移坐标系中,它处于真空状态.

部分地映射在光场振幅上,然后通过辐射压力反作用于机械振子.由于光腔也引起了光学响应的延迟,延缓了这种动态的反作用,使得光力的一个组成部分与机械振子的速率成正比.根据这个组成部分的符号,它要么阻尼(冷却),要么放大(加热)机械运动(参见文献[37,160]).

理解光力冷却的另一种特别有效的方法(实际上是一般的光和机械系统之间的相干作用)是通过图4.1所示的能级图.在这里,我们观察到,当光学驱动频率为红失谐时,向下的声子数跃迁被共振增强,而向上的跃迁被蓝失谐所增强.我们将在下文中看到,这两种操作可以分别地被认为是光和机械振子之间的光分束器和参量化操作,其中,前者允许冷却,而后者则可以用来产生光力纠缠.

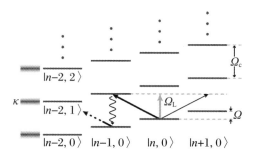

图4.1　机械运动的光冷却的能级图

$|n,m\rangle$ 代表 n 光子和 m 光子态.Ω_{c} 是腔共振频率,Ω_{L} 是激光共振频率.当激光驱动的频率 $\Omega_{L} < \Omega_{c}$ 时,比起加热跃迁过程 $|n,m\rangle \rightarrow |n+1,m-1\rangle$,其更接近机械冷却跃迁的共振 $|n,m\rangle \rightarrow |n-1,m+1\rangle$,从而导致优先冷却.在可分辨边带极限中 $\kappa \ll \Omega$,可实现的最佳冷却发生在 $\Delta = \Omega_{c} - \Omega_{L} = \Omega$ 时.

4.2.1　光热库的有效温度

光场可以被看作腔光力系统中机械振子的热库,并通过辐射压力的散粒噪声引入了一个随机驱动力(参见3.3.1小节).我们在1.2节中发现,被热库线性强迫的高品质因子振子的温度,受热库功率谱密度在 $\pm\Omega$ 处的比值主导.正如在文献[191]中首次揭示的,这种关系提供了一种优雅的方法来确定光场对振子温度的影响.我们在此遵循该文献中的方法.

为了理解光场对机械振子温度的影响,首先考虑机械振子的内在耗散为零($\Gamma \rightarrow 0$)的情况,或者至少是光场加热主导了机械热库[1]加热的情况是有益的.在这种情况下,光力是对机械振子所经历的力功率谱密度的唯一重要贡献.在 3.3.1 小节中,我们发现腔光力系统中的光力 $\hat{F}_{\mathrm{L}}$,在线性化情况下可通过光力哈密顿量对 $\hat{q}$ 求导数来获取.在这里,我们同样使用公式(2.15)的非线性化哈密顿量得到

$$\hat{F}_{\mathrm{L}}(t) = \frac{\partial \hat{H}}{\partial \hat{q}} = \hbar G a^{\dagger} a \tag{4.9}$$

这个力的功率谱密度可以从它的自关联函数(参见公式(1.43))中找到,由

$$\langle \hat{F}_{\mathrm{L}}(t+\tau)\hat{F}_{\mathrm{L}}(t)\rangle_{t=0} = \hbar^2 G^2 \langle a^{\dagger}(t+\tau)a(t+\tau)a^{\dagger}(t)a(t)\rangle_{t=0} \tag{4.10}$$

$$\approx \frac{\hbar^2 g^2}{x_{\mathrm{zp}}^2}\left[\alpha^2 + 2\bar{n}_{\mathrm{L}} + 2\langle \hat{X}(t+\tau)\hat{X}(t)\rangle_{t=0}\right]$$

给出.在这里,我们做了常见的替换:$a \to \alpha + a$,以取代腔内场的相干振幅,并通过忽略不包含相干振幅 α 的项来线性化所得到的表达式,即替换 $\alpha G = \alpha g_0/x_{\mathrm{zp}} = g/x_{\mathrm{zp}}$(参见 2.3 节),并使用关系 $\langle a^{\dagger}(t)a(t)\rangle = \bar{n}_{\mathrm{L}}$,其中,$\bar{n}_{\mathrm{L}}$ 是偏移[2]入射光场的热占据数. $\hat{X}$ 代表腔内场的振幅正交分量.

练习 4.2 请推导出此结果.

正如我们之前所讨论过的,对于一个与环境处于热平衡状态的光场来说,$\bar{n}_{\mathrm{L}}$ 由公式(1.7)给出,并且基本上等于零.此外,我们明确地保留了光占据数,既是为了澄清非零光热库温度的影响,也是考虑到,在实际的实验中,技术噪声常常使光占据数超过其平衡值.

然后我们用公式(1.43)直接计算出光力功率谱密度,其结果是

$$S_{F_{\mathrm{L}}F_{\mathrm{L}}}(\omega) = \frac{\hbar^2 g^2}{x_{\mathrm{zp}}^2}\left[(\alpha^2 + 2\bar{n}_{\mathrm{L}})\delta(\omega) + 2S_{XX}(\omega)\right] \tag{4.11}$$

正如预期的那样,它包括了在 $\omega = 0$ 处的相干平均力和由腔内场的振幅正交分量的功率谱密度而产生的宽带非相干噪声驱动.正是通过这种宽带非相干强迫,光场的作用等同于一个热库.

使用公式(1.43),腔内场的功率谱密度可以用频域的湮灭算符和产生算符表示为

$$S_{XX}(\omega) = \int_{-\infty}^{\infty} \mathrm{d}\omega' \langle \hat{X}^{\dagger}(-\omega)\hat{X}(\omega')\rangle \tag{4.12}$$

$$= \frac{1}{2}\int_{-\infty}^{\infty} \mathrm{d}\omega' \langle (a(\omega) + a^{\dagger}(-\omega))(a^{\dagger}(-\omega') + a(\omega'))\rangle \tag{4.13}$$

---

[1] 也就是说,在辐射压力散粒噪声支配机械热噪声的区域中.

[2] 也就是移去相干驱动对应的热占据数.

为了找到这个功率谱密度的解析表达式,我们必须确定 $a(\omega)$ 和 $a^\dagger(\omega)$. 为了做到这一点,我们在旋转波量子朗之万方程(公式(1.112))中使用公式(2.18)的哈密顿量. 我们通过做一个实质性的近似来简化问题,即腔内光场不受机械振子运动的影响(即我们设定 $g_0 = 0$). 从表面上看,这可能是一个不合理的近似. 然而,只要光腔衰减率 κ 足够大,大到能够消除通过与机械振子的相互作用而引入光场的涨落,那么它就是合适的近似. 我们将在 4.2.2 小节中考虑其他情况. 我们发现,只要 κ 足够大,使得光力系统不工作在强耦合作用区域(即 $\kappa \gg g$),该近似就是合理的.

回到处理的问题,设定 $g_0 = 0$,并对腔内光场的运动方程进行傅里叶变换,得到

$$a(\omega) = \frac{\sqrt{\kappa}}{\kappa/2 + \mathrm{i}(\Delta - \omega)} a_{\mathrm{in}}(\omega) = \chi_{\mathrm{opt}}(\omega) a_{\mathrm{in}}(\omega) \tag{4.14}$$

本着与机械极化率 $\chi(\omega)$ 相同的思想,我们通过光极化率($\chi_{\mathrm{opt}}(\omega)$)来量化光腔的频率响应,有

$$\chi_{\mathrm{opt}}(\omega) = \frac{\sqrt{\kappa}}{\kappa/2 + \mathrm{i}(\Delta - \omega)} \tag{4.15}$$

将公式(4.14)代入公式(4.13),并使用公式(1.115a)和公式(1.115c)中的光热库的关联关系. 因为我们采用了旋转波近似,所以我们的光热库模型有效. 然后,我们发现

$$S_{XX}(\omega) = \frac{1}{2}\left[\bar{n}_{\mathrm{L}} |\chi_{\mathrm{opt}}(-\omega)|^2 + (\bar{n}_{\mathrm{L}} + 1)|\chi_{\mathrm{opt}}(\omega)|^2\right] \tag{4.16}$$

练习 4.3 请推导出此结果.

值得注意的是,这个光学振幅正交分量的谱密度在频率上是不对称的. 正如在 1.2.3 小节中所讨论的,这是一个关键的标志. 在这种情况下,光热库的作用在于加热或冷却机械振子. 忽略 $\omega = 0$ 处的相干驱动项,因为它只起到静态偏移机械振子的作用. 我们现在可以建立一个对应于公式(4.11)的光力功率谱密度的解析表达式:

$$S_{F_L F_L}(\omega) = \frac{\hbar^2 g^2}{x_{\mathrm{zp}}^2}\left[\bar{n}_{\mathrm{L}} |\chi_{\mathrm{opt}}(-\omega)|^2 + (\bar{n}_{\mathrm{L}} + 1)|\chi_{\mathrm{opt}}(\omega)|^2\right] \tag{4.17}$$

如果光力是机械振子唯一可观的加热源,并且机械振子的品质因子足够大,以至于 $S_{F_L F_L}(\omega)$ 在机械共振范围内是平坦的,那么平衡声子占据数 $\bar{n}_b$ 和光学诱导的机械衰减率 Γ_{opt},则可以通过将公式(4.17)分别代入公式(1.54b)和公式(1.62)确定. 请注意,由于公式(1.54b)是 $\pm \Omega$ 处功率谱密度的比值,所以公式(4.17)中的前置因子在确定平衡声子占据数方面并不起作用,占据数完全由光场的特性决定. 这些替换的结果是

$$\Gamma_{\mathrm{opt}} = g^2\left[|\chi_{\mathrm{opt}}(\Omega)|^2 - |\chi_{\mathrm{opt}}(-\Omega)|^2\right] \tag{4.18a}$$

$$\bar{n}_{b,\mathrm{opt}} = \frac{g^2}{\Gamma_{\mathrm{opt}}} \left[\bar{n}_L |\chi_{\mathrm{opt}}(\Omega)|^2 + (\bar{n}_L + 1)|\chi_{\mathrm{opt}}(-\Omega)|^2 \right]$$

$$= \frac{\bar{n}_L |\chi_{\mathrm{opt}}(\Omega)|^2 + (\bar{n}_L + 1)|\chi_{\mathrm{opt}}(-\Omega)|^2}{|\chi_{\mathrm{opt}}(\Omega)|^2 - |\chi_{\mathrm{opt}}(-\Omega)|^2} \tag{4.18b}$$

为了理解这些关系,我们考虑下述三种具体情形:

(1) 如果光驱动场处于共振状态($\Delta = 0$),即 $|\chi_{\mathrm{opt}}(\omega)| = |\chi_{\mathrm{opt}}(-\omega)|$,那么光诱导的机械衰减率 $\Gamma_{\mathrm{opt}} = 0$,$\bar{n}_{b,\mathrm{opt}} = \infty$.这与我们在 3.2 节中的观察一致,在这个区域,光场会导致加热但不会影响机械阻尼率.由于在我们目前的模型中,机械振子没有直接耦合到任何其他的热库,因此没有机械衰减,所以稳态温度是无限的.

(2) 如果光场是蓝失谐的($\Delta < 0$),$|\chi_{\mathrm{opt}}(-\omega)| > |\chi_{\mathrm{opt}}(\omega)|$,那么 $\{\Gamma_{\mathrm{opt}}, \bar{n}_{b,\mathrm{opt}}\} < 0$.在这种情况下,入射光腔的每个光子比腔内光子携带更多的能量.为了进入空腔,必须发生一个散射过程,机械振子据此吸收一部分光子的能量(图 4.1).因此,光场相干地将能量添加到机械振子中,为其运动提供了增益(或负阻尼).由于机械振子没有其他失去能量的途径,其能量呈现指数式增长.在这种情况下,$\bar{n}_{b,\mathrm{opt}}$ 是负的,这是因为它所耦合的光热库的功率谱密度随着频率的增加而增加(与热平衡系统的行为相反).这将导致在玻尔兹曼系数内出现一个等效的负温度,参见公式(1.54b).

(3) 如果光场是红失谐的($\Delta > 0$),即 $|\chi_{\mathrm{opt}}(-\omega)| < |\chi_{\mathrm{opt}}(\omega)|$,那么 $\{\Gamma_{\mathrm{opt}}, \bar{n}_{b,\mathrm{opt}}\} > 0$.这与上面讨论的情况相反,即每个入射光子携带的能量比腔内光子少.因此,散射过程导致了机械振子一个净的光阻尼,然后达到有限的正的平衡声子占有数.

我们将在下文中详细研究这三种情况中的最后一种.

图 4.2 显示了在可分辨边带参数 Ω/κ 的范围内,光学诱导的机械阻尼率 Γ_{opt} 与失谐的关系.可以看出,在 $\Delta > 0$ 的情况下,确实引入了额外的阻尼;而在 $\Delta < 0$ 的情况下,则引入了负的阻尼(或放大).最大的阻尼和放大过程发生在 $\Delta = \pm\Omega$[①] 的失谐附近,并且随着可分辨边带因子 Ω/κ 的增加,实现的有效阻尼和放大的频率范围缩小到这些失谐附近的小区域内.这很容易理解,因为当 $\Delta = \pm\Omega$ 时,光场和机械振子之间传递能量依靠共振散射过程(图 4.1).以这种特殊的共振情况为例,在光学共振($\Delta = \Omega$)的低能量(冷却)一侧驱动,我们发现:

$$\Gamma_{\mathrm{opt}}^{\Delta = \Omega} = \frac{4g^2}{\kappa} \left[1 + \left(\frac{\kappa}{4\Omega} \right)^2 \right]^{-1} \tag{4.19a}$$

[①] 应该注意的是,虽然图 4.2 的纵轴是归一化的光力耦合率 g,但实际上对于一个固定的入射光功率,g 是失谐 Δ 的函数.在固定的入射功率下,随着失谐远离共振,腔内(光)子数会减少,因此 g 也会减少.考虑到这一点,我们发现,在 $\Omega/\kappa \gg 1$ 这一可分辨边带区域之外,发生最大的光阻尼和放大的失谐会向着共振方向移动(即 $|\Delta| < \Omega$).

$$\bar{n}_{b,\text{opt}}^{\Delta=\Omega} = \bar{n}_L + \left(\frac{\kappa}{4\Omega}\right)^2 (2\bar{n}_L + 1) \tag{4.19b}$$

这正是我们在 4.1 节中考虑的情况,我们已在那里表明,在这种失谐情况下,光场和机械振子的状态以 $2g$ 的速率交换.因此,发现这种交换导致了机械振子的冷却也许并不奇怪.我们从公式 (4.19b) 中观察到,在可分辨边带情况中 ($\kappa \ll \Omega$),机械振子与光场的占据数相互平衡 ($\bar{n}_{b,\text{opt}}^{\Delta=\Omega} = \bar{n}_L$);并随着可分辨边带因子的减少,会引入额外的不利的加热效应.如果光处在散粒噪声极限 ($\bar{n}_L = 0$) 下,这种额外的加热会为机械占据数引入基本的限制[191,314]:

$$\bar{n}_{b,\text{opt}}^{\Delta=\Omega} = \left(\frac{\kappa}{4\Omega}\right)^2 \tag{4.20}$$

因此,我们看到,有点令人惊讶的是,即使使用理想的处于最小不确定性的相干态来驱动光力系统,光腔的存在也会使光场像机械振子的非零温度的热库一样发挥作用.

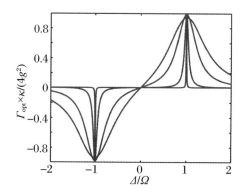

图 4.2 光诱导的机械阻尼

在可分辨边带的情况下,光诱导的机械阻尼率 Γ_{opt} 与腔失谐的函数,其中,$\Omega/\kappa = \{1, 2, 10, 100\}$ 按从最小到最尖锐的峰值曲线排序.

1. 耦合至光和机械热库

在大多数情况下,除了激光囚禁原子这一明显的例子,忽略机械振子与其机械热库的耦合是不现实的.一般来说,如果振子被耦合至两个独立的热库(这里标记为 A 和 B),那么它所经历的总力功率谱密度是

$$S_{FF}(\omega) = S_{FF}^A(\omega) + S_{FF}^B(\omega) \tag{4.21}$$

从公式 (1.54b) 和公式 (1.62) 来看,振子的平衡声子占据数是加权平均值

$$\bar{n}_b = \left(\frac{x_{zp}}{\hbar}\right)^2 \left[\frac{S_{FF}^{A}(-\Omega) + S_{FF}^{B}(-\Omega)}{\Gamma_A + \Gamma_B}\right] \qquad (4.22)$$

$$= \frac{\Gamma_A \bar{n}_b^{A} + \Gamma_B \bar{n}_b^{B}}{\Gamma_A + \Gamma_B} \qquad (4.23)$$

其中,$\bar{n}_b^{A}$ 和 $\bar{n}_b^{B}$,以及 Γ_A 和 Γ_B,分别是声子占据数和阻尼率.如果按照公式(4.18a)和公式(4.18b)的定义,各热库单独地耦合到振子上,那么可以得到这些声子的占据数和阻尼率.

练习 4.4 请推导出此结果.

将前面的光学和机械参数($\{\bar{n}_A, \bar{n}_A\} \to \{\bar{n}_{b,\text{opt}}, \bar{n}\}$,$\{\Gamma_A, \Gamma_B\} \to \{\Gamma_{\text{opt}}, \Gamma\}$)代入公式(4.23),然后就可以确定在光和机械热库存在时的平衡机械占据数的解析解,记住这个结果只在光力强耦合极限之外有效(特别是在 $\kappa \ll g$ 的区域内).

练习 4.5 请推导出解析表达式.证明共振光学驱动($\Delta = 0$)加热机械振子而不改变其衰减率,并导致平衡占据数为

$$\bar{n}_b = \bar{n} + |C_{\text{eff}}|(2\bar{n}_L + 1) \qquad (4.24)$$

其中,C_{eff} 是公式(3.13)定义的有效协同度,它与我们在3.2节中发现的一致.

图4.3给出了,在光力协同度 C 的范围内,平衡的机械占据数作为光学失谐的函数.可以看到,当 $|\Delta| \geq \Omega$ 时,机械占据数如预期的一样趋近于 $\bar{n}$.净光学加热发生在 $\Delta < 0$ 时,系统在 $\Gamma_{\text{opt}} + \Gamma < 0$ 的失谐范围内表现出不稳定性.净冷却到机械热库占据数之下发生在 $\Delta > 0$ 时,并且正如预期的那样,在 $\Delta = \Omega$ 附近达到最强峰值.在这个特殊的共振冷

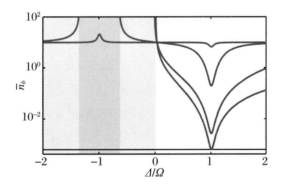

图4.3 在不同光力协同度下,机械振子运动的光学冷却和放大与失谐 Δ 的关系

此外,机械振子的占据数为 $\bar{n} = 10$,可分辨边带参数 $\Omega/\kappa = 10$.光力协同度 $C = \{0.5, 50, 5 \times 10^3, 5 \times 10^5\}$,按在 $\Delta = \Omega$ 处显示出最小到最大的冷却排序.细横线代表辐射压力散粒噪声加热的基本极限(公式(4.25)).浅色阴影区域代表 $C \geq 5000$ 的不稳定区域,深色阴影区域代表 $C = 50$ 的不稳定区域.

却情况中($\Delta = \Omega$),如果光场处于相干态($\bar{n}_L$),那么我们发现平衡占据数为

$$\bar{n}_b = \frac{\bar{n} + [\kappa/(4\Omega)]^2(\bar{n} + C)}{1 + C + [\kappa/(4\Omega)]^2} \tag{4.25}$$

在可分辨边带因子$(\kappa/\Omega)^2 \ll \{\bar{n}/(\bar{n} + C), 1 + C\}$的极限中,它可以被近似为

$$\bar{n}_b = \frac{\bar{n}}{1 + C} \tag{4.26}$$

而在另一个极限中,光力协同度 C 支配所有其他项($C \gg \{1 + [\kappa/(4\Omega)]^2, \bar{n}[(4\Omega/\kappa)^2 + 1]\}$),机械占据数达到由公式(4.20)给出的光辐射压力加热设定的基本极限.

在本书中,我们通常将"接近基态"定义为$\bar{n}_b < 1$.根据这个定义,我们可以看到,在上述第一个极限中,当$C > \bar{n} + 1$时可以接近基态.但有趣的是,在$\bar{n} \gg 1$的极限中,这个条件接近于我们在3.2节中发现的要求,即在共振光学驱动的非分辨边带极限中,机械振子的辐射压力的反作用加热等于$\bar{n}$[1].3.2节中的条件的意义在于,一旦 $C > \bar{n}$,测量光腔输出场就能够在比一个声子从热库进入的更短时间内分辨出振子的零点运动[2].当 $C > \bar{n} + 1$时,由光力相互作用提供的相干冷却能够从机械振子中提取全部 $\bar{n}$ 的占据数,其时间比一个声子从热库进入的时间要短.

4.2.2 可分辨边带区域

上一节中,在光力相互作用带给腔内光场热量可忽略不计的近似下,我们推导出了同时存在光学和机械热库强迫时机械振子的最终温度.正如我们所讨论的,这个近似只有在光衰减率 κ 足够高,以致于从机械振子中提取的能量不会在光腔中停留足够长的时间而使其耦合回振子的情况下才有效.也就是说,这个近似只有当光力系统处于强耦合区域之外(参见4.1节)时才有效.在本节中,我们使用量子朗之万方法来包括这种能量回收到机械振子中的效果,同时采取理想的可分辨边带极限($\kappa \ll \Omega$),其中,直接辐射压力加热不会使机械振子的温度显著地提高(参见公式(4.20)和公式(4.26)).在可分辨边带情况中,每个腔内光子在腔内停留的平均时间比机械周期长,因此与机械运动的所有正交分量的相互作用大致相同.因此,公式(4.1)中的哈密顿量项可以通过旋转波近似来

---

① 应该注意的是,虽然在此极限下条件变得相同,但是可分辨边带冷却的问题在实际中仍然很难实现.其中一个原因是,辐射压力加热可以通过一个共振的光驱来实现,而光力冷却则需要对光场进行失谐.因此,在光力冷却的情况下,需要更高的入射光功率来实现相同的腔内光功率(因此也是相同的 C).

② 因此,需要在机械振子上产生明显的量子反作用噪声,以满足海森伯不确定性原理.

简化,即忽略快速振荡项(ab 和 $a^{\dagger}b^{\dagger}$).另一种证明这一假设的方法是考虑图 4.1 中的光力能级图.很明显,由于 ab 和 $a^{\dagger}b^{\dagger}$ 描述的散射过程是失谐的,因此,如果 $\kappa \ll \Omega$,它们就会被抑制.有了这个近似,哈密顿量变成了

$$\hat{H} = \hbar\Omega a^{\dagger}a + \hbar\Omega b^{\dagger}b + \hbar g(a^{\dagger}b + ab^{\dagger}) \tag{4.27}$$

这是一个分束器型哈密顿量,其作用是在机械振子和光场之间交换激励.

练习 4.6 请使用公式 (1.112) 中给出的量子朗之万方程,来寻找 a 和 b 的运动方程 (在旋转波近似下有效).然后,在频域中求解 b 的这些方程,忽略由初始条件而产生的瞬时边界项,得到以下结果:

$$b(\omega) = \chi_{bb}(\delta)b_{\mathrm{in}}(\omega) + \chi_{ba}(\delta)a_{\mathrm{in}}(\omega) \tag{4.28}$$

其中,$\delta = \Omega - \omega$ 是机械共振频率的偏移频率,可得

$$\chi_{bb}(\delta) = \sqrt{\Gamma}\left[\frac{\kappa/2 + \mathrm{i}\delta}{(\Gamma/2 + \mathrm{i}\delta)(\kappa/2 + \mathrm{i}\delta) + g^2}\right] \tag{4.29a}$$

$$\chi_{ba}(\delta) = -\sqrt{\kappa}\left[\frac{\mathrm{i}g}{(\Gamma/2 + \mathrm{i}\delta)(\kappa/2 + \mathrm{i}\delta)}\right] \tag{4.29b}$$

分别是机械热库-机械振子和光学热库-机械振子的极化率.

公式 (4.28) 与我们在 4.1 节中考虑的强光力耦合的幺正方法的直觉相吻合.b 是 b_{in} 和 a_{in} 的线性组合.来自 a_{in} 的部分正比于 g,来自 b_{in} 的贡献随 g 的减小而减小.因此,在通常的极限情况下,即光热库占据数远低于机械热库占据数($\bar{n}_{\mathrm{L}} \ll \bar{n}$)时,光力耦合导致冷却过程.

对于一个静止的系统,机械模式的平均占据数可以用帕塞瓦尔定理从 b 的频谱中计算出来,因为

$$\bar{n}_b = \langle b^{\dagger}(t)b(t)\rangle \tag{4.30}$$

$$= \lim_{\tau \to \infty} \frac{1}{\tau}\int_{-\tau/2}^{\tau/2}\langle b^{\dagger}(t)b(t)\rangle \mathrm{d}t \tag{4.31}$$

$$= \frac{1}{2\pi}\int_{-\infty}^{\infty}S_{bb}(\omega)\mathrm{d}\omega \tag{4.32}$$

$$= \frac{1}{2\pi}\iint_{-\infty}^{\infty}\langle b^{\dagger}(\omega)b(\omega')\rangle\mathrm{d}\omega\mathrm{d}\omega' \tag{4.33}$$

其中,第一步我们已经考虑了静止性,第二步使用了帕塞瓦尔定理,最后一步使用了公式 (1.43) 的关系.在机械热库和光学热库不关联的情况下,我们发现机械占据数为

$$\bar{n}_b = \frac{1}{2\pi}\left[\bar{n}\int_{-\infty}^{\infty}|\chi_{bb}(\delta)|^2\mathrm{d}\delta + \bar{n}_{\mathrm{L}}\int_{-\infty}^{\infty}|\chi_{ba}(\delta)|^2\mathrm{d}\delta\right] \tag{4.34}$$

其中,我们使用了公式(1.115a)中热库的关联属性的频域版本,这在旋转波近似中是有效的.

练习 4.7 在无光力耦合的极限下($g = 0$),请确认 $|\chi_{bb}(\delta)|^2$ 是一个以 $\delta = 0$ ($\omega = \Omega$) 为中心的洛伦兹曲线,其宽度为 Γ.然后表明,正如所预期的那样,在这种情况下,振子在其环境的温度下是平衡的,即 $\bar{n}_b = \bar{n}$.

通过检查公式(4.29)应该可以清楚地看到,一般来说,$|\chi_{bb}(\delta)|^2$ 和 $|\chi_{ba}(\delta)|^2$ 都不是洛伦兹线型.这意味着,一般来说,一旦引入光力相互作用,机械振子就不能再被认为是一个与环境保持热平衡的孤立的机械振子.当然,仍然有可能通过公式(4.34)来确定其占据数.然而,这些积分并不能直接用解析法求解.为了简化问题,我们采用实验上相关的限制,即光场处于散粒噪声极限($\bar{n}_\mathrm{L} = 0$).在这种情况下,公式(4.34)简化为

$$\bar{n}_b = \frac{\bar{n}}{2\pi} \int_{-\infty}^{\infty} |\chi_{bb}(\delta)|^2 \, \mathrm{d}\delta \tag{4.35}$$

为了在求解该积分方面取得进展,考虑 $|\chi_{bb}(\delta)|^2$ 作为光力耦合强度的函数是有意义的.图 4.4 中的粗线显示了这一点.可以看出,对于低光力耦合强度,$|\chi_{bb}(\delta)|^2$ 的形式似乎是类洛伦兹线型.随着光力耦合强度的增加,函数变宽,振幅减小,最终分裂成两个峰值,它们相隔 $2g$.正如 4.1 节所讨论的,这种分裂是腔内光场和机械振子之间强耦合的一个特征.这些观察结果促使我们去寻找 $|\chi_{bb}(\delta)|^2$ 分离的近似形式,这些形式在 $g \gg \{\Gamma, \kappa\}$ 的强耦合情况和 $\{g, \Gamma\} \ll \kappa$ 的互补性弱耦合情况中是准确的.我们要注意的是,尽管我们这样称呼,但后一情况并不意味着可以忽略辐射压力的散粒噪声.从公式(3.19)中可以看出,即使在弱耦合情况下,辐射压力的散粒噪声也会主导机械振子的加热.

练习 4.8 请让自己相信这一点.

1. 弱耦合区域

在一般情况下,考虑一个具有衰减率 Γ 的机械振子,并以速率 g 与光场耦合,可以预见,振子的能量将主要限制在机械共振频率 $\Gamma + g$ 范围以内.这一假设导致了这样的预期:在 $|\delta| \leqslant \Gamma + g$ 范围之外的频率成分对公式(4.35)中的积分贡献很小.在 $g \ll \kappa$ 的弱耦合区域,并假设 $\Gamma \ll \kappa$,这导致了这样的结论:唯一对积分有显著贡献的频率满足 $|\delta| \ll \kappa$.这样就可以对公式(4.29a)进行近似.如

$$\chi_{bb}(\delta) \approx \frac{\sqrt{\Gamma}}{\Gamma/2 + 2g^2/\kappa + \mathrm{i}\delta} \tag{4.36}$$

$$= \frac{\sqrt{\Gamma}}{\Gamma/2 \times (1 + C) + \mathrm{i}\delta} \tag{4.37}$$

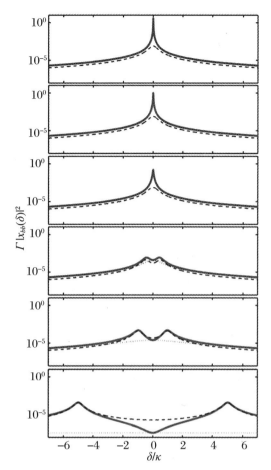

图 4.4 在不同的光力耦合强度下,对可分辨边带冷却引起的机械极化率绝对平方($|\chi_{bb}(\delta)|^2$)的修正

这里 $\Gamma/\kappa = 0.01$,从上到下对应 $g/\kappa = \{0, 0.05, 0.1, 0.5, 1, 5\}$,或者用光力协同度 $C = \{0, 1, 4, 100, 400, 1 \times 10^4\}$ 来表示.粗实线根据完整模型(公式(4.29a))预测,点线使用弱耦合近似(公式(4.37))预测,而虚线使用强耦合近似(公式(4.40)).

其中,C 是公式(3.14)中的光力协同度.实际上,这是一个洛伦兹曲线,具有增加的宽度

$$\Gamma' = (1 + C)\Gamma \tag{4.38}$$

和比裸机械振子减少了 $1 + C$ 倍因子的共振峰高度 $\chi_{bb}(0)$.图 4.4 的点线说明了公式(4.37).在弱耦合区域,它与全机械极化率的一致性接近完美,但是随着强耦合情况的接近,主要的差异变得明显起来.

练习 4.9 请表明公式(4.38)对 Γ' 的光学贡献与公式(4.19a)在非常好的腔极限 $(\kappa \ll \Omega)$ 下一致.

将 $\chi_{bb}(\delta)$ 的这一结果应用于公式(4.35),我们发现在弱耦合极限下,可分辨边带冷却的平均机械占据数是

$$\bar{n}_b = \frac{\bar{n}}{1+C} \tag{4.39}$$

这个表达式与我们先前发现的结果(公式(4.26))相同,而当时忽略了光场的机械加热和机械振子的辐射压力加热过程.

2. 强耦合区域

如前所述,随着强耦合情况的接近,以 $\chi_{bb}(\delta)$ 为特征的机械声子数谱开始呈现出双峰洛伦兹线型(参见图4.4和图4.6).每个峰都代表4.1节中描述的一对混合光力模式中的一个.从4.1节中我们知道,这些峰的间隔应该等于 $2g$.在弱耦合区域,与光力耦合率 $(g \ll \kappa)$ 相比,腔场的衰减是很快的,这样从机械振子到光学环境的热传递被 g 限制.因此,我们应该期望混合模式的线宽由 κ 和 Γ 而不是 g 决定.这导致了以下结论:机械功率谱中超出 $|\delta \pm g| \leqslant \Gamma + \kappa$ 范围的频率成分,不应该对机械占据数有明显的贡献.使用强耦合准则 $g \gg \{\kappa, \Gamma\}$,可以用宽松的形式重写为 $|\delta \pm g| \leqslant g$.

回到公式(4.29a)中极化率的一般形式,并利用上一段中概述的近似值,经过一些推导工作,在强耦合情况下,我们发现 $|\chi_{bb}(\delta)|^2$ 可以很好地近似为

$$|\chi_{bb}(\delta)|^2 = \frac{\Gamma/4}{\left(\frac{\Gamma+\kappa}{4}\right)^2 + (\delta+g)^2} + \frac{\Gamma/4}{\left(\frac{\Gamma+\kappa}{4}\right)^2 + (\delta-g)^2} \tag{4.40}$$

该函数由图4.4中的虚线表示,在强耦合情况下,接近混合模式共振频率时,它与完整绝对平方机械极化率保持良好的一致性.而正如预期的那样,在弱耦合情况下的一致性较差.与弱测量情况不同,这里洛伦兹峰的高度和形状都与 g 无关.此外,由于绝对平方极化率(以及机械功率谱)不是单一的洛伦兹曲线,机械振子不能被简单地认为是一个耦合到热平衡热库的单一振子.然而,每个混合光力模式都可以这样来考虑.

练习 4.10 请自己推导一下.

从公式(4.40)可以看出,每个洛伦兹曲线的宽度为

$$\Gamma' = \frac{\Gamma+\kappa}{2} \tag{4.41}$$

这正是一对强耦合振子的常规结果:混合模式的衰减率是未耦合衰减率的平均值,因为

每个混合模式的能量在两个振子之间被平均分配.

与不存在光力耦合时的裸振幅平方机械极化率的峰值相比,公式(4.40)中两个洛伦兹的每个峰值都被以下比值所减少:

$$\frac{|\chi_{bb}(\delta \pm g)|^2}{|\chi_{bb}(0)|^2_{g=0}} \approx \left(\frac{\Gamma}{\Gamma + \kappa}\right)^2 \tag{4.42}$$

显然,这个比值以及由此产生的机械冷却水平,关键取决于机械和光学衰减率的比值.

与弱耦合情况类似,将公式(4.42)在 δ 上进行积分,可以得到强耦合极限下机械模式的占据数,其结果为

$$\bar{n}_b = \bar{n}\left(\frac{\Gamma}{\Gamma + \kappa}\right) \approx \bar{n}\left(\frac{\Gamma}{\kappa}\right) \tag{4.43}$$

其中,近似解在光腔衰减率远大于机械振子($\kappa \gg \Gamma$)的情况下成立.我们看到,在强耦合情况下,最终的平衡占据数仅仅等于被机械衰减率和光学衰减率之比所抑制的机械热库占据数.

3. 旋转波近似下可分辨边带冷却实现的机械占据数

图4.5提供了在旋转波近似中通过可分辨边带冷却实现声子占据数降低的例子,并比较了公式(4.35)的全数值积分与前两小节中得出的弱耦合和强耦合近似的情况.可以看出,在每个模型的有效区间内都取得了良好的一致性.

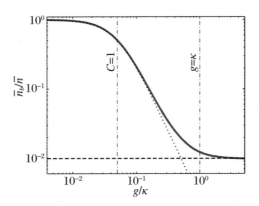

图4.5　在旋转波近似的情况下,通过可分辨边带冷却实现的机械占据数
这里我们设定 $\Gamma/\kappa = 0.01$.点线和虚线分别对应使用额外的弱耦合(公式(4.39))和强耦合(公式(4.43))近似时的预测结果.

4. 接近基态

光力冷却是原子和离子囚禁实验中常用的技术,在可分辨边带情况下的操作通常可以使其冷却到基态.一方面,这作为量子计算和量子信息科学实验的初始化步骤;另一方面,多普勒冷却类似于非分辨边带情况下的腔光力冷却.

Braginskii、Manukin 和 Tikhonov 于 1970 年首次在微波频率领域报道了宏观机械振子的光力冷却.他们使用的是一个射频波导谐振器,其一端由悬挂在石英纤维上的金属板组成.1995 年,利用微波驱动和读出一个超导的高 Q 值铌谐振质量引力波天线,实现了可分辨边带情况.

在光学领域,2006 年在三种不同的微腔结构中观察到了被动辐射压力冷却[16,120,250],①2008 年使用微环形和微球体光力系统实现了可分辨边带情况[218,251].图 4.6 显示了使用微球体光力系统[295]进行的可分辨边带冷却实验,它清楚地显示了在强耦合情况下发生的光学和机械模式的混合.

从公式(4.20)、公式(4.39)和公式(4.43)可以看出,通过可分辨边带冷却来接近基态有如下三个要求:

$$\Gamma \bar{n} \ll \kappa \ll \left\{ \Omega, \frac{g^2}{\Gamma \bar{n}} \right\} \tag{4.44}$$

第一,光腔衰减率对热量离开系统的速率设置了一个瓶颈;第二,由哈密顿量的非共振快速旋转项引起的加热;第三,实现光力耦合必要强度的条件.2011 年首次实现了接近基态($\bar{n}_b < 1$)的可分辨边带冷却实验,既使用了光子-声子晶体结构[66],也使用了超导集总元件机电系统[280].

5. 光学冷却的热力学理解

在 4.2.1 小节中,我们发现耦合到两个热库的振子的稳态声子占据数会平衡至热库占据数的平均值,并由每个热库的各自耦合率加权平均(参见公式(4.23)).这为思考和推导 4.2.2 小节中的光力冷却结果提供了另一种方法,只需要适当选择热库占据数和系统-热库耦合率.当然,机械振子同时与热库(其环境)和冷热库(光场)耦合,前者有声子占据数 $\bar{n}$ 和耦合率 Γ.我们在 4.2.1 小节中表明,如果光驱动场处于相干状态,那么在良好分辨的边带情况下($\kappa \ll \Omega$),冷热库的有效声子占据数接近零(参见公式(4.20)).要确定机械振子在良好分辨的边带情况的占据数,剩下的就是要确定机械振子和光热库之间

---

① 注意,我们在这里使用"被动辐射压力冷却"一词来区分这项工作与反馈冷却的不同,后者是指先测量机械振子的位置,然后对机械振子施加主动反馈力.反馈冷却将在第 5 章中介绍.

的耦合率.正如我们在4.2.2小节中所述,这种耦合率在弱耦合和强耦合情况中是不同的,在后一种情况下,光腔衰减率会引入一个瓶颈.

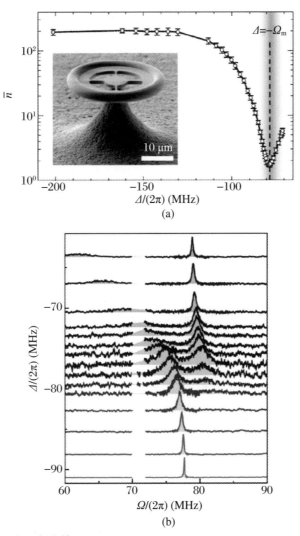

图4.6 光力冷却和量子相干耦合情况

请注意,这里 Ω_m 和 Ω 分别表示机械共振和光学边带的频率.(a)机械占据数(这里称为 $\bar{n}$)与失谐 Δ(对应此处的 $-\Delta$)的函数.插图为微环形光力系统.(b)在输出光场上观察到的机械功率谱密度,显示了强耦合的反交叉特性.这里没有观察到图4.4显示的强混合时 $\Delta = -\Omega$ 的凹陷,因为光场探测的是机械位置谱密度,而不是声子数功率谱密度.(经许可改编自文献[295],麦克米伦(Macmillan)出版有限公司版权所有(2012))

我们首先考虑弱耦合情况,即从机械振子引入腔内光场的热量以足够快的速率衰减出腔体,以防止出现机械再加热的可能性.在这个体系中,我们可以通过检查 $\chi_{bb}(\delta)$ 来确定机械激励进入光学冷热库的耦合率.我们在 4.2.2 小节中发现,在弱耦合情况中,这很好地被公式(4.36)中给出的洛伦兹曲线近似.我们可以立即从这个表达式中看到,光场的作用是引入第二个衰减通道,其衰减率为

$$\Gamma_{\mathrm{opt}} = \frac{4g^2}{\kappa} \tag{4.45}$$

值得注意的是,这个速率与我们 3.3 节中确定的在非分辨边带极限中,将机械位置信息编码在输出光场上的速率 $\mu = 4g^2/\kappa$ 是相同的.在公式(4.23)中,使用这个速率以及上面定义的其他参数,在良好的边带可分辨的弱耦合情况中,我们完全重现了 4.2.2 小节中关于 $\bar{n}_b$ 的公式(4.39).

在 4.2.2 小节中,我们发现,在强耦合情况下,机械振子和光热库之间的耦合率是

$$\Gamma_{\mathrm{opt}} = \kappa \tag{4.46}$$

这可以理解为,在此情况下,能量在腔场和机械振子之间来回交换,直到它最终以 κ 的速率从腔中衰减到光学环境中.在公式(4.23)中使用这个速率,我们立即获取与我们在 4.2.2小节中得出的相同的稳态占据数(公式(4.43)).

4.3 光力诱导透明

我们现在已经看到了光驱场对光力系统的红失谐是如何实现机械冷却的.通过使用多个光驱动场,可以实现更复杂的协议.光力诱导透明是一个突出的例子(参见文献[4,246,309]).光力诱导透明性类似于电磁感应透明,它允许工程设计原子集合体的吸收光谱和色散性,是量子存储器和中继器的重要工具.就像在电磁感应透明中一样,在光力诱导透明中,有两个激光场被注入光腔中,一个是频率接近光学共振频率的弱探测场,另一个是强控制场.控制场通过机械频率进行红失谐,其方式与可分辨边带冷却中的冷却场相同.图 4.7 所示的能级图说明了这种泵浦-探测方案,并允许对光场的吸收和色散进行类似于电磁感应透明的同等控制.

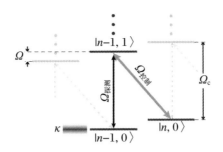

图 4.7　光力诱导透明的能级图

显示了频率分别为 $\Omega_{控制}$ 和 $\Omega_{探测}$ 的控制和探测光. 与图 4.1 中的光力冷却类似, $|n,m\rangle$ 代表一个 n 声子和 m 光子的态.

4.3.1　哈密顿量

最方便的做法是, 在腔体共振频率下求解相互作用图像中光力诱导透明的动力学, 比如 $\Delta = 0$. 从光场旋转坐标系内的标准的通用光力哈密顿量(公式(2.18))出发, 我们就有了如下哈密顿量:

$$\hat{H} = \hbar\Omega b^{\dagger} b + \hbar g_0 a^{\dagger} a (b^{\dagger} + b) \tag{4.47}$$

把控制场看作经典的, 而且比探测场要强得多, 这个哈密顿量可以用类似于我们在 2.7 节中采用的方法来进行线性化.

我们首先将湮灭算符 a 重新表述为

$$a \to a + \alpha \mathrm{e}^{\mathrm{i}\Omega t} \tag{4.48}$$

其中, 第一项构成量子涨落和探测场的任意相干贡献[1], 而第二项代表了相干控制频率, 其方式与前面处理可分辨边带冷却中的驱动频率相同, 相干控制频率以机械共振频率 Ω 的大小处于光腔的红失谐一侧. 哈密顿量(公式(4.47))中的项 $a^{\dagger} a$ 可以展开为

$$a^{\dagger} a \to \alpha^2 + a^{\dagger} a + \alpha(a^{\dagger} \mathrm{e}^{\mathrm{i}\Omega t} + a \mathrm{e}^{-\mathrm{i}\Omega t}) \tag{4.49}$$

$$\approx \alpha(a^{\dagger} \mathrm{e}^{\mathrm{i}\Omega t} + a \mathrm{e}^{-\mathrm{i}\Omega t}) \tag{4.50}$$

这里我们忽略了常数项 α^2, 正如我们在 2.7 节中看到的, 它在哈密顿量中引入了一个常数项, 以及对系统动力学没有影响的机械振子的静态位移. 我们也忽略了常规线性化近

---

[1]　与 α 相比必须是小量.

似中的 $a^\dagger a$ 项,假设探测场和真空光力耦合率 g_0 足够弱,此项不会明显地影响系统的动力学.将这个表达式代入哈密顿量,我们得出

$$\hat{H} = \hbar\Omega b^\dagger b + \hbar g\left[a^\dagger e^{i\Omega t} + a e^{-i\Omega t}\right](b^\dagger + b) \tag{4.51}$$

$$\approx \hbar\Omega b^\dagger b + \hbar g\left[ab^\dagger e^{-i\Omega t} + a^\dagger b e^{i\Omega t}\right] \tag{4.52}$$

其中,类似于我们之前对可分辨边带冷却的处理,在近似中我们忽略了非共振的项,因为它们在可分辨边带极限中被抑制(图 4.7).除了明确的时间依赖性,这个哈密顿量与公式(4.27)中给出的可分辨边带冷却的哈密顿量非常相似.时间上的振荡对光力诱导透明的操作至关重要.在实验上可以认为是探测和控制场之间的拍频,导致探测中的近直流涨落被混合到机械共振频率,从而与机械振子产生强烈的相互作用.在光力诱导透明中,探测的激励被转换为机械振荡,然后再次回到探测场中.其基本思想是在腔内探测场与它在返回腔内时驱动到机械上的涨落之间设置一个完美的相消相干.因此,探测场不能存在于腔中,从而使腔变得透明.

4.3.2 光力诱导吸收

我们在处理光力诱导透明时,首先考虑单端光力系统的开放系统动力学,即只有一个单一光学输入和输出通道的系统(图 4.8(a)).事实证明,这可以实现光力诱导吸收,但不能实现透明.在 4.3.3 小节中,我们把处理方法扩展到一个确实表现出透明的双端光力系统.与我们在 4.2.2 小节中可分辨边带冷却的方法类似,在旋转波近似的有效范围内,可以用公式(1.112)来获得腔内光场和机械振子的运动方程,分别为

$$\dot{a} = -\frac{\kappa}{2}a - igbe^{i\Omega t} + \sqrt{\kappa}a_{\text{in}} \tag{4.53}$$

$$\dot{b} = -\frac{\Gamma}{2}b - i\Omega b - igae^{-i\Omega t} + \sqrt{\Gamma}b_{\text{in}} \tag{4.54}$$

练习 4.11 在频域中求解这些运动方程,请表明在稳定状态下

$$a(\omega) = \chi_{aa}(\omega)a_{\text{in}}(\omega) + \chi_{ab}(\omega)b_{\text{in}}(\omega + \Omega) \tag{4.55}$$

其中,$\chi_{aa}(\omega)$ 和 $\chi_{ab}(\omega)$ 是光对光和机械振子对光的极化率,分别为

$$\chi_{aa}(\omega) = \sqrt{\kappa}\left(\frac{\kappa}{2} - i\omega + \frac{g^2}{\Gamma/2 - i\omega}\right)^{-1} \tag{4.56a}$$

$$\chi_{ab}(\omega) = -\sqrt{\Gamma}\left(\frac{ig}{\Gamma/2 - i\omega}\right)\left(\frac{\kappa}{2} - i\omega + \frac{g^2}{\Gamma/2 - i\omega}\right)^{-1} \tag{4.56b}$$

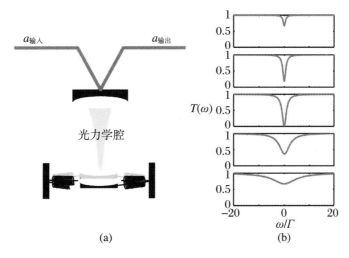

图 4.8　单端光力系统中的光力诱导吸收

（a）实验示意图；（b）从上到下分别对应光力协同度 $C = \{0.1, 0.4, 1, 4, 10\}$，$\kappa = 10\Gamma$，模拟的透射率 $T(\omega)$ 与频率 ω 的关系.

可以看出，光对光的极化率从描述裸光共振的常规洛伦兹形式已被修正，而机械振子的出现在方程中引入了第二个输入噪声项来驱动腔内光场.

1. 输出场

系统的输出场可以用公式（1.125）的输入-输出关系得到，其结果是

$$a_{\mathrm{out}}(\omega) = t(\omega) a_{\mathrm{in}}(\omega) + l(\omega) b_{\mathrm{in}}(\omega + \Omega) \tag{4.57}$$

其中

$$t(\omega) = 1 - \sqrt{\kappa} \chi_{aa}(\omega) \tag{4.58a}$$

$$l(\omega) = - \sqrt{\kappa} \chi_{ab}(\omega) \tag{4.58b}$$

这里，$t(\omega)$ 是一个复杂的随频率变化的传输系数，它量化了留在光力系统输出场中入射场的部分，而 $l(\omega)$ 则量化了映射在输出场中机械热库涨落的部分. 正如我们在 4.2.2 小节中所发现的，在具有强驱动场的可分辨边带系统中，该驱动场被红失谐到 $\Delta = \Omega$ 处，光力相互作用是分束器形式，或者说是双模线性散射相互作用. 从这个角度来看，$t(\omega)$ 和 $l(\omega)$ 可以被认为是散射振幅，其中，$l(\omega)$ 不仅量化了映射在输出场上的机械涨落水平，而且还量化了机械热库对光场的损耗（或吸收），即它是一个随频率变化的损耗系数.

练习 4.12　请证明光力散射过程是能量守恒的：

$$T(\omega) + L(\omega) = 1 \tag{4.59}$$

其中,透射率 $T(\omega)$ 和吸收率 $L(\omega)$ 分别定义为 $T(\omega) = |t(\omega)|^2$ 和 $L(\omega) = |l(\omega)|^2$. 证明在极限 $\omega \ll \kappa$ 中,吸收率由

$$L(\omega) = \frac{C\Gamma^2}{(1+C)^2 \ (\Gamma/2)^2 + \omega^2} \tag{4.60}$$

给出. 其中, $C = 4g^2/(\kappa\Gamma)$ 是光力协同度.

正如上述练习所显示的,在这种配置中,光力系统作为一个光学吸收器,在比相干驱动频率高并接近 Ω 的边带频率(即接近 $\omega = 0$)处有吸收峰值. 在上一节中,我们研究了当应用红失谐相干驱动频率时,光场对机械振子的影响,显示出由于(冷)光学涨落转移到振子上而发生冷却. 在这里,我们看到同一过程对光场的补充作用,即机械振子吸收了光能. 吸收特征是洛伦兹形式,其宽度 $(1+C)\Gamma$ 与弱耦合情况下可分辨边带冷却的光力加宽的机械线宽相匹配(公式(4.38)),并且当 $\omega = 0$ 时表现出 $4C/(1+C)^2$ 的吸收峰值.

图 4.8(b) 描述了这种光力吸收器的透射率 $T(\omega)$ 在一定光力协同度范围内与频率的函数图. 从该图中可以看出,在 $C = 1$ 的特殊情况下,光场在 $\omega = 0$ 时被机械振子完全吸收. 请注意,这并不意味着这种协同度的选择允许将机械振子冷却到其基态. 正如我们在上一节所看到的,要实现这一点,必须满足更严格的要求(参见公式 4.44).

4.3.3 两端光腔的光力诱导透明

在上一节考虑的单端腔的情况下,当没有光力相互作用 ($g = C = 0$) 时,能量守恒要求所有边带频率的透射率 $T(\omega) = 1$.

练习 4.13 请从公式(4.58a)中确认情况的确如此.

因此,在这种单端配置中,光力相互作用显然不可能按照光力诱导透明的要求来提高透射率. 这促使我们考虑图 4.9(a) 中描述的双端空腔情况. 我们设想腔体衰减是通过两个光学端口发生的,其衰减率分别为 κ_1 和 κ_2. 尽管其中一个光学端口实际上可能是由光损耗而产生的,因此不容易被实验者发现. 那么,总的腔体衰减率是 $\kappa = \kappa_1 + \kappa_2$. 虽然对于任何衰减率的选择,光力诱导透明的广泛特征都是显而易见的,但我们在这里选择考虑一个平衡的两端腔, $\kappa_1 = \kappa_2 = \kappa/2$. 这样做的好处是,在没有光力相互作用的情况下,光场通过一个输入和输出端口进入腔体,并通过另一个输入和输出端口输出,它们是完全阻抗匹配的.

对于一个平衡的双端空腔,公式(4.57)中的输入光场对两个光学端口的贡献相等,

因此有

$$a_{\text{in}} = \frac{a_{\text{in},1} + a_{\text{in},2}}{\sqrt{2}} \tag{4.61}$$

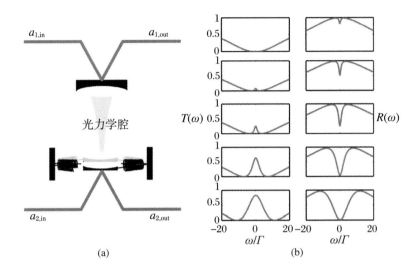

图 4.9　双端光力系统中的光力诱导透明情况

(a) 实验示意图;(b) 模拟的透射率 $T(\omega)$(左栏)和反射率 $R(\omega)$(右栏)作为频率 ω 的函数,光力协同度从上到下分别对应 $C = \{0.1,\ 0.4,\ 1,\ 4,\ 10\}$, $\kappa = 50\Gamma$.

练习 4.14　将公式(4.61)代入公式(4.55)并使用公式(1.125)的输入-输出关系,请表明两个输出场是

$$a_{1,\text{out}} = t(\omega) a_{1,\text{in}}(\omega) + r(\omega) a_{2,\text{in}}(\omega) + l(\omega) b_{\text{in}}(\omega + \Omega) \tag{4.62a}$$

$$a_{2,\text{out}} = t(\omega) a_{2,\text{in}}(\omega) + r(\omega) a_{1,\text{in}}(\omega) + l(\omega) b_{\text{in}}(\omega + \Omega) \tag{4.62b}$$

其中

$$t(\omega) = 1 - \frac{\sqrt{\kappa}}{2} \chi_{aa}(\omega) \tag{4.63a}$$

$$r(\omega) = -\frac{\sqrt{\kappa}}{2} \chi_{aa}(\omega) \tag{4.63b}$$

$$l(\omega) = -\sqrt{\frac{\kappa}{2}} \chi_{ab}(\omega) \tag{4.63c}$$

$r(\omega)$是描述从一个光场耦合到另一个光场的具有复杂频率依赖性的反射系数.

请确认这与单端光腔的情况类似,并且能量守恒满足:

$$T(\omega) + R(\omega) + L(\omega) = 1 \qquad (4.64)$$

其中,反射率 $R(\omega)$ 被定义为 $R(\omega) = |r(\omega)|^2$.

在极限 $\omega \ll \Gamma$ 中,该两端光力系统的透射率 $T(\omega)$ 很好地被近似为洛伦兹线型,可得

$$T(\omega) = \frac{C^2 (\Gamma/2)^2}{(1+C)^2 (\Gamma/2)^2 + \omega^2} \qquad (4.65)$$

其形式与单端情况下的吸收光谱(公式(4.60))相当相似.我们看到,当没有光力相互作用($C = 0$)时,光力系统没有共振($\omega = 0$)反作用.随着相互作用强度的增加,出现了一个透明窗口,其峰值透射率为 $T(\omega) = C^2/(1+C)^2$,宽度等于可分辨边带冷却机械线宽 $(1+C)\Gamma$.渐进地,在 $C \to \infty$ 时,共振透射率接近于 1;而在 $C = 1$ 时,光力系统作为一个平衡但有损耗的分束器,$T(0) = R(0) = 1/4, L(0) = 1/2$.这种行为显示在图 4.9(b)中.

1. 噪声性能

从上面的观察可以看出,在红边带相干驱动的线性化系统中,腔光力系统在入射光腔场和机械热库涨落之间充当了可调控的分束器,其鲜明的谱响应取决于机械衰减率和光力协同度.有意思的是,需要什么条件才能使机械振子引入的涨落可以忽略不计,从而使振子只作为一种连接两个场的可控无噪声阀门呢?假设输入光场都处于相干状态,而机械振子像往常一样处于占据数为 $\bar{n}$ 的热态,那么使用公式(1.43)、公式(1.118a)和公式(4.62)可以很容易地表明输出场 1 的任意正交分量 $\hat{X}_{1,\mathrm{out}}^{\theta}$ 的功率谱密度为

$$S_{X_{1,\mathrm{out}}^{\theta} X_{1,\mathrm{out}}^{\theta}}(\omega) = \frac{T(\omega)}{2} + \frac{R(\omega)}{2} + L(\omega)(\bar{n} + 1/2) \qquad (4.66)$$

输出场 2 的结果与此相同,其中,我们忽略了 $\omega = 0$ 时每个光场的相干峰值.利用公式(4.64),我们发现吸收的条件是

$$L(\omega) < \frac{1/2}{\bar{n} + 1} \qquad (4.67)$$

对应于前两个(光学)项主导最后一个(机械)项.这一情况可以在高协同度和低协同度极限中实现.例如,在更感兴趣的高协同度极限($C \gg 1$)中,共振吸收率为 $L(0) = 2/C$,条件变为 $C > 4(\bar{n}+1)$.这与在弱耦合可分辨边带情况中实现基态冷却的标准相似(公式(4.44)中的第二个不等式).如果这个条件得到满足,光力相互作用的效果就是改变光的极化率,创造一个尖锐的透明特征(至少在共振时)切换系统的输出光场,而不增加任何来自机械热库的明显涨落.

虽然本节的处理方法只在线性化系统中有效,但我们在 6.3 节和 6.4 节中将介绍在

非线性化的单光子强耦合系统中工作的单光子光力分束器.

2. 实验实现

光力诱导透明已经在一系列不同的结构中得到了实验证明.它首先是在一个微环形的光力系统中实现的.[309] 图 4.10 显示了实验装置和多次使用的透明窗口,以及由此产生的透明的扩大和加深与光力协同度的函数.这里展示了光力诱导透明的一个显著特征.典型的微腔可能有几兆赫兹或几千兆赫兹的共振线宽,而典型的微机械振子的线宽在

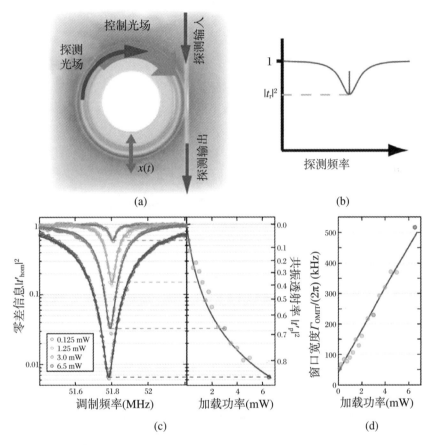

图 4.10　光力诱导透明的实验证明图

(a) 显示探测和控制场的微环形光力系统;(b) 探测传输的理论模型与频率的函数;(c) 观察到的外差信号在机械共振频率附近有一个尖锐的凹陷,在这个配置中,证明了在该频率下增加的探测传输;(d) 透明窗口的宽度与激光功率的关系.(经美国科学促进会许可转载自文献[309])

几毫赫兹到几千赫兹.光力透明允许这些超窄线宽被映射到一个光场上(参见图 4.10(b)中特别尖锐的透明特征).这种尖锐共振的一个应用是对压缩的光施加强烈的频率依赖的

旋转,这样它就可以被用来在一个宽频带上超过测量机械运动的标准量子极限[185,233](我们在5.4.2小节将进一步讨论这个概念).事实证明,通过其他手段实现这种旋转实际上是很困难的.

4.4 光力纠缠

在前两节中,我们考虑了光场与光学共振频率呈红失谐的情况,并且表明了这种情况导致了机械振子的冷却,并可用于促进光场的光力诱导透明.有趣的是,考虑相反的情况,即光场是蓝失谐的情况.在这里,每个入射光子比腔内光子携带更多的能量.当光子进入腔时,额外的能量被机械振子所吸收.人们最初可能会想象,这个过程是不可取的.它只是加热机械振子.然而,情况并非如此.事实上,它的作用是使腔内场和机械振子进行相互关联,最终在它们之间产生纠缠,而这就是本节的主题.

对光力纠缠已经进行了广泛的理论研究,其中一些早期的开创性工作包括文献[35,116,188,299,301,333].2013年,它首次在一个集总元件超导微波光力系统的实验中被证明(参见图4.16).

4.4.1 哈密顿量和运动方程

与我们在4.2.2小节中对可分辨边带冷却的处理类似,为简单起见,我们考虑 $\kappa \ll \Omega$ 的可分辨边带极限.在4.2.2小节中,这个极限允许我们应用旋转波近似,并忽略公式(4.1)哈密顿量中的非共振 ab 和 $a^\dagger b^\dagger$ 项,从而在 a 和 b 之间形成一个类似分束器的哈密顿量形式.这里,我们选择 $\Delta = -\Omega$ 的蓝失谐,而不是红失谐,因此,这些项是共振的(考虑图4.1的能级图),而 $ab^\dagger$ 和 $a^\dagger b$ 项是非共振的.忽略非共振项,在光场和机械振子分别以腔和机械共振频率旋转的相互作用图中,公式(4.1)的光力哈密顿量就变成了

$$\hat{H} = \hbar g(ab + a^\dagger b^\dagger) \tag{4.68}$$

这个哈密顿量的作用效果是显而易见的——它是产生(或湮灭)关联光子-声子对的参量化相互作用的哈密顿量.看起来光子-声子对的产生会违反能量守恒.事实上,与分束器的情况不同,这种哈密顿量本身并不满足能量守恒,产生光子-声子对所需的能量来自相

干的光驱动场.参量化过程是所有形式的双粒子高斯纠缠背后的基本过程.通过失谐在分束器和参量相互作用之间进行调整的能力是控制光力系统物理过程的一个特别有用的工具.

可以像往常一样采用公式(1.112)的旋转波量子朗之万方程,得出腔内场和机械振子演化的运动方程:

$$\dot{a} = igb^{\dagger} - \frac{\kappa}{2}a + \sqrt{\kappa}a_{\text{in}} \tag{4.69a}$$

$$\dot{b} = iga^{\dagger} - \frac{\Gamma}{2}b + \sqrt{\Gamma}b_{\text{in}} \tag{4.69b}$$

4.4.2 博戈留波夫模式

虽然公式(4.69)中的运动方程可以通过傅里叶变换来直接求解,但首先进行对角线化是有启发性的.

练习 4.15 请表明用

$$c^{-} = \frac{1}{\sqrt{2}}\left(ira + \frac{1}{r}b^{\dagger}\right) \tag{4.70a}$$

和

$$c^{+} = \frac{1}{\sqrt{2}}\left(\frac{1}{r}a + irb^{\dagger}\right) \tag{4.70b}$$

替代 a 和 b,则可以对角线化公式(4.69),得到的非耦合运动方程为

$$\dot{c}^{-} = -\frac{\gamma^{-}}{2}c^{-} + ir\sqrt{\frac{\kappa}{2}}a_{\text{in}} + \frac{1}{r}\sqrt{\frac{\Gamma}{2}}b_{\text{in}}^{\dagger} \tag{4.71a}$$

$$\dot{c}^{+} = -\frac{\gamma^{+}}{2}c^{+} + \frac{1}{r}\sqrt{\frac{\kappa}{2}}a_{\text{in}} + ir\sqrt{\frac{\Gamma}{2}}b_{\text{in}}^{\dagger} \tag{4.71b}$$

和

$$r = \frac{1}{\sqrt{2}g}\left[\frac{\kappa - \Gamma}{2} + \sqrt{\left(\frac{\kappa - \Gamma}{2}\right)^{2} + 4g^{2}}\right]^{1/2} \tag{4.72a}$$

$$\gamma^{\pm} = \frac{\kappa + \Gamma}{2} \mp \sqrt{\left(\frac{\kappa - \Gamma}{2}\right)^{2} + 4g^{2}} \tag{4.72b}$$

这种对模式 $c^{\pm}$ 的变换是双模式博戈留波夫变换的一种形式.它被尼古拉-博戈留波夫用于研究超流体和超导性的物理学[34].请注意,这里的 $c^{\pm}$ 不是玻色模式.从公式(4.70),我们发现 $c^{\pm}$ 和 $c^{\mp}$ 并不对易:

$$[c^{\pm}, c^{\mp\dagger}] = \pm i \tag{4.73}$$

而

$$[c^{\pm}, c^{\pm\dagger}] = \pm \frac{1}{2}\left(\frac{1}{r^2} - r^2\right) \tag{4.74}$$

从第二个对易关系可以看出,对于 $r=1$ 的特殊情况,每个算符都与自己的共轭对易.因此,对于任意的函数 f 和 h,$[f(c^{\pm}, c^{\pm\dagger}), h(c^{\pm}, c^{\pm\dagger})] = 0$.因此我们看到,与常见的玻色产生算符和湮灭算符不同,对于 $r=1$,这些正交分量中并不存在海森伯不确定性原理:

$$\hat{X}_c^- \equiv \frac{1}{\sqrt{2}}(c^{-\dagger} + c^-) \overset{r=1}{=} \frac{1}{\sqrt{2}}(\hat{X}_M - \hat{Y}_L) \tag{4.75a}$$

$$\hat{Y}_c^- \equiv \frac{i}{\sqrt{2}}(c^{-\dagger} - c^-) \overset{r=1}{=} \frac{1}{\sqrt{2}}(\hat{X}_L - \hat{Y}_M) \tag{4.75b}$$

其中,$\hat{X}_M$ 和 $\hat{Y}_M$ 是旋转在机械共振频率 Ω 处的机械正交分量算符(参见公式(1.135)),分别称之为机械位置正交和机械动量正交分量①,我们引入下标 L 以明确区分腔内光场和机械振子的正交分量.

练习 4.16 请确定公式(4.75)中对于 $\hat{X}_c^+ \equiv (c^{+\dagger} + c^+)/\sqrt{2}$ 和 $\hat{Y}_c^+ \equiv i(c^{+\dagger} - c^+)/\sqrt{2}$ 的等价表达式.

我们从公式(4.75)和对易关系 $[\hat{X}_c^-, \hat{Y}_c^-] \overset{r=1}{=} 0$ 中可以看出,原则上 $\hat{X}_M$ 可以与 $\hat{Y}_L$ 进行完全关联,而 $\hat{X}_L$ 和 $\hat{Y}_M$ 之间也同时存在完全关联关系.这是双模式高斯纠缠的基本特征,表明了博戈留波夫模式在理解这种纠缠方面的作用.

从公式(4.72b)中可以看出,每个模式 $c^{\pm}$ 的衰减率都不同,它们取决于 κ,Γ 和 g,其中,c^-(c^+)的衰减率比光学和机械衰减率的平均值快(慢).一些直截了当的代数表明,在 $C>1$ 的情况下,γ^+ 是负的,其中,像往常一样,C 是光力协同度.因此,$C=1$ 构成了一个不稳定的阈值.在这个阈值之上,c^+ 由于光力相互作用而呈指数增长,永远不会达到稳

---

① 请注意,这里出现机械正交分量算符,而不是无量纲位置 $\hat{Q}$ 和动量 $\hat{P}$,这是因为(与我们在本书前几部分的方法不同)在公式(4.68)的哈密顿量中,我们已经进入了机械振子(旋转在 Ω 处)的相互作用图像.

定状态.这是一个参数不稳定的例子[61,159].虽然这种指数增长在原则上可以被稳定下来(例如,使用反馈或二次光冷却频率[231])或通过使用短光脉冲来缓解,但在这里我们将分析限制在 $C<1$ 的内在稳定情况上.

4.4.3　稳定区域的光和机械模式

对公式(4.71)进行傅里叶变换,我们得到了稳定状态下 $c^{\pm}(\omega)$ 的非耦合运动方程:

$$c^{-}(\omega) = \left(\frac{1}{\gamma^{-}/2 - \mathrm{i}\omega}\right)\left(\mathrm{i}r\sqrt{\frac{\kappa}{2}}\,a_{\mathrm{in}}(\omega) + \frac{1}{r}\sqrt{\frac{\Gamma}{2}}\,b_{\mathrm{in}}^{\dagger}(-\omega)\right) \tag{4.76a}$$

$$c^{+}(\omega) = \left(\frac{1}{\gamma^{+}/2 - \mathrm{i}\omega}\right)\left(\frac{1}{r}\sqrt{\frac{\kappa}{2}}\,a_{\mathrm{in}}(\omega) + \mathrm{i}r\sqrt{\frac{\Gamma}{2}}\,b_{\mathrm{in}}^{\dagger}(-\omega)\right) \tag{4.76b}$$

使用公式(4.70),可以直接得到腔内光场和机械振子在频域的湮灭算符.用正交算符表示,它们分别是

$$\hat{X}_{\mathrm{L}}(\omega) = \chi_{aa}(\omega)\hat{X}_{\mathrm{L,in}}(\omega) + \chi_{ab}(\omega)\hat{Y}_{\mathrm{M,in}}(\omega) \tag{4.77a}$$

$$\hat{Y}_{\mathrm{L}}(\omega) = \chi_{aa}(\omega)\hat{Y}_{\mathrm{L,in}}(\omega) + \chi_{ab}(\omega)\hat{X}_{\mathrm{M,in}}(\omega) \tag{4.77b}$$

$$\hat{X}_{\mathrm{M}}(\omega) = \chi_{bb}(\omega)\hat{X}_{\mathrm{M,in}}(\omega) + \chi_{ba}(\omega)\hat{Y}_{\mathrm{L,in}}(\omega) \tag{4.77c}$$

$$\hat{Y}_{\mathrm{M}}(\omega) = \chi_{bb}(\omega)\hat{Y}_{\mathrm{M,in}}(\omega) + \chi_{ba}(\omega)\hat{X}_{\mathrm{L,in}}(\omega) \tag{4.77d}$$

其中,极化率分别为

$$\chi_{aa}(\omega) = \frac{\sqrt{\kappa}\,(\Gamma/2 - \mathrm{i}\omega)}{(\kappa/2 - \mathrm{i}\omega)(\Gamma/2 - \mathrm{i}\omega) - g^{2}} \tag{4.78a}$$

$$\chi_{bb}(\omega) = \frac{\sqrt{\Gamma}\,(\kappa/2 - \mathrm{i}\omega)}{(\kappa/2 - \mathrm{i}\omega)(\Gamma/2 - \mathrm{i}\omega) - g^{2}} \tag{4.78b}$$

$$\chi_{ab}(\omega) = \frac{g\sqrt{\Gamma}}{(\kappa/2 - \mathrm{i}\omega)(\Gamma/2 - \mathrm{i}\omega) - g^{2}} \tag{4.78c}$$

$$\chi_{ba}(\omega) = \frac{g\sqrt{\kappa}}{(\kappa/2 - \mathrm{i}\omega)(\Gamma/2 - \mathrm{i}\omega) - g^{2}} \tag{4.78d}$$

练习 4.17　*请推导出这些表达式.*

4.4.4 EPR 纠缠

由线性化光力相互作用产生的高斯双模纠缠问题,由 Einstein、Podolsky 和 Rosen 在 1935 年首次提出.他们认为两个量子粒子 A 和 B 由波函数

$$\psi_{AB}(x_A, x_B) = \int e^{ip(x_A - x_B)/\hbar} dp \qquad (4.79)$$

描述.由于不可能将这个波函数写成乘积的形式 $\psi_A(x_A)\psi_B(x_B)$,所以状态是不可分割的,即子系统 A 和 B 是纠缠的.Einstein、Podolsky 和 Rosen 对具有这种波函数的粒子之间表现出的关联性,以及这些关联性对我们理解量子力学的影响特别感兴趣.他们认识到,对结果为 x_A 的 $\hat{x}_A$ 的完美测量将使粒子 B 的状态坍缩为位置特征态 $\psi_{B|A}(x_B) = \delta(x_A)$;而类似地,一个完美的动量测量将使粒子 B 坍缩为动量本征态.由于子系统 A 和 B 在一般情况下可以是类似空间分离的,[①]因此,用对粒子 A 的不同测量来完美地预测粒子 B 的位置和动量的能力,引起了量子力学和局域现实主义之间的冲突,即要么波函数坍缩的速度必须快于光速,要么粒子 B 的位置和动量必须比海森伯不确定性原理所要求的不确定性更小.这个明显的悖论现在被称为爱因斯坦-波多尔斯基-罗森悖论(EPR paradox).

完美的 EPR 态表现出完全关联的位置和动量正交分量,如

$$\langle \hat{X}_A(t) - \hat{Y}_B(t) \rangle = 0 \qquad (4.80a)$$

$$\langle \hat{Y}_A(t) - \hat{X}_B(t) \rangle = 0 \qquad (4.80b)$$

其中,与上一段相比,我们旋转了关联关系,使其发生在位置和动量正交分量之间.因为正如我们在上一节中发现的,这是光力相互作用产生的关联形式.我们看到,对于一个完美的 EPR 态,对 B 的动量正交分量的无噪声测量将 A 塌陷为一个位置本征态,而同样地,对 B 的位置正交的无噪声测量将 A 塌陷为一个动量本征态.

通过检查公式(4.77),我们可以立即观察到,光力相互作用产生的关联关系的形式类似于理想的 EPR 态,但这种关联关系是不完善的.在下面两个小节中,我们将介绍在这种不完善的情况下量化双模高斯纠缠的标准方法.

---

① 虽然在公式(4.79) 的波函数中,两个粒子是共同局域化的,但可以通过修改 $\psi_{AB}(x_A, x_B) = \int e^{ip(x_A - x_B + s)/\hbar} dp$ 而直接引起一个分离量 s.

4.4.5　协方差矩阵

在这里考虑的线性化情况中,通过光和机械振子之间的光力相互作用产生的纠缠是一种双模高斯纠缠的形式.双模高斯态完全由其正交分量期望值和协方差矩阵来描述,为

$$
\boldsymbol{M} = \begin{bmatrix} V_{X_A X_A} & V_{X_A Y_A} & V_{X_A X_B} & V_{X_A Y_B} \\ V_{Y_A X_A} & V_{Y_A Y_A} & V_{Y_A X_B} & V_{Y_A Y_B} \\ V_{X_B X_A} & V_{X_B Y_A} & V_{X_B X_B} & V_{X_B Y_B} \\ V_{Y_B X_A} & V_{Y_B Y_A} & V_{Y_B X_B} & V_{Y_B Y_B} \end{bmatrix} = \left[\begin{array}{c|c} \boldsymbol{A} & \boldsymbol{C} \\ \hline \boldsymbol{C}^{\mathrm{T}} & \boldsymbol{B} \end{array} \right] \tag{4.81}
$$

其中

$$
V_{\mathcal{A}\mathcal{B}} = \frac{\langle \hat{\mathcal{A}}(t) \hat{\mathcal{B}}(t) \rangle + \langle \hat{\mathcal{B}}(t) \hat{\mathcal{A}}(t) \rangle}{2} - \langle \hat{\mathcal{A}}(t) \rangle \langle \hat{\mathcal{B}}(t) \rangle \tag{4.82}
$$

是算符$\hat{\mathcal{A}}$和$\hat{\mathcal{B}}$之间的协方差,2×2矩阵$\boldsymbol{A}$和$\boldsymbol{B}$量化了光学和机械正交分量的方差以及每个子系统内部的关联性,而$\boldsymbol{C}$量化了机械振子和光场之间的关联性.

4.4.6　标识和量化纠缠

对公式(4.81)的协方差矩阵进行对角化,可以得到一对辛本征值$\nu_{\pm}$[256].正如 Duan 和 Simon[97,261]首次同时认识到的那样,条件

$$
\nu_- < \frac{1}{2} \tag{4.83}
$$

是双模高斯纠缠的充分必要条件,其中,ν_-对应两个本征值中较小的那个.对于一般的协方差矩阵,对称本征值由

$$
\nu_{\pm} = \left[\frac{1}{2} \left(\tilde{\Delta} \pm \sqrt{\tilde{\Delta}^2 - 4\det(\boldsymbol{M})} \right) \right]^{1/2} \tag{4.84}
$$

给出.其中,$\det(\cdots)$是行列式,同时

$$
\tilde{\Delta} = \det(\boldsymbol{A}) + \det(\boldsymbol{B}) - 2\det(\boldsymbol{C}) \tag{4.85}
$$

较小的对称本征值对于量子关联的意义可以通过以下方式来理解. 考虑子系统 A 和 B 的一对集体观测量:

$$\hat{u} = \hat{X}_A + c\hat{X}_B \tag{4.86a}$$

$$\hat{v} = \hat{Y}_A - c\hat{Y}_B \tag{4.86b}$$

其中, c 是一个实常数. 如果子系统 A 和 B 不共享关联性, 或者实际上只共享通过局域操作和经典通信引入的经典关联性, 那么 $\hat{u}$ 和 $\hat{v}$ 的标准偏差的最小可能乘积很容易被证明是

$$\min\{\sigma(\hat{u})\sigma(\hat{v})\}_{\text{uncor}} = \frac{1+c^2}{2} \tag{4.87}$$

并且当 $\hat{u}$ 和 $\hat{v}$ 都是对称的最小不确定性态, 即真空或相干态时, 就可以实现上述等式.

练习 4.18 请让自己相信这一点.

Duan 和 Simon 的标准可以解释为: 如果存在一个 c, 对每个单独的子系统的任意局域操作能够使标准偏差 $\sigma(\hat{u})\sigma(\hat{v})$ 的乘积低于这个值, 即如果 $\hat{u}$ 和 $\hat{v}$ 的联合不确定性能够小于没有量子关联时的最小不确定性, 那么子系统 A 和 B 是不可分离的. 对于一个给定的不可分离的状态, 较小的对称本征值 v_- 正好量化了这个比值. 具体来说, 有

$$v_- = \frac{1}{2}\min\left\{\frac{\sigma(\hat{u})\sigma(\hat{v})}{\min\{\sigma(\hat{u})\sigma(\hat{v})\}_{\text{uncor}}}\right\} = \min\left\{\frac{\sigma(\hat{u})\sigma(\hat{v})}{1+c^2}\right\} \tag{4.88}$$

这里, 最小化需遍历 c 和所有可能的局域操作[①].

对数负性是一个方便且常用的参数, 用于量化一个给定的纠缠源的强度, 并且具有吸引人的特性, 即对于多个独立的纠缠态来说是可叠加的, 并且可以量化最大提取纠缠[229]. 对于双模高斯纠缠态, 它由

$$L = \min\{0, -\log_2(2v_-)\} \tag{4.89}$$

给出.

4.4.7　腔内场与机械振子的纠缠

鉴于光力协方差矩阵, 公式 (4.84) 和公式 (4.89) 允许对腔内光场和机械振子之间的

---

① 注意, 这里我们用乘积的形式来表达, 正如在文献[36]中介绍的 Duan 的标准, 而不是更熟悉的和形式. 乘积形式符合海森伯不确定性关系或 EPR 悖论标准的精神[237], 并且还能为更广泛的协方差矩阵实现最小 v_-.

纠缠进行量化.通过检查公式(4.77),我们可以立即认识到,只要在光热库和机械热库中没有关联性,光场的振幅和相位正交分量之间就不会存在关联性,甚至机械振子的位置和动量正交分量之间也不会存在关联性.[①]因此,有

$$V_{X_L Y_L} = V_{Y_L X_L} = V_{X_M Y_M} = V_{Y_M X_M} = 0 \qquad (4.90)$$

此外,光和机械之间的关联性都是交叉正交的,即

$$V_{X_L X_M} = V_{X_M X_L} = V_{Y_L Y_M} = V_{Y_M Y_L} = 0 \qquad (4.91)$$

因此,必须确定的协方差矩阵元素只有方差 $V_{X_L X_L}$,$V_{Y_L Y_L}$,$V_{X_M X_M}$,$V_{Y_M Y_M}$,以及协方差 $V_{X_L Y_M}$,$V_{Y_M X_L}$,$V_{Y_L X_M}$,$V_{X_M Y_L}$.对于这些元素中的每一个,V_{AB} 中的算符 A 和 B 都是对易的.此外,由于光力哈密顿量是线性化的,所以 $\langle \hat{X}_L \rangle = \langle \hat{Y}_L \rangle = \langle \hat{X}_M \rangle = \langle \hat{Y}_M \rangle = 0$(参见2.7节).这两个特性使得公式(4.82)中协方差矩阵元素的定义可以更简单地表示为

$$V_{AB} = \langle \hat{A}(t) \hat{B}(t) \rangle \qquad (4.92)$$

$$= \frac{1}{2\pi} \int_{-\infty}^{\infty} \mathrm{d}\omega \, S_{AB}(\omega) \qquad (4.93)$$

$$= \frac{1}{2\pi} \iint_{-\infty}^{\infty} \mathrm{d}\omega \mathrm{d}\omega' \langle \hat{A}^\dagger(-\omega)\hat{B}(\omega') \rangle \qquad (4.94)$$

为了得出这个结果,我们像往常一样,使用了帕塞瓦尔定理和公式(1.43)中的功率谱密度定义.

练习 4.19 请使用公式(4.77)和公式(4.94)表明非零的协方差矩阵元素是

$$V_{X_L X_L} = V_{Y_L Y_L} = \bar{n}_L + \frac{1}{2} + \left(\frac{C}{1-C} \right) \left(\frac{1}{1 + \kappa/\Gamma} \right)(\bar{n}_L + \bar{n} + 1) \qquad (4.95a)$$

$$V_{X_M X_M} = V_{Y_M Y_M} = \bar{n} + \frac{1}{2} + \left(\frac{C}{1-C} \right) \left(\frac{1}{1 + \Gamma/\kappa} \right)(\bar{n}_L + \bar{n} + 1) \qquad (4.95b)$$

$$V_{\mathrm{cross}} = \left(\frac{\sqrt{C}}{1-C} \right) \left(\frac{1}{\sqrt{\kappa/\Gamma} + \sqrt{\Gamma/\kappa}} \right)(\bar{n}_L + \bar{n} + 1) \qquad (4.95c)$$

其中,$V_{\mathrm{cross}} = V_{X_L Y_M} = V_{Y_M X_L} = V_{X_M Y_L} = V_{Y_L X_M}$.

从公式(4.95)中我们可以看出,光场和机械振子的方差分别等于它们各自的热库方差,再加上一个修正.该修正取决于光力协同度 C、光学和机械衰减率之比,以及机械和光学热库方差之和.随着光力协同度的增加,交叉关联项从零开始增长.图4.11显示了方差和协方差对协同度的函数依赖关系.两个光学正交分量方差以及两个机械正交分量

---

① 这一点应该很清楚,因为出现在 $\hat{X}_L(\omega)$ 和 $\hat{Y}_M(\omega)$ 方程中的项与出现在 $\hat{Y}_L(\omega)$ 和 $\hat{X}_M(\omega)$ 方程中的项不同.

方差和所有交叉方差的大小相同,这是由于我们把处理限制在高品质因子振子上,对这些振子有可能进行旋转波近似.在这个体系中,任何可能导致方差之间差异的快速涨落都被平均化.还可以看到,随着系统接近不稳定($C{\to}1$),三个关联矩阵元素都接近无穷大.

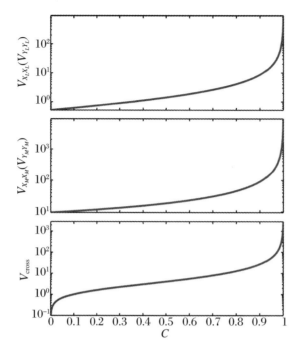

图 4.11　腔内光力纠缠的协方差矩阵元素与光力协同度 C 的函数

模型参数:$\bar{n} = 9, \bar{n}_{L} = 0.009, \kappa = 10\Gamma$.

　　确定了协方差矩阵元素,我们可以用公式(4.84)和公式(4.89)直接计算对数负性.所得的表达式一般来说并不是特别有启发性.图 4.12 显示了在一系列不同的光学 $\bar{n}_{L}$ 和机械 $\bar{n}$ 热库占据数,以及 $\kappa / \Gamma = 10$ 的情况下,对数负性与光力协同度的函数,而不是在这里推导出它们.我们看到,一般来说,纠缠会随着协同度的增加而提升.从图 4.12(a)可以看出,当机械热库的占据数不为零时,存在一个协同度的阈值,在此阈值之下没有纠缠存在,该阈值随着光热库占据数的增加而增加.相比之下,图 4.12(b)显示,在光热库占据数接近零的实际情况下,很明显没有这种阈值,任何机械热库占据数和任何非零协同度都存在纠缠.事实上,这个结果可以被证明在一般情况下都是正确的,只要光衰减率大于机械退相干率,特别是在 $\kappa > \bar{n}\Gamma$ 时.

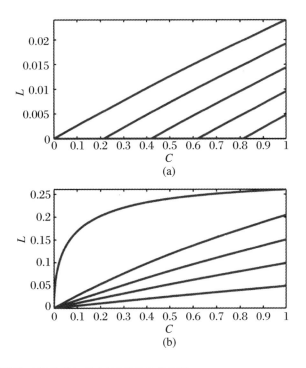

图 4.12 腔内光力纠缠的对数负性与光力协同度 C 的函数

(a) 机械热库占据数恒为 $\bar{n}=9$，顶部到底部曲线对应的光热库占据数分别为 $\bar{n}_L=\{0,0.002,0.004,$ $0.006,0.008\}$；(b) 在 $\bar{n}_L=0$ 时，光热库占据数保持不变，而曲线从上到下对应的机械热库占据数为 $\bar{n}=\{0,2,4,6,8\}$，$\kappa=10\Gamma$.

当光力协同度接近不稳定点（$C\to 1$）时，只要满足

$$\left(\frac{\kappa}{\Gamma}\right)\bar{n}_L + \left(\frac{\Gamma}{\kappa}\right)n_L < 1 \tag{4.96}$$

纠缠就会存在，该条件限制了光学和机械退相干率分别小于机械和光学衰减率.

4.4.8 机械振子与外部场的纠缠

在常规情况下，$\kappa\gg\Gamma$，光力系统与外部光场的相互作用比与机械热库的相互作用发生得更快.虽然这种相互作用降低了腔内光场和机械振子之间的纠缠，但由于输出光场通常可以通过实验获得，因此，自然要问它与机械振子的纠缠有多强？使用公式（1.125）的输入-输出关系，以及公式（4.77a）和公式（4.77b）的腔内场正交分量，光力系统的输出

场的正交分量在频域中表示为

$$\hat{X}_{\mathrm{L,out}}(\omega) = \left[1 - \sqrt{\kappa}\chi_{aa}(\omega)\right]\hat{X}_{\mathrm{L,in}}(\omega) - \sqrt{\kappa}\chi_{ab}(\omega)\hat{Y}_{\mathrm{M,in}}(\omega) \tag{4.97a}$$

$$\hat{Y}_{\mathrm{L,out}}(\omega) = \left[1 - \sqrt{\kappa}\chi_{aa}(\omega)\right]\hat{Y}_{\mathrm{L,in}}(\omega) - \sqrt{\kappa}\chi_{ab}(\omega)\hat{X}_{\mathrm{M,in}}(\omega) \tag{4.97b}$$

正如我们在1.4节中看到的,在马尔可夫和旋转波近似中,可以用无限分离的和无限窄的光脉冲代表光腔的输入和输出场.在时间 t 内的任何时刻,机械振子将表现出与输出脉冲某些集合的纠缠,关联关系在一个时间尺度上衰减,可以预期该时间尺度以某种方式依赖于光腔和机械线宽 κ 和 Γ.考虑到这种关联性的衰减特性特例,输出场存在一种最佳的时间模式,该模式在 t 时显示出与振子的最大关联性(因此也是纠缠),而我们想要确定这种最佳模式.

为了解决这个问题,我们定义一个具有模态 $u(t)$ 的输出场的时间模式,以及如下湮灭算符:

$$a_u(t) = u(t) * a_{\mathrm{out}}(t) \tag{4.98}$$

其中,$u(t)$ 被归一化,即

$$\int_{-\infty}^{\infty} |u(t)|^2 \mathrm{d}t = 1 \tag{4.99}$$

练习 4.20 请证明 $u(t)$ 的这种归一化确保了 a_u 服从常规的玻色对易关系:

$$\left[a_u(t), a_u^{\dagger}(t)\right] = 1 \tag{4.100}$$

这个输出的含时模式和机械振子之间的纠缠可以类似于上一节处理腔内场的方式进行量化.然而,正如已经讨论过的,在这样做之前,我们想确定与机械振子表现出最大纠缠的模式.这就是下一节的主题.

1. 维纳滤波

从测量值 $y(t)$ 评估信号 $x(t)$ 是经典控制系统和信息处理中的一个常见问题.对于静态过程并具有叠加性噪声 $n(t)$ 的系统,测量值 $y(t)$ 与信号之间的关系为 $y(t) = f(t) \cdot x(t) + n(t)$,其中,$f(t)$ 是滤波器函数.在这种情况下,最佳的评估策略是对 $y(t)$ 应用维纳滤波器 $h_{x|y}(t)$,检索出信号 $\tilde{x}(t) = h_{x|y}(t) \cdot y(t)$ 的评估(图4.13)[311].

由于线性量子系统,如公式(2.18)的线性化光力哈密顿量所描述的那样,无法产生维格纳函数负性.它们的统计量可以通过一个等效的经典过程来得到完全解释.因此,可以很容易地应用经典信息处理的方法.[90] 在我们的案例中,维纳滤波可用于确定最佳滤波器,以应用于对腔光力系统输出场的测量,评估机械振子在 t 时的位置正交(或动量正

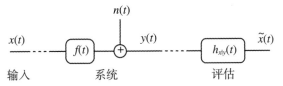

图 4.13 使用经典维纳滤波来评估一个连续时间信号 $x(t)$ 的示意图

该信号已经被一个系统过滤($f(t)$),并加入了噪声($n(t)$),$\tilde{x}(t)$ 是最终的评估值.

交)分量.除了提供关键信息以执行基于测量的条件协议,如第 5 章将要讨论的反馈冷却,这个过程确定了输出场的含时模式,这些模式与机械振子在 t 时的每个位置和动量正交分量都有最大的关联性.

因果和非因果维纳滤波器都存在.[53] 非因果滤波器一般用于信息处理,在这种情况下,人们可以获得完整的测量记录,而因果滤波器则更适用于实时控制方面的应用,在这种情况下,只有在时刻 t 之前的测量记录可以使用.在评估光力纠缠时,原则上我们应该使用因果滤波器,因为在 t 时,机械振子只能与已经与之相互作用的外部光场纠缠,并且在该时间之前外部光场已经离开系统.① 然而为了简单起见,我们使用非因果滤波器.一旦我们获得了最优非因果时间模式轮廓的解决方案,我们就能够评估它们有多接近因果关系.非因果维纳滤波器在频域中由

$$h_{x|y}(\omega) = \frac{S_{yx}(\omega)}{S_{yy}(\omega)} \tag{4.101}$$

给出.其中,$S_{yy}(\omega)$ 和 $S_{yx}(\omega)$ 分别代表常规的自功率谱密度和交叉功率谱密度.

从公式(4.97)中可以看出,只有机械动量正交分量出现在输出光学振幅正交分量上;同样地,只有机械位置正交分量出现在输出光学相位正交分量上.然后,对每个机械正交分量进行最佳评估的维纳滤波器由

$$h_{X_M|Y_{L,out}}(\omega) = \frac{S_{Y_{L,out}X_M}(\omega)}{S_{Y_{L,out}Y_{L,out}}(\omega)} \tag{4.102a}$$

$$h_{Y_M|X_{L,out}}(\omega) = \frac{S_{X_{L,out}Y_M}(\omega)}{S_{X_{L,out}X_{L,out}}(\omega)} \tag{4.102b}$$

给出.一般来说,这些滤波函数并不完全相同,这导致了机械振子最大纠缠的含时模式存在一些模糊性.然而,由于我们的分析仅限于旋转波近似有效的情况,此时滤波器是相同的.使用公式(4.97),我们可以发现

---

① 鼓励读者使用因果滤波来处理同样的问题.

$$h(\omega) = \frac{\left(1 - \sqrt{\kappa}\chi_{aa}(\omega)\right)\chi_{ba}^{*}(\omega)(\bar{n}_{L} + 1/2) - \sqrt{\kappa}\chi_{ab}(\omega)\chi_{bb}^{*}(\omega)(\bar{n} + 1/2)}{\left|1 - \sqrt{\kappa}\chi_{aa}(\omega)\right|^{2}(\bar{n}_{L} + 1/2) + \kappa\left|\chi_{ab}(\omega)\right|^{2}(\bar{n} + 1/2)}$$

(4.103)

然后,在频域中与机械振子最佳纠缠的含时模态由

$$u(\omega) = Nh(\omega) \tag{4.104}$$

给出.其中,归一化常数为

$$N = \left[\int_{-\infty}^{\infty}\left|h(t)\right|^{2}\mathrm{d}t\right]^{-1/2} = \sqrt{2\pi}\left[\int_{-\infty}^{\infty}\left|h(\omega)\right|^{2}\mathrm{d}\omega\right]^{-1/2} \tag{4.105}$$

　　图 4.14 显示了由公式(4.104)定义的模态,该模态适用于 $\bar{n} = \bar{n}_{L} = 0$ 和光力协同度 $C = 0.9$ 的特定情况.主图绘制了频域中的模态形状与 κ/Γ 比值的函数.可以看出,当 $\Gamma \ll \kappa$ 时,滤波器基本上是一个因果关系的低通滤波器,其截止频率约为 Γ.也就是说,正如可以预期的那样,最佳模态的时间宽度由机械衰减时间决定.当 Γ 接近并最终超过 κ 时,由于接近强耦合情况,模态经历了微妙地修正,图中底部曲线的轻微共振特征,证明了这一点,并且模式变得越来越满足非因果关系.

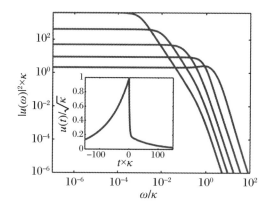

图 4.14　机械振子和外部光场之间最佳纠缠的维纳滤波

光力协同度 $C = 0.9$,热库占据数 $\bar{n} = \bar{n}_{L} = 0$,$\kappa/\Gamma = \{0.1, 1, 10, 100, 1000\}$ 对应于从底部到顶部的曲线.插图为 $\kappa = 100\Gamma$ 相应的时域波包.请注意,这些滤波器是无因果关系的.

　　图中插图显示了 $\kappa/\Gamma = 100$ 的时域中的最佳模态.可以看出,模态可以近似地描述为一个满足因果关系的单边指数,其衰减率为 Γ.然而,对于这个光衰减率和机械衰减率的比例,仍然存在一些非因果贡献,其形式是降低振幅的前向时间指数.因果关系贡献较大,因为在 t 时刻,机械振子通过之前的辐射压力与 t 时刻之前进入腔体的光场进行关联,但显然与随后进入腔体的光场没有关联.因此,早于 t 时刻的光场携带了更多关于机械振子的信息,并且被滤波器加权得更厉害.正是这种效应,对于足够高的光力协同度和

光学衰减率,给出了一个近似因果的滤波器.

从公式(4.98)中我们看到,在频域中,时间模式 $u(t)$ 的正交分量是 $\hat{X}_u(\omega) = u(\omega)\hat{X}_{\mathrm{L,out}}(\omega)$ 和 $\hat{Y}_u(\omega) = u(\omega)\hat{Y}_{\mathrm{L,out}}(\omega)$.然后,可以用与4.4.7小节的腔内情况类似的方式,计算这些正交分量和机械振子之间的协方差矩阵元素.这允许量化两个系统之间存在的纠缠水平.图4.15显示了 $\kappa/\Gamma = 1000$ 和各种热库占据数情况下产生的对数负性.在图中,将机械热库占据数固定在 $\bar{n} = 0$,而光学热库占据数从零增加到最终的无穷大(虚线),表明对于 $\bar{n} = 0$,外部腔场和机械振子之间的纠缠随着 $\bar{n}_{\mathrm{L}}$ 的增加而减少,但始终存在.在底部的曲线中,光学占据数被固定在 $\bar{n}_{\mathrm{L}} = 0$.同样,我们看到纠缠随着机械热库占据数的增加而降低.然而,在这里,我们引入了一个光力协同度的阈值,低于这个阈值就没有纠缠存在.由于系统在 $C > 1$ 的情况下是不稳定的,这最终引入了一个最大的机械热库占据数.超过这个占据数,只有引入一些额外的技术来稳定系统,纠缠才有可能存在.

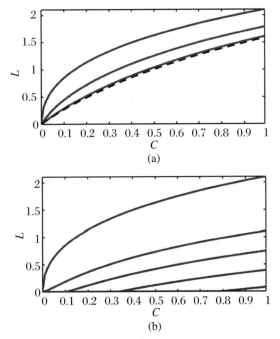

图4.15　机械振子和输出光场之间纠缠的对数负性与光力协同度 C 的函数

(a) 机械振子的占据数固定在 $\bar{n} = 0$,光学振子的占据数在 $\bar{n}_{\mathrm{L}} = \{0, 1, 10\}$ 的范围内,顺序对应于从上到下的曲线;虚线表示 $\bar{n}_{\mathrm{L}} \to \infty$ 时的对数负性;(b) 在 $\bar{n}_{\mathrm{L}} = 0$ 时,光学热库占据数保持不变,从上到下的曲线分别对应的机械热库占据数为 $\bar{n} = \{0, 1, 2, 4, 8\}$,$\kappa = 1000\Gamma$.

令人惊讶的是,如果机械热库处于其基态,输出的光场总是与机械振子纠缠在一起,

这与光占据数 $\bar{n}_{\mathrm{L}}$ 有关.然而,这可以通过以下方式来理解.考虑对离开光力系统的场的测量来评估机械位置正交分量 $\hat{X}_{\mathrm{M}}$.正如我们已经讨论过的,最佳评估由 $\hat{X}_{\mathrm{M}}^{\mathrm{est}}(t) = h_{X_{\mathrm{M}} \mid Y_{\mathrm{L,out}}}(t) \cdot \hat{Y}_{\mathrm{L,out}}(t)$ 给出,其不确定性为 $\langle (\hat{X}_{\mathrm{M}}(t) - \hat{X}_{\mathrm{M}}^{\mathrm{est}}(t))^2 \rangle$.当机械热库处于其基态时,该评估的不确定性小于任何选择 $\bar{n}_{\mathrm{L}}$ 时的机械零点不确定性.

练习 4.21 请通过数值或其他方式推导出此结果.

因此,光学相位正交分量测量有条件地准备了一个具有压缩位置正交分量的机械状态(参见 5.3.2 小节关于通过测量准备机械压缩态的进一步讨论).同样,对输出光学振幅正交分量的测量,我们有条件地准备了一个动量正交分量的压缩机械状态.[①]然后,观测值 $\hat{u} = \hat{X}_{\mathrm{M}}(t) - \hat{X}_{\mathrm{M}}^{\mathrm{est}}(t)$ 和 $\hat{v} = \hat{Y}_{\mathrm{M}}(t) - \hat{Y}_{\mathrm{M}}^{\mathrm{est}}(t)$ 明显地表现出联合的不确定性,它低于仅存在经典关联时的最小不确定性(参见 4.4.6 小节的公式(4.87)),正如我们在 4.4.6 小节讨论的,这是纠缠的充分条件.

如上所述,光力纠缠在 2013 年首次被证明[217],研究者使用了集总元件超导微波光力系统.在实现过程中,他们使用了脉冲光力协议,最初的蓝失谐脉冲产生纠缠,第二个红失谐脉冲将机械状态转移到微波场上.最终,在两个微波脉冲之间观察到了时间延迟的纠缠.实验方案和最终的协方差矩阵显示在图 4.16 中.

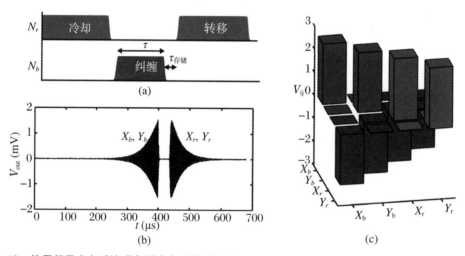

图 4.16 使用超导光力系统观察到光力纠缠的形式

(a) 冷却机械振子的脉冲协议,用微波场与它纠缠,并将机械状态转移到第二个微波场;(b) 检测到的微波场作为时间的函数,显示了离开微波电路的指数放大的初始纠缠场,之后随着机械运动被转移到腔内场上并从电路中衰减,出现了第二个场;(c) 测量的协方差矩阵,其对角线元素证明了纠缠.这里 X_b 和 Y_b 是机械的正交分量算符,而 X_r 和 Y_r 是光学(或严格地说,微波)的正交分量算符.(经美国科学促进会许可转载自文献[217])

---

① 注意,由于 $\hat{X}_{\mathrm{L}}$ 和 $\hat{Y}_{\mathrm{L}}$ 不能在没有噪声加入的情况下同时测量,因此这不违反海森伯不确定性原理.

4.5　机械式压缩光场

从光场的角度来看,光力相互作用赋予了一个强度相关的相移.光场的强度给机械振子带来动量.这就改变了它的位置,并改变了光场的相位.强度依赖的相移或克尔非线性,是产生光学压缩的常见方法(图 4.17),甚至可以产生具有维格纳负性的光学状态[329].①因此,光力相互作用能够产生压缩光并不奇怪.然而,与机械振子相互作用产生的这种有质压缩与其他非线性相互作用产生的压缩之间存在一些特征性的差异.而这些非线性相互作用产生了强度相关的相移,例如,光纤中的克尔效应.最重要的是,机械共振给压缩谱带来了强烈的色散,限制了压缩的带宽,而与机械热库的耦合给可实现的压缩水平带来明显的退化.本节将定量地介绍光的机械式压缩,并对这些影响进行一些详细的研究.

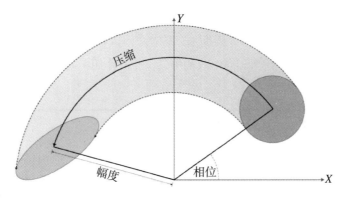

图 4.17　克尔压缩概念的球和棍状图

克尔效应产生了一个与强度有关的相移,它使光的量子噪声分布发生倾斜,并可能使得某个正交分量上的压缩噪声处在真空噪声水平之下.(经许可转载自文献[49],麦克米伦出版有限公司版权所有(2013))

---

①　尽管要实现这一目标需要特别强的非线性.

4.5.1 基本概念

虽然有质（ponderomotive）压缩通常被认为是一个连续的稳态过程，但通过考虑光场和机械振子之间的一对幺正相互作用，可以理解其基本思想. 我们的基本目标是引入由机械振子作为媒介的光振幅和相位正交分量之间的关联性. 在第一个幺正交互作用中，光学相位正交分量被一个与机械位置成比例的因子偏移，而机械动量被一个与光学振幅成比例的因子偏移，即

$$\hat{Y}' = \hat{Y} + \lambda \hat{Q} \tag{4.106a}$$

$$\hat{P}' = \hat{P} + \lambda \hat{X} \tag{4.106b}$$

这里，λ 是一个量化相互作用强度的比例常数，因为我们在处理有质压缩时，没有将机械振子移到一个旋转坐标系中；我们使用通常的符号，$\hat{X}$ 和 $\hat{Y}$ 分别代表光学振幅和相位正交分量，而 $\hat{Q}$ 和 $\hat{P}$ 分别代表机械位置和动量. 光学振幅正交分量和机械位置不受相互作用的影响.

如果机械振子演化四分之一个周期后，被扰动的动量就会旋转到一个位置状态，即 $\hat{Q}'' = -\hat{P}'$. 然后，与公式（4.106）相同形式的第二次相互作用将导致最终的光学正交分量为

$$\hat{X}'' = \hat{X} \tag{4.107a}$$

$$\hat{Y}'' = \hat{Y} + \lambda (\hat{Q} - \hat{P}) - \lambda^2 \hat{X} \tag{4.107b}$$

我们看到，这一系列的相互作用将光学振幅正交分量映射在光学相位正交分量上，并且引入了一个关联性，同时也将原来的机械位置和动量算符映射在光场上. 它引入的正是我们所期望的光学克尔非线性的强度（或振幅）依赖的相移. 这就像图 4.17 所示的那样，将量子噪声的分布剪切到光场上.

鉴于 $\hat{X}''$ 和 $\hat{Y}''$ 之间的关联性，将存在一些光场旋转的正交分量 $\hat{Y}''^\theta$ 能够消除 $\hat{X}$.

练习 4.22　使用公式（1.17b）中旋转算符的定义，它同样适用于相位正交分量算符和无量纲动量算符，表明当 $\tan\theta = -\lambda^2$ 时，$\hat{X}$ 在 $\hat{Y}''$ 正交分量上被消除，并选择

$$\hat{Y}''^\theta = \frac{\hat{Y} + \lambda (\hat{Q} - \hat{P})}{\sqrt{\lambda^4 + 1}} \tag{4.108}$$

这个正交角. 从式（4.108）可以看出，即使包括机械位置和动量涨落，当相互作用强度 $\lambda \to \infty$ 时，$\hat{Y}''^\theta$ 的方差仍将接近零. 这在原则上允许完美的光学压缩.

4.5.2　通过极化子变换理解有质压缩

从光的角度来看,连续的力相互作用可以被认为是一种克尔非线性,可以通过利用极化子变换对角化光力哈密顿量 $\hat{H}$ 而建立起坚实的基础.这种方法在凝聚态物理学中非常常见,它有助于处理涉及电子和声子之间线性耦合的问题(参见文献[187]).其基本思想是对机械振子施加一个位移,以纠正由于与光场的相互作用而导致的机械振子平衡位置的移动.

例如,我们可以通过对公式(2.18)的完整(非线性化)哈密顿量平方来找到由光力相互作用而产生的位移大小.

练习 4.23　请证明,近似到算符的三阶[①],公式(2.18)可以重新表达为

$$\hat{H} = \hbar\Delta a^{\dagger}a + \frac{\hbar\Omega}{2}\left[\hat{P}^2 + \left(\hat{Q} + \frac{\sqrt{2}g_0}{\Omega}a^{\dagger}a\right)^2\right] \tag{4.109}$$

这个表达式清楚地表明,辐射压力相互作用使无量纲的机械位置移动了 $-\sqrt{2}g_0 a^{\dagger}a/\Omega$. 这与我们在第 2 章讨论的平均场观测一致.

1. 极化子变换

在极化子变换中,我们通过以下幺正算符:

$$\hat{S} = \exp\left(\mathrm{i}\frac{\sqrt{2}g_0}{\Omega}a^{\dagger}a\hat{P}\right) \tag{4.110}$$

应用一个相反但等效的位移来抵消这个位移.然后,公式(2.18)的哈密顿量转化为

$$\bar{H} = \hat{S}^{\dagger}\hat{H}\hat{S} \tag{4.111}$$

$$= \hbar\Delta a^{\dagger}a - \hbar\chi_0(a^{\dagger}a)^2 + \frac{\hbar\Omega}{2}(\hat{Q}^2 + \hat{P}^2) \tag{4.112}$$

在这里,我们定义了单光子光频移为

$$\chi_0 \equiv \frac{g_0^2}{\Omega} \tag{4.113}$$

并通过条形重音在极化子坐标系中标识算符.正如我们将在第 6 章所看到的,这是一个重要的单光子光力学参数.

---

① 我们的意思是忽略任何涉及三个以上算符的乘积的项.

练习 4.24 请推导出:

$$\hat{\bar{Q}} = \hat{S}^{\dagger}\hat{Q}\hat{S} = \hat{Q} - \frac{\sqrt{2}g_0}{\Omega}a^{\dagger}a \tag{4.114}$$

并利用哈达玛引理:

$$e^{\hat{A}}\hat{B}e^{-\hat{A}} = \hat{B} + [\hat{A},\hat{B}] + \frac{1}{2!}[\hat{A},[\hat{A},\hat{B}]] + \frac{1}{3!}[\hat{A},[\hat{A},[\hat{A},\hat{B}]]] + \cdots$$

然后,从公式(2.18)推导出公式(4.112)的极化子变换哈密顿量,利用幺正算符 $\hat{U}$ 的一般属性,即 $\hat{U}^{\dagger}\hat{A}\hat{B}\hat{U} = \hat{U}^{\dagger}\hat{A}\,\mathbb{1}\,\hat{B}\hat{U} = \hat{U}^{\dagger}\hat{A}\hat{U}\hat{U}^{\dagger}\hat{B}\hat{U}$,其中 $\mathbb{1}$ 是单位算符.

这个新的哈密顿量使得光力相互作用的一些东西变得清晰起来.最特别的是,我们看到机械振子和腔内场的动力学现在是相互独立的.公式(2.18)中的光力相互作用项已被光子-光子相互作用项 $\chi_0(a^{\dagger}a)^2$ 所取代.它具有纯光学克尔非线性的特征,即并不依赖于机械振子的动力学.请注意,这个项与 g_0 的平方成正比,这是因为有效的光子-光子相互作用涉及与机械振子的两个相互作用,一个是驱动振子的运动,另一个是将运动传感回光场上[1].在哈密顿量中没有其他非线性项的情况下,众所周知,光学克尔非线性能够产生光的压缩态(参见文献[260,263,328]),甚至原则上能够产生薛定谔猫态(参见文献[329]).

2. 极化子图像里的压缩作用

我们可以理解为什么与 $(a^{\dagger}a)^2$ 成比例的项会压缩光场,通过展开和线性化这个项,进行如下替代:$a \to \alpha + a$,并忽略低于 α 的二阶项,得

$$(a^{\dagger}a)^2 \to \alpha^4 + \alpha^2 + 2\alpha^3(a^{\dagger}+a) + 4\alpha^2 a^{\dagger}a + \alpha^2(a^{\dagger 2}+a^2) \tag{4.115}$$

这个展开式中的前两项是静态的,它们对 a 的动态变化没有影响,第三项代表位移,第四项代表频移.最后一项可以被视为在腔内产生了关联光子对.正是这一项负责压缩腔内光场.使用公式(1.17)[2],我们可以将其重新表达为

$$a^{\dagger 2} + a^2 = -4\hat{X}^{\pi/4}\hat{Y}^{\pi/4} \tag{4.116}$$

其中,$\hat{X}^{\pi/4}$ 和 $\hat{Y}^{\pi/4}$ 是正交算符,它们代表振幅和相位正交分量旋转了 $\pi/4$.将整个腔体失谐设置为零,同时包括公式(4.115)中的位移,并忽略公式(4.115)中的静态和位移项,那么描述腔内场的线性化哈密顿量就是

---

[1] 正如我们在 4.5.1 小节的简单例子中所看到的一样.

[2] 这些方程可以应用于正交算符以及无量纲位置和动量,只需要作如下替换:$\hat{Q} \to \hat{X}$ 和 $\hat{P} \to \hat{Y}$.

$$\hat{H} = 4\hbar\chi\hat{X}^{\pi/4}\hat{Y}^{\pi/4} \tag{4.117}$$

其中,$\chi \equiv \chi_0\alpha$ 是相干振幅增强的光频移.这就是参量压缩的经典哈密顿量.

练习 4.25 请使用公式(1.112)的量子朗之万方程,表明这个哈密顿量的作用是放大 $\hat{X}^{\pi/4}$ 正交分量,同时缩小(因此压缩)$\hat{Y}^{\pi/4}$ 正交分量.

3. 与相干驱动以及光和机械热库的相互作用

虽然上面的讨论似乎表明,通过进行极化子变换,我们已经找到了一种特别简单的方法来建模有质压缩,但不幸的是,事实并非如此.虽然极化子变换将系统哈密顿量对角化,但它通过对驱动和系统-热库相互作用哈密顿量的影响,引入了机械振子和光场之间的耦合.这可以通过对公式(2.35)哈密顿量中的驱动项应用极化子变换而直接得到.

练习 4.26 请使用与练习 4.24 相同的方法推导出:

$$\bar{a} = \hat{S}^\dagger a\hat{S} = a\exp\left(\mathrm{i}\frac{\sqrt{2}g_0}{\Omega}\hat{P}\right) \tag{4.118}$$

因此,在极化子坐标系中,公式(2.35)中的驱动项取决于机械动量正交分量 $\hat{P}$.

同样,对公式(1.69)和公式(1.111)中的系统-热库项进行极化子变换,我们发现,在极化子坐标系中,系统-热库耦合项引入了一个新的光力相互作用,光场与其热库之间的耦合率取决于机械位置.这是一种耗散型光力耦合的形式,如 2.8 节所述.在腔内光场和机械热库之间也引入了一个线性耦合.这种耦合是直接的,也就是说,它不是以机械振子作为媒介.

总的来说,这些影响意味着,虽然极化子变换对于理解有质压缩的幺正动力学是有用的,但它对于建模非幺正动力学并没有产生明显的好处.我们将在第 6 章中回到极化子变换,在那里它被证明对研究单光子水平的量子光力学非常有用.因此,在本节中,我们使用常规的光力学哈密顿量.

4.5.3 压缩谱

在3.2和3.3节中,我们研究了机械振子的辐射压力散粒噪声的加热过程,以及在零失谐极限下使用公式(2.41)的线性化光力哈密顿量测量机械运动的标准量子极限.然而,在这些章节中,我们只研究了光的量子噪声对机械振子温度的影响,以及出射光场的正交相位分量上所包含的关于机械运动的信息.我们没有研究由辐射压力引起的输出光场的振幅和相位之间的关联性.

虽然在 $\Delta \neq 0$ 的一般情况下有可能产生有质压缩,但在这里,为简单起见,我们再次将自己限制在零失谐的情况下.使用公式(3.29b)和公式(3.12)可以直接做到这一点,其结果如下:

$$\hat{Y}_{\text{out}}(\omega) = -\left(\frac{\kappa/2 + \mathrm{i}\omega}{\kappa/2 - \mathrm{i}\omega}\right)\hat{Y}_{\text{in}}(\omega) + 2\Gamma\chi(\omega)\left[\sqrt{2C_{\text{eff}}}\,\hat{P}_{\text{in}}(\omega) - 2C_{\text{eff}}\hat{X}_{\text{in}}(\omega)\right] \quad (4.119)$$

在这里,我们回到了通常对光学振幅和相位正交分量(分别为 $\hat{X}$ 和 $\hat{Y}$),以及无量纲位置和动量算符(分别为 $\hat{Q}$ 和 $\hat{P}$)的定义.我们看到,通过光力相互作用,光学振幅正交分量的输入涨落被映射在输出的光学相位正交分量上,就像我们先前对两个离散的和时间上分离的相互作用的简单模型所发现的那样(参见 4.5.1 小节).这就诱发了关联关系,而这正是有质压缩的核心所在.但应该注意的是,由于机械极化率前置因子 $\chi(\omega)$ 的作用,在接近机械共振的地方,该关联关系被增强了.此外,随着光力协同度 C_{eff} 的增加,光学振幅的贡献比机械输入涨落的贡献增加得更快.[①]

使用公式(4.119)并与公式(3.29a)中给出的输出光振幅相结合,我们可以通过公式(1.17a)确定相位角 θ 的任意输出正交分量,其结果为

$$\hat{X}_{\text{out}}^{\theta}(\omega) = -\left[\left(\frac{\kappa/2 + \mathrm{i}\omega}{\kappa/2 - \mathrm{i}\omega}\right)\cos\theta + 4\Gamma C_{\text{eff}}\chi(\omega)\sin\theta\right]\hat{X}_{\text{in}}(\omega) \quad (4.120)$$
$$- \left(\frac{\kappa/2 + \mathrm{i}\omega}{\kappa/2 - \mathrm{i}\omega}\right)\sin\theta\hat{Y}_{\text{in}}(\omega) + 2\Gamma\sqrt{2C_{\text{eff}}}\chi(\omega)\sin\theta P_{\text{in}}(\omega)$$

然后,可以用公式(1.65)和公式(1.99)计算出通过完美的零差探测测量的对称功率谱密度,它由

$$\bar{S}_{X_{\text{out}}^{\theta}X_{\text{out}}^{\theta}} = \frac{1}{2} + 8\Gamma^2\,|\chi(\omega)|^2\,|C_{\text{eff}}|\left(\bar{n} + |C_{\text{eff}}| + \frac{1}{2}\right)\sin^2\theta$$
$$+ \Gamma\,|C_{\text{eff}}|\left[\chi(\omega) + \chi^*(\omega)\right]\sin(2\theta) \quad (4.121)$$

给出.为简单起见,我们把输出场看作处于散粒噪声极限($\bar{n}_{\text{L}} = 0$).第一项是在没有任何光力相互作用的情况下,正交分量的原始量子噪声.第二项是一种机械加热形式,与辐射压力驱动下的机械位置的方差成正比,并且它总是正的.第三项和最后一项是负责有质压缩的相关项,使功率谱密度具有类似于 Fano 的特征.为了使输出正交分量表现出低于散粒噪声水平(1/2)的压缩,这项必须是负的,其幅度要大于第二项.则量子压缩的充分必要条件 $\left(\bar{S}_{X_{\text{out}}^{\theta}X_{\text{out}}^{\theta}} < \frac{1}{2}\right)$ 为

$$\bar{n} + |C_{\text{eff}}| + \frac{1}{2} < \frac{\Omega^2 - \omega^2}{2\Gamma\Omega\tan\theta} \quad (4.122)$$

[①] 非零失谐情况显示出相同的定性行为.

在这里,我们利用了公式(1.102)中给出的机械极化率的定义.因此我们看到,量子压缩不可能完全发生在机械共振上($\omega = \Omega$).相比之下,在所有其他频率上,量子压缩总是在某些相位角 θ 的范围内存在,因为对于任何频率 $\omega \neq \Omega$,公式(4.122)的右侧随着 $\theta \to 0 \to +\infty$(从上游或下游到无穷大).我们可以进一步观察到,对于一个给定的相位角 θ,压缩将只存在于机械共振频率的一侧,表现出压缩的一侧由 $\tan\theta$ 的符号决定.图 4.18 显示了公式(4.21)预测的有质压缩,揭示出了机械共振频率附近的非对称频率的响应.

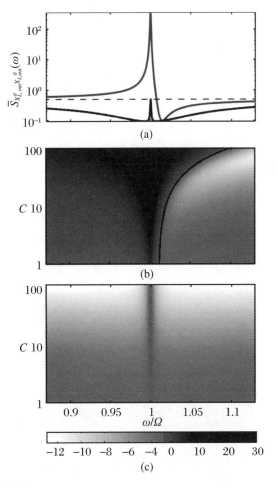

图 4.18　有质压缩的理论模型

使用如下参数:$\kappa/\Omega = 10$,$\bar{n} = 10$,$Q = 1000$.(a) 在 $C = 50$ 的光力协同度条件下,压缩是频率 ω 的函数.(b) 输出正交分量的功率谱密度 $\bar{S}_{x_{\text{out}}^{\theta} x_{\text{out}}^{\theta}}(\omega)$,相位角 $\theta = \pi/25$;底部曲线表示选择每个频率的最佳相位角 $\theta_{\text{opt}}(\omega)$ 的功率谱密度;虚线表示散粒噪声水平;(b) $10 \log_{10}\{\bar{S}_{x_{\text{out}}^{\theta} x_{\text{out}}^{\theta}}(\omega)\}$ 作为频率和光力协同度的函数,其中 $\theta = \pi/25$,实线表示 $\bar{S}_{x_{\text{out}}^{\theta} x_{\text{out}}^{\theta}}(\omega) = 1/2$ 的等线图;(c) $10 \log_{10}\{\bar{S}_{x_{\text{out}}^{\theta} x_{\text{out}}^{\theta}}(\omega)\}$ 与频率和光力协同度的函数,选择了最佳相位角度 $\theta_{\text{opt}}(\omega)$.

将公式(4.121)中的 θ 最小化得到最佳角度 θ_{opt},以实现最大的压缩,它由

$$\tan(2\theta_{\mathrm{opt}}) = \frac{\omega^2 - \Omega^2}{2\Gamma\Omega(n + |C_{\mathrm{eff}}| + 1/2)} \tag{4.123}$$

给出.我们看到,压缩角随频率旋转,在机械共振频率上越过零.图 4.18(a)和图 4.18(c)显示了对应每个频率处的最大压缩效果.我们观察到,事实上,在机械共振上不可能有压缩,而在所有其他频率上,原则上可以实现宽带压缩,压缩水平随着有效协同度的增加而增加.有质压缩在机械共振频率附近被共振增强,因此,实质性的压缩水平通常只存在于一个相对狭窄的频率带.这与使用标准非线性光学材料产生压缩光的技术形成对比,这些材料经常能产生宽带压缩.

正如我们将在 5.4.3 小节中所看到的,通过光力相互作用产生压缩的能力提供了一种克服 3.4 节中介绍的标准量子限制的途径.然而,正如将在该节中所讨论的那样,公式(4.123)中明显的压缩角旋转使这种亚标准量子限制测量的方法变得复杂,导致噪声抑制只在一个小的频率带内,除非采用被称为变分测量的专门测量技术(图 5.9).

有质压缩于 1994 年首次被提出[103,189],并在 2012 年首次被演示[52].它已经在一些光力结构中被观察到,包括腔内冷原子组合[52]、氮化硅薄膜光力系统[232],以及光力拉链腔[245].图 4.19 显示了一个光力拉链腔和固定的零差相位角下观察到的光功率谱.从图中可以看出,功率谱表现出预期的类 Fano 特征,在刚好低于机械共振频率的频率上观察到一个小的量子压缩区域.

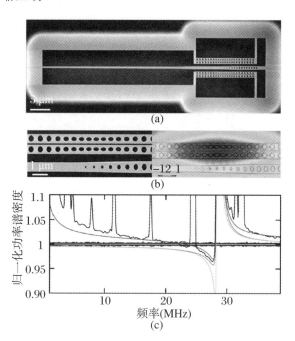

图 4.19　在一个光力拉链腔中观察到的有质压缩

(a) 扫描电子显微镜图像;(b) 拉链腔结构的光学模型;(c) 观察到的一个零差相位角的光功率谱密度,并将其归一化到散粒噪声水平.(经许可改编自文献[245],麦克米伦出版有限公司版权所有(2013))

第 5 章

机械运动的线性量子控制

本章将在第 3 章和第 4 章的基础上介绍在线性化近似的光力相互作用中,基于测量量子控制机械系统的概念,包括反馈冷却和使用频闪光驱动和参量化机械驱动的规避反作用测量等技术.我们将介绍这些技术的随机主方程建模.然后,我们讨论压缩光场和有质光场压缩,以及在第 3 章中介绍的标准量子极限方面的应用.这些方法对于提高量子传感器的精度和机械系统的量子态断层成像(tomography)都很重要.

5.1　包含耗散的随机主方程

在第 3 章和第 4 章中,我们的分析主要在海森伯绘景中进行,使用了量子朗之万方程.虽然可以用这种方式对反馈冷却和规避反作用技术进行建模(参见文献[81]),但对量子系统的连续测量进行建模的另一种更加通用的方法,是使用薛定谔绘景中的随机主方程.随机主方程方法有一个很大的好处,就是可以直接扩展到非线性哈密顿量或非线性测量的情况.因此,除了在这里将其应用于反馈冷却和规避反作用,我们还在后面的章节中,用它们对非线性光力过程进行建模,比如声子计数和同步.

当然,众所周知,对一个量子系统的测量会将该系统投射到一个取决于测量结果的新量子态中.无噪声(或 von Neumann)测量的结果是将状态投影到可观测量的一个本征态上.然而,在实践中没有任何测量是完全无噪声的.实际测量的作用是减少(而不是完全消除)被测量的可观测量的不确定性.这类更广泛(的确也更完整)的测量被称为正定算符取值测度(或 POVM).

为了推导出在连续高斯测量下,关于量子系统演化的一般随机主方程,我们考虑对系统进行一连串的正定算符取值测度,并采取渐近式弱测量的情况(被无限小的时间间隔).这种方法已经在一些教科书和综述文章中得到了很好的处理(我们推荐文献[143,318]),所以在这里我们只陈述结果.

5.1.1 测量的光电流

我们考虑对一个具有高斯分布噪声的系统可观测量 $\hat{c}$ 进行的连续测量.来自测量的输出经典光电流 $i(t)$ 可以被建模为维纳过程.该过程通常用于布朗运动的建模:

$$i(t) = \frac{\mathrm{d}q}{\mathrm{d}t} \tag{5.1}$$

其中

$$\mathrm{d}q = \sqrt{\eta}\langle\hat{c}\rangle(t)\mathrm{d}t + \mathrm{d}W(t) \tag{5.2}$$

这里,q 是流经电路的电子电荷,不要与机械位置算符 $\hat{q}$ 相混淆;$\langle\hat{c}\rangle(t)$ 是 t 时刻给定系统的已知么正动力学和先前测量记录的期望值;而 $\mathrm{d}W(t)$ 称为无穷小的维纳增量或新息(innovation),它量化了在时间间隔 $\mathrm{d}t$ 内 $i(t)$ 与这个期望值的偏差[92,110].维纳增量可以通过

$$\mathrm{d}W(t) \equiv W(t+\mathrm{d}t) - W(t) = \xi(t)\mathrm{d}t \tag{5.3}$$

用理想的单位高斯白噪声过程 $\xi(t)$ 来定义,其中,$\langle\langle\xi(t)\xi(t')\rangle\rangle = \delta(t-t')$,双角括号表示对维纳过程所有实现的集合进行平均.注意,在这个定义中,由于 $\xi(t)$ 具有无限带

宽,$W(t)$的导数是奇异的①.当然,在现实中检测过程的有限带宽消除了这种奇异性.

维纳增量具有以下特性:

$$\langle\langle dW(t)\rangle\rangle = 0 \tag{5.4a}$$

$$\langle\langle dW^2(t)\rangle\rangle = dW^2(t) = dt \tag{5.4b}$$

$$\langle\langle dW(t)dW(t')\rangle\rangle = dW(t)dW(t') = 0 \quad (\text{对于 } t' \neq t) \tag{5.4c}$$

在公式(5.4b)和公式(5.4c)中,我们把确定的集合平均数等同于经典随机变量的平方,这似乎很奇怪.事实上,这并不是特别精确.更严格地说,维纳增量只能在积分中被评估.而在一个积分中,人们总是可以进行公式(5.4b)和公式(5.4c)的替换.

练习 5.1 考虑以下描述一个简单的奥恩斯坦-乌伦贝克过程(Ornstein-Uhlenbeck process)的伊藤随机微分方程:

$$dx = -\gamma dt = BdW(t) \tag{5.5}$$

其中,dW 是上述的维纳增量,B 是一个常数.

(1)请证明该方程的解是

$$x(t) = x(0)e^{-\gamma t} + B\int_0^t e^{-\gamma(t-t')}dW(t') \tag{5.6}$$

(2)使用伊藤微积分规则:

$$\int_0^{t_1}\int_0^{t_2}\langle\langle dW(t)dW(t')\rangle\rangle f(t)g(t') = \int_0^{\min(t_1,t_2)}dt\, f(t)g(t) \tag{5.7}$$

请证明静止的双时关联函数由

$$\lim_{t\to\infty}\langle\langle x(t+\tau)x(t)\rangle\rangle = \frac{B^2}{2\gamma}e^{-\gamma\tau} \tag{5.8}$$

给出.其中,$\tau \geqslant 0$.

5.1.2 伊藤积分

我们从公式(5.4)中已经可以看出,随机微积分遵守与常规微积分不同的规则.其中,许多规则由伊藤清制定,包括公式(5.4b)中的标识 $dW^2 = dt$,它被称为伊藤规则.因

---

① 这就是我们在这里不写为 $\dfrac{dW}{dt}$ 的原因.

此,随机微积分常常被称为伊藤微积分.在伊藤微积分中,积分的定义可以与常规微积分类似.然而,它们的确切形式存在一些模糊不清的地方,从而导致了两个常见的版本,分别以伊藤和鲁斯兰·斯特拉托诺维奇命名.这种模糊性源于这样一个事实:在常规微积分中,人们忽略了增量 dt 中高于一阶的项,而在伊藤微积分中,必须保留增量 dW 中的二阶项,因为它们是 dt 的一阶项(从伊藤规则中可以看出这点).这里,我们使用伊藤微积分,但需要对微积分的连锁规则进行修改[①].另一方面,斯特拉托诺维奇微积分保留了通常的连锁规则,因此也保留了通常的微积分规则,但引入了积分和增量之间的关联性.读者可以参考关于伊藤微积分的系统介绍[110],以及对伊藤和斯特拉托诺维奇积分的详细讨论.

5.1.3　密度矩阵的演化

与环境相互作用的系统的密度矩阵的演化,以及对可观测量 $\hat{c}$ 的连续测量可以用随机主方程

$$d\rho = \frac{1}{i\hbar}[\hat{H},\rho]dt + \mathcal{L}_{env}\rho dt + \mathcal{D}[\hat{c}]\rho dt + \sqrt{\eta}\,\mathcal{H}[\hat{c}]\rho dW \tag{5.9}$$

来描述.其中,刘维尔超算符 $\mathcal{L}_{env}$ 描述了系统与环境的相互作用,η 是探测效率,$\mathcal{D}$ 和 $\mathcal{H}$ 是由

$$\mathcal{D}[\hat{c}]\rho \equiv \hat{c}\rho\hat{c}^{\dagger} - \frac{1}{2}(\hat{c}^{\dagger}\hat{c}\rho + \rho\hat{c}^{\dagger}\hat{c}) \tag{5.10a}$$

$$\mathcal{H}[\hat{c}]\rho \equiv \hat{c}\rho + \rho\hat{c}^{\dagger} - \langle\hat{c} + \hat{c}^{\dagger}\rangle\rho \tag{5.10b}$$

分别定义的林德布拉德(Lindblad)和测量超算符(superoperators).

这个主方程是由 Belavkin[29] 首次提出的,尽管最初它没有包括与环境的耦合项.这里,$\rho(t)$ 描述了系统在一次实验迭代中遵循的量子轨迹,其测量记录为 $dW(t)$.公式(5.9)中的第一项描述了系统的哈密顿量演化,第二项描述了环境的影响,第三项描述了由测量而引入的反作用噪声,最后一项描述了基于测量获得的信息对系统的调节.结合起来,测量反作用和调节的效果是试图将系统的状态驱动到测量算符 $\hat{c}$ 的一个本征状态.应该认识到,在这里提到"系统的状态"时,我们真正指的是在测量过程中观察者所获得信息的条件状态.

---

①　新的连锁规则称为伊藤定理.

1. 算符期望值的演化

使用公式(5.9)，任意系统算符$\hat{A}$的期望值的演化可以通过

$$d\langle \hat{A} \rangle = \mathrm{tr}[\hat{A}\,\mathrm{d}\rho] \tag{5.11}$$

以常规方式确定. 其中，$\mathrm{tr}[\hat{A}\,\mathrm{d}\rho]$是迹.

2. 与环境的相互作用

如果量子系统的环境是一个与系统线性耦合的热平衡热库(如1.3.1节所考虑的)，则可以按照1.3.1节的类似方法来确定公式(5.9)中的环境耦合项($\mathcal{L}_{\mathrm{env}}\rho$)(例如文献[214]). 在马尔可夫和旋转波近似中，我们发现：

$$\mathcal{L}_{\mathrm{env}}\rho = \Gamma(\bar{n}+1)\mathcal{D}[b]\rho + \Gamma\bar{n}\,\mathcal{D}[b^{\dagger}]\rho \tag{5.12}$$

3. 同时测量多个观测量

通过在公式(5.9)中加入额外的测量和调节项，可以直接对涉及同时测量具有不关联噪声的多个观测量$\hat{c}_j$($\langle\langle\mathrm{d}W_j\mathrm{d}W_k\rangle\rangle = \mathrm{d}W_j\mathrm{d}W_k = 0, j\neq k$)的情形进行建模. 具体来说，我们要进行如下替换：

$$\mathcal{D}[\hat{c}]\rho\mathrm{d}t \rightarrow \sum_j \mathcal{D}[\hat{c}_j]\rho\mathrm{d}t \tag{5.13a}$$

$$\sqrt{\eta}\,\mathcal{H}[\hat{c}]\rho\mathrm{d}W \rightarrow \sum_j \sqrt{\eta_j}\,\mathcal{H}[\hat{c}_j]\rho\mathrm{d}W_j \tag{5.13b}$$

其中，η_j是测量j的效率，$\mathrm{d}W_j$是其相关的维纳增量[143]. 虽然我们在这里不考虑测量之间或与环境的关联性，但我们注意到在文献[317]中也导出了一个适用于这种情况的一般随机主方程.

5.2　反馈冷却

在这里，我们将上一节介绍的随机主方程应用于反馈冷却，作为其在量子光力学中使用的第一个直接的例子. 在反馈冷却中，对机械振子的位置进行连续测量. 这种测量允

许评估振子的速度.然后施加一个与此速度相反的力将以粘滞性的方式阻尼和冷却振子.为了达到最佳的冷却效果,重要的是要了解评估机械振子速度的最佳方法,以及将这种评估作为一种力反馈给机械振子时需要使用的适当的滤波器.随机主方程方法提供了这一信息以及该协议可能实现的最终占据数.对于通过随机主方程方法对反馈冷却进行的早期的全面处理,我们推荐文献[91].对使用量子朗之万方法进行的类似处理,我们请读者参考文献[81,300].这里,我们将遵循文献[92]中的处理方法.

腔光力系统的反馈冷却由 Stefano Mancini 及其同事在 1998 年提出.[190]由 Antoine Heidmann 和 Michel Pinard 及其同事在实验中率先提出,他们早在 1999 年就证明了在光学领域中冷却高精细法布里-珀罗腔的一端镜面的机械纵模[75,226].这些技术后来被用于一系列其他的光力结构,包括低温冷却的法布里-珀罗腔[230]、腔内原子力显微镜的悬臂梁[161]、回音壁模式的光力系统[115,134,136,174,180]、悬浮的囚禁粒子[119,178]、干涉引力波探测器的末端镜[2],以及具有克级镜面的腔[80,204].

反馈冷却的设想对于相关的光热冷却技术也很重要,该技术在 2004 年首次被证实[199].在光热冷却中,腔失谐的作用是将机械位置信息编码到腔内场的振幅正交分量上.吸收该场的某些成分,然后加热构成机械振子的块状材料.通过热膨胀施加一个与位置有关的反馈力.在热反应有足够延迟的情况下,这就可以导致冷却效应[238].这种效应可以精确地建模为反馈冷却,系统的热频率响应可以看作滤波器,它决定了对反馈到机械振子上的位置所进行的评估.

5.2.1　正交分量的光电流

通过使用公式(5.9)的随机主方程,为连续位置测量的反馈冷却进行建模,我们首先选择测量算符:

$$\hat{c} = \sqrt{2\mu}\hat{Q} \tag{5.14}$$

根据公式(5.1)得出测量的连续光电流为

$$i(t)\mathrm{d}t = \sqrt{2\mu\eta}\langle\hat{Q}\rangle(t)\mathrm{d}t + \mathrm{d}W(t) \tag{5.15}$$

在文献[91]中,使用公式(5.9)、公式(5.14)和公式(5.15)得到了反馈冷却的解析模型.然而,我们在这里希望进行简化分析,限制在如下的情景中:机械振子的品质因子足够高,并且测量速率(将在后面确定)足够弱.因此,连续位置测量可以被看作两个正交的运动的机械正交分量 $\hat{X}_{\mathrm{M}}$ 和 $\hat{Y}_{\mathrm{M}}$(它们随着机械振子的共振频率旋转)的外差探测形式.[92]正如我们将要看到的,这是一种旋转波近似的形式,它对于后面关于规避反作用测量讨论的章节特别方便.

外差探测的量子轨迹方法在文献[255,318]中得到了很好的处理,并在文献[92]中扩展到振子连续位置测量的情况.我们在这里严格地遵循这些参考文献.在公式(1.17a)和公式(1.135a)中,无量纲位置算符可以表示为 $\hat{Q} = \cos(\Omega t)\hat{X}_M - \sin(\Omega t)\hat{Y}_M$.公式(5.15)的光电流则为

$$i(t)dt = \sqrt{2\mu\eta}[\cos(\Omega t)\langle\hat{X}_M\rangle(t) - \sin(\Omega t)\langle\hat{Y}_M\rangle(t)]dt + dW(t) \quad (5.16)$$

实验者可以对该光电流进行滤波操作,以提取(至少在旋转波近似有效的情况下)对 $\hat{X}_M$ 和 $\hat{Y}_M$ 的独立评估.从光电流的形式可以看出,对每个正交分量的滤波器的正确选择将包括在 Ω 处振荡的部分,并且振荡相位可区分两个正交分量.因此,我们将正交分量光电流定义为

$$i_X(t) = h(t) * [\cos(\Omega t)\, i(t)] \quad (5.17a)$$

$$i_Y(t) = -h(t) * [\sin(\Omega t)\, i(t)] \quad (5.17b)$$

其中, $*$ 代表卷积, $h(t)$ 是一个因果滤波函数.考虑到

$$\cos(\Omega t)i(t)dt = \sqrt{\frac{\mu\eta}{2}}\big[(1 + \cos(2\Omega t))\langle\hat{X}_M\rangle(t) + \sin(2\Omega t)\langle\hat{Y}_M\rangle(t)\big]dt$$
$$+ \cos(\Omega t)\, dW \quad (5.18)$$

我们看到公式(5.17a)包含一个接近零频率且与 $\langle\hat{X}_M\rangle$ 成正比的分量,以及 2 倍于机械共振频率的振荡分量,它与 $\langle\hat{X}_M\rangle$ 和 $\langle\hat{Y}_M\rangle$ 成正比.在旋转波近似的有效范围内, $\langle\hat{X}_M\rangle$ 和 $\langle\hat{Y}_M\rangle$ 的涨落带宽与机械频率相比很小.这样就有可能选择一个滤波函数 $h(t)$,它只允许低频项通过,因此提供了对 $\langle\hat{X}_M\rangle$ 的线性评估.

让我们设想一个持续时间为 τ 的测量.如果 τ 比机械振荡周期长,同时又短到足以使 $\langle\hat{X}_M\rangle$ 和 $\langle\hat{Y}_M\rangle$ 的测量在测量持续时间内基本上是静止的,那么最佳的滤波函数是一个宽度为 τ 的顶帽函数(top-hat function).正交分量光电流则可以很好地近似为[92,318]

$$i_X(t)dt \approx \sqrt{\mu\eta}\langle\hat{X}_M\rangle dt + dW_X(t) \quad (5.19a)$$

$$i_Y(t)dt \approx \sqrt{\mu\eta}\langle\hat{Y}_M\rangle dt + dW_Y(t) \quad (5.19b)$$

其中, dW_X 和 dW_Y 是不关联的维纳增量,即 $dW_X(t)dW_Y(t') = 0$.为了后续的方便,我们选择了归一化条件 $\int_{-\infty}^{\infty} h(t)dt = \sqrt{2}$.因此,我们看到在旋转波近似的有效情况下,机械频率远远大于系统的所有其他频率,对机械位置的连续测量相当于对正交分量 $\hat{X}_M$ 和

$\hat{Y}_{\mathrm{M}}$ 同时进行独立的测量. 与位置 $\hat{Q}$ 的测量相比, 每个测量的效率都降低了一半(比较公式(5.19)和公式(5.15)).

正如我们将在 5.2.4 小节中所看到的, 为了从公式(5.19)中的正交分量光电流的完整测量记录中最佳地对机械正交分量进行评估, 必须对每个光电流应用第二个滤波器 $\upsilon(t)$, 例如 $\langle \hat{X}_{\mathrm{M}} \rangle = \upsilon(t) i_x(t)$. 这些滤波器产生了正交分量测量记录的加权平均数, 而加权的选择是为了最大限度地提高评估的精度. 值得注意的是, 虽然必须为 $h(t)$ 选择最佳的短时滤波函数(顶帽函数), 以得出公式(5.19)中 W_X 和 W_Y 的正确权重, 但只要 $\upsilon(t)$ 在 $h(t)$ 的特征时间尺度上缓慢变化, 实验者[①]选择的 $h(t)$ 的确切形式对最终的最佳评估就不重要. 这一点可以用卷积的关联性属性直接证明.

5.2.2 随机主方程

鉴于上一节的讨论, 我们看到, 在旋转波近似中, 可以通过公式(5.9)的随机主方程来模拟反馈冷却过程, 包括同时进行、以相等效率对机械 X 和 Y 正交分量的测量, 并且由测量算符 $\hat{c}_X = \sqrt{\mu} \hat{X}_{\mathrm{M}}$ 和 $\hat{c}_Y = \sqrt{\mu} \hat{Y}_{\mathrm{M}}$ 对其进行量化. 使用公式(5.13), 我们得到相互作用绘景中的随机主方程:

$$
\begin{aligned}
\mathrm{d}\rho = {} & \frac{1}{\mathrm{i}\hbar}[\hat{H}_{\mathrm{I}}, \rho]\mathrm{d}t + \Gamma(\bar{n}+1)\mathcal{D}[b]\rho\mathrm{d}t + \Gamma\bar{n}\,\mathcal{D}[b^\dagger]\rho\mathrm{d}t \\
& + \sqrt{\mu}\big[\mathcal{D}[\hat{X}_{\mathrm{M}}]\rho\mathrm{d}t + \sqrt{\eta}\,\mathcal{H}[\hat{X}_{\mathrm{M}}]\rho\mathrm{d}W_X + \mathcal{D}[\hat{Y}_{\mathrm{M}}]\rho\mathrm{d}t + \sqrt{\eta}\,\mathcal{H}[\hat{Y}_{\mathrm{M}}]\rho\mathrm{d}W_Y\big]
\end{aligned}
\tag{5.20}
$$

其中, $\hat{H}_{\mathrm{I}}$ 是旋转在机械共振频率的相互作用绘景中的哈密顿量. 一般来说, 这个随机主方程只可能有数值解. 然而, 对于简谐振子进行连续测量这一特定情况(对于在位置和动量上是二次的普遍哈密顿量)来说, 只要系统的初始状态满足高斯分布, 在连续线性测量情况下, 统计量在所有时间内就都是高斯的. 在这种情况下, 机械振子的演化完全由位置和动量正交分量以及协方差矩阵的平均值决定(参见 4.4.5 小节), 并且每个项都可能有解析解. 高斯型初始状态的假设通常不是特别严格.[143] 例如, 一个与环境处于热平衡的机械振子自然会处于这种状态. 此外, 在测量了足够长的时间后, 系统的初始状态在决定其未来的动力学方面变得无足轻重.

---

① 或者, 可能更准确地说, 这取决于探测器的带宽和数据采集系统.

5.2.3 连续位置测量下振子的演化

1. 正交分量期望值的演化

通过将公式(5.11)应用于公式(5.20)的随机主方程,可以得到 X 和 Y 正交分量的演化,其中,$\hat{A} = \hat{X}_M$ 和 $\hat{A} = \hat{Y}_M$. 假设描述幺正演化的哈密顿量只是简谐振子的哈密顿量,那么在相互作用绘景中 $\hat{H}_I = 0$,其结果是

$$d\langle \hat{X}_M \rangle = -\frac{\Gamma}{2}\langle \hat{X}_M \rangle dt + 2\sqrt{\eta\mu}\left[V_X dW_X + C_{XY} dW_Y \right] \tag{5.21a}$$

$$d\langle \hat{Y}_M \rangle = -\frac{\Gamma}{2}\langle \hat{Y}_M \rangle dt + 2\sqrt{\eta\mu}\left[V_Y dW_Y + C_{XY} dW_X \right] \tag{5.21b}$$

其中,像往常一样,方差 $V_X \equiv \langle \hat{X}_M^2 \rangle - \langle \hat{X}_M \rangle^2$,$V_Y \equiv \langle \hat{Y}_M^2 \rangle - \langle \hat{Y}_M \rangle^2$,以及协方差 $C_{XY} = \langle \hat{X}_M \hat{Y}_M + \hat{Y}_M \hat{X}_M \rangle / 2 - \langle \hat{X}_M \rangle \langle \hat{Y}_M \rangle$.

练习 5.2 请推导出这些结果.

在没有测量的情况下($\mu = 0$),正如预期的那样,我们看到两个平均值都会随着时间的推移呈指数式衰减.这实质上是说,经过很长的演化时间,在没有任何测量的情况下,人们的最佳猜测是振子位于相空间中的原点附近.在有测量的情况下,公式(5.21)分别描述了一个奥恩斯坦-乌伦贝克过程,这是典型的噪声弛豫过程,并且本质上描述了存在摩擦的布朗运动.测量引入了噪声,而通过测量获得的信息则允许振子局域在相空间,其预期位置由其方差和协方差以及测量记录 dW_X 和 dW_Y 决定.

2. 方差和协方差的演化

振子的局域化精度由其方差和协方差决定.考虑到伊藤微积分的规则,正确计算这些方差必须要谨慎.如前所述,在通常的微积分中,高于一阶的增量项(如 dt^2)被忽略,而在伊藤微积分中,由于 $dW^2 = dt$,必须保留 dW^2 阶数以下的项①.这样做的一个结果是修改了微积分的常规连锁规则以包括二阶项.对函数 $f(x,y)$ 进行泰勒展开,可以得到新的双变量连锁规则:

$$df(x,y) = \frac{\partial f}{\partial x}dx + \frac{\partial f}{\partial y}dy + \frac{1}{2}\frac{\partial^2 f}{\partial x^2}dx^2 + \frac{1}{2}\frac{\partial^2 f}{\partial y^2}dy^2 + \frac{1}{2}\frac{\partial^2 f}{\partial x \partial y}dxdy \tag{5.22}$$

---

① 该规则是:只要 $j + k/2 > 1$,就可以忽略 $dt^j dW^k$ 形式的项.

练习 5.3 请使用上面的连锁法则来证明方差 V_X 和协方差 C_{XY} 的增量分别是

$$\mathrm{d}V_X = \mathrm{d}\langle \hat{X}_M^2 \rangle - 2\langle \hat{X}_M \rangle \mathrm{d}\langle \hat{X}_M \rangle - (\mathrm{d}\langle \hat{X}_M \rangle)^2 \tag{5.23a}$$

$$\mathrm{d}C_{XY} = \frac{1}{2}\mathrm{d}\langle \hat{X}_M \hat{Y}_M + \hat{Y}_M \hat{X}_M \rangle - \langle \hat{Y}_M \rangle \mathrm{d}\langle \hat{X}_M \rangle - \langle \hat{X}_M \rangle \mathrm{d}\langle \hat{Y}_M \rangle$$

$$- \mathrm{d}\langle \hat{X}_M \rangle \mathrm{d}\langle \hat{Y}_M \rangle \tag{5.23b}$$

通过将公式(5.11)应用于公式(5.20)来确定每个相关矩.上述关系以及对 V_Y 的公式(5.23a)的等效关系,允许完全确定连续测量下简谐振子协方差矩阵的演化.应该推导出的结果如下:

$$\dot{V}_X = \Gamma V_X + \Gamma\left(\bar{n} + \frac{1}{2}\right) + \mu - 4\mu\eta(V_X^2 + C_{XY}^2) \tag{5.24a}$$

$$\dot{V}_Y = \Gamma V_Y + \Gamma\left(\bar{n} + \frac{1}{2}\right) + \mu - 4\mu\eta(V_Y^2 + C_{XY}^2) \tag{5.24b}$$

$$\dot{C}_{XY} = -\left[\Gamma + 4\mu\eta(V_X + V_Y)\right]C_{XY} \tag{5.24c}$$

其中,我们忽略了比 $\mathrm{d}t$ 和 $\mathrm{d}W^2$ 更高阶的项,并使用了伊藤规则以及高斯态的下列特性[143]:

$$\langle \hat{X}_M^3 \rangle = 3\langle \hat{X}_M^2 \rangle V_X \tag{5.25a}$$

$$2\langle \hat{X}_M \rangle C_{XY} + \langle \hat{Y}_M \rangle \langle \hat{X}_M^2 \rangle = \langle \hat{X}_M \hat{Y}_M \hat{X}_M \rangle \tag{5.25b}$$

和交换 $\hat{X}_M \leftrightarrow \hat{Y}_M$ 的等效表达式.注意这些方差和协方差与测量记录 W_X 和 W_Y 无关.这是该线性系统的结果.从公式(5.24)中我们可以看到,正如预期的那样,在没有测量的情况下($\mu = 0$),方差和协方差都以速率 Γ 衰减,而方差都经历了来自环境的平衡加热效应.测量给两个正交分量的方差引入了相等的额外的反作用加热.正如我们在 3.2 节中所发现的那样,这是由辐射压力噪声引起的.并且还有一个非线性条件阻尼效应(它也出现在协方差上),这是从测量结果中获得信息的缘故.

通过检查公式(5.24a)和公式(5.24b),我们可以看出,在不利用测量结果的情况下(即设定 $\eta = 0$),测量行为将振子的平衡声子占据数提高了 μ/Γ.在第 3.2 节中,我们将这种声子占据数的增加与等效的光力协同度(公式(3.20))联系了起来.这使得测量速率 μ 可以用可测量的参数来确定:

$$\mu = \Gamma|C_{\text{eff}}| \tag{5.26}$$

3. 稳态解

通过将时间导数设为零,取公式(5.24)的稳态解,很容易证明协方差 $C_{XY} = 0$,而正

交分量的方差为

$$V_X = V_Y = \sqrt{\left(\frac{1}{8\eta |C_{\text{eff}}|}\right)^2 + \frac{2\bar{n}+1}{8\eta |C_{\text{eff}}|} + \frac{1}{4\eta}} - \frac{1}{8\eta |C_{\text{eff}}|} \qquad (5.27)$$

练习5.4 请推导出此表达式.

正如在文献[92]中所讨论并在图5.1中说明的,这个表达式有三个重要的作用区域,我们称之为反作用主导的区域、经典测量区域和弱测量区域.

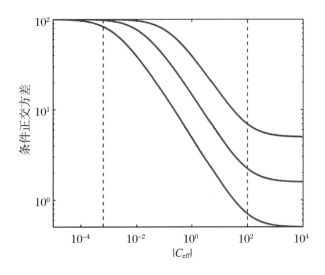

图5.1 连续测量下机械振子的条件正交方差与等效协同度的函数

这里 $\bar{n}=100$, $\eta=\{1, 0.1, 0.01\}$ 分别对应从下到上的曲线. 在 $|C_{\text{eff}}|=1/(16\bar{n})$ 和 $|C_{\text{eff}}|=\bar{n}$ 处的垂直虚线分别对应于 $\eta=1$ 的弱测量、经典测量和反作用主导区域的阈值.

在反作用主导的区域,即 $\{1/(16\eta)|C_{\text{eff}}|^2, (\bar{n}+1/2)/|C_{\text{eff}}|\}\ll 1$,正交分量方差渐近于

$$V_X = V_Y = \frac{1}{2\sqrt{\eta}} \qquad (5.28)$$

在这里,振子局域化的速率远远快于热库引起的去局域化,而最终的正交分量方差完全由测量反作用和测量调节之间的权衡决定. 在测量具有完美效率的极限情况下,$V_X = V_Y = 1/2$,振子局域到具有最小不确定性的纯高斯状态. 也就是说,它被调节到零熵状态,尽管在这个阶段它没有被冷却,因为正交分量平均值不是零,并且它由公式(5.21)的测量记录所决定. 反作用主导的区域已经在实验上实现[312],通过应用类似于5.2.5小节中讨论的反馈,实现反馈冷却的机械占据数 $\bar{n}_b=5.3\pm 0.6$.

在经典的测量区域,测量可以分辨机械振子的热噪声,但来自测量的局域化比热库引起的去局域化慢得多,即 $1/(16\eta)(\bar{n}+1/2)\ll|C_{\mathrm{eff}}|\ll(\bar{n}+1/2)$. 正交分量方差就变成了

$$V_X = V_Y = \sqrt{\frac{2\bar{n}+1}{8\eta|C_{\mathrm{eff}}|}} \tag{5.29}$$

在这里,我们看到测量将方差降低到热方差以下,其局域度与等效光力协同度的平方根倒数成比例.

在弱测量区域,测量甚至不足以分辨振子的热运动,即 $1/(16\eta)|C_{\mathrm{eff}}|^2\gg \{1+(\bar{n}+1/2)/|C_{\mathrm{eff}}|\}$. 在这种情况下,正交分量的方差为

$$V_X = V_Y = \bar{n}+|C_{\mathrm{eff}}|+\frac{1}{2} \tag{5.30}$$

测量只是通过反作用提高了振子的温度,这与 3.2 节的结果一致.

有趣的是,只有在远离反作用主导的区域中(振子的无调节温度提高到远远高于基态温度),才能实现接近零熵的条件状态.因此,正如我们在第 3 章中所看到的,标准量子极限定义了一个最佳的(非无限的)相互作用强度,以便在使用相干光测量振子位置或外力时达到最佳精度,而随着相互作用强度的增加,调节和反馈冷却的性能继续无限地提升.

请注意,还有一个感兴趣的区域,它在我们采取旋转波近似的时候被忽略了.在旋转波近似中,模型被限制为不能扩展到测量能够在比机械振荡周期短的时间内分辨振子零点运动的区域.这个区域(需要非常强的光力耦合)才能表现出有趣的行为,比如动态机械压缩.读者可以参考文献[91]了解对这一区域进行的有效分析.

5.2.4 获取正交分量的评估值

在前面的讨论中,我们得出了机械振子正交分量在连续测量中的条件方差.然而,只有从测量记录中得到正交分量期望值的最佳评估时,这些方差才能在实践中实现.使用公式(5.21)和公式(5.24),我们可以建立一个过程来确定这些最佳评估值.这在方差和协方差已经达到稳定状态的长时极限中变得特别简单.在这种情况下,用公式(5.19)中的正交分量光电流 i_X 和 i_Y 代替公式(5.21)中的 $\mathrm{d}W_X$ 和 $\mathrm{d}W_Y$,并进行傅里叶变换,同时考虑在稳定状态下 $C_{XY}=0$,这就给出了 $\langle\hat{X}_{\mathrm{M}}\rangle$ 和 i_X 之间的代数关系:

$$\langle\hat{X}_{\mathrm{M}}\rangle(\omega) = \left(\frac{2\sqrt{\eta\mu}}{\Gamma/2+2\eta\mu V_X-\mathrm{i}\omega}\right)i_X(\omega) \tag{5.31}$$

这里用频域表示. $\langle \hat{Y}_M \rangle$ 也有相同的关系,但下标需要替换为 $X \to Y$. 我们看到,为了得到 $\langle \hat{X}_M \rangle$,需要一个简单的洛伦兹形式的滤波器应用于 X 正交分量光电流,其宽度为 $\Gamma + 4\eta\mu V_X$,其中, V_X 由公式(5.27)在稳态下定义. 请注意,滤波器的宽度随着测量强度的增加而增加. 这反映了这样一个事实:随着测量强度的增加,机械振子的热噪声在更大的带宽上超过了测量噪声,这样可在更大的频率范围内得到关于机械正交分量的信息.

5.2.5 应用反馈冷却振子

为了反馈冷却振子,我们在公式(5.31)中采用正交分量期望值的最佳评估值,并通过反馈力将其应用于振子,以便使其向原点偏移. 在这个过程中有两个不确定性来源:评估本身的精度和反馈驱动的精度. 通过精细的光电探测器工程设计,在光力学实验中,可以实现比光学散粒噪声低一个数量级以上的电子噪声基底. 放大后的输出光电流通常不受其他电子噪声源的影响. 因此,反馈驱动过程中的噪声通常可以忽略不计. 我们在这里就是这样做的.

在一个理想的反馈系统中,人们会根据正交分量的评估同时将振子的平均位置和动量偏移到原点. 虽然动量偏移可以通过对振子施加脉冲力而自然地实现,但在实践中,一般很难应用于位置偏移. 通常的解决方案是,不直接应用位置偏移,而是应用一个时间上延迟的动量冲击,以便在振子演化四分之一个周期后实现所需要的偏移. 如果振子是高度阻尼的,这种方法显然就容易产生困难. 然而,在旋转波近似的有效范围内,它确实会产生期望的位置偏移.[91-92] 用机械正交分量来表示,所产生的相互作用哈密顿量是

$$H_I = \hbar f_X(t)\hat{X}_M + \hbar f_Y(t)\hat{Y}_M \tag{5.32}$$

其中, $f_X(t)$ 和 $f_Y(t)$ 分别是根据测量的正交分量光电流 i_X 和 i_Y 而施加到每个机械正交分量的反馈力. 人们可能会自然地认为反馈的最佳策略是为每个正交分量分别施加一个与 $\langle \hat{X}_M \rangle$ 和 $\langle \hat{Y}_M \rangle$ 成比例的力. 而这被证明确实是最佳的方法.[91,126]

练习 5.5 设置 $f_X(t) = -\Gamma g \langle \hat{X}_M \rangle / 2$ 和 $f_Y(t) = -\Gamma g \langle \hat{Y}_M \rangle / 2$,其中, g 是无量纲反馈增益参数,将公式(5.32)中的哈密顿量应用于公式(5.20),并证明反馈力将正交期望值的演化修改为

$$d\langle \hat{X}_M \rangle = -\frac{\Gamma}{2}(1+g)\langle \hat{X}_M \rangle dt + 2\sqrt{\eta\mu}\left[V_X dW_X + C_{XY} dW_Y\right] \tag{5.33a}$$

$$d\langle \hat{Y}_M \rangle = -\frac{\Gamma}{2}(1+g)\langle \hat{Y}_M \rangle dt + 2\sqrt{\eta\mu}\left[V_Y dW_Y + C_{XY} dW_X\right] \tag{5.33b}$$

而方差和协方差保持不变.

将这些表达式与没有反馈的均值演化的公式(5.21)相比较,我们看到反馈的唯一作用是给均值引入额外的阻尼,衰减率增加了 $1+g$ 倍.对公式(5.31)的检查表明,必须应用于正交分量光电流以评估正交分量,并实施反馈的滤波函数 $h(\omega)$ 是洛伦兹函数:

$$h(\omega) = \frac{2\sqrt{\eta\mu}}{\Gamma(1+g)/2 + 2\eta\mu V_X - \mathrm{i}\omega} \tag{5.34}$$

滤波器的带宽是 $\Gamma(1+g) + 4\eta\mu V_X$,并随着增益 g 的增加而增加.

一旦方差和协方差达到稳定状态,公式(5.33)描述了由提取测量中的信息而导致的机械正交分量均值的扩散.反馈冷却中可能达到的最终温度既受稳态正交分量方差的限制,也受这种扩散的限制.扩散的方差可以用标准方法从公式(5.33)中确定.在这种方法中[110],我们定义 $y(t) = \langle \hat{X}_\mathrm{M} \rangle \mathrm{e}^{\Gamma(1+g)t/2}$.记住在稳定状态下 $C_{XY} = 0$,那么增量 $\mathrm{d}y$ 可以被证明为 $\mathrm{d}y = 2\sqrt{\eta\mu}V_X \mathrm{e}^{\Gamma(1+g)t/2}\mathrm{d}W_X$.从 $t'=0$ 到 t 进行形式上的积分,然后将 $\langle \hat{X}_\mathrm{M} \rangle$ 代入,则得到含时动力学的结果是

$$\langle \hat{X}_\mathrm{M} \rangle(t) = \langle \hat{X}_\mathrm{M} \rangle(0)\mathrm{e}^{-\Gamma(1+g)t/2} + 2\sqrt{\eta\mu}V_X \int_0^t \mathrm{e}^{-\Gamma(1+g)(t-t')/2}\mathrm{d}W_X(t') \tag{5.35}$$

在长时极限下,初始条件衰减为零,只留下一个由测量引起的高斯扩散.对噪声的所有可能的实现进行系综平均,则这种扩散的方差是[①]

$$\langle\langle\langle\hat{X}_\mathrm{M}\rangle^2\rangle\rangle - \langle\langle\langle\hat{X}_\mathrm{M}\rangle\rangle\rangle^2 = \langle\langle\langle\hat{X}_\mathrm{M}\rangle^2\rangle\rangle$$
$$= \langle\langle\left(2\sqrt{\eta\mu}V_X\int_0^t \mathrm{e}^{-\Gamma(1+g)(t-t')/2}\mathrm{d}W_X(t')\right)^2\rangle\rangle$$
$$= \frac{4\eta\mu V_X^2}{\Gamma(1+g)} \tag{5.36}$$

Y 正交分量具有一个相同的表达,即需要替换 $X \to Y$.[92]我们看到反馈将机械振子局域到原点的精度取决于振子的稳态方差、测量强度和反馈增益 g,但关键的是当 $g \to \infty$ 时,其不精确度接近零.

每个机械正交分量的总系综平均方差,等于由测量引起的条件方差和反馈中的不精确引起的平均方差的总和.在旋转波近似中,它对两个正交分量都是相同的,由

---

① 为了得到这个结果,我们利用了伊藤微机积分的相关属性[110],即对于任意的非预期函数 $G(t)$ 和 $H(t)$,有

$$\langle\langle\int_{t_0}^t G(t')\mathrm{d}W(t')\int_{t_0}^t H(t')\mathrm{d}W(t')\rangle\rangle = \int_{t_0}^t \langle\langle G(t')H(t')\rangle\rangle\mathrm{d}t' \tag{5.35}$$

注意,这里的非预期函数是指与维纳过程未来时间内行为无关的函数.

$$\mathrm{var}\big[\hat{X}_{\mathrm{M}}\big] = \mathrm{var}\big[\hat{Y}_{\mathrm{M}}\big] = V_X + \langle\langle\,\langle\hat{X}_{\mathrm{M}}\rangle^2\rangle\rangle = \Big[1 + \frac{4\,\eta\mu V_X}{\Gamma(1+g)}\Big]V_X \qquad (5.37)$$

给出. 我们看到, 只要 $1 + g \gg 4\eta\mu V_X/\Gamma$, 条件方差就占主导地位, 并且可以忽略反馈的不精确性导致的额外不确定性.

公式(5.37)的方差可以直接与振子的平均占据数进行联系, 因为 $\hat{n} = b^\dagger b = (\hat{X}_{\mathrm{M}}^2 + \hat{Y}_{\mathrm{M}}^2 - 1)/2$. 然后我们发现

$$\langle\langle\overline{n}_b\rangle\rangle = \frac{1}{2}\big(\mathrm{var}\big[\hat{X}_{\mathrm{M}}\big] + \mathrm{var}\big[\hat{Y}_{\mathrm{M}}\big] - 1\big) \qquad (5.38)$$

$$= \Big(1 + \frac{4\,\eta g\mu V_X}{\Gamma(1+g)}\Big)V_X - \frac{1}{2} \qquad (5.39)$$

$$= \Big(1 + \frac{4\,\eta\,|\,C_{\mathrm{eff}}\,|\,V_X}{1+g}\Big)V_X - \frac{1}{2} \qquad (5.40)$$

5.3 规避反作用测量

在第3章中, 我们研究了量子测量对光力系统的影响, 显示了(除其他项以外)量子反作用导致的标准量子极限设定了某些测量不能超过的精度. 例如, 在3.1节中, 我们研究了对自由质量位置测量的情况, 并表明如果两个测量之间或任何一个测量与机械振子的初始动量之间没有关联性, 则存在这样一个极限. 然而, 存在一类测量, 即从测量可观测量中产生的反作用, 与该可观测量没有动态联系. 这类测量是由 Braginsky 等人[39-40,47]和 Thorne 等人[65,284]在 20 世纪 70 年代的量子光力学背景下首次提出的, 被称为规避反作用或量子非破坏测量. 这类测量不存在标准量子极限. 这为极大地提高测量精度提供了可能性.

5.3.1 自由质量的动量测量

规避反作用测量的最基本例子是对自由质量的动量进行测量. 在位置测量的情况下, 来自测量的反向作用会扰动质量的动量, 从而扰动以后的位置, 而动量测量则会扰动

质量的位置(对于自由质量来说),而位置不会耦合回到动量中,即动量是自由质量的运动常数,被称为良好的量子非破坏观测量,或者简单地说,量子非破坏观测量.这一点从自由质量的哈密顿量可以立即看出,该质量的动量与测量设备的某个观测量 $\hat{M}$ 线性耦合,耦合强度为 λ,得

$$\hat{H} = \frac{\hat{p}^2}{2m} + \lambda \hat{p} \hat{M} \tag{5.41}$$

它与动量 $\hat{p}$ 对易,因此动量是运动常数.使用我们在 3.1 节中用于微分位置测量的同样方法,可以直接表明,对自由质量的微分动量测量没有标准量子极限.

练习 5.6 请让自己相信这一点.

对于在机械振子而不是自由质量上进行的测量,情况就比较复杂了,因为这时位置的扰动是与动量动态关联的.然而,规避反作用测量仍然是可能的,比如文献中提出了一系列这样的方案(例如文献[70,273,286,321,334]).在接下来的几个小节中,我们将介绍其中的某些方案.

5.3.2 一般的规避反作用测量

在 5.2 节中,我们研究了连续位置测量对旋转波近似的机械振子状态的影响.我们发现,由于反作用,在最好的情况下,这种连续测量将振子的状态调节到最小不确定性状态,其 X 和 Y 的正交分量方差都等于振子的零点方差.另外,我们可以考虑非连续的测量,以及这是否允许规避反作用,并使一个正交分量方差调节至低于零点方差.一种明显有希望作为规避反作用的测量形式是频闪测量,其中,光场的脉冲重复率等于机械频率.[44,47,284]在这种情况下,测量只检索了振子的一个正交分量的信息,而对另一个正交分量施加了动量冲击.事实上,这在理论上已被证明允许将机械振子的一个正交分量的方差调节到机械零点运动以下.[41,284]通过在 5.2 节的反馈冷却模型中引入不相等的测量率 μ_X 和 μ_Y,我们可以建立一个更普遍的规避反作用测量模型.

按照 5.2 节的相同步骤,分别使用测量算符 $\hat{c}_X = \sqrt{\mu_X} \hat{X}_{\mathrm{M}}$ 和 $\hat{c}_Y = \sqrt{\mu_Y} \hat{Y}_{\mathrm{M}}$ 用于 $\hat{X}_{\mathrm{M}}$ 和 $\hat{Y}_{\mathrm{M}}$ 的独立测量,公式(5.19)的正交分量光电流则变成

$$i_X(t)\mathrm{d}t = \sqrt{\mu_X \eta}\langle \hat{X}_{\mathrm{M}}\rangle \mathrm{d}t + \mathrm{d}W_X(t) \tag{5.42a}$$

$$i_Y(t)\mathrm{d}t = \sqrt{\mu_Y \eta}\langle \hat{Y}_{\mathrm{M}}\rangle \mathrm{d}t + \mathrm{d}W_Y(t) \tag{5.42b}$$

并发现 $\hat{X}_{\mathrm{M}}$ 的平均值和条件方差演化为

$$d\langle \hat{X}_M \rangle = -\frac{\Gamma}{2}\langle \hat{X}_M \rangle dt + 2\sqrt{\eta\mu_X}V_X dW_X + 2\sqrt{\eta\mu_Y}C_{XY}dW_Y \tag{5.43a}$$

$$\dot{V}_X = -\Gamma V_X + \Gamma\left(\bar{n}+\frac{1}{2}\right) + \mu_Y - 4\eta(\mu_X V_X^2 + \mu_Y C_{XY}^2) \tag{5.43b}$$

$\hat{Y}_M$ 具有相同的结果,但在整个过程中需要作如下替换:$X \leftrightarrow Y$. 与反馈冷却的情况类似,协方差按照 $\dot{C}_{XY} = -[\Gamma + 4\eta(\mu_X V_X + \mu_X V_Y)]C_{XY}$ 进行简单的衰减. 因此,在稳定状态下 $C_{XY}=0$.

从公式(5.43b)可以明显看出,正如预期的那样,机械 X 正交分量的反作用加热正比于 Y 正交分量的测量率. 由于 X 和 Y 正交分量之间存在关联,一般来说,公式(5.43b)中基于测量的调节,既来自从 X 正交分量的直接测量中提取的信息,它与 μ_X 成正比,也来自从 Y 正交分量测量中提取的信息. 然而,由于在稳定状态下 $C_{XY}=0$,Y 正交分量的测量在此情况下没有贡献. 这样就可以直接证明,稳态的 X 正交分量的条件方差为

$$V_X = \sqrt{\left(\frac{\Gamma}{8\eta\mu_X}\right)^2 + (2\bar{n}+1)\frac{\Gamma}{8\eta\mu_X} + \frac{1}{4\eta}\left(\frac{\mu_Y}{\mu_X}\right)} - \frac{\Gamma}{8\eta\mu_X} \tag{5.44}$$

V_Y 的结果与此相同,但在整个过程中需要作如下替换:$X \leftrightarrow Y$.

与反馈冷却的情况类似,我们可以定义一个反作用主导的区域,其中,$\mu_Y \gg \{\Gamma^2/(16\eta\mu_X), (\bar{n}+1/2)\Gamma\}$. 在这种情况下,条件方差变为

$$V_X = \sqrt{\frac{1}{4\eta}\left(\frac{\mu_Y}{\mu_X}\right)} \tag{5.45}$$

我们看到,V_X 不再像反馈冷却时受 $1/(2\eta^{1/2})$ 限制. 随着正交分量测量强度越来越不平衡,$\hat{X}_M$ 的定位精度也在提高. 事实上,只要 Y 正交分量测量对 $\hat{X}_M$ 的反作用仍然比其他加热机制占优,以致公式(5.45)是一个有效的极限,那么当 $\mu_Y/\mu_X \to 0$ 时,如果 $V_X \to 0$,我们就可能看到一个完美的规避反作用测量. 由于 $V_X = \int_0^\infty d\omega \bar{S}_{XX}(\omega)/\pi$ (参见公式(4.93)),这意味着在所有频率下机械位置的正交分量功率谱密度 $\bar{S}_{XX}(\omega) \to 0$,都不受标准量子极限或 3.4 节介绍的零点极限的约束.

X 和 Y 正交分量的条件方差的乘积为

$$V_X V_Y = \frac{1}{4\eta} \tag{5.46}$$

对于单位效率来说,它饱和于海森伯不确定性原理,从而形成一个纯粹的条件压缩机械态.

5.3.3 双频驱动

一种与频闪测量性质相似的规避反作用测量的常用方法是用一个光场探测机械振子,但其强度按机械共振频率2倍的正弦波变化,如图5.2所示.在频域中,这个场由两个等振幅的频率组成,在频率上相隔2Ω,因此称为双频驱动.双频驱动在实验上是有利的,因为这样的场通常更容易产生和耦合到所需的光腔,并能够提供足够的相互作用强度,以进入量子反作用主导的区域.文献[74]首次报道了通过双频驱动对腔增强的规避反作用的量子处理,我们使用上一小节中一般规避反作用测量的结果,同时按照类似于3.2节中用于确定连续测量导致的辐射压力加热的方法,来确定机械正交分量的测量速率 μ_X 和 μ_Y.

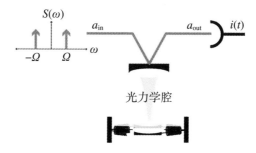

图5.2 双频规避反作用的实验示意图

入射光场包含 $\pm\Omega$ 处两个明亮的相干频率,正如功率谱密度 $S(\omega)$ 所示.输出场的相位正交分量通过零差探测方法探测,产生了光电流 $i(t)$.

1. 哈密顿量

为了建立双频驱动模型,类似于4.4节中的光力纠缠模型,我们在光和机械振子的相互作用绘景中处理光力系统.公式(2.18)中的非线性化光力哈密顿量就变成了

$$\hat{H} = \hbar g_0 a^\dagger a (b^\dagger \mathrm{e}^{-\mathrm{i}\Omega t} + b\mathrm{e}^{\mathrm{i}\Omega t}) \tag{5.47}$$

这里,我们选择光场在光腔共振频率下旋转的坐标系,因此 $\Delta = 0$.为了引入双频驱动,我们选择一个在频率 Ω 下正弦变化的相干振幅:

$$a \rightarrow 2\alpha\cos(\Omega t) + a \tag{5.48}$$

以便使得

$$aa^\dagger \rightarrow 4\alpha^2\cos^2(\Omega t) + \sqrt{2}\alpha\hat{X}_L(e^{i(\Omega t)} + e^{-i(\Omega t)}) + a^\dagger a \tag{5.49}$$

其中,我们引入了下标 L,以明确区分光学正交分量算符和等效的机械正交分量算符(像通常一样用下标 M 标记).表达式中的第一项清楚地表明,这种相干振幅的选择确实产生了两个在频率上相隔 2Ω 的驱动频率,这是因为 $2\cos^2(\Omega t) = 1 + \cos(2\Omega t)$.

代入公式(5.49)的结果,公式(5.47)的哈密顿量变成

$$\hat{H} = \sqrt{2}\,\hbar g\hat{X}_L(e^{i\Omega t} + e^{-i\Omega t})(b^\dagger e^{i\Omega t} + be^{-i\Omega t}) \tag{5.50}$$

其中,我们进行了常规的线性化过程,忽略了由三个算符的乘积组成的项,也忽略了相干驱动项.此项对机械振子造成一个恒定的位移,并在 2Ω 处以相干的方式驱动它.虽然这种驱动会对机械动力学产生影响,但对于高品质因子的机械振子来说,2Ω 的驱动是被抑制的,这是因为它远离了共振,而恒定位移只影响到光腔的整体失谐.很容易在实验中纠正这种静态偏移(参见 2.7 节).此外,这两种效应(至少在原则上)都是完全确定的,可以通过在机械振子上应用一个经典的力来消除.

在理想的良好腔极限($\Omega \gg \kappa$)中,公式(5.50)中的快速振荡项被抑制了,因此,哈密顿量变为

$$\hat{H} \approx \sqrt{2}\,\hbar g\hat{X}_L(b^\dagger + b) \tag{5.51}$$

$$= 2\,\hbar g\hat{X}_L\hat{X}_M \tag{5.52}$$

虽然这看起来与公式(2.41)中的线性化光力哈密顿量相似,但这里是通过机械振子的 X 正交分量,而不是其位置实现与光的耦合.此外,在这个机械旋转坐标中,不再有任何机械共振频率的振荡.这是一个重要的区别,因为它消除了辐射压力噪声从振子的动量转移到位置的耦合,从而使位置成为一个不好的量子非破坏观测量.因此,与自由质量哈密顿量的动量类似(公式(5.41)),在这个哈密顿量中,因为 $[\hat{X}_M, \hat{H}] = 0$,$\hat{X}_M$ 是一个运动常数,因此它是一个好的量子非破坏观测量.

由于机械 Y 正交分量不与光场耦合,很明显,在这个理想化的好腔极限中,测量率 $\mu_Y = 0$.因此,可以预期对光场的相位正交分量的连续测量将执行对机械 X 正交分量的规避反作用测量.

2. 机械正交分量的演化

在前面的讨论中,哈密顿量中忽略的快速旋转项,对于理解腔光力规避反作用测量的全部有效性至关重要.在此,我们回到公式(5.50)的完整线性化哈密顿量,并使用量子朗之万方法来确定包括这些项在内的系统演化.

使用公式(1.135),哈密顿量可以用机械正交分量表示为

$$\hat{H} = 2\hbar g\hat{X}_{\mathrm{L}}\{\hat{X}_{\mathrm{M}}[1 + \cos(2\Omega t)] + \hat{Y}_{\mathrm{M}}\sin(2\Omega t)\} \tag{5.53}$$

练习 5.7 将此哈密顿量代入公式(1.112)的量子朗之万方程,请表明对于旋转波近似有效的高品质因子振子,机械正交分量的演化由以下公式给出:

$$\dot{\hat{X}}_{\mathrm{M}} = -\frac{\Gamma}{2}\hat{X}_{\mathrm{M}} + \sqrt{\Gamma}\hat{X}_{\mathrm{M,in}} + 2g\hat{X}_{\mathrm{L}}\sin(2\Omega t) \tag{5.54a}$$

$$\dot{\hat{Y}}_{\mathrm{M}} = -\frac{\Gamma}{2}\hat{Y}_{\mathrm{M}} + \sqrt{\Gamma}\hat{Y}_{\mathrm{M,in}} - 2g\hat{X}_{\mathrm{L}}(1 + \cos(2\Omega t)) \tag{5.54b}$$

在稳定状态下,这些方程可以用常规的方式直接求解,即采取其傅里叶变换并同时求解.其结果是

$$\hat{X}_{\mathrm{M}}(\omega) = \chi(\omega)\{\sqrt{\Gamma}\hat{X}_{\mathrm{M,in}} + ig[\hat{X}_{\mathrm{L}}(\omega - 2\Omega) - \hat{X}_{\mathrm{L}}(\omega + 2\Omega)]\} \tag{5.55a}$$

$$\hat{Y}_{\mathrm{M}}(\omega) = \chi(\omega)\{\sqrt{\Gamma}\hat{X}_{\mathrm{M,in}} - g[2\hat{X}_{\mathrm{L}}(\omega) + \hat{X}_{\mathrm{L}}(\omega - 2\Omega) + \hat{X}_{\mathrm{L}}(\omega + 2\Omega)]\} \tag{5.55b}$$

其中,机械极化率为 $\chi(\omega) = (\Gamma/2 - i\omega)^{-1}$. 对于腔内部的光振幅正交分量,我们已经使用了公式(3.11a),以及傅里叶变换 $\mathcal{F}\{\cos(\Omega t)\} = [\delta(\omega - \Omega) + \delta(\omega + \Omega)]/2$ 和 $\mathcal{F}\{\sin(\Omega t)\} = i[\delta(\omega - \Omega) - \delta(\omega + \Omega)]/2$. 我们可以从这些表达式中观察到,机械 X 正交分量只由腔内光场的非共振涨落驱动. 一方面,光腔的过滤效应抑制了这些涨落;另一方面,共振和非共振光学涨落驱动了机械 Y 正交分量,其中,共振处的涨落被共振增强了. 因此,由于对机械 Y 正交分量的反作用较大,测量将偏向 X 正交分量. 正如我们在 5.3.2 小节中所看到的,正交分量之间的测量偏差是规避反作用测量所需的一个关键特征.

3. 机械正交分量的测量速率和条件压缩

机械正交分量的功率谱密度可以用公式(1.42)和公式(1.118a)旋转坐标下热库功率谱密度从公式(5.55)计算出来. 在机械共振处($\omega = 0$),它们分别是

$$S_{X_{\mathrm{M}}X_{\mathrm{M}}}(0) = \frac{4}{\Gamma}\left[\bar{n} + \frac{1}{2} + \frac{C}{1 + 16(\Omega/\kappa)^2}\right] \tag{5.56a}$$

$$S_{Y_{\mathrm{M}}Y_{\mathrm{M}}}(0) = \frac{4}{\Gamma}\left[\bar{n} + \frac{1}{2} + C\left(2 + \frac{1}{1 + 16(\Omega/\kappa)^2}\right)\right] \tag{5.56b}$$

其中,$C = 4g^2/(\kappa\Gamma)$ 是公式(3.14)中定义的光力协同度,我们假设光驱动场处于相干状态($\bar{n}_{\mathrm{L}} = 0$). 很明显,双频驱动确实会对机械的 X 和 Y 正交分量造成不平衡的反作用加热,这意味着测量速率也是不平衡的. 通过与公式(5.43b)的比较,我们可以直接确定这

些测量速率分别为

$$\mu_X = \frac{C}{\Gamma}\left[2 + \frac{1}{1 + 16\,(\Omega/\kappa)^2}\right] = \frac{4g^2}{\kappa}\left[2 + \frac{1}{1 + 16\,(\Omega/\kappa)^2}\right] \tag{5.57a}$$

$$\mu_Y = \frac{C}{\Gamma}\left[\frac{1}{1 + 16\,(\Omega/\kappa)^2}\right] = \frac{4g^2}{\kappa}\left[\frac{1}{1 + 16\,(\Omega/\kappa)^2}\right] \tag{5.57b}$$

显然,在好的腔极限($\Omega \gg \kappa$)中,机械 Y 正交分量的测量速率接近零,而 μ_X 渐近于 $8g^2/\kappa$,它是具有相同协同度的连续测量的坏腔测量速率的 2 倍.[①]对于一般的腔衰减率,公式 (5.57)可用于公式(5.44),以确定通过双频驱动实现的稳态机械 X 正交分量的条件方差.在反作用主导的区域中,公式(5.45)给出的这个方差为

$$V_X = \sqrt{\frac{1}{4\eta}\left[\frac{1}{3 + 32\,(\Omega/\kappa)^2}\right]} \tag{5.58}$$

有趣的是,对于任何分辨边带因子(Ω/κ),只要测量效率 η 超过 $1/3$,机械振子的量子压缩($V_X < 1/2$)就可以在反作用主导的区域下实现.此外,在测量效率较小的情况下,只要有以下条件,就仍然可以在这个区域中实现量子压缩:

$$\frac{\Omega}{\kappa} > \left(\frac{1 - 3\eta}{32\eta}\right)^{1/2} \tag{5.59}$$

已经有几个实验证明了使用双频驱动和频闪测量的规避反作用,包括使用超导微波光力系统和使用冷原子的磁偏振云.[293]后一种情况验证了量子压缩态的产生,如图 5.3 所示.无条件的量子压缩态也已经通过一个修改过的方案被观察到.在此方案中,两个频率的强度是不平衡的.[171,228,320]稍高的红边带强度导致可分辨边带冷却(参见 4.2.2 小节),与近似规避反作用测量并存[71,165],无需反馈也能够产生无条件的压缩态.

---

① 这可以从公式(5.26)中看出,取极限 $\Omega \ll \kappa$,所以 $C_{\text{eff}} = C = 4g^2/(\kappa\Gamma)$.

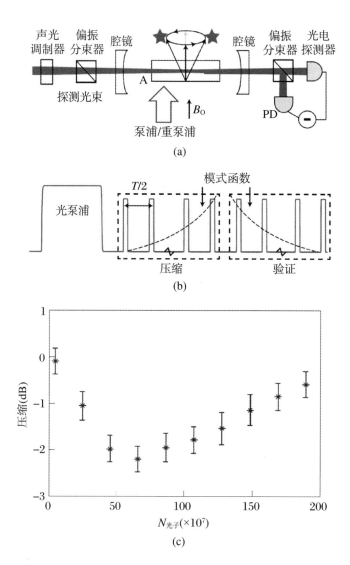

图 5.3　利用冷原子云作为磁振子实现的频闪规避反作用测量

（a）实验仪器；（b）调节和验证协议；（c）导致了低于标准量子极限的压缩.（经许可改编自文献［293］，麦克米伦出版有限公司版权所有(2015)）

5.3.4　失谐参量放大

通过对机械 X 和 Y 正交分量进行强度不平衡的测量,我们发现有可能对一个机械正交分量进行规避反作用测量,并将其局域在零点不确定度以下.另一种规避测量的方法是在机械振子的哈密顿量中引入非线性,使一个正交分量运动以相位敏感的方式被放大,而另一个正交分量运动相位敏感被缩小.即使在连续测量的情况下,这种放大过程也能有效地使正交分量测量不平衡[273-274],即以实现机械非线性取代了频闪测量的复杂性.

1. 参量放大

我们具体地考虑机械振子运动的参量放大过程,即为机械振子引入一个额外的简谐囚禁势,其弹性常量可以及时得到控制.例如,这可以通过引入一个空间和时间变化的电场来实现.该电场通过偶极子力与机械振子相互作用[243].机械振子的哈密顿量则变为

$$\hat{H} = \frac{\hat{p}^2}{2m} + \frac{\hat{q}^2}{2}\big[k + k_{\mathrm{p}}(t)\big] \tag{5.60}$$

其中,k 和 $k_{\mathrm{p}}(t)$ 分别是机械振子的裸弹性常量和附加电势的弹性常量.附加项的作用可以简单理解为它动态地改变了振子的共振频率.

练习 5.8 请证明如果 $k_{\mathrm{p}}(t)$ 在时间上是静止的,并且比 k 小得多,那么哈密顿量可以用频率偏移的简谐振子来近似地表示为

$$\hat{H}_{\text{静止}} = \hbar(\Omega + \chi)b^{\dagger}b \tag{5.61}$$

其中,非线性系数 $\chi \equiv k_{\mathrm{p}}/(2m\Omega)$.

为了以参量化的方式驱动振子,我们对弹性常量进行正弦调制,调制频率接近于裸机械共振频率的 2 倍:

$$k_{\mathrm{p}}(t) \rightarrow k_{\mathrm{p}}\cos\{2\big[(\Omega + \Delta)t + \theta\big]\} \tag{5.62}$$

其中,2Δ 是参量驱动与 2Ω 的失谐,不要与光腔的失谐相混淆,在本书中我们用相同的符号表示,θ 是驱动的相位.在一个以 $\Omega + \Delta$ 旋转的坐标系中,公式(5.60)的哈密顿量变为

$$\hat{H} = -\hbar\Delta b^{\dagger}b + \frac{\hbar\chi}{4}(b^{\dagger 2}e^{2i\theta} + b^2 e^{-2i\theta}) \tag{5.63}$$

其中,χ 是前面定义的非线性系数.我们用标准的旋转波近似方法来消除快速旋转项.只要 $\Omega \gg \{\Gamma, \chi\}$,该方法就有效.这个方程中的非线性项应该会让人联想到我们前面介绍的有质压缩哈密顿量中场的类似项(参见公式(4.112)和公式(4.115)).事实上,这个项引起了机械式压缩(和放大).

虽然在 4.5.3 小节中我们使用了量子朗之万方法来研究有质压缩,但同样可以使用本章所概述的随机主方程方法.让我们首先考虑无条件的动力学,包括与环境的相互作用,但没有测量($\mu = 0$),为了方便起见,将驱动相位设定为 $\theta = -\pi/4$.使用公式(5.11)和公式(5.20),就可以很容易地表明,机械正交分量平均的演化为

$$\frac{\mathrm{d}\langle \hat{X}_{M} \rangle}{\mathrm{d}t} = -\left(\frac{\Gamma + \chi}{2}\right)\langle \hat{X}_{M} \rangle - \Delta \langle \hat{Y}_{M} \rangle \tag{5.64a}$$

$$\frac{\mathrm{d}\langle \hat{Y}_{M} \rangle}{\mathrm{d}t} = -\left(\frac{\Gamma - \chi}{2}\right)\langle \hat{Y}_{M} \rangle + \Delta \langle \hat{X}_{M} \rangle \tag{5.64b}$$

练习 5.9 *请推导出这些结果.*

我们看到,选择这个特定的驱动相位,参量驱动增加了机械 X 正交分量的衰减率,从而导致压缩;同时以相同的量减少了 Y 正交分量的衰减率,从而放大了它.对于 $\chi > \Gamma$,Y 正交分量经历指数式增长,而不是衰减,因此将导致参量振荡.这种现象读者应该很熟悉,因为它是人驱动秋千摆动的作用机制.如果 $\Delta = 0$,振荡的阈值正好在 $\chi = \Gamma$.然而,由于任何失谐的作用是将能量从 Y 正交分量耦合到 X 正交分量,因此阈值会随着失谐的增加而被抑制,一般情况下有

$$\chi_{阈} = (4\Delta^{2} + \Gamma^{2})^{1/2} \tag{5.65}$$

1984 年,人们从量子光学的角度处理了通过失谐参量放大的量子压缩问题.[59] 最近,在量子光力学的背景下,人们首次考虑了连续监测过程中的条件压缩问题.[273-275]

2. 规避反作用

由于参量驱动的作用是放大机械振子的一个正交分量,而这个正交分量上的信号可以被放大到测量噪声水平之上,从而改善机械传感器的性能.然而,参量放大直接改变了被放大的正交分量的动态,因此这并不是反作用规避测量.①但是,通过选择一个特殊的失谐 $\Delta^{[273]}$,有可能实现规避反作用的测量.具体来说,如果我们选择 $\Delta = -\chi/2$,完成公式(5.63)中的平方运算就可以得到简单的哈密顿量为

$$\hat{H} = \frac{\hbar\chi}{2}(\hat{X}_{M}^{\theta})^{2} \tag{5.66}$$

这个哈密顿量与自由质量的哈密顿量基本相同(公式(5.41)).正交分量 $\hat{X}_{M}^{\theta}$ 是一个类似于动量的运动常数,而正交分量 $\hat{Y}_{M}^{\theta}$ 的增长速率由 $\hat{X}_{M}^{\theta}$ 决定,这类似于位置.与自由质量的情况类似,如果我们把振子与一个辅助系统耦合起来,包括一个形式为 $\lambda \hat{X}_{M}^{\theta}\hat{M}$ 的相互作用项.显然,参量驱动和耦合都不会影响机械 $\hat{X}^{\theta}$ 正交分量的动力学,因为这两个项都与 $\hat{X}_{M}^{\theta}$ 对易,而关于 $\hat{X}_{M}^{\theta}$ 的信息将编码至辅助系统上.

---

① 换句话说,公式(5.63)的哈密顿量一般不与 $\hat{X}_{M}$ 或 $\hat{Y}_{M}$ 对易.

虽然上一段描述的测量是典型的规避反作用测量,但从实际角度看并不理想,因为它需要参量化驱动和某种形式的频闪测量来实现单一的正交分量测量.相比之下,5.3.3 小节中讨论的通过双频驱动进行的规避反作用测量,只需要一个频闪测量.在这里,我们希望实现一个只依靠参量驱动和连续测量的规避反作用测量.参照失谐参量振子的无条件动力学的公式(5.64),就可以理解其基本思想.公式(5.66)告诉我们,对于 $\Delta = -\chi/2$,存在一个不受参量驱动影响的正交分量 $\hat{X}^\theta$,而公式(5.64)首先告诉我们,失谐的存在引入了正交分量之间的关联性.其次,它放大了一个正交分量.失谐参数放大将 $\hat{X}^\theta$ 正交分量编码至其他正交分量上.放大这些正交分量上的涨落,就可以通过一个弱的连续测量来提取关于 $\hat{X}^\theta$ 正交分量的信息.在非常大的放大的渐进极限中,测量可以非常弱,以致于它对 $\hat{X}^\theta$ 正交分量基本上没有引入反作用.

让我们通过考虑一个振子的矩的演化来研究这种效应,这个振子的幺正动力学受公式(5.66)支配,并且存在连续测量.应用 5.2 节中的方法,我们得到的正交分量方差和协方差的运动方程与反馈冷却的公式(5.24)中的项相同,只是多了一个项[275]:

$$\dot{V}_X = \cdots + 2\chi\sin\theta\left[\sin\theta C_{XY} + \cos\theta V_X\right] \tag{5.67a}$$

$$\dot{V}_Y = \cdots - 2\chi\cos\theta\left[\cos\theta C_{XY} + \sin\theta V_Y\right] \tag{5.67b}$$

$$\dot{C}_{XY} = \cdots + \chi\sin^2\theta V_Y - \chi\cos^2\theta V_X \tag{5.67c}$$

练习 5.10 请推导出这些结果.

公式(5.67)是由公式(5.24)中的方差平方和协方差平方的测量条件项而产生的非线性运动方程.这使得它们在一般情况下难以求解.通过选择参量化的驱动相位,可以显著地简化为

$$\tan\theta = -\sqrt{\frac{V_X}{V_Y}} \tag{5.68}$$

以便使驱动引入协方差演化的项(公式(5.67c))相互抵消.这可以在不失一般性的情况下进行,其效果只是将最大压缩和放大的正交分量分别定向到 V_X 和 V_Y.在这种相位选择下,稳态协方差 $C_{XY} = 0$.在强驱动 $V_Y \gg V_X$ 的极限下,使 $\cos\theta \approx 1$ 和 $\sin\theta \approx -\sqrt{V_X/V_Y}$.对于稳态方差,我们发现耦合的非线性方程为

$$0 = -\Gamma V_X + \Gamma\left(\bar{n} + \frac{1}{2}\right) + \mu - 4\mu\eta V_X^2 - 2\chi\sqrt{\frac{V_X^3}{V_Y}} \tag{5.69a}$$

$$0 = -\Gamma V_Y + \Gamma\left(\bar{n} + \frac{1}{2}\right) + \mu - 4\mu\eta V_Y^2 + 2\chi\sqrt{V_X V_Y} \tag{5.69b}$$

从这些表达式中可以看出,参量化驱动增强了机械 X 正交分量的条件阻尼,并为 Y 正交分量引入了反阻尼.其作用是有条件地局域 X 正交分量,这比单纯的连续监测要好.

3. 条件压缩

文献[275]已经给出公式(5.69)的解析解,我们在此不再重复.相反地,我们考虑以下情况:

$$V_X \ll \left\{ \bar{n} + \frac{1}{2} + \frac{\mu}{\Gamma}, \sqrt{\frac{\Gamma\left(\bar{n} + \frac{1}{2}\right)}{4\mu\eta}} \right\} \tag{5.70}$$

这相当于 X 正交分量的方差,它的局域化精度比反作用加热的热方差和反馈冷却的经典测量区域中实现的方差都要好(参见 5.2.3 小节).在这种情况下,公式(5.69a)产生 Y 正交分量方差的简单表达式为

$$V_Y = \frac{4\chi^2 V_X^3}{\left[\Gamma\left(\bar{n} + \frac{1}{2}\right) + \mu\right]^2} \tag{5.71}$$

利用这个结果,在强驱动区域,即 $\chi^2 \gg \left[\Gamma\left(\bar{n} + \frac{1}{2}\right) + \mu\right]\mu\eta$;我们可以用公式(5.69b)求解 V_X,其结果是

$$V_X = \frac{1}{2\eta^{1/4}} \left\{ \frac{\left(\Gamma\left[\bar{n} + \frac{1}{2}\right] + \mu\right)^3}{\chi^2\mu} \right\}^{1/4} \tag{5.72}$$

这个表达式有几个值得注意的特点.第一,随着驱动强度 χ 的增加,完全局域化是可能的($V_X \to 0$);第二,即使在任意小的测量强度 μ 的极限情况下,也是如此;第三,在完美效率的极限情况下,只要特征速率 $\chi^{2/3}\mu^{1/3}$ 远大于热和反作用加热速率的总和($[\Gamma(\bar{n}+1/2)+\mu]$),就可以实现量子压缩($V_X < 1/2$);第四,存在一个最佳测量强度,超过这个强度,$V_X$ 就被测量反作用噪声所支配并开始退化.这些特征与双频光驱动的规避反作用形成对比.在双频光驱动中,需要反作用主导的测量区域来实现明显的压缩,并且随着测量强度的增加,压缩接近公式(5.58)中的渐进极限.这两种方法之间的另一个显著区别是,参量化的规避反作用对测量的低效率不太敏感.这可以从公式(5.58)和公式(5.72)中 η 前置因子的不同比例中看出.不同比例来源于参量放大过程,而参量放大的作用是将机械信号放大到测量前引入的真空噪声上.

条件机械压缩已经在实验中得到证明,在经典状态下,机械正交分量被定位在其平衡热噪声之下,但仍然高于零点运动水平[272](图5.4).在这些实验中,机械振子对应一个

原子力显微镜的尖端,通过光学干涉仪读出机械运动,并使用尖锐电极产生的空间和时间变化的电场进行参量化驱动.

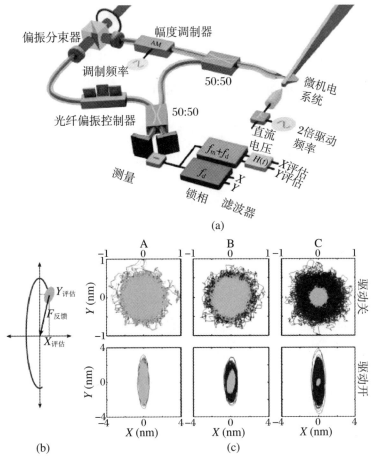

图 5.4 使用失谐参量放大对经典系统中的机械振子进行规避反作用测量

(a) 实验原理图;(b) 测量期间的状态轨迹;(c) 有无参数驱动的(无条件:深灰色;有条件:浅灰色)评估的误差.f_m:调制频率;f_d:驱动频率;$H(t)$:滤汲函数.(经许可转载自文献[272],美国物理学会版权所有(2013))

5.4 通过压缩光超越标准量子极限

在上一节中,我们看到观测量是系统哈密顿量运动的常数情况下,如何利用规避反作用测量(顾名思义)来规避存在于量子系统测量中的反作用,并制备出使其一个正交分量局域化比机械零点运动更好的机械振子的状态.这可以用来超越(或更精确地,避免)测量精度的标准量子极限.另一条实现超越标准量子极限的测量精度的途径,是利用一个本身已经具备量子关联的测量系统来进行测量.我们在这里考虑这一类的测量.

5.4.1 自由质量的亚标准量子极限位置测量

3.1 节中关于自由质量的位置测量的标准量子极限的推导中,我们明确地假定在测量噪声和对质量动量的测量反作用之间不存在关联.在这里,我们简要地考虑了更一般的情况,即可能存在量子关联,以提供一个简单的示范,并以此说明如何通过精细设计量子系统和探测它的测量系统之间的相互作用,来实现规避反作用测量.

与 3.1 节类似,我们考虑对自由质量进行两次连续的位置测量,间隔时间为 τ.然而,为了允许测量噪声和反作用噪声之间存在量子关联,我们认为连续测量是通过在某个初始时间将质量的位置短暂地耦合到某个辅助量子系统,随后将其解耦并等待一段时间,然后再第二次短暂地耦合它,最后对辅助系统进行测量.具体来说,让我们设想一下,辅助系统是第二个自由质量,通过与 $\hat{q}\hat{q}_a$ 成比例的哈密顿量,在 $t = 0$ 和 $t = \tau$ 附近的短时间内引入线性耦合,其中,$\hat{q}_a$ 是辅助系统质量的位置算符.如果相互作用的时间足够短,那么使用海森伯运动方程(公式(1.20))就可以直接地表明,第一个相互作用执行了对称的变换:

$$\hat{p}(0_+) = \hat{p}(0) + \lambda\hat{q}_a(0) \tag{5.73a}$$

$$\hat{p}_a(0_+) = \hat{p}_a(0) + \lambda\hat{q}(0) \tag{5.73b}$$

并使两个质量的位置不受影响.其中,$\hat{p}_a$ 是辅助系统的动量,λ 是有效的相互作用强度,而 0_+ 是指相互作用后的无限短时间.

练习 5.11 请推导出此结果.

我们从公式(5.73)中可以看到,相互作用既扰动了质量的动量,又将其位置的信息编码到辅助系统的动量上.这对读者来说可能很熟悉,因为它的形式与线性化的光力相互作用完全相同,其中,光的相位正交分量编码了机械位置的信息,而机械动量编码了光的振幅正交分量的信息.通过检查公式(5.73b),我们可以看到,对辅助系统的直接无噪声测量,将精确地确定质量的位置,$\Delta q = \sigma[\hat{p}_a(0)]/|\lambda|$,而从公式(5.73a)中我们看到,对质量动量的反作用是 $\Delta p = |\lambda|\sigma[\hat{q}_a(0)]$.因此,如果辅助系统在最小不确定性状态下开始,那么测量不确定性和反作用的乘积为 $\Delta q\Delta p = \sigma[\hat{p}_a(0)]\sigma[\hat{q}_a(0)] = \hbar/2$,即饱和

于海森伯不确定性原理.

与 3.1 节中的方式相同,自由哈密顿量动力学使质量和辅助系统的动量都保持不变,但在时间 τ 之后,质量的动量被耦合到位置上,即

$$\hat{q}(\tau) = \hat{q}(0) + q_{\text{sig}} + \frac{\tau\lambda}{m}\hat{q}_a(0) \tag{5.74}$$

在这里,我们只保留了来自测量反作用的贡献,正如 3.1 节所假设的那样,在相互作用之前,质量在动量上是完全局域化的.我们还引入了演化过程中某个阶段发生的额外位移 q_{sig},它构成了要测量的信号.例如,在引力波探测中,q_{sig} 来自引力波在探测装置中传播时差分长度的收缩,使第二种相互作用的强度与第一种相互作用的强度相同,但是需要反号,那么第二种相互作用就会将辅助系统的动量转化为

$$\hat{p}(\tau_+) = \hat{p}_a(0) + \lambda\hat{q}(0) - \lambda\hat{q}(\tau) \tag{5.75}$$

$$= \hat{p}_a(0) - \lambda q_{\text{sig}} - \frac{\tau\lambda^2}{m}\hat{q}_a(0) \tag{5.76}$$

用结果 $\hat{p}_a(\tau_+)$ 对 $\tilde{p}_a(\tau_+)$ 进行测量,则提供信号 $\tilde{q}_{\text{sig}} = -\tilde{p}_a(\tau_+)/\lambda$ 的评估值,它具有如下不确定性:

$$\sigma[\tilde{q}_{\text{sig}}] = \sigma[\hat{p}_a(\tau_+)]/|\lambda| \tag{5.77}$$

$$= \frac{\tau|\lambda|}{m}\sigma\left[\hat{q}_a(0) - \frac{m}{\tau\lambda^2}\hat{p}_a(0)\right] \tag{5.78}$$

如果辅助系统最初准备在一个最小不确定度的状态下,并且它的初始位置和动量是不关联的,那么公式(5.78)就会简化为通过两个强度相同的独立测量所实现的位置测量不确定度[①].然后可以直接导出类似于公式(3.8)的标准量子极限.然而,从公式(5.78)中可以立即看出,辅助系统的位置和动量之间的关联性可以将不确定性降低到标准量子极限之下.通过检查自由质量的位置演化(公式(3.3)),我们可以发现

$$\hat{q}_a(0) - \frac{m}{\tau\lambda^2}\hat{p}_a(0) = \hat{q}_a\left[-mm_a/(\tau\lambda^2)\right] \tag{5.79}$$

其中,m_a 是辅助系统的质量.值得注意的是,测量的不确定性是由早期时间 $t = -mm_a/(\tau\lambda^2)$ 时辅助系统位置的不确定性决定的.在这一时间段内,通过一个强位置测量实现辅助系统的位置局域化——将在时间 $t = 0$ 时产生位置-动量的关联性,从而抵消反作用和测量

---

① 得到的表达式与公式(3.6)基本相同,唯一的区别是:由于我们在这里考虑的是两个强度相同的相互作用,而在 3.1 节中,第二次测量被视为一个完全无噪声的测量,对应于一个无限的相互作用强度,因此产生了一个系数;这里我们假设自由质量最初在动量上是完全局域化的——这一假设将在 3.1 节后面出现.

噪声对辅助系统动量的影响.原则上,这允许对$\hat{q}_{\text{sig}}$进行任意精确的测量,而不受标准量子极限的约束.

通过这个简单的例子,我们试图证明,精心准备一个对量子系统进行测量的辅助系统,可以以一个任意程度超越标准量子极限.在接下来的内容中,我们将考虑一些具体的例子,以实现这种超越标准量子极限的测量方法,可以将其应用于腔光力系统.在这些例子中,光场扮演着辅助系统的角色,关联关系要么在向腔光力系统注入光场之前准备好,要么由光力相互作用内在产生.

5.4.2 压缩的输入光场

在第3章中,我们使用光的相干或热态来处理机械运动的光学测量.然而,我们在4.5.1小节中发现,有可能产生所谓的光压缩状态,它的正交分量的噪声低于相干状态的噪声水平(图5.5).在4.5.1小节中,这些状态通过光力相互作用本身的等效克尔非线性产生.另外,由其他非线性过程在外部产生的光的压缩状态可以被注入光力系统,以提高机械运动的光学测量精度.

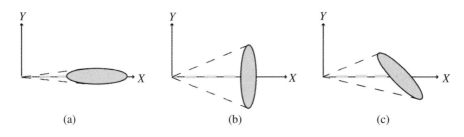

图 5.5 压缩态的球状和棒状图

相位(a)、振幅(b)和 $\pi/4$ 正交分量压缩态(c).

为了接近这一主题,我们首先重新审视线性化光力系统的输出光场,该系统具有公式(3.29)中给出的共振光驱动($\Delta=0$).虽然具有简单的优势,但我们注意到,公式(3.29)只在完美的腔逃逸和探测效率这一并不现实的情况下才有效.在涉及压缩态的情况下,低效率有两种影响.首先,像往常一样,它们降低了映射在测量光场上的机械信号的大小;其次,由于光的压缩状态表现出了光子的关联性,而低效率会降低这些关联性,因此低效率会降低压缩的质量.虽然第二个影响确实显著地改变了基于压缩光的机械运动测量的性能,但它并没有改变我们这里展示的关键的定性行为.为了确定低效率的定量影响,读者可以进行与我们类似的分析,但需包括附录 A 中描述低探测效率的方式.

现在让我们考虑具有最小不确定度的压缩输入光学状态:在某个正交分量角 θ 处具有最小方差 V,而在正交分量角 $\theta+\pi/2$ 处具有最大方差 $1/V$.这样的状态不处于热平衡状态,因此,具有与公式(1.117)中给出的热输入状态不同的关联属性.具体地来说,就是

$$\langle \hat{Y}_{\text{in}}^{\theta\dagger}(\omega)\hat{Y}_{\text{in}}^{\theta}(\omega')\rangle = V\delta(\omega-\omega') \tag{5.80a}$$

$$\langle \hat{X}_{\text{in}}^{\theta\dagger}(\omega)\hat{X}_{\text{in}}^{\theta}(\omega')\rangle = \frac{1}{V}\delta(\omega-\omega') \tag{5.80b}$$

$$\langle \hat{X}_{\text{in}}^{\theta\dagger}(\omega)\hat{Y}_{\text{in}}^{\theta}(\omega')\rangle = -\langle \hat{Y}_{\text{in}}^{\theta\dagger}(\omega)\hat{X}_{\text{in}}^{\theta}(\omega')\rangle = \frac{i}{2}\delta(\omega-\omega') \tag{5.80c}$$

使用公式(1.17),并作如下替换:$\{\hat{Q},\hat{P}\} \to \{\hat{X},\hat{Y}\}$,光入射正交分量算符可以用旋转压缩和反压缩正交算符重新表示为

$$\hat{X}_{\text{in}} = \cos\theta\hat{X}_{\text{in}}^{\theta} - \sin\theta\hat{Y}_{\text{in}}^{\theta} \tag{5.81a}$$

$$\hat{Y}_{\text{in}} = \cos\theta\hat{Y}_{\text{in}}^{\theta} + \sin\theta\hat{X}_{\text{in}}^{\theta} \tag{5.81b}$$

将这些表达式代入公式(3.29b),并使用公式(1.43)和上面的关联关系,可以确定输出光相位正交分量的功率谱密度.记住由于辐射压力的作用,$\hat{Q}$ 是 $\hat{X}_{\text{in}}$ 的函数.

练习 5.12 请证明对称功率谱密度 $\bar{S}_{Y_{\text{out}}Y_{\text{out}}}=(\omega)=[S_{Y_{\text{out}}Y_{\text{out}}}(\omega)+S_{Y_{\text{out}}Y_{\text{out}}}(-\omega)]/2$. 在对 $\hat{Y}_{\text{out}}$(在公式(3.29b)中给出)进行零差探测时,将得到功率谱密度:

$$\bar{S}_{Y_{\text{out}}Y_{\text{out}}}(\omega) = 4\Gamma|C_{\text{eff}}|\bar{S}_{Q(0)Q(0)}(\omega) + |\cos\theta - 4\Gamma\sin\theta|C_{\text{eff}}|\chi(\omega)|^2 V$$

$$+ |\sin\theta + 4\Gamma\cos\theta|C_{\text{eff}}|\chi(\omega)|^2\frac{1}{4V} \tag{5.82}$$

其中,正如我们在 3.4 节中对标准量子极限的处理一样,未受扰动的机械功率谱密度 $\bar{S}_{Q(0)Q(0)}(\omega)=|\chi(\omega)|^2[2\bar{n}(\omega)+1]\omega/Q$.表明采取量子光学近似和压缩方差 $V=1/2$ 可以得到公式(3.43).该公式是我们之前为相干光驱动的情况而推导出的结果.

按照与 3.4 节相同的方法,将上述练习中的表达式在机械振子的无量纲位置单位中重新归一化,我们发现

$$\bar{S}_{Q_{\text{det}}Q_{\text{det}}}(\omega) = \bar{S}_{Q(0)Q(0)}(\omega) + \bar{S}_{\text{det,sqz}}(\omega) \tag{5.83}$$

其中,探测噪声的功率谱密度为

$$\bar{S}_{\text{det,sqz}}(\omega) = \frac{1}{4\Gamma|C_{\text{eff}}|}\Big[|\cos\theta - 4\Gamma\sin\theta|C_{\text{eff}}|\chi(\omega)|^2 V$$

$$+ |\sin\theta + 4\Gamma\cos\theta|C_{\text{eff}}|\chi(\omega)|^2\frac{1}{4V}\Big] \tag{5.84}$$

应该将公式(5.83)与公式(3.65)中给出的机械位移测量的标准量子极限进行比较.

当 $\theta = 0$ 时,输入光场被相位压缩,使得 $\bar{S}_{Y_{in}Y_{in}}(\omega) = V < 1/2$(参见图5.5(a)).然后公式(5.84)被显著地简化为

$$\bar{S}_{det,sqz}(\omega) = \frac{V}{4\Gamma|C_{eff}|} + \frac{\Gamma|C_{eff}|}{V}|\chi(\omega)|^2 \tag{5.85}$$

这个表达式与公式(3.51)中使用相干光探测的机械振子的探测噪声功率谱密度非常类似.除了缺少 η 之外,这是由于我们采取的是完美效率,唯一的区别是,压缩方差 V 的作用是修改光和机械之间的等效相互作用强度,公式(3.51)中的等效协同度被替换为 $C_{eff}/(2V)$.对于压缩状态 $V < 1/2$,我们看到相位压缩增加了相互作用的强度.因为相位压缩既减少了相位正交分量测量的不精确性,又通过海森伯不确定性关系所强制的振幅正交分量方差的互补增加,增加了机械振子的辐射压力噪声驱动,所以这是合理的.

练习5.13 请证明振幅压缩($\theta = \pi/2$)会降低等效的相互作用强度.

由于相位和振幅压缩的作用只是改变等效的相互作用强度,很明显它们不能用于超越标准量子极限.然而,它们确实改变了达到标准量子极限所需的等效协同度(以及对应的光功率),如图5.6(a)所示.这提供了一些优势:一方面,如果注入腔光力系统的总光功率可以压缩到低于相干光达到标准量子极限所需的光功率,那么相位压缩将提供一条提高精度并最终达到标准量子极限的途径;另一方面,如果使用振幅压缩并增加光功率以达到标准量子极限,那么该系统对光学检测的低效率具有内在的稳定性.这是由于在振幅压缩的情况下,输出场的相位正交分量噪声和映射在相位正交分量上的机械信号都被放大了,超过了由低效率引起的真空涨落.

人们可能设想,类似于我们在5.4.1小节中对自由质量的亚标准量子极限测量的简单示例,有可能通过仔细平衡入射光场的相位和振幅正交分量之间的关联,来调节测量和反作用噪声进行干涉相消,从而超越标准量子极限.对于除完美的振幅或相位压缩之外的任何压缩角度,振幅和相位正交分量的涨落都表现出关联性(参见图5.5(c)).则辐射压力将机械振子的运动与光场的相位正交分量关联起来.我们的目标是选择参数,以便当机械运动映射到腔内场的相位正交分量上时,这些关联相互抵消,从而减少净探测噪声.很明显,从公式(5.84)中可以看到这种情况发生的条件,方括号中的两个项都有一个系数,它是测量和反作用噪声贡献的加权之和的绝对值平方.然而,由于共振机械极化率 $\chi(\Omega) = i/\Gamma$ 是虚数,从公式(5.84)中可以立即看出,在机械共振频率处不可能实现这种相互抵消.因此,对于任何压缩角 θ,在机械共振频率处都不能超越标准量子极限.图5.6(a)以 $\theta = \pi/4$ 时作为一个例子.可以看出,这个压缩角使最佳入射功率保持不变,但

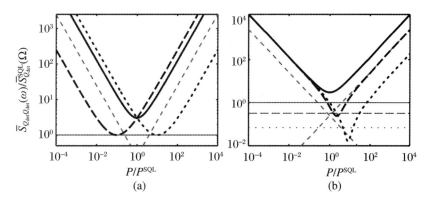

图 5.6　压缩光对机械偏移测量精度的影响

（a）使用压缩输入场测量 $\hat{Q}$ 的共振（$\omega = \Omega$）功率谱密度作为驱动功率的函数，并归一化为公式（3.65）中的共振标准量子极限 $\bar{S}^{\mathrm{SQL}}_{Q_{\mathrm{det}} Q_{\mathrm{det}}} = 2/\Gamma$，粗虚线、实线和点状曲线分别对应 $\theta = \{0, \pi/4, \pi/2\}$ 的压缩角，细实线对应共振时的标准量子极限；（b）压缩角 $\theta = \pi/4$，机械品质因子 $Q = 100$ 对应的功率谱密度，在边带频率 $\omega = \{\Omega, \Omega + \Gamma, \Omega + 4\Gamma\}$ 时，分别对应粗实线、虚线和点线的曲线，细实线、虚线和点线是相应的标准量子极限。对于（a）和（b），我们都选择了 $\bar{n} = 0$，$\eta = 1$，以及 $V = 1/20$ 的压缩正交分量方差；灰色细对角虚线是相干输入态的共振测量不精确性和反作用噪声。

降低了最佳灵敏度.

　　此外，当满足条件 $|\Omega^2 - \omega^2| \gg \omega\Gamma$ 时，机械极化率近似为实数.如果满足这个条件，就有可能实现所需的抵消，从而超越标准量子极限.这在远高于和远低于机械共振频率时都会发生.$\omega \gg \{\Omega, \Gamma\}$ 的自由质量区域特别重要，因为它与第 3 章讨论的引力波探测有直接关系.图 5.6（b）显示了压缩相位角为 $\pi/4$、$V = 1/20$ 和三个不同频率 ω 的特定情况下的相消效应.压缩角 $\theta_{\mathrm{canc}} = -4\Gamma\Omega\,|C_{\mathrm{eff}}|/(\Omega^2 - \omega^2)$，在极限 $|\Omega^2 - \omega^2| \gg \omega\Gamma$ 的情况下，近似地取消了公式（5.84）方括号内的反压缩正交分量项[①].我们应该注意到这个压缩角依赖于频率.因此，为了提高宽带精度，需要与频率相关的压缩.这样的压缩已经有了实验报道，例如文献[69].

　　选择上段中的压缩角 θ_{canc}，并优化等效的光力协同度，以此使得压缩正交分量的总噪声贡献（$|C^{\mathrm{opt}}_{\mathrm{eff}}| = |\Omega^2 - \omega^2|/(4\Gamma\Omega)$）最小，公式（5.84）中的探测噪声的功率谱密度则变为

---

① 　该项正比于 $1/V$.

$$\overline{S}_{\text{det,sqz}}^{\theta_{\text{canc}}}(\omega) \approx \frac{2\Omega V}{|\Omega^2 - \omega^2|} \tag{5.86}$$

当 $V \to 0$ 时,它接近零,原则上允许在 $\omega = 0$ 和 $\omega \to \infty$ 时都能对机械运动进行完美测量.在其他频率下,与 $1/V$ 成正比的二阶项并没有被我们选择的压缩角所抵消,最终限制了测量精度.

有可能同时优化公式(5.84)中的探测噪声的功率谱密度,即压缩方差 V、压缩角 θ 和等效协同度 C_{eff}.结果是最小值 $\overline{S}_{\text{det,sqz}}(\omega)$ 正好使公式(3.61)的零点极限 $\overline{S}_{\text{det}}^{\text{ZPL}}(\omega)$ 趋于饱和.由于 $\overline{S}_{\text{det}}^{\text{ZPL}}(\omega)$ 在所有非共振频率($\omega \neq \Omega$)处都低于标准量子极限,这表明用非经典光进行连续测量可以超越非共振的标准量子极限.然而,这也表明(与我们在本章前面处理的规避反作用的测量不同)它们不允许有任意好的精度,这从根本上受到了热库零点运动的限制.

虽然我们在此表明,在自由质量和低频区域下,引入入射光场的振幅和相位正交分量之间的关联,可以显著地抑制与机械运动测量相关的光学噪声,但重要的是要记住,在这个区域下,振子对外力的反应会显著降低,如图 3.7 的右栏所示.因此,在传感的应用中,一般来说人们期望在共振处操作,并接近标准量子极限的绝对灵敏度,要优于远离共振但超过标准量子极限的情况.在位移不是通过机械振子上的力引入的应用中,例如在引力波探测中,运行在自由质量区域,则提供了能够显著地增强灵敏度的前景.

有关使用压缩光可以提高测量灵敏度的许多概念验证实验已经被证明.这方面的第一个实验是 Kimble 和 Slusher 实验室在 20 世纪 80 年代进行的干涉测量.[128,322] 压缩光在光学测量中实际应用的一个重要制约因素是其功率受限应用的范围.在这种情况下,不能简单地通过注入更多的光来提高灵敏度.最近,压缩光已经在两类明显受到功率限制的实验中找到了用途.第一类是引力波观测站.由于信号尺寸特别小,目前的干涉仪已经接近它们的功率极限.[1,78] 第二类是生物系统的纳米级测量.在这种情况下,功率受到对试样的光学损伤和光化学侵入的限制.[277-278] 图 5.7 显示了压缩效应对汉福德激光干涉仪引力波观测站(LIGO)仪器的本底噪声的影响.

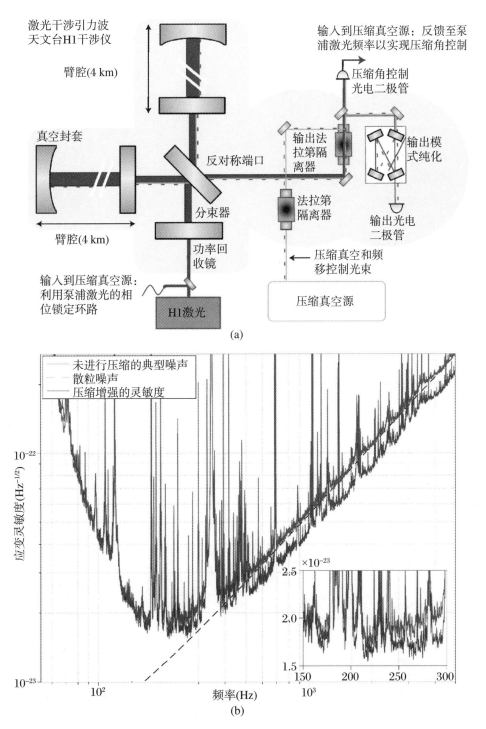

图 5.7　汉福德激光干涉仪引力波观测站(LIGO)利用压缩光提高了测量精度

顶部：干涉仪的示意图.底部：实验中观察到的有(浅灰色为底部轨迹)和无(深灰色为顶部轨迹)压缩光的应变灵敏度.(经许可改编自文献[1],麦克米伦出版有限公司版权所有(2013))

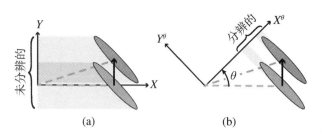

图 5.8 使用有质压缩来克服标准量子极限的球状和棒状图

(a) 在辐射压力散粒噪声主导的区域,基于光的相位正交分量的机械运动的测量的精度会下降;(b) 关联的引入使得在测量另一种光学正交分量时可以获得更高的信噪比.粗体箭头是由机械振子的运动而造成的光场相位正交分量的偏移.

5.4.3 有质压缩

正如我们在 4.5.3 小节中发现的,有可能直接通过力的相互作用产生光学压缩.然后很自然地要问,鉴于上一节的结果,这种压缩是否可以在本质上使测量精度超过标准量子极限.这已被证明是可能的.基本的物理学原理是,辐射压力驱动将光学振幅正交分量噪声映射在机械振子上,随后它被映射到光场的相位正交分量上.由此产生的光学振幅和相位正交分量之间的噪声关联,允许在适当选择零差检测正交分量时降低测量噪声(图 5.8).这种技术称为变分测量,在文献[303-304]中首次被提出.

为了看到这种效果,我们从公式(4.121)开始考虑处在线性化区域和共振光驱动($\Delta = 0$)下的腔光力系统的输出场的任意正交分量 θ 的对称功率谱密度.按照上一节的方法,用无量纲的机械位置对该频谱进行归一化,我们得到机械位置探测的噪声功率谱为

$$\bar{S}_{\det}^{\theta}(\omega) = \frac{1}{8\Gamma \mid C_{\text{eff}} \mid \sin^2\theta} + 2\Gamma \mid \chi(\omega) \mid^2 \mid C_{\text{eff}} \mid + \frac{\chi(\omega) + \chi^*(\omega)}{2\tan\theta} \tag{5.87}$$

像往常一样,很明显,在测量精度(与 C_{eff}^{-1} 成正比的项)和反作用加热(与 C_{eff} 成正比的项)之间存在一个权衡.在 3.4 节中,我们考虑了相位正交分量测量的情况,如 $\theta = \pi/2$.在这个极限中,我们看到公式(5.87)中的测量不精确项是最小的.这表明,相位正交分量测量是最佳的.然而,在一般情况下并非如此,因为表达式中的最后一项在 $\theta = \pi/2$ 时为零,在其他相位角时可能为负数.这一点从图 5.9(a)中机械位移噪声功率谱密度 $\bar{S}_{Q_{\det}Q_{\det}}^{\theta}(\omega) = \bar{S}_{QQ}^{(0)}(\omega) + \bar{S}_{\det}^{\theta}(\omega)$ 中可以看出,零差相位角 $\theta = \pi/10$ 的虚线在一个狭窄的频率带中下降

到相位正交分量测量的虚线以下.

原则上,可以通过向光力系统的输出场引入色散,扩大有质压缩从而提高测量精度的频率带宽,使不同的边带频率经历不同的本地振子相位[157](参见图 5.9(a)中的粗实线).

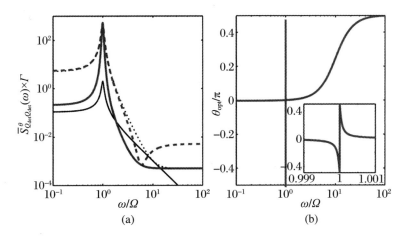

(a)

图 5.9　有质压缩超越标准量子极限

(a) 机械位移噪声功率谱密度,粗虚线表示 $\theta = \pi/10$,粗实线表示与频率相关的最佳零差相位角($\theta = \theta_{\mathrm{opt}}$),细虚线表示相位正交分量测量($\theta = 0$),实线表示位移测量的标准量子极限(公式(3.65)).

(b) 最佳零差相位角 θ_{opt} 与频率的关系.(b)中插图表示接近机械共振频率的最佳零差相位角.为简单起见,我们采取了等效协同度 $C_{\mathrm{eff}}(\omega) = C$,只要满足 $\kappa \gg \omega$ 它就是有效的.参数:$P/P^{\mathrm{SQL}} = 1000, \bar{n} = 10$, $Q = 10$.

练习 5.14　利用公式(5.87),请证明对于

$$\tan\theta_{\mathrm{opt}} = \frac{-1}{2\Gamma \mid C_{\mathrm{eff}} \mid [\chi(\omega) + \chi^*(\omega)]} \tag{5.88}$$

的本振相位角 θ_{opt},功率谱密度 $\bar{S}_{\mathrm{det}}^{\theta}(\omega)$ 是最小的,并且对于这个相位角

$$\bar{S}_{\mathrm{det}}^{\theta_{\mathrm{opt}}}(\omega) = \frac{1}{8\Gamma \mid C_{\mathrm{eff}} \mid} + 2\Gamma \mid \chi(\omega) \mid^4 \mid C_{\mathrm{eff}} \mid \left(\frac{\omega}{Q}\right)^2 \tag{5.89}$$

最佳本振相位在机械共振周围表现出一个尖锐的色散特征,其宽度大约为 $\Gamma/\mid C_{\mathrm{eff}} \mid$.同时还有第二个更宽的特征,如图 5.9(b)所示.尖锐的特征对引入输出光场的色散元件提出了挑战性.为了达到这些要求,一个有吸引力的提议,是利用 4.3 节中讨论的光力诱导透明的色散特征.[185,233]

在公式(5.89)中选择最佳的相互作用强度,为

$$|C_{\text{eff}}|_{\text{opt}} = \frac{Q}{4\Gamma |\chi(\omega)|^2 \omega} \tag{5.90}$$

我们发现(就像我们在上一小节中对通过压缩入射光场增强测量所做的那样)可实现的最小机械位置探测的噪声功率谱密度,正好使公式(3.61)饱和于零点极限.因此,有质压缩允许在机械共振频率处达到标准量子极限,也允许在远离共振的所有频率处超过标准量子极限精度,尽管该精度本质地被约束在零点运动水平上.

第 6 章

单光子光力学

在迄今为止的大多数实验中,与系统的耗散率相比真空光力耦合率 g_0 是很小的.在第 2 章中,我们介绍了如何通过在稳态振幅 α_{ss} 附近,对腔内的非线性动力学过程进行线性化得到有效的耦合常数 $g \equiv g_0 \alpha_{ss}$.但是这种方法在足够大的 g_0 区域将失效.此时,单光子的存在会显著地改变系统的动力学.在没有共振场(如一连串的单光子驱动)驱动腔体的情况下,该方法也将失效,此时场的平均振幅为零.在本章中,我们将考虑当光力耦合率足够大以至于单光子能够用于控制机械振动时,可能产生的效应.目前已经可以在冷原子系综的光力实验中实现这些[51],但是在更宏观的固态光力系统中仍然没有得以实现.然而,在诸如处于光频率的光力晶体[99]和微波频率的块体元件超导谐振腔[227]等技术中,大型单光子光力耦合技术正取得快速的实验进展.事实上,文献[227]已经报道了单个微波光子对机械振子动力学影响.

单光子强耦合区域($g_0 > \{\kappa, \Gamma\}$)和光力光子阻塞是线性化光力哈密顿量失效时的两个特殊情况.本章将介绍一些可在这些区域实施的光力协议的例子.我们需要处理光腔输入为福克态的方法.如果输入光场是非经典态(如单光子态)并且能够评估输入场的关联函数,我们就可以用量子朗之万方程来处理.如果我们希望使用薛定谔绘景,则需要找到一个可以描述单光子输入态(参见第5章)的主方程.而这可以用 Combes 和其合作者设计的福克态主方程来完成.[127] 我们将考虑一个简单的例子,来说明辐射压力的相互作用如何导致从腔发射的单光子和机械自由度之间的纠缠.我们继而说明这种相互作用是如何在双腔光力系统中,被用来随机地驱动机械系统达到一个能量本征态.在最后一个例子中,我们将介绍双腔系统中的机械自由度是如何被用来实现可控的分束器类型的相互作用,并说明机械系统是如何在大振幅相干运动的驱动下达到半经典极限的.这里将提供一个明确的例子,说明量子控制在一个合适的极限下可以等效为经典控制.

6.1　光力光子阻塞

在光力光子阻塞中,被腔体吸收的单光子可以给机械元件带来较强的脉冲,以致它的次生运动引起腔体失谐,进而降低第二个光子被腔体吸收的可能性.

4.5.2 节中介绍的极化子变换,为理解光力光子效应的物理提供了一种有效的方法.[234] 在那里,我们看到辐射压力的相互作用可以被消除,并被腔场的一个等效的克尔非线性项所取代.这样单个腔内光子的作用使腔的共振频率移动 $\chi_0 = g_0^2/\Omega$,其中,Ω 一如往常是机械共振频率.

在 4.5.2 小节中,我们发现在没有相干驱动和热库相互作用的情况下,极化子变换可以对角化光力哈密顿量.这时能量本征态是光子和声子的直积态 $|E_{nm}\rangle = |n\rangle_a \otimes |m\rangle_b$,其中,$E_{nm} = \hbar(\Delta n - \chi_0 n^2) + \hbar\Omega m$.对于一个固定的声子量子数 m,光子能级的间距不相等,且随着 n 的增加,连续能级之间的差距也在缩小(图 6.1).当开启驱动激光和调谐到腔共振($\Delta = 0$)时,跃迁 $n=0\to1$ 为共振跃迁,而非简谐效应使得跃迁 $n=1\to2$ 为非共振跃迁.因此,如果腔共振的线宽远远小于非简谐效应,即 $\kappa\ll\chi_0$,这个非共振跃迁发生的概率就会降低.这就是单光子阻塞的概念:腔可以很容易地吸收一个光子,由此单位时间内吸收第二个光子的概率将被抑制.为了吸收第二个光子,第一个光子必须从腔体中发射出来.这导致了腔体中光子发射率的关联性,这可在腔体发射事件的光子计数的二阶关联函数 $g^{(2)}(0)$ 中看到.与我们研究的线性化光力系统模型不同,这里的光力系统的输出状态并不一定为高斯态.事实上,在光力系统的强光子阻塞极限下,一个弱的相干入射光脉冲就可以被转化为一个输出的单光子.这种量子态是高度的非高斯态,它表现出很强的维格纳负性(即量子态的维格纳函数在某些区域为负数).

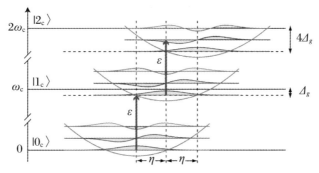

图 6.1　光力系统的能级图

展示了由光激发产生的机械位移和光场能级的移动,由此说明了光力系统中光子阻塞背后的核心概念.这里$|n_c\rangle$标识了没有光力作用情况下光腔的第 n 个本征态($g_0 = 0, \eta = g_0/\Omega, \Delta_g = \chi_0$),$\omega_c$ 是光腔共振频率(在我们的符号标识中为 Ω_c).(经许可转载自文献[234],美国物理学会版权所有(2011))

6.2　单光子态

在上一节中,我们看到在光子阻塞情况下,可以通过光力作用产生高度非经典的光子态.下面我们将考虑相反的情况,即处在福克量子态的光子被注入到光力系统.让我们考虑这样的情况:驱动腔体的场由每个正好包括 N 个光子的脉冲序列组成.我们主要是对 $N = 1$ 的情况感兴趣(即单光子态).正如我们在第 2 章中所看到的,驱动腔场的状态是通过给出输入场算符 $a_{in}(t)$ 的状态来指定的.到目前为止,这个场被假定为具有非零平均场的高斯场,并且通常是静止的.然而,单光子状态却不是这样的.我们首先需要了解在单光子状态驱动腔体的情况下,如何处理输入场的量子随机过程.

我们认为单光子态是许多频率上单一激发的线性叠加,其中频谱分布的线型由振幅 $\xi(\omega)$ 确定.该振幅定义在以载波频率 Ω_L 旋转坐标系下的相互作用绘景中.该量子态可以被定义为

$$|1_\xi\rangle \equiv \int_{-\infty}^{\infty} d\omega\, \xi(\omega) a_{in}^\dagger(\omega) |0\rangle \tag{6.1}$$

其中,$\xi(\omega)$ 的归一化条件是 $\int_{-\infty}^{\infty} d\omega\, |\xi(\omega)|^2 = 2\pi$. 这里,$|0\rangle$ 是电磁场的全局真空状态,即它是被电磁场的正频率分量所湮灭的状态.操作 $a_{in}^\dagger(\omega)|0\rangle$ 是为了在频率分量 ω 中引

入一个光子,而其他频率模式都处于它们的基态.因此,态$|1_\xi\rangle$是所有频率模式中单个光子激发的相干叠加,而$\xi(\omega)$给出相应概率振幅的加权.

练习 6.1 请利用公式(6.1)和1.1.1小节中阶梯算符的特性,说明单光子状态的平均场振幅为零:

$$\langle 1_\xi \mid a_{\text{in}}(t) \mid 1_\xi \rangle = 0 \tag{6.2}$$

然后证明

$$a_{\text{in}}(t) \mid 1_\xi \rangle = \xi(t) \mid 0 \rangle \tag{6.3}$$

其中,

$$\xi(t) = \int_{-\infty}^{\infty} \mathrm{d}\omega \, \mathrm{e}^{-\mathrm{i}\omega t} \xi(\omega) \tag{6.4}$$

是$\xi(\omega)$的傅里叶变换.

练习 6.2 在理想探测器上,单位时间内探测到一个单光子的概率与$n(t) = \langle a_{\text{in}}^\dagger(t) a_{\text{in}}(t) \rangle$成正比.请证明对于一个单光子态,有

$$n(t) = \left| \xi(t) \right|^2 \tag{6.5}$$

6.2.1 量子朗之万方程法

尽管单光子态的平均场振幅消失了,我们仍然可以利用经典直觉来理解线性光学系统在单光子驱动下的响应.假设我们考虑一个具有腔体阻尼率$\sqrt{\kappa}$的单边光腔.在第1章中,我们看到腔内场算符的量子随机微分方程由

$$\dot{a} = -(\kappa/2 + \mathrm{i}\Delta)a + \sqrt{\kappa} a_{\text{in}}(t) \tag{6.6}$$

给出.其中,像往常一样,$\Delta = \Omega_{\text{c}} - \Omega_{\text{L}}$是腔体共振频率和单光子脉冲的载波频率之间的失谐.该方程的解是

$$a(t) = a(0)\mathrm{e}^{-(\kappa/2 + \mathrm{i}\Delta)t} + \sqrt{\kappa} \int_0^t \mathrm{d}t' \mathrm{e}^{-(\kappa/2 + \mathrm{i}\Delta)(t-t')} a_{\text{in}}(t') \tag{6.7}$$

虽然单光子输入对平均场没有贡献:

$$\langle a(t) \rangle = \langle a(0) \rangle \mathrm{e}^{-(\kappa/2 + \mathrm{i}\Delta)t} \tag{6.8}$$

但是它确实改变了腔体中的平均光子数:

$$\langle a^\dagger(t)a(t)\rangle = \langle a^\dagger(0)a(0)\rangle e^{-\kappa t} + \kappa e^{-\kappa t}\left|\int_0^t dt'\, e^{(\kappa/2+i\Delta)t'}\xi(t')\right|^2 \tag{6.9}$$

例如,一个发射率为 γ 的腔单光子源,其概率振幅函数的形式为

$$\xi(t) = \sqrt{\gamma}e^{-\gamma t/2}H(t) \tag{6.10}$$

其中,$H(t)$ 是海维塞德阶梯函数.这种形式可以描述线宽为 γ 的单边光腔中发射的光子,该光腔在 $t=0$ 时被激发后处于单光子态.我们还假设在 $t=0$ 时光腔是空的,那么

$$\langle a^\dagger(t)a(t)\rangle = \frac{4\kappa\gamma}{(\kappa-\gamma)^2+4\Delta^2}\left|e^{-(\gamma/2-i\Delta)t} - e^{-\kappa t/2}\right|^2 \tag{6.11}$$

图 6.2 绘制了此关系.我们看到,腔内平均光子数在一定延迟后上升,然后随着光子的泄漏而下降.随着失谐的增加,腔内光子数的峰值下降,这是因为更多的光子从越来越非共振的腔中被反射出来.

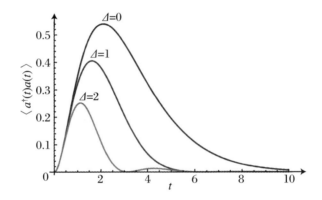

图 6.2　单边腔的腔内平均光子数与时间的关系
该腔由载波频率与腔失谐的单光子脉冲驱动,其频率为 $\Delta = \Omega_c - \Omega_L$.我们选择的单位使得腔振幅衰减率为 $\kappa = 1$.这里显示了不同失谐的数值.

我们还可以计算出腔体输出场的光子计数率.使用第 1 章介绍的输入-输出关系,$a_{out}(t) = a_{in}(t) - \sqrt{\kappa}a(t)$,我们可以看到

$$\langle a_{out}^\dagger(t)a_{out}(t)\rangle$$
$$= \langle a_{in}^\dagger(t)a_{in}(t)\rangle + \kappa\langle a^\dagger(t)a(t)\rangle - \sqrt{\kappa}\langle a_{in}^\dagger(t)a(t) + a^\dagger(t)a_{in}(t)\rangle \tag{6.12}$$

其中,最后一项是干涉项.如果我们在腔体外探测到一个光子,那么我们无法知道它是在腔镜反射后被探测到的,还是先进入空腔然后再被发射出来的.这两条途径相互干涉,而最后一项描述了这个过程.使用前面的例子,得

$$\langle a_{out}^{\dagger}(t)a_{out}(t)\rangle = \gamma e^{-\gamma t}H(t) + \frac{4\kappa^2\gamma}{(\kappa-\gamma)^2+4\Delta^2}\left|e^{-(\gamma/2-i\Delta)t}-e^{-\kappa t/2}\right|^2$$

$$-\frac{4\kappa\gamma(\kappa-\gamma)}{(\kappa-\gamma)^2+4\Delta^2}\left[e^{-\gamma t}-e^{-(\kappa+\gamma)t/2}\cos(\Delta t)\right]$$

$$+\frac{8\Delta\kappa\gamma}{(\kappa-\gamma)^2+4\Delta^2}e^{-(\kappa+\gamma)t/2}\sin(\Delta t) \tag{6.13}$$

输出的计数率如图 6.3 所示,我们可以清楚地看到干涉项的影响,即计数率为零. 在这个时间之后,计数的光子很可能是从腔体内部发射出来的.

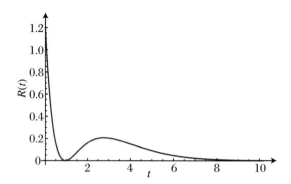

图 6.3　单边腔外的光子数探测率 $R(t)=\langle a_{out}^{\dagger}(t)a_{out}(t)\rangle$ 与时间的关系

最初的空腔由载波频率与腔共振的单光子脉冲驱动($\Delta=0$).我们选择的单位使得源和腔振幅的衰减率分别为 $\gamma=1$ 和 $\kappa=1.2$,计数率中的零源于该腔外计数的光子的两个不可区分的记录之间的干涉,即从腔体镜面反射和从腔体内发射.

正如我们在前几章中所看到的,考虑输出场的傅里叶分量往往更加方便. 对公式(6.7)的检查表明,如果我们忽略瞬态,腔的响应是输入场算符和一个指数的卷积. 因此,有

$$a(\omega)=\frac{\sqrt{\kappa}a_{in}(\omega)}{\kappa/2-i(\omega-\Delta)} \tag{6.14}$$

使用傅里叶空间版本的输入-输出关系,我们发现

$$a_{out}(\omega)=\left[\frac{\kappa/2+i(\omega-\Delta)}{\kappa/2-i(\omega-\Delta)}\right]a_{in}(\omega) \tag{6.15}$$

在傅里叶空间,这只是一个随频率变化的相位. 在单光子输入的情况下,不难看出,输出场(在长时极限下)也是一个单光子,以下公式给出了其与频率有关的振幅:

$$\xi_{out}(\omega)=\left[\frac{\kappa/2+i(\omega-\Delta)}{\kappa/2-i(\omega-\Delta)}\right]\xi_{in}(\omega) \tag{6.16}$$

6.2.2 级联主方程法

存在另外一种在薛定谔绘景中建模单光子输入的方法,即通过明确地将单光子源包括在内.作为一个例子,我们将假设该源是文献[211]中描述的那种腔源.它可以被建模为一个单边腔,并在 $t = 0$ 时被激发到单光子态.离开这个源腔的光场不可逆地①耦合到光力腔系统中.我们用级联量子系统理论[58,112]对这种单光子激发过程进行建模,以给出光力系统加上源腔动力学的主方程:

$$\dot{\rho} = \frac{\sqrt{\kappa\gamma}}{2}[ca^{\dagger} - c^{\dagger}a, \rho] + \mathcal{D}[J]\rho + \gamma \mathcal{D}[c]\rho + \kappa \mathcal{D}[a]\rho \tag{6.17}$$

其中,ρ 是源和光力腔的联合态,c 和 $c^{\dagger}$ 是源腔中光子数态的湮灭算符和产生算符,发射超级算符 $\mathcal{D}$ 已在 5.1.3 小节中定义,而探测(或者"跳跃")算符为 $J = \sqrt{\gamma}c + \sqrt{\kappa}a$,它包括两项的和:第一项表明光子在传输到腔体 a 之前可以直接从源探测到;第二项描述了针对腔体模式 a 发射光子的光探测事件.我们还假设源腔与接收腔体 a 发生共振.

光子在离开光力腔后被探测到的速率由

$$R(t) = \langle J^{\dagger}J \rangle = \gamma\langle c^{\dagger}c \rangle + \kappa\langle a^{\dagger}a \rangle + \sqrt{\kappa\gamma}\langle a^{\dagger}c + c^{\dagger}a \rangle \tag{6.18}$$

给出.第二个表达式中的最后一项是之前讨论过的干涉项(参见公式(6.12)).通过解三组二次方矩的运动方程:$\langle a^{\dagger}a \rangle$,$\langle c^{\dagger}c \rangle$,$\langle a^{\dagger}c + c^{\dagger}a \rangle$,我们可以很容易验证这一点.

练习 6.3 请推导出每个二次方矩的耦合运动方程组,并验证当 $t \geqslant 0$ 时,有

$$\langle c^{\dagger}c \rangle = e^{-\gamma t} \tag{6.19}$$

$$\langle a^{\dagger}a \rangle = \frac{4\kappa\gamma}{(\kappa - \gamma)^2}(e^{-\gamma t/2} - e^{-\kappa t/2})^2 \tag{6.20}$$

$$\langle a^{\dagger}c + c^{\dagger}a \rangle = -\frac{4\sqrt{\kappa\gamma}}{\gamma - \kappa}e^{-\gamma t/2}(e^{-\kappa t/2} - e^{\kappa t/2}) \tag{6.21}$$

6.2.3 福克态主方程法

Combes 和他的同事开发了一种替代量子朗之万方程的方法.[127] 这是一个基于广义

---

① 这需要一个循环器,以防止从腔反射出来的场传播到源.

主方程的方法.主方程在量子光学中被广泛地应用于描述相干输入场和高斯噪声.单光子输入则是完全不同的,因为它是时间相关的,所以是非稳态的,并且不对应于高斯噪声.

再考虑单光子脉冲输入到一个空的单边腔的情况.如果空腔系统的初始态是 $|\eta\rangle$,而外部输入场的初始态是单光子态 $|1_\xi\rangle$,那么联合初态是 $|\eta 1_\xi\rangle = |\eta\rangle \otimes |1_\xi\rangle$. 在 $t > 0$ 时,外部场和空腔场的总态为 $|\Psi(t)\rangle = U(t)|\eta\rangle \otimes |1_\xi\rangle$.在相互作用的影响下,外部场和空腔场成为纠缠态,即外部场中有一个光子、腔中没有光子与外部场中没有光子、腔中有一个光子构成的线性叠加态.最初,腔场处于真空状态.随后它被激发,但随着光子发射到外场中,最终又衰减到真空态.

令 $\hat{A}$ 是一个系统算符(例如 $a^\dagger a$),它的形式在海森伯绘景下被定义为

$$j_t(\hat{A}) = U^\dagger(t)(\hat{A} \otimes \mathbb{I}_f)U(t) \tag{6.22}$$

其中,$\mathbb{I}_f$ 是作用于场的单位算符.注意由于 $U(t)$ 描述了系统和腔体外部场之间的相互作用,$j_t(\hat{A})$ 通常是系统和光场的联合算符.那么,这个算符如何随时间演化呢?

我们的目标是找到这种时间演化的算符的矩.对于初始态 $|\eta 1_\xi\rangle = |\eta\rangle \otimes |1_\xi\rangle$,我们可以在海森伯绘景中定义 $j_t(\hat{A})$ 的矩阵元为

$$\varpi_t^{mn}(\hat{A}) = \langle \eta, m_\xi | j_t(\hat{A}) | \eta, n_\xi \rangle \tag{6.23}$$

例如,如果 $\hat{A} = a^\dagger a$,那么 $\varpi_t^{11}(a^\dagger a) \equiv \langle \hat{n}(t) \rangle$ 就是 t 时刻空腔内的平均光子数.等价地,我们也可以采用薛定谔绘景,即量子态随时间演化,而算符保持不变.为此,我们定义随时间变化的系统密度算符 $\rho_{m,n}(t)$ 以给出相同的距:

$$\mathrm{tr}[\rho_{mn}(t)\hat{A}] = \varpi_t^{mn}(\hat{A}) \tag{6.24}$$

取这个表达式的时间导数,并利用矩阵求迹的轮换特性,我们可以得到在含时模态 $\xi(t)$ 的福克态光场驱动下光腔的福克态主方程,即

$$\begin{aligned}
\dot{\rho}_{mn} &= \frac{1}{i\hbar}[\hat{H}, \rho_{mn}] + \kappa \mathcal{D}[a]\rho_{mn} \\
&\quad + \sqrt{\kappa m}\xi(t)[\rho_{m-1 n}, a^\dagger] + \sqrt{\kappa n}\xi^*(t)[a, \rho_{mn-1}] \\
&\equiv \mathcal{L}[\rho_{mn}] + \sqrt{\kappa m}\xi(t)[\rho_{m-1 n}, a^\dagger] + \sqrt{\kappa n}\xi^*(t)[a, \rho_{mn-1}]
\end{aligned} \tag{6.25}$$

其中,$\mathcal{L}$ 是刘维尔超算符(参见 5.1.3 小节).考虑旋波近似,并假设光热库的占据数为零,则该超算符对算符 $\hat{A}$ 的作用为

$$\mathcal{L}[\hat{A}] \equiv \frac{1}{i\hbar}[\hat{H}, \hat{A}] + \kappa \mathcal{D}[a]\hat{A} \tag{6.26}$$

就像在公式(6.23)中一样,指数 m 和 n 取外场中可能的单光子激发的数值,在这种情况下就是 1 或 0.

6.3　入射到单边光力腔的单光子脉冲

作为单光子光力学的第一个例子,我们考虑单光子脉冲入射单边腔体的情形.从第 1 章可知,腔体振幅算符 a 和镜面位移振幅 b 遵循的量子朗之万方程为

$$\dot{a} = -\mathrm{i}\left[\Delta + g_0(b + b^\dagger)\right]a - \frac{\kappa}{2}a + \sqrt{\kappa}a_{\mathrm{in}} \tag{6.27}$$

$$\dot{b} = -\mathrm{i}\Omega b - \mathrm{i}g_0 a^\dagger a \tag{6.28}$$

为了简单起见,我们忽略了机械阻尼.当然,这只有在机械库处于非常低的温度时才成立,即使如此,也假设机械阻尼与所有其他时间尺度相比是缓慢的.

让我们首先假设单光子脉冲(γ^{-1})和空腔衰减(κ^{-1})的时间长度都比机械周期 Ω^{-1} 短得多(即差腔极限).考虑一阶近似,我们认为镜子在空腔填充和排空的时间内是静止的.我们还假设 $\kappa \gg g_0$.然后,我们可以把机械位移 $\hat{Q} = (b + b^\dagger)/\sqrt{2}$ 看作常数,并直接对朗之万方程进行积分.在傅里叶域中,忽略瞬态,输出光场算符由公式(6.15)给出,但需要进行如下替换:$\Delta \to \Delta + g_0(b + b^\dagger)$.在相应的薛定谔绘景中,如果系统的状态是纯态,那么这意味着输出场与机械自由度纠缠在一起.换句话说,在与输入单光子脉冲发生相互作用时,输出场与镜面的位置产生了关联.

如何从输出场中提取机械位移信息? 标准的零差探测在这里并不奏效,因为单光子的平均场为零(参见练习 6.1).[①]另一种方法是考虑 Hong-Ou-Mandle（HOM）干涉仪,其中,腔体的输出场在 50/50 分束器上与通过相同腔体但没有任何机械元件的相同输入光子混合.在 HOM 干涉仪中,如果入射到分束器上的两个光子是相同的,那么每个输出端口的光探测的重合率就会变成零.[241]更一般地说,重合率由

$$C = \frac{1}{2} - \frac{1}{8\pi^2}\iint \mathrm{d}\omega\mathrm{d}\omega'\,\xi_{\mathrm{out},1}(\omega)\xi_{\mathrm{out},1}^*(\omega')\xi_{\mathrm{out},2}^*(\omega)\xi_{\mathrm{out},2}(\omega') \tag{6.29}$$

---

① 尽管可以使用基于零差探测的态层析成像.

给出.其中,$\xi_{out,1}(\omega)$和$\xi_{out,2}(\omega)$是两个光子的输出频谱模态函数.与机械元件无相互作用的光子的频谱模态函数$\xi_{out,2}(\omega)$,直接由公式(6.16)给出.而与机械元件相互作用的光子的频谱模态函数$\xi_{out,1}(\omega)$,也可由公式(6.16)给出,只是需要作如下替换:$\Delta \to \Delta + \sqrt{2}g_0\hat{Q}$.

练习6.4 (a) 以零失谐为例($\Delta = 0$),请证明:

$$C = \frac{1}{2} - \frac{1}{8\pi^2}\left| \int d\omega \, |\xi_{in}(\omega)|^2 \left[\frac{\kappa/2 + i(\omega - \sqrt{2}g_0\hat{Q})}{\kappa/2 - i(\omega - \sqrt{2}g_0\hat{Q})}\right]\left(\frac{\kappa/2 - i\omega}{\kappa/2 + i\omega}\right)\right|^2$$

(b) 将这一表达式展开到$g_0\hat{Q}$的二阶项,并对机械自由度求迹,以表明重合率的期望值为

$$\langle C \rangle = Rg_0^2\langle \hat{Q}^2 \rangle \tag{6.30}$$

其中

$$R = \kappa^2\left[\frac{1}{2\pi}\int d\omega \, \frac{|\xi_{in}(\omega)|^2}{(\kappa^2/4 + \omega^2)^2} - \left(\frac{1}{2\pi}\int d\omega \, \frac{|\xi_{in}(\omega)|^2}{\kappa^2/4 + \omega^2}\right)^2\right] \tag{6.31}$$

它量化了两个单光子脉冲之间的重叠对机械位移的敏感度,而这取决于输入脉冲模态和光力腔的衰减率κ.

为了描述在可分辨的边带极限下(即$\kappa \ll \Omega$)的系统,我们将使用福克态主方程方法.在相互作用绘景中解决这个问题比较容易,其哈密顿量是

$$\hat{H}_I(t) = \hbar g_0 a^\dagger a (be^{-i\Omega t} + b^\dagger e^{i\Omega t}) \tag{6.32}$$

从公式(6.25)中,我们看到$\dot{\rho}_{00} = L\rho_{00}$,因此初始状态是$\rho_{00}$的一个固定点.则

$$\rho_{00}(t) = \rho_{00}(0) = |0\rangle_a\langle 0| \otimes |0\rangle_b\langle 0| \tag{6.33}$$

将其代入$\rho_{10}(t)$的方程,我们发现$\rho_{10}(t)$满足与$\rho_{00}(t)$相同的方程,但有一个不均匀的源项,其形式为$-\xi(t)|1\rangle_a\langle 0| \otimes |0\rangle_b\langle 0|$:

$$\dot{\rho}_{10} = \mathcal{L}[\rho_{10}] - \sqrt{\kappa}\xi(t)\hat{S}_{10} \tag{6.34}$$

其中$\hat{S}_{10} \equiv |1\rangle_a\langle 0| \otimes |0\rangle_a\langle 0|$.利用公式(6.26),刘维尔超算符的操作为

$$\mathcal{L}[\hat{A}] = -ig_0[a^\dagger a(be^{-i\Omega t} + b^\dagger e^{i\Omega t}), \hat{A}] + \kappa\left(a\hat{A}a^\dagger - \frac{1}{2}a^\dagger a\hat{A} - \frac{1}{2}\hat{A}a^\dagger a\right) \tag{6.35}$$

这个方程的解是

$$\rho_{10}(t) = -\sqrt{\kappa}\int_0^t dt' \xi(t')e^{-\kappa(t-t')/2}\hat{R}^\dagger(t)\hat{R}(t')\hat{S}_{10} \tag{6.36}$$

其中,$\hat{R}(t)$由以下公式给出

$$\hat{R}(t) = 1 + \mathrm{i}g_0 \int_0^t \mathrm{d}t_1 [b(t_1) + b^\dagger(t_1)]$$

$$+ (\mathrm{i}g_0)^2 \int_0^t \mathrm{d}t_2 \int_0^{t_2} \mathrm{d}t_1 [b(t_1) + b^\dagger(t_1)][b(t_2) + b^\dagger(t_2)] + (\mathrm{i}g)^3 \cdots$$

$$\equiv \mathcal{A} : \exp\left[\mathrm{i}g_0 \int_0^t \mathrm{d}t' (b(t') + b^\dagger(t'))\right]$$

它定义了反时序算符, $b(t) = b\mathrm{e}^{-\mathrm{i}\Omega t}$. 很明显, $R^{-1}(t) = R^\dagger(t)$.

顶层的方程为

$$\dot{\rho}_{11} = \mathcal{L}[\rho_{11}] + \sqrt{\kappa}\xi^*(t)[a, \rho_{10}] + \sqrt{\kappa}\xi(t)[\rho_{01}, a^\dagger] \tag{6.37}$$

将公式(6.36)中 ρ_{10} 的解代入该运动方程, 我们得到

$$\dot{\rho}_{11} = \mathcal{L}[\rho_{11}] + \kappa[|1\rangle_a\langle 1| - |0\rangle_a\langle 0|]$$

$$\times \left[\int_0^t \mathrm{d}t' \xi^*(t)\xi(t')\mathrm{e}^{-\kappa(t-t')/2}\hat{R}^\dagger(t)\hat{R}(t')|0\rangle_b\langle 0| + \mathrm{h.c.}\right] \tag{6.38}$$

两边乘以 $a^\dagger a$ 并取迹(参见公式(6.23)), 我们看到腔内的平均光子数由

$$\frac{\mathrm{d}\langle a^\dagger a\rangle}{\mathrm{d}t} = -\kappa\langle a^\dagger a\rangle + \kappa\left(\int_0^t \mathrm{d}t' \xi^*(t)\xi(t')\langle\psi_b(t)|\psi_b(t')\rangle\mathrm{e}^{-\kappa(t-t')/2} + \mathrm{c.c.}\right)$$

$$\tag{6.39}$$

的解给出. 其中

$$|\psi_b(t)\rangle = \hat{R}(t)|0\rangle_b \tag{6.40}$$

用同样的方法得到的腔振幅的运动方程, 没有任何来自单光子驱动项的贡献, 它由

$$\frac{\mathrm{d}\langle a\rangle}{\mathrm{d}t} = -\mathrm{i}g_0\langle a(b\mathrm{e}^{-\mathrm{i}\Omega t} + b^\dagger\mathrm{e}^{\mathrm{i}\Omega t})\rangle \tag{6.41}$$

给出. 这表明, 由于镜子的振荡运动, 腔内的单光子态存在有效的相位调制. 事实上, 这就是公式(6.39)中所指出的. 对公式(6.39)中第二项积分表明, 输入场的双时关联函数 $\langle a^\dagger_{\mathrm{in}}(t)a_{\mathrm{in}}(t')\rangle$ 受到了机械响应的有效修正:

$$\langle a^\dagger_{\mathrm{in}}(t)a_{\mathrm{in}}(t')\rangle = \xi^*(t)\xi(t) \rightarrow \xi^*(t)\xi(t')\langle\psi_b(t)|\psi_b(t')\rangle \tag{6.42}$$

对于光力腔的情况, 机械相位调制对单光子的影响可由函数 $\langle\psi_b(t)|\psi_b(t')\rangle$ 描述. 该量子态在最低阶近似下接近振幅为 $\beta(t)$ 的谐振子相干态, 这是谐振子的半经典振幅. 谐振子具有初始的零位置和动量, 并受到如公式(6.32)形式的强迫作用, 其中, 腔处于单光子本征态. 输入的单光子振幅的变化随后以相位调制的形式出现, 并需要对机械振子的初始真空态做平均. 在图 6.4(a)中, 我们展示了当 g_0/Ω 值增加时, 腔内光子数与时间

的关系.我们看到,当 g_0/Ω 很大时,腔内场的激发数很低,在某些时候甚至为零.在这些时间内,光子从腔中反射出来.这些振荡是机械振子开始移动时腔内场的强自相位调制的证据.这在图 6.4(b) 中很明显,在这里,我们绘制了机械振子的平均激发能量.振荡是在机械频率下进行的,并与腔体中的平均光子数相同.对于低比值 g_0/Ω,机械系统被简单地驱动到一个非零振幅的相干态上.

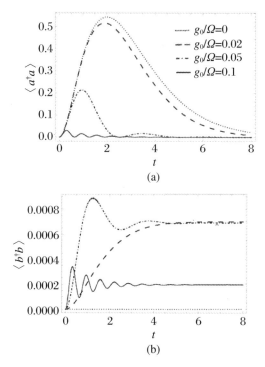

图 6.4 由单光子驱动的光力腔的腔内光子数(a)和机械振子的平均振动量子数(b)与时间的关系随着以机械频率为单位的耦合常数 $g_0/\Omega = 0,\ 0.02,\ 0.05,\ 0.1$ 的增加而增加.在这里,$\kappa/\Omega = \gamma/\Omega = 0.001$,其中,$\gamma$ 是之前定义的单光子源腔的衰减率.

6.4 双腔光力系统

现在我们来考虑图 6.5 所示的耦合腔系统,其中,光子在腔体之间相干传输的速率取决于机械自由度的位移.关于这类系统的一个例子是由 Painter 小组开发的[67],另一个例子是基于一个由两个光腔模的逆辐射压力所驱动的单一块体挠性模式.如果两个腔

模是耦合的,那么转化为正则模式后将会给出另一个模型,其中,正则模式的耦合被机械位移所调制.[184]

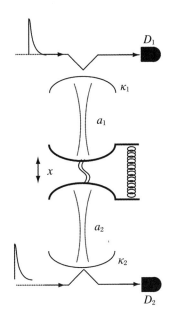

图 6.5　两个相干耦合腔的耦合率与机械位移的关系图
每个腔体从一侧耦合到一个波导模式(最多有一个光子),D_1 和 D_2 代表单光子计数器.

　　描述这个系统的哈密顿量是

$$\hat{H} = \hbar\Omega_1 a_1^\dagger a_1 + \hbar\Omega_2 a_2^\dagger a_2 + \hbar\Omega b^\dagger b + \hbar g_0 (b + b^\dagger)(a_1^\dagger a_2 + a_1 a_2^\dagger) \quad (6.43)$$

其中,a_1 和 a_2 是腔 1 和腔 2 场的湮灭算符;Ω_1 和 Ω_2 是它们各自的共振频率;Ω 是通常的机械共振频率;我们假设机械振子和每个光腔之间的光力耦合率是等量的 g_0.我们将进一步假设系统的设计满足 $\Omega_2 = \Omega_1 + \Omega$.则仅包括共振项的光力相互作用绘景的哈密顿量为

$$\hat{H}_I = \hbar g_0 (b^\dagger a_1^\dagger a_2 + b a_1 a_2^\dagger) \quad (6.44)$$

这代表了一种相干拉曼散射过程,即腔 2 的一个光子转移到腔 1,同时激发机械自由度中的一个声子.

6.4.1 单光子输入

我们首先假设一个腔由一个光子驱动,而另一个腔是真空输入.这种情况下,在任何时候,系统中最多只有一个光子.对于每个腔的单光子状态,很方便地使用双轨量子比特编码:

$$| 0 \rangle \equiv | 1 \rangle_1 | 0 \rangle_2 \tag{6.45}$$

$$| 1 \rangle \equiv | 0 \rangle_1 | 1 \rangle_2 \tag{6.46}$$

其中,$| n \rangle_i$ 是腔体 a_i 的光子数本征态.在这个有限的子空间中,我们可以定义:

$$a_1^\dagger a_2 = | 0 \rangle\langle 1 | \equiv \sigma_- \tag{6.47}$$

$$a_1 a_2^\dagger = | 1 \rangle\langle 0 | \equiv \sigma_+ \tag{6.48}$$

其中,$\sigma_\pm$ 是赝自旋系统的常规上升算符和下降算符.然后,光力相互作用哈密顿量可以写成杰恩斯-卡明斯哈密顿量:

$$\hat{H}_I = \hbar g_0 (b \sigma_+ + b^\dagger \sigma_-) \tag{6.49}$$

每个腔模均视为一个单边腔,其光子衰减率由 $\kappa_j (j=1,2)$ 给出.单个光子源被模拟为用单个光子准备的源腔,并不可逆地耦合到腔 2 的输入端.如前所述,源腔的发射率为 γ.因此,输入的单光子态构成一个具有指数时间曲线的脉冲,其寿命为 $1/\gamma$.在这个例子中,我们将使用级联主方程方法(参见 6.2.2 小节).

公式(6.49)中的杰恩斯-卡明斯哈密顿量表示可与 Haroche 小组的腔量子电动力学方法[133]进行有趣的比较.这也允许配置系统以产生关于机械系统状态的信息.我们将首先回顾简单的情况,即确定的相互作用.在 Haroche 方法中,量子比特由一个单一的两能级原子实现,而玻色自由度是一个微波腔场.在我们的例子中,量子比特是一个双模光场,而玻色自由度代表一个机械模式.其数学描述是相同的.

让量子比特的初始态为 $|1\rangle$,而机械振子态是任意的.在相互作用绘景中,系统按照

$$| \psi(t) \rangle = \hat{U}(t) | \psi(0) \rangle \tag{6.50}$$

演化.其中,时间演化幺正算符 $\hat{U}(t) = \exp(-i\hat{H}_I t/\hbar)$,哈密顿量 $\hat{H}_I$ 在公式(6.49)中已给出.在经历相互作用时间 τ 后,我们对量子比特状态进行投影测量,得到一个单一的二进制数 x,并将量子比特坍缩到状态 $|x\rangle_\sigma$,这里,我们用下标 σ 表示量子比特.对于玻色自由度,由此产生的条件态(未归一化)是

$$| \widetilde{\psi}^{(x)} \rangle = {}_{\sigma}\langle x \mid \psi(t) \rangle \tag{6.51}$$

$$= {}_{\sigma}\langle x \mid \hat{U}(\tau) \mid 1 \rangle_{\sigma} \mid \psi(0) \rangle_b \tag{6.52}$$

$$= \hat{E}(x) \mid \psi(0) \rangle_b \tag{6.53}$$

我们定义了 Kraus 测量算符[210]:

$$\hat{E}(x) \equiv {}_{\sigma}\langle x \mid \hat{U}(\tau) \mid 1 \rangle_{\sigma} \tag{6.54}$$

$$= {}_{\sigma}\langle x \mid e^{-i\theta(b\sigma_+ + b^\dagger\sigma_-)} \mid 1 \rangle_{\sigma} \tag{6.55}$$

其中, $\theta \equiv g_0\tau$. 我们可以相对直接地表明

$$\hat{E}(1) = \cos(\theta\sqrt{bb^\dagger}) \tag{6.56}$$

$$\hat{E}(0) = -ib^\dagger(bb^\dagger)^{-1/2}\sin(\theta\sqrt{bb^\dagger}) \tag{6.57}$$

练习 6.5 请推导出这些表达式.

结果 x 的概率可简单地通过条件量子态进行归一化得到, 即

$$p(x) = \langle \widetilde{\psi}^{(x)} \mid \widetilde{\psi}^{(x)} \rangle = {}_b\langle \psi(0) \mid \hat{E}^\dagger(x)\hat{E}(x) \mid \psi(0) \rangle_b \tag{6.58}$$

由于 $\sum_x \hat{E}^\dagger(x)\hat{E}(x) = \mathbb{1}$ 为单位算符, 这个概率分布是归一化的.

显然, 每次试验最多只有一个比特信息. 由于正定算符测度 $\hat{E}_x^\dagger\hat{E}_x$ 与量子数算符对易, 该测量构成一个非常粗略的声子数测量. 它不是一个量子非破坏测量(参见 5.3 节), 因为相互作用哈密顿量(公式(6.17))与声子数算符不对易.

如果机械系统的初始态是一个相干态:

$$| \psi(0) \rangle = | \beta \rangle_b \tag{6.59}$$

$$= e^{-|\beta|^2/2} \sum_{n=0}^{\infty} \frac{\beta^n}{\sqrt{n!}} \mid n \rangle_b \tag{6.60}$$

具有初始泊松形式的量子数分布:

$$P_0(n) = e^{-|\beta|^2} \frac{|\beta|^{2n}}{n!} \tag{6.61}$$

且测量结果为 $x = 1$, 则测量后的条件量子数分布为

$$P_1(n) = [p(1)]^{-1} \cos^2(\theta\sqrt{n+1}) P_0(n) \tag{6.62}$$

重复该测量, 使用第一次测量的条件状态作为下一次测量的玻色自由度的初始状态, 并改变 θ 的值, 我们可以跟踪条件声子数分布的演化, 如图 6.6 所示. 在一连串的测量中,

对于适当的 θ 值,条件量子态可以接近一个量子数本征态.

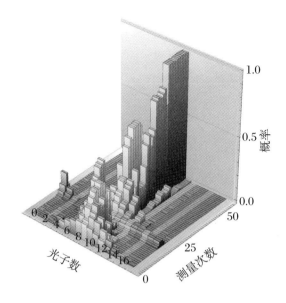

图 6.6　光子数概率与光子数和读取次数的关系
其中,$x=1$,$\beta=3$,而 θ 可取不同值.(引自文献[26])

现在让我们回到感兴趣的模型,在这个模型中,量子比特与机械系统的相互作用由光腔中光子吸收和发射的随机过程主导.为了简单起见,我们忽略了机械阻尼和热化(其影响参考文献[26]中的讨论).我们首先计算 t 时刻在 D_1 或 D_2 没有探测到光子的条件态.连续光子计数的量子理论[265]表明,这个(未归一化的)条件量子态由

$$\widetilde{p}^{(0,0)}(t) = S(t)\rho(0) \tag{6.63}$$

决定.其中,上标由 (n_1, n_2) 定义,n_i 是探测器 D_i 记录的计数,$S(t)\rho(0) = \widetilde{\rho}^{(0,0)}(t)$ 是给定到时间 t 为止没有计数的条件态,通过求解

$$\frac{\mathrm{d}\widetilde{\rho}}{\mathrm{d}t} = -\mathrm{i}(\hat{K}\widetilde{\rho} - \widetilde{\rho}\hat{K}^{\dagger}) \tag{6.64}$$

给出.非厄米算符 $\hat{K}$ 为

$$\hat{K} = g_0(b^{\dagger}a_1^{\dagger}a_2 + ba_1a_2^{\dagger}) - \mathrm{i}\sqrt{\gamma\kappa_2}(ca_2^{\dagger} - c^{\dagger}a_2)/2 - \mathrm{i}J^{\dagger}J/2 - \mathrm{i}\kappa_1 a_1^{\dagger}a_1/2 \tag{6.65}$$

其中,如前所述,c 和 $c^{\dagger}$ 是源腔内光子的湮灭算符和产生算符,$J = \sqrt{\gamma}c + \sqrt{\kappa_2}a_2$ 是探测算符.这个状态的归一化因子是在 t 之前计数为零的概率,为

$$p(n_1 = 0, n_2 = 0, t) = \mathrm{tr}[\widetilde{\rho}^{(0,0)}(t)] \tag{6.66}$$

注意,如果初始状态是纯态,我们只需要解有效的薛定谔方程

$$\frac{\mathrm{d} \mid \widetilde{\psi}^{(0)} \rangle}{\mathrm{d}t} = -\mathrm{i}\hat{K} \mid \widetilde{\psi}^{(0)} \rangle \tag{6.67}$$

就可以得到

$$\widetilde{\rho}^{(0,0)}(t) = \mid \widetilde{\psi}^{(0)}(t)\rangle\langle \widetilde{\psi}^{(0)}(t) \mid \tag{6.68}$$

我们现在问的是系统的条件态,对应于从 t 到 $t+\mathrm{d}t$ 时刻 D_2 处有一个光子计数. 这样的事件意味着没有光子通过腔体 a_1 输出而衰减. 这个条件态是

$$\widetilde{\rho}^{(0,1)}(t) = JS(t)\rho(0)J^{\dagger} \tag{6.69}$$

如果初始状态是一个纯态,那么这个条件态也是一个纯态:

$$\mid \widetilde{\psi}^{(0,1)}(t)\rangle = J \mid \widetilde{\psi}^{(0)}(t)\rangle = \sqrt{\gamma}c \mid \widetilde{\psi}^{(0)}(t)\rangle + \sqrt{\kappa_2}a_2 \mid \widetilde{\psi}^{(0)}(t)\rangle \tag{6.70}$$

其中,像往常一样,γ 和 κ 分别是源腔和接收腔的线宽. 这是光子可以被计数的两种方式的叠加:从腔体直接反射或从腔体内部发射. 这导致了探测速率中的干涉效应,而这在 6.2.1 小节中已经讨论过.

如果光子通过腔 a_1 衰减,那么它永远不可能在 D_2 处被探测到. 然而,如果我们不监测这个输出,那么我们就没有办法知道什么时候这种情况发生. 还要注意的是,一旦一个光子丢失,操作 S 作为标识的作用就是微不足道的. 显然,为了保持低误差率,我们需要确保 $\kappa_1 \ll \kappa_2$. 如果我们确实监测到了这个输出,就会预示着损耗. 因此,这种情况总是可以有条件地回避.

在每个时间步骤中,我们可以计算探测率,在一个时间区间内产生一个随机的探测时间 t_1,这个时间区间正好在最小值之后开始,并在探测率接近零的地方结束. 这种选择保证了我们以很高的概率探测到来自腔 a_2 与机械系统相互作用后的光子,而不是直接从源头反射到镜子上的光子. 在探测事件中,假定一个光子在 t_1 到 $t_1+\mathrm{d}t_1$ 时间被计数,我们用跳跃算符 J 作用于 $\mid \psi^{(0)}(t_1)\rangle$,得到系统的条件状态 $\mid \widetilde{\psi}^{(1)}(t_1)\rangle$. 现在,条件态的声子数分布变为

$$P_n^1(t_1) = P_n^0(t_0)P(n,t_1) \tag{6.71}$$

其中

$$P(n,t_1) = \langle \widetilde{\psi}^{(1)}(t_1) \mid \widetilde{\psi}^{(1)}(t_1)\rangle \tag{6.72}$$

而 $P_n^0(t_0)$ 是测量前的先验数分布. 我们将重复测量过程,在源中准备另一个单光子,并

使用前次测量留下的条件态作为新的初始态.在每次测量后系统态的基础上,我们可以重新计算探测率,从中再次抽取一个随机探测时间.r 次测量后的声子数分布函数由交互图给出:

$$P_n^r(t_r) = P_n^{r-1}(t_{r-1})P(n,t_r) \tag{6.73}$$

详情可参见文献[26].

每次测量都提供了关于声子数的部分信息(一般来说,不到一个比特/每次实验).这个过程可以通过公式(6.73)来解释,它与前面讨论的具有确定性相互作用时间的简单模型非常相似.在第 r 个探测事件之后,声子数分布与一个过滤函数 $P(n,t_r)$ 相乘,对于适当的 t_r 值,它抑制了某些 n 值的概率.

随着测量过程的继续,将获得更多的信息,导致分布逐渐坍缩到一个单一的声子数态.图6.7显示了来自文献[26]的两个实验的模拟声子数分布,分别为60和80个连续的测量.如前所述,为了在一次实验中获得可观的信息,从而在合理的实验次数内达到(或接近)福克态,光力系统必须在强耦合系统中运行,对于该系统,g_0 处于 κ_2 的数量级.因此,在这些模拟中,我们选择了 $\kappa_2 = g_0$ 的数值.

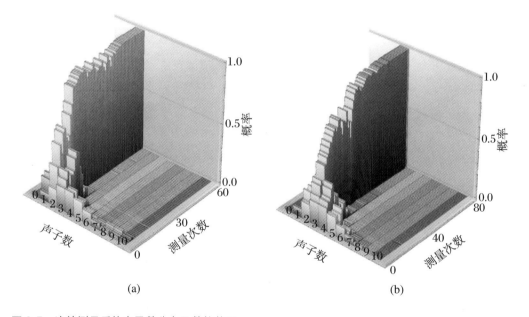

图6.7 连续测量后的声子数分布函数柱状图

其中,$\beta = 2(\overline{n}_b = 4)$,$\kappa_2 = g_0$,$\gamma = 0.9g_0$,$\kappa_1 = 0.2g_0$,且探测时间是随机的.随着测量次数的增加,声子数分布从泊松分布演变成了(a)$n=2$ 和(b)$n=3$ 的数态分布.(引自文献[26])

6.4.2 双光子输入

我们现在考虑双光子输入的情况,两个输入波导中各有一个单光子,两个单光子生成事件之间有延迟时间 τ.这种输入编码的不是一个量子比特,而是一个量子三元(qutrit).为了看到这一点,我们引入角动量的玻色表示法.定义:

$$\hat{J}_+ = a_1 a_2^\dagger = \hat{J}_-^\dagger \tag{6.74}$$

$$\hat{J}_z = \frac{1}{2}(a_2^\dagger a_2 - a_1^\dagger a_1) \tag{6.75}$$

与此相应的卡西米尔(Casimir)不变量为 $\hat{J}^2 = \dfrac{\hat{N}}{2}\left(\dfrac{\hat{N}}{2}+1\right)$,其中,$\hat{N} = a_2^\dagger a_2 + a_1^\dagger a_1$.然后,相互作用哈密顿量可以写成

$$\hat{H}_I = \hbar g_0(\hat{J}_+ b + \hat{J}_- b^\dagger) \tag{6.76}$$

由于现在光腔中最多有两个光子,我们被限制在 $0 \leqslant N \leqslant 2$ 的子空间中.腔体衰减会导致这些子空间之间的非相干转换.$N=1$ 的情况对应于上一节中讨论的单个量子比特与玻色自由度相互作用的杰恩斯-卡明斯模型.$N=2$ 的情况对应于一个量子三元与一个玻色自由度的相互作用.

我们现在可以继续考虑以输出光子数计数为条件的机械系统态.这与单光子的情况大致相同,只是由于我们使用的是量子三元而不是量子比特,现在每个实验都给出了不止一个比特的信息.然而,我们不会在这里追究这个问题.我们将问一个相反的问题:机械系统如何控制光的状态?

测量场景对应于一个量子控制器,其中,光和机械系统纠缠在一起.对光进行测量可以得到关于机械系统的信息.还有一个重要的极限,即机械系统改变了光的状态,但它们之间的纠缠却很少.这就是经典的控制极限.我们需要改变什么使量子控制器转向经典控制器呢?

如果机械自由度被制备在相干态 $|\beta\rangle$,我们可以通过正则变换 $b \to \bar{b} + \beta$ 使这个振幅包含在哈密顿量中(参见 2.7 节),这样初始机械状态就变成了基态.我们可以把半经典极限定义为 $g_0 \to 0, \beta \to \infty$,这样 $g_0\beta \equiv \bar{g}$ 是一个常数.相互作用哈密顿量则变成

$$\hat{H}_I = 2\hbar\bar{g}(a_1^\dagger a_2 + a_1 a_2^\dagger) + \hbar\lambda(\hat{J}_+ \bar{b} + \hat{J}_- \bar{b}^\dagger) \tag{6.77}$$

其中,$\lambda = \bar{g}/\beta \ll 1$ 是一个扰动参数.

对于 λ 的零阶近似,幺正演化就是简单的分束器型幺正演化:

$$\hat{U}_0(t) = e^{-i\bar{g}t(a_1^\dagger a_2 + a_1 a_2^\dagger)} \tag{6.78}$$

其中,$\theta = 2\bar{g}t$. 就 SU(2) 群表示而言,这只是一个关于 x 方向的旋转. 分束器的相互作用不会使光场与机械系统发生纠缠. 针对 λ 的一阶和高阶的修正代表了光学和机械自由度之间的剩余纠缠. 在本节中,我们将考虑这些修正,并讨论探测它们的实验方案.

我们在 6.3 节中看到,一个单光子脉冲入射到光力腔上时,可以用 HOM 干涉来测量机械位移. 由于测量必然要求光子与机械自由度发生纠缠,这实际上是对这种纠缠的测量. 我们将使用基于 HOM 干涉的类似方法来获得机械自由度和两个光场之间纠缠的实验特征. 我们的想法是在输入和输出的光子对之间,设置一个机械连接的分束器相互作用,以产生由机械相干激发控制的 HOM 干涉.

有两种方法可以将机械系统制备在相干态上. 在这两种情况下,我们都假定激光冷却方案首先将机械振子制备在量子基态上(参见 4.2 节). 在第一种方法中,它受到经典的谐振力影响,这个谐振力促使它达到稳定的状态,也就是相干态. 在第二种方法中,可以在其中一个输入光波导中注入一个强的连续相干光场,以实现其他光模和机械自由度之间的等效分束器相互作用.[①] 在第二个光学输入口的一个强相干脉冲可以被转换到机械系统的一个相干激发. 在这个协议中,机械自由度被视为量子存储器[212]. 在这两种情况下,都有可能制备出具有不同 β 值的相干态,用这些相干态可以探测到半经典极限,以及由光学和机械振子之间的残余纠缠而产生的修正.

为了考虑半经典极限,我们使用单光子输入状态的光场的量子朗之万方程:

$$\frac{da_1(t)}{dt} = -i\bar{g}a_2(t) - \frac{\kappa_1}{2}a_1(t) + \sqrt{\kappa_1}a_{1,\text{in}}(t) \tag{6.79a}$$

$$\frac{da_2(t)}{dt} = -i\bar{g}a_1(t) - \frac{\kappa_2}{2}a_2(t) + \sqrt{\kappa_2}a_{2,\text{in}}(t) \tag{6.79b}$$

其中,$a_{1,\text{in}}(t)$ 和 $a_{2,\text{in}}(t)$ 为单光子输入态,其振幅函数分别为 $\xi(t)$ 和 $\eta(t)$. 这是一个容易求解的线性系统. 然后,我们可以使用输入-输出关系来计算每个腔模输出端的联合光子计数概率.

练习 6.6 假定 $\kappa_1 = \kappa_2 = \kappa$,请证明量子朗之万方程的解如下:

$$a_1(t) = \sqrt{\kappa}\left\{A(t)\int_0^t dt'\left(C(t')a_{1,\text{in}}(t') + D(t')a_{2,\text{in}}(t')\right]\right.$$

$$\left. + B(t)\int_0^t dt'\left[D(t')a_{1,\text{in}}(t') + C(t')a_{2,\text{in}}(t')\right]\right\}$$

---

① 这与 4.3 节讨论的光力诱导透明的概念密切相关.

$$a_2(t) = \sqrt{\kappa} \left\{ B(t) \int_0^t \mathrm{d}t' \left[C(t') a_{1,\mathrm{in}}(t') + D(t') a_{2,\mathrm{in}}(t') \right] \right.$$
$$\left. + A(t) \int_0^t \mathrm{d}t' \left[D(t') a_{1,\mathrm{in}}(t') + C(t') a_{2,\mathrm{in}}(t') \right] \right\} \tag{6.80}$$

其中，$A(t) = \mathrm{e}^{-\kappa t/2} \cos(\bar{g}t)$，$B(t) = -\mathrm{i}\mathrm{e}^{-\kappa t/2} \sin(\bar{g}t)$，$C(t) = \mathrm{e}^{\kappa t/2} \cos(\bar{g}t)$，$D(t) = \mathrm{i}\mathrm{e}^{\kappa t/2} \sin(\bar{g}t)$.

例如，我们可以考虑只有一个光子入射到处于 $\xi(t) = \sqrt{\gamma}\mathrm{e}^{-\gamma t/2}H(t)$ 态下的系统时，我们可以计算出有效的透射率和反射率系数. 这些系数的定义如下：

$$R = \int_0^\infty \langle a_{1,\mathrm{out}}^\dagger a_{1,\mathrm{out}} \rangle_t \, \mathrm{d}t$$
$$T = \int_0^\infty \langle a_{2,\mathrm{out}}^\dagger a_{2,\mathrm{out}} \rangle_t \, \mathrm{d}t \tag{6.81}$$

在 $\kappa_1 = \kappa_2 = \kappa$ 的对称情况下，有

$$T = \frac{8\kappa \bar{g}^2 (\gamma + 2\kappa)}{(4\bar{g}^2 + \kappa^2)\left[4\bar{g}^2 + (\gamma + \kappa)^2\right]}$$
$$R = 1 - T \tag{6.82}$$

在图 6.8 中，我们显示了有效分束器的反射率 R，它是 κ 和 $\bar{g}$ 的函数，单位为 γ. 通过调整 κ 和 γ，反射率可以从非常小的值一直调整到 $R = 1$. 这是输入脉冲和耦合腔系统响应之间的一种模式匹配. 每个 R 值都有两个分支. 较低的分支将更适合于实验，因为它允许分束器使用较小的 $\bar{g}$ 值进行调整.

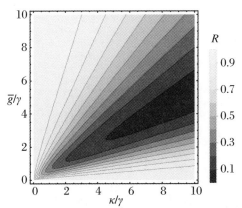

图 6.8　反射系数 R 与归一化的光腔阻尼率 κ/γ 以及归一化的光腔耦合率 $\bar{g}/\gamma$ 的关系其中，γ 为输入光束带宽.

我们现在考虑这个装置如何作为一个 HOM 干涉仪使用. 相同的单光子脉冲注入每个腔模的输入端, 但它们之间有一个时间延迟 τ.[①]a_1 和 a_2 的输入脉冲波形分别取 $\xi(t) = \sqrt{\gamma_1}\,e^{-\frac{1}{2}\gamma_1 t}$ 和 $\eta(t) = \sqrt{\gamma_2}\,e^{-\frac{1}{2}\gamma_2(t-\tau)}$. 由探测器 D_1 和 D_2 计数的光子的联合统计由以下二阶关联函数给出:

$$P_{1,1}(\tau) = \frac{1}{N_1 N_2} \int_0^\infty \int_0^\infty \langle a_{1,\text{out}}^\dagger(t) a_{2,\text{out}}^\dagger(t') a_{2,\text{out}}(t') a_{1,\text{out}}(t) \rangle \mathrm{d}t\,\mathrm{d}t' \quad (6.83)$$

其中

$$N_k = \int_0^\infty \mathrm{d}t \langle a_{k,\text{out}}^\dagger(t') a_{k,\text{out}}(t') \rangle \quad (6.84)$$

这个二阶关联函数给出了从 0 到 ∞ 的任何时刻 t, 在探测器 D_1 探测到一个光子, 而在 0 到 ∞ 的某个时刻 t', 在探测器 D_2 探测到另一个光子的概率. 对于初始状态 $|\psi(0)\rangle = |1_{a_1,\xi} 1_{a_2,\eta}\rangle$, 这个表达式可以被解析求解, 即通过应用输入-输出关系 (参见 1.4.3 节) 和公式 (6.79) 的解, 可以得到

$$P_{1,1}(\tau) = \frac{e^{-3\tau(\kappa+\gamma)/2}}{A} \left[Be^{3\tau(\kappa+\gamma)/2} + Ce^{-\tau(3\kappa+\gamma)/2} + De^{\tau(\kappa+3\gamma)/2} + Ee^{\tau(\kappa+\gamma)} \right]$$

$$(6.85)$$

其中

$$
\begin{aligned}
A ={}& (4\bar{g}^2 + \kappa^2)^2 \left[16\bar{g}^4 + (\gamma^2 - \kappa^2)^2 + 8\bar{g}^2(\gamma^2 + \kappa^2) \right]^2 \\
B ={}& \left[4\bar{g}^2 + (\gamma - \kappa)^2 \right]^2 \{ 256\bar{g}^8 + \kappa^4(\gamma+\kappa)^4 \\
& + 8\bar{g}^2(\gamma^2 - 2\kappa^2)\left[16\bar{g}^4 + \kappa^2(\gamma+\kappa)^2 \right] \\
& + 16\bar{g}^4(\gamma^4 + 2\gamma^2\kappa^2 + 20\gamma\kappa^3 + 22\kappa^4) \} \\
C ={}& -32\bar{g}^2\kappa^2(4\bar{g}^2 + \gamma^2 - \kappa^2)^2(4\bar{g}^2 + \kappa^2)^2 \\
D ={}& -32\bar{g}^2\gamma^2\kappa^2 F^2 \\
E ={}& -64\bar{g}^2\gamma\kappa^2(4\bar{g}^2 + \gamma^2 - \kappa^2)(4\bar{g}^2 + \kappa^2)F \\
F ={}& \kappa(-12\bar{g}^2 - \gamma^2 + \kappa^2)\cos(\bar{g}\tau) + 2\bar{g}(4\bar{g}^2 + \gamma^2 - 3\kappa^2)\sin(\bar{g}\tau)
\end{aligned}
\quad (6.86)
$$

---

① 注意, 这里 τ 是两个单光子输入脉冲之间的延迟, 而不是探测事件之间的延迟.

图6.9显示了 $P_{1,1}(\tau)$（在 $\tau = 0$ 时）与 κ 和 $\bar{g}$（以 γ 为单位）之间的 HOM 倾角.

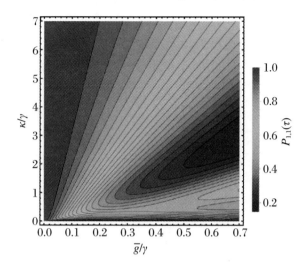

图6.9 在 $\tau = 0$ 时，$P_{1,1}(\tau)$ 与 κ/γ 和 $\bar{g}/\gamma$ 的 HOM 倾角

现在我们已经看到了半经典的（即 $b \to \beta$）HOM 干涉是如何进行的，我们可以返过来把机械自由度明确地包括进去，并评估由 HOM 可见度下降所反映的剩余纠缠. 我们将使用由 Combes 和其同事[23]开发的福克态主方程方法（参见 6.2.3 小节）. 对于两个光腔，它的形式为

$$\frac{\mathrm{d}}{\mathrm{d}t}\rho_{m,n;p,q}(t) = -\mathrm{i}[\hat{H}, \rho_{m,n;p,q}] + (\mathcal{D}[L_1] + \mathcal{D}[L_2])\rho_{m,n;p,q}$$
$$+ \sqrt{m}\xi(t)[\rho_{m-1,n;p,q}, L_1^{\dagger}] + \sqrt{p}\eta(t)[\rho_{m,n;p-1,q}, L_2^{\dagger}]$$
$$+ \sqrt{n}\xi^*(t)[L_1, \rho_{m,n-1;p,q}] + \sqrt{q}\eta^*(t)[L_2, \rho_{m,n;p,q-1}] \qquad (6.87)$$

其中，$\hat{H}$ 是公式(6.44)中给出的哈密顿量，$L_i = \sqrt{\kappa_i}a_i$.

广义的系统密度算符 $\rho_{m,n;p,q}$ 是系统和输入场的联合密度矩阵. 前两个下标 m, n 指的是腔体 1（即图 6.5 中的顶腔）的光子数基矢，后两个下标 p, q 指的是腔体 2（即图 6.5 中的底腔）的光子数基矢. 因此，这些指数的每个值都是 0 和 1. 这为我们提供了一套微分方程. 定义为

$$\rho_{\text{场}}(0) = \sum_{m,n,p,q=0}^{\infty} c_{m,n;p,q} \mid n_{\xi}; q_{\eta}\rangle\langle m_{\xi}; p_{\eta} \mid \qquad (6.88)$$

其中，$c_{1,1;0,0} = c_{0,0;1,1} = \frac{1}{2}$，$c_{0,1;1,0} = \frac{1}{2}\mathrm{e}^{-\mathrm{i}\theta}$，$c_{1,0;0,1} = \frac{1}{2}\mathrm{e}^{\mathrm{i}\theta}$，其他系数 $c_{m,n;p,q} = 0$. 由于输入场由公式(6.88)给出，系统的总态现在变为[23]

$$\rho_{系统}(t) = \sum_{m,n,p,q=0}^{\infty} c_{m,n;p,q}^* \rho_{m,n;p,q}(t) \tag{6.89}$$

这一套微分方程可以以 $\xi(t) = \eta(t) = \sqrt{\gamma}e^{-\frac{1}{2}\kappa(t-\tau)}$ 的两种模式进行求解. ρ 的解 $\rho_{1,1;0,0}(t)$, $\rho_{0,0;1,1}(t)$, $\rho_{0,1;1,0}(t)$ 和 $\rho_{1,0;0,1}(t)$ 提供了探测器 1 和 2 的探测率.

在图 6.10 中,我们显示了不同的 β 值下,在每个探测器上探测到一个光子的概率 $P_{1,1}(\tau)$ 与 τ 的函数关系,其中, $\gamma = \kappa = 1$, $\bar{g} = 1/3$. 我们看到,随着相干态振幅的增加,可见度的模式接近半经典极限.[27] 对于 $\beta = 12$,最大可见度等于 0.99,但该图并没有显示.

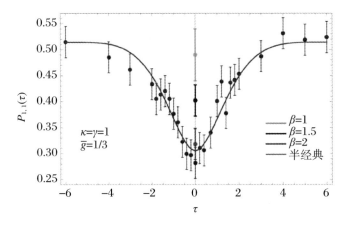

图 6.10　HOM 可见度反映的纠缠信息

我们绘制了由福克态主方程的随机模拟得到的 $P_{1,1}$ 与在多种机械振子相干激发下单光子输入脉冲之间的时间延迟的关系.(经许可转载自文献[27])

6.5　利用单光子光力学产生宏观叠加态

在第 10 章中,我们将讨论适用于引力退相干的一种可能的光力学检验方案.关键要求是能够将一个机械系统,例如一个光力镜制备在两个不同位置的叠加状态上.这样的质量分布所产生的引力场是不确定的,有充分的理由(参见第 10 章)怀疑这是引起噪声和退相干的来源.早期 Bouwmeester 提出了一个建议,即利用光力学来制备这样的叠加态.[193,221] 在本节中,我们将对相关的方案进行更详细的分析,该方案明确地包括了光力腔中光子吸收和发射的随机性质.我们的分析将基于 Akram 等人的讨论.[6]

考虑图 6.11 中的光力系统. 使用一个单光子源驱动一个光力腔, 然后腔内的输出模式被引导至一个光子计数器. 由于单光子既可以直接从腔体反射到探测器, 也可以吸收到腔体中, 然后传输到探测器, 机械元件可以在与光子的相互作用中处于被冲击或不被冲击的叠加状态, 条件是光子探测并不区分两种可能的单光子记录.

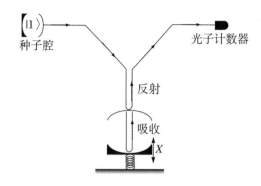

图 6.11　一种产生机械运动叠加状态的光力学方案
一种子腔产生的单光子源驱动光力腔, 然后对光力腔的输出进行光子计数.

我们将使用级联系统的方法 (参见 6.2.2 小节). 源腔和光力系统的级联系统主方程是

$$\frac{\mathrm{d}\rho}{\mathrm{d}t} = -\frac{\mathrm{i}}{\hbar}\big[\hat{H},\rho\big] + \mathcal{D}\big[J\big]\rho \tag{6.90}$$

其中

$$\hat{H} = \hat{H}_{\mathrm{om}} + \hat{H}_{\mathrm{cas}} \tag{6.91}$$

其中

$$\hat{H}_{\mathrm{om}} = \hbar\Omega b^{\dagger}b + \hbar g_0 a^{\dagger}a(b + b^{\dagger}) \tag{6.92}$$

这里, a 和 $a^{\dagger}$ 分别是光学谐振腔的湮灭算符和产生算符, b 和 $b^{\dagger}$ 分别是频率为 Ω 的机械振子的湮灭算符和产生算符:

$$\hat{H}_{\mathrm{cas}} = -\mathrm{i}\sqrt{\kappa\gamma}(ca^{\dagger} - c^{\dagger}a)/2 \tag{6.93}$$

而描述光探测的跳跃算符再次由

$$J = \sqrt{\gamma}c + \sqrt{\kappa}a \tag{6.94}$$

给出. 其中, c 和 $c^{\dagger}$ 分别是源腔的湮灭算符和产生算符, 衰减常数为 γ; 光力系统的光学谐振腔的衰减率为 κ.

由于我们的方案中只有一个单光子,而且没有其他光子丢失的通道,所以如果系统的初始态是纯态,那么在任何时候以光子探测事件为条件的系统态也将是纯态.系统的非归一化条件态 $|\widetilde{\varPsi}^{(0)}(t)\rangle$ 描述了到 t 时为止没有计数的情况,它可通过求解

$$\frac{\mathrm{d}|\widetilde{\varPsi}^{(0)}(t)\rangle}{\mathrm{d}t} = \left(-\mathrm{i}\hat{H}/\hbar - \frac{1}{2}J^{\dagger}J\right)|\widetilde{\varPsi}^{(0)}(t)\rangle \tag{6.95}$$

给出.系统的初始态是

$$|\widetilde{\varPsi}(0)\rangle = |1\rangle_c |0\rangle_a |0\rangle_b \tag{6.96}$$

即光源中有一个光子,腔和机械振子都处于基态.我们将光力系统的条件态扩展为

$$|\widetilde{\varPsi}^{(0)}(t)\rangle = |1\rangle|\varphi_1(t)\rangle_b + |2\rangle|\varphi_2(t)\rangle_b \tag{6.97}$$

其中

$$|1\rangle = |0\rangle_c |1\rangle_a \tag{6.98}$$

$$|2\rangle = |1\rangle_c |0\rangle_a \tag{6.99}$$

在光子被计数之前,它处于腔体内部和外部的叠加态.

我们将使用在 6.1 节和 4.5.2 小节中讨论的规范极化子变换,将公式(6.91)中的哈密顿量变换为极化子坐标系:

$$\hat{H} \equiv \hat{S}\hat{H}\hat{S}^{\dagger}$$

$$= \hbar\Omega b^{\dagger}b - \hbar\chi_0 (a^{\dagger}a)^2 - \mathrm{i}\hbar\sqrt{\kappa\gamma}[ca^{\dagger}D(\beta) - c^{\dagger}aD^{\dagger}(\beta)]/2 \tag{6.100}$$

其中,$\hat{S}$ 的定义参见公式(4.110),单光子光频移 $\chi_0 = g_0^2/\Omega$ 的定义参见公式(4.113),$D(\beta)$ 是一个位移算符,$\beta = -g_0/\Omega$,而且像往常一样,极化子坐标系中的算符添加横线上标.在极化子图像中,量子态被写成

$$|\widetilde{\varPsi}^{(0)}(t)\rangle_P = \hat{S}|\widetilde{\varPsi}^{(0)}(t)\rangle \tag{6.101}$$

因此,在此图像中,由公式(6.95)描述的光力系统的非归一化条件态演化为

$$\frac{|\widetilde{\varPsi}^{(0)}(t)\rangle_P}{\mathrm{d}t} = \left(-\mathrm{i}\hat{\bar{H}}/\hbar - \frac{1}{2}\bar{J}^{\dagger}\bar{J}\right)|\widetilde{\varPsi}^{(0)}(t)\rangle \tag{6.102}$$

其中,$\bar{J} = \hat{S}\hat{J}\hat{S}^{\dagger}$;而公式(6.97)的条件态本身则变成

$$|\widetilde{\varPsi}^{(0)}(t)\rangle_P = |1\rangle|\bar{\varphi}_1(t)\rangle_b + |2\rangle|\bar{\varphi}_2(t)\rangle_b \tag{6.103}$$

$$= |1\rangle D(\beta)|\varphi_1(t)\rangle_b + |2\rangle|\varphi_2(t)\rangle_b \tag{6.104}$$

从公式(6.104)中我们可以看出,原图像中光力系统的状态可以通过量化

$$| \overline{\varphi}_1(t) \rangle_b = D(\beta) | \varphi_1(t) \rangle_b \tag{6.105}$$

来确定.然后通过对正则变换 $\hat{S}$ 的逆变换退回到原来的图像中.这个过程的细节可以在文献[6]中找到.其结果是,假设在时刻 t 之前没有光子计数,则非归一化条件态是

$$| \widetilde{\Psi}^{(0)}(t) \rangle = | 1 \rangle | \varphi_1(t) \rangle_b + | 2 \rangle | 0 \rangle_b e^{-\gamma t/2} \tag{6.106}$$

其中

$$| \varphi_1(t) \rangle_b = D^\dagger(\beta) \hat{R}(t) D(\beta) | 0 \rangle_b \tag{6.107}$$

$$| \varphi_2(t) \rangle_b = e^{-\gamma t/2} | 0 \rangle_b \tag{6.108}$$

其中

$$\hat{R}(t) = \sum_{n=0}^{\infty} \frac{1 - e^{-[i\Omega n - i\chi_0 + (\kappa-\gamma)/2]t}}{i\Omega n - i\chi_0 + (\kappa-\gamma)/2} | n \rangle \langle n | \tag{6.109}$$

这里应该指出,该方程分母中的项 $\Omega n - i\chi_0$ 将导致光子阻塞效应(参见6.1节).

如果光子在 t 和 $t+dt$ 之间被计数,那么通过应用跳跃算符 J 可以找到所产生的条件态.因此,鉴于在时刻 t 之前没有光子计数,并且在 t 和 $t+dt$ 之间有一个光子被计数,则机械系统的(未归一化)条件态是

$$| \widetilde{\Phi}^{(1)}(t) \rangle = \sqrt{\kappa} | \varphi_1(t) \rangle + \sqrt{\gamma} e^{-\gamma t/2} | 0 \rangle \tag{6.110}$$

其中,为了简洁起见,我们去掉了下标 b.第一项由公式(6.107)给出,波浪号表示该状态是未归一化的.简单地说,条件态的归一化系数就是光子计数率,并由

$$R_1(t) = \langle \widetilde{\Phi}^{(1)}(t) | \widetilde{\Phi}^{(1)}(t) \rangle$$
$$= \kappa \langle \varphi_1(t) | \varphi_1(t) \rangle + \gamma e^{-\gamma t} + \sqrt{\kappa\gamma} e^{-\gamma t/2} (\langle 0 | \varphi_1(t) \rangle + \text{c.c}) \tag{6.111}$$

给出.第一项是来自光力腔("接收器")中的光子计数速率,第二项是来自接收器反射的光源的光子计数速率,最后一项是由光子反射和从光力腔内传输的光子之间的干涉而产生的.因此,在探测之前,光力腔内光子的平均数量只是

$$\langle a^\dagger a \rangle(t) = \langle \varphi_1(t) | \varphi_1(t) \rangle \tag{6.112}$$

如果我们假设机械系统的初始态为基态,那么可利用公式(6.107)得到

$$R_1(t) = \kappa \langle \beta | \hat{R}^\dagger(t) \hat{R}(t) | \beta \rangle + \gamma e^{-\gamma t} + \sqrt{\kappa\gamma} e^{-\gamma t/2} (\langle \beta | \hat{R}(t) | \beta \rangle + \text{c.c}) \tag{6.113}$$

其中, $| \beta \rangle$ 是机械系统的相干态,那么在探测之前,光力腔内的平均光子数为

$$\langle a^\dagger a \rangle = \langle \beta \mid \hat{R}^\dagger(t)\hat{R}(t) \mid \beta \rangle = \sum_{n=0}^{\infty} \mathrm{e}^{-|\beta|^2} \frac{|\beta|^{2n}}{n!} |r_n(t)|^2 \tag{6.114}$$

其中

$$r_n(t) = \frac{1 - \mathrm{e}^{-[\mathrm{i}\Omega n - \mathrm{i}\chi_0 + (\kappa - \gamma)/2]t}}{\mathrm{i}\Omega n - \mathrm{i}\chi_0 + (\kappa - \gamma)/2} \tag{6.115}$$

单光子计数率中的干涉项(公式(6.111)中的最后一项)为

$$\langle \beta \mid \hat{R}(t) \mid \beta \rangle = \sum_{n=0}^{\infty} \mathrm{e}^{-|\beta|^2} \frac{|\beta|^{2n}}{n!} r_n(t) \tag{6.116}$$

如果一个光子计数在短时间内被记录下来,那么它很可能对应于从光力腔中反射出来的光子,而不与机械系统发生作用.因此,对罕见的后期探测事件进行后选择(postselection)操作,既能保证光子进入光力系统,又能保证它与机械系统有长时间的相互作用.在这种情况下,即使裸光力耦合很小,后选择也会有效地增强光力相互作用,使镜子的动量有显著的瞬时冲击.下面我们将说明这一点.

让我们假设机械振子的初始态为基态.在 t 时给定一个光子计数的条件平均振幅是

$$\langle \Phi^{(1)}(t) \mid b \mid \Phi^{(1)}(t) \rangle = [R_1(t)]^{-1} \kappa \langle \varphi_1(t) \mid b \mid \varphi_1(t) \rangle \tag{6.117}$$

其中,归一化条件由公式(6.111)中的单光子计数率给出.

练习 6.7 对于机械系统的非归一化条件状态,请用公式(6.110)推导出这个结果.

由公式(6.107),我们发现

$$\langle \Phi^{(1)}(t) \mid b \mid \Phi^{(1)}(t) \rangle = [R_1(t)]^{-1} \left(\frac{g_0}{\Omega}\right) \sum_{n=0}^{\infty} \mathrm{e}^{-|\beta|^2} \frac{|\beta|^{2n}}{n!} r_n^*(t)[r_n(t) - r_{n+1}(t)] \tag{6.118}$$

其中,$r_n(t)$ 由公式(6.115)给出.如果探测时间 t 很长,那么由于公式(6.115)中的指数分量减少到一个非常小的值,$r_n(t)$ 将被最大化.因此矩的振幅 $|\langle b \rangle|$,以及动量的振幅 $|\mathrm{i}\langle b^\dagger - b \rangle|$,均随着探测时间的增加而增加.这对应于有位移的条件机械态,并有效地提高了光力协同度.

在图 6.12 中,我们展示了不同机械频率 Ω 下条件动量与光子探测时间的关系.最初,当光子进入光力腔时,它与光力系统一起循环,产生光力相互作用,给机械模式带来一个动量冲击.正如我们上面所显示的,对相互作用的光子的后期探测时间进行后选择操作,将给机械振子带来一个大的动量冲击.事实上,从公式(6.92)来看,在半经典极限中,动量可以近似为 $-\mathrm{i}(b - b^\dagger) = \frac{-2g_0}{\Omega}\sin(\Omega t)$.在极限情况($\Omega t \ll 1$)下,时间与机械周期相比较短,但与腔衰减率相比较长,则有$-\mathrm{i}(b-b^{\dagger})\approx-2g_0t$.

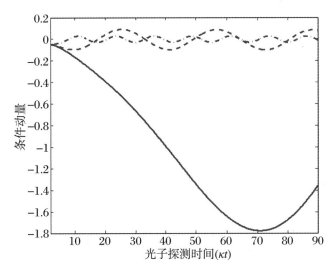

图 6.12　机械振子的条件动量与光子探测时间的关系

其中,$\gamma/\kappa=2,g_0/\kappa=0.01,\Omega/\kappa$ 取不同数值:0.5(虚点状线)、0.2(虚线)和 0.02(实线).(经许可转自文献[6])、

6.5.1　两个机械振子的条件纠缠态

我们现在可以考虑 Bouwmeester 方案的一个版本[193,221],如图 6.13 所示.输入和输出分束器意味着我们需要修改描述探测事件的跳跃算符:

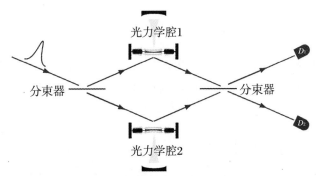

图 6.13　两个光力腔被设置为具有探测端口 D_1 和 D_2 的马赫-曾德尔干涉仪

分束器被认为具有 50/50 的传输和反射.

$$J_{D_1} = \sqrt{\gamma}c + \frac{\sqrt{\kappa_1}a_1 + \sqrt{\kappa_2}a_2}{2} \tag{6.119}$$

$$J_{D_2} = \frac{\sqrt{\kappa_1}a_1 - \sqrt{\kappa_2}a_2}{2} \tag{6.120}$$

其中,κ_i 是每个光学谐振腔的衰减率,分束器各分支的相位差被设定为在端口 D_2 处有一个空的探测率.

系统的非跳跃动力学由类似于公式(6.95)的条件薛定谔方程描述,在这种情况下为

$$|\widetilde{\Psi}^{(0)}(t)\rangle = \exp\left(-\frac{\mathrm{i}}{\hbar}\hat{H}t - \frac{1}{2}J_{D_1}^{\dagger}J_{D_1}t - \frac{1}{2}J_{D_2}^{\dagger}J_{D_2}t\right)|\widetilde{\Psi}(0)\rangle \tag{6.121}$$

其在薛定谔绘景中则演化为

$$\frac{\mathrm{d}|\widetilde{\Psi}^{(0)}(t)\rangle}{\mathrm{d}t} = -\mathrm{i}\left(\frac{\hat{H}}{\hbar} - \frac{\mathrm{i}}{2}J_{D_1}^{\dagger}J_{D_1} - \frac{\mathrm{i}}{2}J_{D_2}^{\dagger}J_{D_2}\right)|\widetilde{\Psi}^{(0)}(t)\rangle \tag{6.122}$$

这里,系统的基矢是由光子在被计数前可能存在的三个不同的腔定义的,即源腔、光力腔 1 和光力腔 2.这样,在 $t=0$ 时,复合系统的初始态为

$$|\widetilde{\Psi}(0)\rangle = (|1\rangle_c|0\rangle_{a_1}|0\rangle_{a_2})|0\rangle_{b_1}|0\rangle_{b_2} \tag{6.123}$$

机械振子在 $t=0$ 时处于基态.

我们按照单腔的情况进行,因此,D_1 处的光子计数给出复合机械系统的非归一化条件态为

$$|\widetilde{\Phi}^{D_1}(t)\rangle = \sqrt{\gamma}\mathrm{e}^{-\gamma t}\left[-\frac{\kappa_1}{2}D_1^{\dagger}(\beta_1)\hat{R}_1 D_1(\beta_1)\right.$$

$$\left.-\frac{\kappa_2}{2}D_2^{\dagger}(\beta_2)\hat{R}_2 D_2(\beta_2) + 1\right]|0\rangle_{b_1}|0\rangle_{b_2} \tag{6.124}$$

其中,$\hat{R}_i$ 如公式(6.109)所示,$\beta_i = g_{0_i}/\Omega_i$,式中,$g_{0_i}$ 和 Ω_i 分别为真空光力耦合率和第 i 个机械振子的共振频率.显然该条件态可用纠缠猫态的一般形式描述,即

$$|\psi\rangle = c_1|\alpha\rangle_{b_1}|0\rangle_{b_2} + c_2|0\rangle_{b_1}|\alpha\rangle_{b_2} + c_3|0\rangle_{b_1}|0\rangle_{b_2} \tag{6.125}$$

其中,像往常一样,$|\alpha\rangle$ 表示具有复数振幅 α 的相干态,以及 c_1,c_2 和 c_3 是复数系数.

为了验证这个条件态,我们计算相应的维格纳函数.总的维格纳函数是四维相空间上的一个函数.我们将把它投影到一个由 $p_1 = p_2 = 0$ 定义的二维相空间.作为其与单光子相互作用的结果,计算每个机械模式 $\langle b_k\rangle$ 在相空间中的平均振幅是很有意义的.在图 6.14(a)中,我们在相空间绘制了机械模式平均振幅的实部和虚部,该机械模式已被单光

子驱动了一个完整的周期 T_m. 与光子相互作用了四分之一个周期($t_1 = T_m/4$)后，机械模式发生位移，其虚部为零，实部达到最大. 在 $t_1 = T_m/4$ 之后，它经历了一个相位变化，使得在半周期 $t_1 = T_m/2$ 时，$\langle b_k \rangle$ 的虚部达到最大，而实部为零. 这时机械系统在相空间中产生对应于设定参数的最大允许振幅. 因此，如果在这个特定的时间被探测到，那么我们会期望它表现出如纠缠猫态一样的最优非经典行为. 对于探测 $t_1 > T_m/2$ 时，完整的循环已经结束. 因此，为了探测条件状态的非经典性，我们需要关注它在半周期的维格纳函数. 必须注意我们需要找到进入二维子空间的正确投影. 在图 6.14(b) 中，我们绘制了一个条件维格纳函数的投影图，其中有两个明显的峰，它们之间的干涉导致了维格纳函数的负数性. 这表明腔场处在一个条件猫态上.

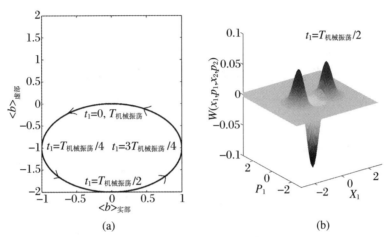

(a)　　　　　　　　　　(b)

图 6.14　腔场的条件猫态

(a) 机械振子相空间中平均振幅的实部和虚部的参数图；(b) 两个相同的机械模式的组合条件态的维格纳函数的投影随 P_1 和 X_1 变化的曲面图. 该状态是以机械周期的半个周期的探测为条件. 参数选择以光学衰减率为单位：$\kappa_1 = \kappa_2 = \kappa$，$g_0/\kappa = 0.02$，$\Omega/\kappa = 0.02$，$\gamma/\kappa = 2/\kappa$.（经许可转自文献[6]）

6.5.2　双光子脉冲光子阻塞

正如我们刚刚看到的，以单光子探测为条件，光腔场和机械系统之间的有效相互作用会导致很大的作用时间，从而使机械系统的动量发生很大的变化. 在 6.1 节中，我们看到了光力相互作用是如何导致单光子阻塞的. 这里，我们回到用两个连续的单光子脉冲驱动的情况.

考虑图 6.15 中所示的双光子激发协议. 我们将计算第二个光子的探测率，作为延迟时间 T_d 和它与机械振子作用时间 τ 的函数. 鉴于公式（6.110）中第一个光子在时间 t_1

被计数,机械系统的条件(归一化)状态可以写成

$$| \widetilde{\Phi}^{(1)}(t_1) \rangle = \sqrt{\kappa} | T \rangle + \sqrt{\gamma} | R \rangle \qquad (6.126)$$

这是两个记录的叠加:通过腔传输后的探测 $|T\rangle$ 和从腔反射后的探测 $|R\rangle$.

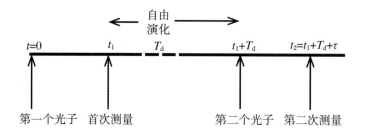

图 6.15　用两个连续的单光子脉冲激发光力腔的协议

在 $t=0$ 时,源腔内准备的第一个光子与机械系统相互作用,然后在 t_1 时被探测到. 然后,机械振子在 t_1 处探测到第一个光子和准备第二个光子之间的时间延迟 T_d 内自由演变. 第二个光子在 $t_1 + T_d$ 时到达,并在 $t_2 = t_1 + T_d + \tau$ 时被探测到之前,进行了一段时间的相互作用.(经许可转自文献[6])

　　这个状态演化了周期 T_d,在此之后光源准备了另一个单光子. 第二个光子与光力腔的相互作用时间为 τ,然后在 $t_2 = t_1 + T_d + \tau$ 时被探测到. 系统的最终条件态是对 $t_1 = 0$ 的初始态应用两次跳跃算符的结果. 对于探测时间,这里存在四种不可分辨的时间记录. 机械振子的条件(非归一化)态由

$$| \Phi^{(2)}(t_2:T_d:t_1:0) \rangle = \kappa | TT \rangle + \gamma | RR \rangle + \sqrt{\kappa\gamma}(| RT \rangle + | TR \rangle) \quad (6.127)$$

给出. 第二个光子 R_2 的条件探测率可以被评估为

$$
\begin{aligned}
R_2(t_2, T_d, t_1) &= \langle \Phi^{(2)}(t_2:T_d:t_1:0) | \Phi^{(2)}(t_2:T_d:t_1:0) \rangle \\
&= \kappa^2 \langle TT | TT \rangle + \gamma^2 \langle RR | RR \rangle \\
&\quad + \kappa\gamma [\langle RT | RT \rangle + \langle TR | TR \rangle] \\
&\quad + \kappa\gamma [\langle TT | RR \rangle + \langle RT | TR \rangle + \text{c.c.}] \\
&\quad + \kappa\sqrt{\kappa\gamma} [\langle TT | RT \rangle + \langle TT | TR \rangle + \text{c.c.}] \\
&\quad + \gamma\sqrt{\kappa\gamma} [\langle RR | RT \rangle + \langle RR | TR \rangle + \text{c.c.}] \qquad (6.128)
\end{aligned}
$$

每个态 $|\Phi^{(2)}\rangle$ 的双条件部分 $|XY\rangle$ 的明确表达式以及公式(6.128)的每项的明确表达式由 Akram 等人给出[6]. 第二个光子的总条件探测率如图 6.16 所示. 如果第一个光子被提前探测到,那么图 6.16 显示第二个光子的总条件速率曲线与延迟时间 T_d 无关. 一方面,这是因为第一个光子不可能激发机械运动;另一方面,如果第一个光子被探测到的时

间较晚,我们将观察到第二个光子的探测率相对于延迟时间 T_d 的周期性调制.这表明第一个光子极大地激发了镜面的机械运动,然后镜面运动使腔体与第二个光子产生失谐:第一个光子的探测为腔体吸收第二个光子事先提供了一个光子阻塞.这种效应在第一个光子到达后的四分之一个周期的等待时间内达到最大.

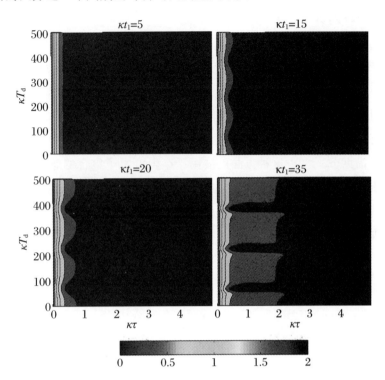

图 6.16 双光子阻塞效应

在 $\gamma/\kappa = 2$, $g_0/\kappa = 0.05$, $\Omega/\kappa = 0.02$ 和第一个光子的不同探测时间 κt_1 的情况下,第二个光子的总条件探测率与其光力相互作用时间 $\kappa\tau$ 和自由演化 κT_d 的函数.(经许可转自文献[6])

6.6 单边带光子光力学

在本章的大部分内容中,我们研究了单光子强耦合区域($g_0 > \{\kappa, \Gamma\}$)的量子光力系统,其中,单个光子的存在就会显著地改变系统的动力学.一般来说,这是一个实现起来具有挑战性的方案.在第3~5章中,我们考虑了量子光力学的方法,即利用明亮的相干场来提高光和机械振子之间的有效相互作用强度.在这种情况下,当处于单光子强耦合区域之外时,光力动力学可以很好地被线性化的哈密顿量描述(参见 2.7 节).因此,不可能直接生成表现出维格纳负性的光或机械振子的状态.然而,通过将激光频率为 Ω_L 的明亮相干驱动与边带频率 $\Omega_L \pm \Omega$ 输出光的单光子计数相结合,有可能在单光子强耦合区域外产生具有维格纳负性的状态.[7,29,108]

其基本的物理原理是,光和机械振子之间的相互作用引起了如下的散射事件:(a) 在机械振子中产生一个声子,拉曼散射将一个光子从 Ω_L 散射到 $\Omega_L - \Omega$;(b) 从机械振子中减去一个声子,反拉曼散射将一个光子从 Ω_L 散射到 $\Omega_L + \Omega$.然后,一个边带光子计数事件可以让机械振子的状态变成一个条件的非经典态.[291]例如,如果机械振子最初被冷却到它的基态(参见 4.2 节),那么可以通过探测一个频率为 $\Omega_L - \Omega$ 的光子,将机械振子调节为单声子福克态.[108,291]这种方法已被用于产生冷原子集合的非经典态[168,289],并且最近还被用于在大块金刚石晶体中产生 40 THz 的光学声子.[173]在腔光力学的背景下,声子计数实验已经通过计数边带光子间接地进行[76,172],尽管通过这种方法产生非经典态还没有实现.

第7章

非线性光力学

光力相互作用已经是非线性的：它在场振幅中是二次方关系，而在机械振子振幅中是线性关系．例如，我们已经在 4.5.2 小节和 6.1 节中看到了这一点：极化子变换被用来解耦机械和光学自由度，从而在场中引入了四阶非线性．在本章中，我们将讨论储存在机械自由度中的势能和机械元素与腔场的耦合作用的其他非线性形式．

7.1 杜芬非线性

人们可以将机械振子的弹性势能扩展到机械位移的四阶．由此产生的模型称为杜芬振子，并随着机械驱动强度的增加而表现出定点分岔现象．[62,209] 在量子系统中，纳米机械振子为杜芬机械非线性提供了一个明确的设置．[11] 在光学系统中，Zaitsev 等人对杜芬非线性的作用进行了研究．[330] Rips 等人提出了对光力系统的杜芬非线性的静电调控．如果一个具有杜芬非线性的系统被简谐地驱动,那么它就会产生参量共振现象,这正如第5章中的讨论.

具有杜芬非线性的机械系统的哈密顿量为[20,62]

$$\hat{H} = \frac{\hat{p}^2}{2m} + \frac{m\Omega^2}{2}\left(\hat{q}^2 + \frac{\lambda}{2}\hat{q}^4\right) - f_0\cos(\omega_p t)\hat{q} \tag{7.1}$$

其中,m 是机械振子的有效质量,Ω 是考虑了施加应变的线性共振频率,$f_0\cos(\omega_p t)$ 是泵浦频率为 ω_p、振幅为 f_0 的简谐驱动力.非线性参数为 λ,单位为长度单位倒数的平方.根据 λ 的符号,杜芬的非线性可以是硬化的(hardening),在这种情况下,共振频率由于非线性而增加;或者是软化的(softening),非线性会降低共振频率.在实践中,属于哪种类型的非线性取决于机械振子的应变条件.[62] 在下文中,我们将特别考虑硬化非线性的情况,即 $\lambda > 0$ 的情况.

这个系统包括了耗散的经典运动方程是

$$\ddot{q} + \Gamma\dot{q} + \Omega^2(q + \lambda q^3) = E\cos(\omega_p t) \tag{7.2}$$

其中,$E = f_0/m$,像往常一样,Γ 是能量耗散的速率.我们用简谐定理

$$q(t) = \frac{1}{2}A(t)e^{i\omega_p t} + \text{c.c.} \tag{7.3}$$

寻找近似的长时解(即在瞬态消失后).我们将假设非线性是弱小的,以致于

$$\lambda a_c^2 \ll 1 \tag{7.4}$$

其中,a_c 是合适的长度尺度,它由公式(7.8)定义.正如我们将看到的,这需要一个大的品质因子 $Q \equiv \Omega/\Gamma$,换句话说,就是弱阻尼.将公式(7.3)代入运动方程,我们发现在长时间极限下,有

$$A[(\Omega^2 - \omega_p^2) + 3\lambda\Omega^2|A|^2/4 + i\Omega\omega_p/Q] = E \tag{7.5}$$

因此,长时间极限下的运动振幅由

$$|A|^2\{[(\Omega^2 - \omega_p^2) + 3\lambda\Omega^2|A|^2/4]^2 + \Omega^2\omega_p^2/Q^2\} = E^2 \tag{7.6}$$

的解给出.我们现在取 $\omega_p = \Omega + \delta$,并假定 $\omega_p \approx \Omega \gg \delta$,则共振曲线被

$$\left(\delta - \frac{3\lambda\Omega|A|^2}{8}\right)^2 + \frac{\Omega^2}{4Q^2} = \frac{E^2}{|A|^2\Omega^2} \tag{7.7}$$

很好地近似.

在图 7.1 中,我们绘制了对于不同的力 E,$|A|$ 与 δ 的关系(另见图 2.3 中的光力等

价情况). 迫使 E_c 有一个临界值, 在这个临界值以上, 长时极限是多值的. 正如我们将在下面看到的更多细节, 并非所有的解都是稳定的. 现在, 我们注意到一个关键特征: 有一个将共振拉到更高频率的现象, 称为硬化. 如前所述, 如果 $\lambda<0$, 非线性将被软化. 具有无限斜率的 $|A|$ 的最大值定义了一个临界振幅 a_c, 我们可以把它作为一个方便的长度尺度. 我们发现 a_c 的值是

$$a_c^2 = \frac{2\sqrt{3}}{9\lambda Q} \tag{7.8}$$

将其与公式 (7.4) 进行比较, 我们发现弱非线性的假设要求 $Q\gg1$, 以使得简谐近似 (公式 (7.3)) 有效.

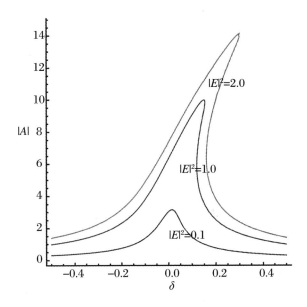

图 7.1 杜芬非线性
对于不同的力 E, 位移的静态振幅 $|A|$ 与失谐 $\delta=\omega_p - \Omega$ 的关系, 设置时间单位使得 $\Omega = 1$.

7.2 量子杜芬振子

现在我们转向对杜芬振子的量子描述. 振子的位置和动量算符可以通过公式 (1.9)

用上升算符 $b^\dagger$ 和下降算符 b 来表示.将这些表达式代入公式(7.1)的哈密顿量中,并以惯例重新定义驱动振幅 $f_0 = -2\hbar\epsilon/x_{zp}$,其中,$x_{zp}$ 仍是振子的零点运动,我们发现

$$\hat{H} = \hbar\Omega b^\dagger b + \hbar\frac{\chi}{12}(b + b^\dagger)^4 + 2\hbar\epsilon\cos(\omega_p t)(b + b^\dagger) \tag{7.9}$$

其中,χ 以非线性参数 λ 给出了非线性色散,即

$$\chi = \frac{3\hbar\lambda}{8m} \tag{7.10}$$

在双夹持铂金束的例子中[163],$\chi \approx 3.4 \times 10^{-4}\ \mathrm{s}^{-1}$.

转到泵浦频率 ω_p 的相互作用绘景,并假设 $\{\Omega, \omega_p\} \gg \chi$,以忽略四阶项中的快速振荡项,哈密顿量可近似为

$$\hat{H}_I = \hbar\Delta b^\dagger b + \hbar\frac{\chi}{2}(b^\dagger)^2 b^2 + \hbar\epsilon(b + b^\dagger) \tag{7.11}$$

其中,$\Delta = \Omega - \omega_p$ 是振子与泵浦频率的失谐.在这种形式下,我们看到,非线性类似于极化子变换后由辐射压力耦合而产生的有效非线性(参见 4.5.2 小节和 6.1 节).

以通常的方式,我们通过马尔可夫主方程(参见 5.1 节)来考虑耗散.在相互作用绘景中,这就是

$$\dot\rho = -\frac{i}{\hbar}[\hat{H}_I, \rho] + \frac{\Gamma}{2}(\bar{n} + 1)(2b\rho b^\dagger - b^\dagger b\rho - \rho b^\dagger b) + \frac{\Gamma\bar{n}}{2}(2b^\dagger\rho b - bb^\dagger\rho - \rho bb^\dagger) \tag{7.12}$$

其中,像往常一样,Γ 是振子的能量损耗率,$\bar{n}$ 是频率为 Ω 的热库振子的平均声子数.我们通常假设运行在低温下,所以 $\bar{n} \approx 0$.这个模型很早以前就被引入量子光学中,用来描述由克尔非线性介质(参见 4.5.2 小节)导致的光学双稳态.[96]该系统有一个长时解,即在旋转坐标系中的稳定状态,它会随着泵浦场的变化而改变其稳定性.

在高 Q 极限下,使用公式(1.112)的量子朗之万方程和上述相互作用哈密顿量,该系统的量子随机微分方程可以表示为

$$\dot{b} = -i\epsilon - [\Gamma/2 + i(\Delta + \chi b^\dagger b)]b + \sqrt{\Gamma}b_{in} \tag{7.13}$$

其中,噪声关联函数由公式(1.115)给出.

练习 7.1 请推导出这个结果.

相应的半经典方程为

$$\dot\alpha = -i\epsilon - [\Gamma/2 + i(\Delta + \chi|\alpha|^2)]\alpha \tag{7.14}$$

可以通过取两边的平均值和因子化矩找到,即$\langle b^{\dagger}b^2\rangle = |\alpha|^2\alpha$,而$\alpha \equiv \langle b\rangle$.[①]对于这个半经典方程的更严格的论证,我们请读者参考 7.2.1 小节,其中使用了 Drummond 和 Walls 的正 P 函数的福克-普朗克方程[96].公式(7.14)的半经典稳态由$\dot{\alpha} = 0$定义,它决定了固定点(也叫临界点)α_0.这些临界点由

$$I_{\mathrm{p}} = n_0\left[\frac{\Gamma^2}{4} + (\Delta + \chi n_0)^2\right] \tag{7.15}$$

的解给出.其中,泵浦的强度$I_{\mathrm{p}} \equiv \epsilon^2$,而$n_0 \equiv |\alpha_0|^2$决定了纳米机械振子的平均能量.这个方程对应于无量纲单位中的公式(7.7).I_{p}是n_0的立方项,转折点对应于满足

$$\frac{\mathrm{d}I_{\mathrm{p}}}{\mathrm{d}n_0} = \frac{\Gamma^2}{4} + (\Delta + 3\chi n_0)(\Delta + \chi n_0) = 0 \tag{7.16}$$

的n_0值.作为泵浦强度的函数,平均振动激发数n_0具有多值性.由公式(7.16)定义斜率发散的值,表明了稳定性的变化.

在图 7.2 中,对不同的失谐值Δ,我们绘制了n_0与泵浦强度$|\epsilon|^2$的关系.对于负失谐,即$\Delta < 0$,n_0是ϵ的多值函数.这是共振方程(公式(7.7))中弹簧常数的非线性硬化的一种表现.并非所有的稳态解都是稳定的.为了确定其稳定性,我们通过$\alpha(t) = \alpha_0 + \delta\alpha(t)$来线性化固定点附近的运动方程.然后,涨落场$\delta\alpha(t)$的运动方程由

$$\frac{\mathrm{d}}{\mathrm{d}t}\begin{bmatrix}\delta\alpha \\ \delta\alpha^*\end{bmatrix} = M\begin{bmatrix}\delta\alpha \\ \delta\alpha^*\end{bmatrix} \tag{7.17}$$

给出.其中

$$M = \begin{bmatrix}-\Gamma/2 - \mathrm{i}(\Delta + 2\chi n_0) & -\mathrm{i}G \\ \mathrm{i}G^* & -\Gamma/2 + \mathrm{i}(\Delta + 2\chi n_0)\end{bmatrix} \tag{7.18}$$

其中,$G \equiv \chi\alpha_0^2$,α_0是通过取公式(7.14)的稳态极限得到的如下立方项的解(即设定$\dot{\alpha} = 0$):

$$\alpha_0\left[\Gamma/2 + \mathrm{i}(\Delta + \chi n_0)\right] = -\mathrm{i}\epsilon \tag{7.19}$$

我们可以将α_0重新表述为$\alpha_0 = \sqrt{n_0}\mathrm{e}^{\mathrm{i}\varphi_0}$,其中

$$\tan\varphi_0 = \frac{\Gamma}{2\Delta + 2\chi n_0} \tag{7.20}$$

由于我们把ϵ设为实数,所以φ_0对应振子场相对于泵浦场的相移.

---

① 请注意,在本文的大部分内容中,α表示光相干振幅,而在这里我们用它表示机械相干振幅.

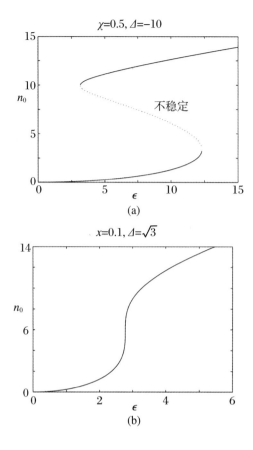

图 7.2　$\Gamma = 2.0$ 时,纳米机械振子的平均振动激发数 n_0 与泵浦场振幅ϵ的关系
由于泵浦场失谐和杜芬非线性的数值不同,(a)中的不稳定分支在(b)中没有出现.

稳定性由矩阵 $\boldsymbol{M}$ 的特征值$\lambda^{\pm}$决定.

练习 7.2　请显示这些特征值为

$$\lambda^{\pm} = -\frac{\Gamma}{2} \pm \mathrm{i}\,\sqrt{(\Delta + 3\chi n_0)(\Delta + \chi n_0)} \tag{7.21}$$

稳定的稳态要求特征值的实部必须为负数.

练习 7.3　请证明在状态方程(公式(7.15))的转折点之外的固定点是稳定的,而在中间是不稳定的.

我们将不稳定的固定点以虚线的形式显示在图 7.2(a)中.请注意,其中一个特征值在转折点(或分岔点)消失,因此线性化分析在这些点将失效.转折点也经常被称为切换点,因为当驱动功率增加到超过它们时,稳态值会迅速地过渡到上支或下支的新的稳定的稳态.这里讨论的双稳态与 2.6.2 小节中的光力双稳态相类似.

当经典噪声(如热噪声)包括在内时,必须对上一段所讨论的结果设置一定的限定,因为噪声可以导致系统在平均驱动功率达到转折点之前切换,而这被称为热激活.然而,零温度下的量子噪声也可以通过耗散性量子隧穿使系统从一个稳定的分支切换到另一支.我们现在更详细地讨论这种高度非经典的可能性.

7.2.1　杜芬振子的量子隧穿效应

Drummond 和 Walls 在零温度 $\bar{n} = 0$ 的情况下给出主方程(公式(7.12))的精确稳态解.[96]他们用密度算符的一个特殊表示来完成,被称为正 P 表示法,由

$$\rho(t) = \int \mu(\alpha, \beta) P(\alpha, \beta, t) \frac{|\alpha\rangle\langle\beta^*|}{\langle\beta^*|\alpha\rangle} \tag{7.22}$$

定义.其中 $|\alpha\rangle, |\beta\rangle$ 是振子相干态,$\mu(\alpha, \beta)$ 是一个适当的积分度量,选择它是为了确保满足条件 $\mathrm{tr}\rho = 1$ 的归一化积分的收敛.在这种表示法中,直接积分给出了排序化矩阵,为

$$\langle(b^\dagger)^m b^n\rangle = \mathrm{tr}[(b^\dagger)^m b^n \rho] = \int \mu(\alpha, \beta)(\beta)^m \alpha^n P(\alpha, \beta, t) \tag{7.23}$$

代入主方程(公式(7.12)),可以得到 $P(\alpha, \beta, t)$ 的等效运动方程为

$$\begin{aligned}
\frac{\partial P(\alpha, \beta, t)}{\partial t} &= \partial_\alpha\left[(\Gamma/2 + i\Delta)\alpha + i\epsilon + i\chi\beta^2\alpha\right]P(\alpha, \beta, t) \\
&+ \partial_\beta\left[(\Gamma/2 - i\Delta)\beta - i\epsilon - i\chi\alpha^2\beta\right]P(\alpha, \beta, t) \\
&- \left[i\frac{\chi}{2}\partial_{\alpha\alpha}^2\alpha^2 - i\frac{\chi}{2}\partial_{\beta\beta}^2\beta^2\right]P(\alpha, \beta, t)
\end{aligned} \tag{7.24}$$

这是一个非线性随机系统的福克-普朗克方程.如果我们忽略二阶导数(即噪声项),那么一阶导数给出了流形 $\alpha^* = \beta$ 上运动方程的系统部分;也就是说,它们给出了半经典运动方程.将关于 α 的偏导数的参数与我们先前通过因式分解得出的半经典运动方程(公式(7.14))相比较,我们发现它们是相同的.

有可能找到公式(7.24)的一般稳态解,因为这个方程满足势能条件[111].其结果是

$$P_{\mathrm{ss}}(\alpha, \beta) = N e^{-V(\alpha, \beta)} \tag{7.25}$$

其中

$$V(\alpha, \beta) = -2\alpha\beta - \lambda\ln(\chi\alpha^2) - \lambda\ln(\chi\beta^2) - \frac{2\epsilon}{\chi\alpha} - \frac{2\epsilon}{\chi\beta} \tag{7.26}$$

其中

$$\lambda = \frac{\Gamma/2 + \mathrm{i}\Delta}{2\chi} - 1 \tag{7.27}$$

N 是通过在 α, β 域中选择适当的轮廓的归一化值. Drummond 和 Walls 给出明确的表达式.[96] 如图 7.3 所示,我们重现了 $|\langle b \rangle|$ 与泵浦振幅 ϵ 的关系,并将其叠加在半经典研究状态的曲线上. 请注意,量子稳态振幅并不表现出双稳态性. 一方面,因为稳态量子振幅对应于稳态相位空间分布的系综平均,该分布在曲线的双稳态区域的两个固定点上都有支撑;另一方面,公式(7.19)给出的半经典稳态是指运动方程的确定性解.

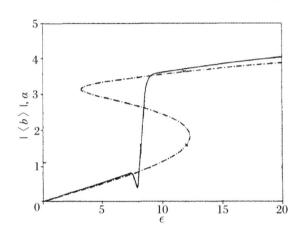

图 7.3　量子稳态平均振幅与稳态半经典振幅的比较

在与图 7.2(a)相同的参数下,纳米机械振子振幅的量子稳态平均振幅 $|\langle b \rangle|$(实心曲线)和稳态半经典振幅 α(点状虚线)与驱动振幅 ϵ 的关系.(经许可转自文献[96],英国物理学会版权所有)

我们可以通过在一个单系统上进行大量的实验来进一步阐明. 在这些实验中,我们缓慢地扫过驱动强度 ϵ. 当驱动强度进入双稳态区域时,在单位时间内将以一个有限的概率,系统从一个固定点跳到另一个固定点,然后再跳回来,这是由隐含在公式(7.24)中的二阶微分项中的量子噪声驱动的. 由于这种转换是随机的,在许多实验中,它们会在不同的驱动强度值下发生. 因此,稳态系综的平均值显示出平均振幅 $|\langle b \rangle|$ 的平滑单调变化. 这里讨论的随机转变发生在零温度下,因此它有独特的量子力学起源,不应该与势垒上的热激活相混淆. 与守恒双阱系统中的现象相似,我们把这种固定点之间的随机切换称为耗散性量子隧穿.

Vogel 和 Risken 首次给出了以公式(7.9)形式提出的杜芬模型的 P 函数(和 Q 函数).[302] Dykman[98] 仔细地处理了周期性驱动的杜芬振子中的耗散性量子隧穿,他称之为量子激活,以区别于双稳态系统中的标准热激活的零温度现象. Dykman 的分析使用了密度算符的维格纳准概率表示法,而不是我们这里讨论的正 P 函数表示法.同样使用维格纳函数矩和主方程的数值解,Katz 等人研究了有限温度下杜芬振子中固定点之间切换的量子极限[151].据我们所知,尽管在含有约瑟夫森结的超导量子电路中观察到了耗散性量子隧穿(量子激活),但在机械杜芬振子中人们还没有观察到这种现象.

7.2.2　受迫杜芬振子的压缩

虽然上一小节得到的精确稳态解揭示了耗散性量子隧穿,但它并不能帮助我们计算动态特征,如噪声功率谱和位移振幅的双时关联函数.为了计算这些,我们求助于一个基于稳定稳态附近线性化的近似方案.我们将遵循 Babourina-Brooks 等人使用的处理方法.[20]

正如第 2.7 节所讨论的,线性化的想法是作一个规范变换,通过平均振幅的半经典稳态值来置换规范算符.因此有

$$b \rightarrow b + \alpha_0 \tag{7.28}$$

其中,α_0 是公式(7.19)的解,也是振子的稳态平均振幅.在 P 函数表示法中,这相当于公式(7.17)中用于检验稳态稳定性的线性化过程.相应的线性化相互作用绘景哈密顿量是湮灭和产生算符的二次关系,即

$$\hat{H} = -\hbar(\Delta + 2\chi n_0)b^\dagger b + \hbar G(b^2 + b^{\dagger 2}) \tag{7.29}$$

其中,如前所述,$G = \chi \alpha_0^2$,$n_0 = |\alpha_0|^2$,在线性化过程中,我们忽略了算符中高于二阶的项.这一结果与 4.5.2 小节中通过光力相互作用处理压缩相类似.

练习 7.4　从公式(7.11)开始,请推导出此哈密顿量.

相应的量子随机微分方程为

$$\frac{\mathrm{d}}{\mathrm{d}t}\begin{bmatrix} b \\ b^\dagger \end{bmatrix} = M\begin{bmatrix} b \\ b^\dagger \end{bmatrix} + \sqrt{\Gamma}\begin{bmatrix} b_{\mathrm{in}}(t) \\ b_{\mathrm{in}}^\dagger(t) \end{bmatrix} \tag{7.30}$$

其中,M 由公式(7.18)给出,噪声关联函数不随位移变换而变化.为了在非线性振子本身和实验室中实际测量的量之间建立联系,我们需要一个位移传感器.在第 3 章中,我们看到这个传感器就是离开腔体的光场.

在驱动的杜芬振子中发生有效的参量放大,可以用它来放大微弱的探测信号.[20] Antoni等人通过实验证明了这一点,他们使用了一个光力系统(成一个悬浮的光子晶体纳米膜),该系统的机械共振频率约为 1 MHz,品质因子(Q)约为 5000.他们测得的杜芬参数为 $\lambda \approx 10^{12}$ m^{-2}.

7.3 非线性阻尼

许多杜芬非线性纳米机械和微米机械振子表现出非线性阻尼,对于这些振子,阻尼率不是一个常数(正如我们迄今为止所假设的那样),而是取决于振子的激励程度.在这样的模型中,一个常见的假设是,除了振子位移与热库的标准线性耦合外,在系统与热库的耦合中还有一个与振子位移的平方成比例的项.这导致了与能量相关的耗散.

这种情况背后详细的理论模型可能是相当复杂的.因为一般来说,所产生的动力学可能是非马尔可夫的.例如,一个源于弱耦合高频极限的特别简单的模型,用相互作用绘景中的马尔可夫主方程描述,为

$$\frac{d\rho}{dt} = -\frac{i}{\hbar}[\hat{H}_1, \rho] + \Gamma \mathcal{D}[b]\rho + \Gamma_2 \mathcal{D}[b^2] \tag{7.31}$$

其中,$\hat{H}_1$ 是相互作用绘景中的系统哈密顿量,Γ 是通常的线性阻尼率,Γ_2 是非线性阻尼率.量子光学也引入了类似模型用于描述双光子吸收.[79] 我们可以通过简单计算 $\langle b \rangle$ 的运动方程来了解该模型的行为表现.

$$\frac{d\langle b \rangle}{dt} = -i(\cdots) - \frac{\Gamma}{2}\langle b \rangle - \Gamma_2 \langle b^\dagger b^2 \rangle \tag{7.32}$$

半经典的运动方程可以通过对所有时刻进行因式分解得到,并写成 $\alpha = \langle b \rangle$ 的形式,即

$$\dot{\alpha} = -i(\cdots) - \frac{\Gamma}{2}\alpha - \Gamma_2 |\alpha|^2 \alpha \tag{7.33}$$

我们可以再次使用正 P 函数表示法[96]来分析这个模型.如果我们把 $\hat{H}_1$ 中对应于杜芬非线性的项也包括进去(参见公式(7.11)),那么我们发现正 P 函数表示法模型等同于纯杜芬模型,即通过作如下替换:$\chi \to \tilde{\chi} = \chi - i\Gamma_2/2$.稳态解也可由公式(7.25)和此替换给出.

7.4 脉冲自调制和极限环

在前面的章节中,我们一直在关注耗散性非线性系统的固定点.在这些情况下,长时

解被吸引到系统相空间中的一个零维集合上.然而,这并不是唯一可能的稳定长时解.一个固定点本身可以变得不稳定(通常是通过霍普夫分岔,见下文),在相空间中产生一个一维吸引子,也就是一条封闭的曲线.这被称为极限环,因为长时解会弛豫到一个稳定的振荡上.[268] 这有时被称为脉冲自调制.在光学中,极限环作为一个稳定吸引子的典型例子是在激光的半经典模型中被发现的,即范德波尔振子(van der Pol oscillator).当激光泵浦被驱动到阈值以上时,激光场相空间中原点上的一个固定点会变得不稳定,从而导致一个非零振幅的稳定振荡.事实上,在光学领域,激光一词经常被用作极限环的同义词.

在放大作用与非线性阻尼(或非线性失谐)竞争的非线性系统中,可以出现极限环形式的自持振荡.Kippenberg 等人利用参量不稳定性对光学系统中的极限环振荡进行了最早的研究.[159] 在 Metzger 等人的工作中,加热诱导(光吸收)的强迫机制被认为会导致极限环.

Lörch 等人给出了光力系统中极限环的量子理论,它与激光的理论密切相似.这必然要求我们考虑到量子噪声,从而给出了极限环振荡的相位缓慢扩散和声子统计中的非经典效应.

我们将讨论一个基于 7.3 节中具有非线性阻尼的振子的量子模型,它也受到相位不敏感的放大作用.如果包括速率为 A 的放大系数,公式(7.31)的主方程变为

$$\dot{\rho} = -i\Omega[b^{\dagger}b,\rho] + \Gamma\mathcal{D}[b]\rho + \Gamma_2\mathcal{D}[b^2]\rho + A\mathcal{D}[b^{\dagger}]\rho \qquad (7.34)$$

例如,可以通过驱动光力元件的蓝边带(参见 4.4.1 小节)和绝热消除腔场来实现放大.一阶矩的运动方程可以通过公式(5.11)得到.将这些方程中的二阶或更高的矩进行分解,我们可以得到半经典方程,即

$$\dot{\beta}_{\mathrm{r}} = \Omega\beta_{\mathrm{i}} - \Gamma\beta_{\mathrm{r}}/2 - \Gamma_2[\beta_{\mathrm{r}}^2 + \beta_{\mathrm{i}}^2 - A/(2\Gamma_2)]\beta_{\mathrm{r}} \qquad (7.35)$$

$$\dot{\beta}_{\mathrm{i}} = -\Omega\beta_{\mathrm{r}} - \Gamma\beta_{\mathrm{i}}/2 - \Gamma_2[\beta_{\mathrm{r}}^2 + \beta_{\mathrm{i}}^2 - A/(2\Gamma_2)]\beta_{\mathrm{i}} \qquad (7.36)$$

其中,$\langle b \rangle = \beta = \beta_{\mathrm{r}} + i\beta_{\mathrm{i}}$.

练习 7.5 请推导出这些运动方程.

在极坐标中,$\beta \equiv re^{i\theta}$,方程的形式为

$$\dot{r} = r(C - \Gamma_2 r^2) \qquad (7.37)$$

$$\dot{\theta} = \Omega \qquad (7.38)$$

其中,$C \equiv (A - \Gamma)/2$.

这个方程的固定点(临界点)对应于 $\beta_{\mathrm{r}0} = \beta_{\mathrm{i}0} = 0$.在这些固定点附近进行线性化,我们看到,只要 $A < \Gamma(C < 0)$,它们就是稳定的.对于高于临界放大值 $A_{\mathrm{c}} = \Gamma$ 的 A,我们有 $C >$

0,原点将变得不稳定,系统表现出霍普夫分岔.在这种情况下,长时解被吸引到曲线 $r^2 = C/\Gamma_2$ 上.这就是极限环[10].在光力学文献中,这种极限环分岔常被称为激光转换,因为它与激光器半经典理论中的极限环转换有一定的相似性.

文献[140]给出另一个具有极限环的精确可解量子模型的例子.这个模型是基于 7.5 节中将要讨论的二次光力相互作用.Thompson 等人描述了一个由光腔组成的光力系统,该光腔含有一层薄的 SiN 电介质膜,它置于刚性的高精细镜面之间,即膜居中模型.将振幅为 ϵ_c、频率为 Ω_L 的腔体相干驱动加到公式(7.63)给出的基本哈密顿量中,并进入光的相互作用绘景,我们得出驱动的哈密顿量是

$$\hat{H} = \hbar\Delta a^\dagger a + \hbar\Omega b^\dagger b + \hbar(\epsilon_c^* a e^{i\Omega_L t} + \epsilon_c a^\dagger e^{-i\Omega_L t}) + \frac{\hbar}{2} g_2 a^\dagger a (b + b^\dagger)^2 \quad (7.39)$$

其中,像往常一样,a,$a^\dagger$ 分别是腔场的下降算符和上升算符,b,$b^\dagger$ 分别是机械振子的下降算符和上升算符,光学失谐 $\Delta \equiv \Omega_c - \Omega_L$,其中 Ω_c 是腔光学频率,Ω 是机械共振频率,g_2 是真空二次光力耦合率,定义见公式(7.64).

该模型可以通过腔内稳态场附近的线性化来简化,即 $\langle a \rangle_{ss} \equiv \alpha_0$,其方式与 2.7 节中对通常的光力相互作用进行的线性化相似.假设机械频率比腔体线宽大得多,即 $\Omega \gg \kappa$,则可以在可分辨边带上驱动光腔.即满足以下参量谐振条件时:

$$\Delta = \pm 2\Omega \quad (7.40)$$

这就实现了.丢弃非共振项并忽略算符中的四阶项(一种线性化近似的形式)会产生两种不同的共振相互作用:

(1)当驱动腔体的激光器被调到腔体频率 $\Omega_L = \Omega_c - 2\Omega$ 的红失谐(低频)时,有

$$\hat{H}_r = \hbar\chi(a^\dagger b^2 + ab^{\dagger 2}) + \hbar g_2 |\alpha_0|^2 b^\dagger b \quad (7.41)$$

(2)当激光器驱动频率被调到腔体频率 $\Omega_L = \Omega_c + 2\Omega$ 的蓝失谐(高频)时,有

$$\hat{H}_b = \hbar\chi(a^\dagger b^{\dagger 2} + ab^2) + \hbar g_2 |\alpha_0|^2 b^\dagger b \quad (7.42)$$

在这两种情况下,$\chi \equiv g_2 \alpha_0/2$.

练习 7.6 请利用公式(7.39)推导出这些结果.

这些哈密顿量描述了有效的双声子拉曼过程,其中一个光子湮灭,两个声子产生或湮灭.光力引起的机械频移($g_2 |\alpha_0|^2$)将纳入机械频率的定义中.因此,我们将只考虑红边带的情况,即 $\Delta = 2\Omega$.包括了一个机械驱动力 ϵ(以频率为单位),并处在光和机械的相互作用绘景中,哈密顿量是

$$\hat{H}_I(t) = \hbar\chi[a^\dagger b^2 + a(b^\dagger)^2] - \hbar\epsilon(b + b^\dagger) \quad (7.43)$$

包括耗散,我们就有了如下主方程:

$$\dot{\rho} = -\frac{\mathrm{i}}{\hbar}[\hat{H}_{\mathrm{I}}(t),\rho] + \kappa \mathcal{D}[a]\rho + \Gamma(\bar{n}+1)\mathcal{D}[b]\rho + \Gamma\bar{n}\mathcal{D}[b^{\dagger}] \qquad (7.44)$$

其中,像往常一样,κ 和 Γ 分别是光学和机械振子的振幅阻尼率,$\bar{n}$ 是机械热库的平均玻色子占据数.这个模型现在完全等同于众所周知的两个量子化场与具有明显二阶光学非线性的介质相互作用的亚/二次谐波产生的量子光学模型.[95,305]

该模型的极限环的研究在文献[140]中给出,我们总结了其主要成果,并作为发现动态系统极限环的典型方法.红边带相互作用的经典非线性运动方程为

$$\begin{cases} \dot{\alpha} = \mathrm{i}\chi\beta^2 - \dfrac{\kappa}{2}\alpha \\[2mm] \dot{\beta} = 2\mathrm{i}\chi\beta^{*}\alpha - \mathrm{i}\epsilon - \dfrac{\Gamma}{2}\beta \end{cases} \qquad (7.45)$$

以及它们的复共轭对应的方程组.其中,α 和 β 分别是腔场和机械振子的复数振幅.我们选择以 χ^{-1} 为单位测量时间,这相当于设定 $\chi=1$,然后所有其他以频率为单位的常数都以相对于 χ 的比值给出.然后,我们可以用每个变量的实部和虚部来表述运动方程:

$$\dot{\beta}_{\mathrm{r}} = 2(\beta_{\mathrm{i}}\alpha_{\mathrm{r}} - \beta_{\mathrm{r}}\alpha_{\mathrm{i}}) - \frac{\Gamma}{2}\beta_{\mathrm{r}} \qquad (7.46)$$

$$\dot{\beta}_{\mathrm{i}} = 2(\beta_{\mathrm{r}}\alpha_{\mathrm{r}} - \beta_{\mathrm{i}}\alpha_{\mathrm{i}}) - \frac{\Gamma}{2}\beta_{\mathrm{i}} - \epsilon \qquad (7.47)$$

$$\dot{\alpha}_{\mathrm{r}} = -2\beta_{\mathrm{r}}\beta_{\mathrm{i}} - \frac{\kappa}{2}\alpha_{\mathrm{r}} \qquad (7.48)$$

$$\dot{\alpha}_{\mathrm{i}} = \beta_{\mathrm{r}}^2 - \beta_{\mathrm{i}}^2 - \frac{\kappa}{2}\alpha_{\mathrm{i}} \qquad (7.49)$$

其中,下标 r 和 i 分别表示复数振幅的实部和虚部.这个系统对所有的 ϵ 值都有一个临界点(时间导数消失的地方).当 ϵ 增加到超过这些临界点的稳定区域时,有哪些长时解呢?

这里的一个关键概念是中心流形.[123] 这是全四维相空间的子空间,在这个空间中,极限环的参数值接近于它的产生条件.当临界点由于霍普夫分岔而变得不稳定时(参见7.4节),点将倾向于被吸引到中心流形的极限环上.在这种情况,极限环从临界点平滑地增长,因此我们有一个超临界的霍普夫分岔.为了确定临界点的稳定性,我们在这些临界点附近找到线性化动力学的特征值和特征向量.如果随着 ϵ 的变化,特征值有一个消失的实部,那么相应的特征向量就跨越中心子空间.则非线性系统的中心流形就与这个中心子空间相切.

临界点 α_0 和 β_0 的实部为零(即 $\alpha_{\mathrm{r0}} = \beta_{\mathrm{r0}} = 0$),$\beta_0$ 的虚部则由以下立方项的解给出:

$$\frac{4}{\kappa}\beta_{i0}^3 + \frac{\Gamma}{2}\beta_{i0} + \epsilon = 0 \tag{7.50}$$

如果ϵ为正,则β_{i0}为负.[①]场的临界点α_0的虚数部分用立方体的解给出,即为$\alpha_{i0} = -\dfrac{2\beta_{i0}^2}{\kappa}$

这里,中心特征空间是(β_r, α_r)空间,中心流形与这个空间相切.设$\epsilon = \epsilon_h + \Delta\epsilon$,其中,$\epsilon_h$是发生霍普夫分岔的临界驱动振幅.有一个超临界的霍普夫分岔产生了一个稳定的极限环,它存在于$\Delta\epsilon$小且为正的情况下.中心流形上的动力学的详细分析参见文献[140].对于$\kappa \gg \Gamma$的情况,我们可以将结果总结如下:极限环上的振幅和频率由

$$A = \frac{1}{\kappa}\sqrt{\frac{136\sqrt{2}\Delta\epsilon}{99}} \tag{7.51}$$

$$\omega_h = \frac{\kappa}{2} \tag{7.52}$$

近似地给出.中心流形上的动力学保留至一阶$\sqrt{\Delta\epsilon}$,即

$$\beta_r = 2\beta_{i0h}A\cos(\omega_h t + \varphi) \tag{7.53}$$

$$\alpha_r = \omega A\sin(\omega_h t + \varphi) - \frac{\kappa A}{2}\cos(\omega_h t + \varphi) \tag{7.54}$$

$$\beta_i = -\sqrt{\frac{\kappa(\kappa + \Gamma)}{8}} - \frac{2\Delta\epsilon}{3\kappa + 4\Gamma} \tag{7.55}$$

$$\alpha_i = -\frac{\kappa + \Gamma}{4} - \frac{2\sqrt{2\kappa(\kappa + \Gamma)}\Delta\epsilon}{\kappa(3\kappa + 4\Gamma)} \tag{7.56}$$

在图7.4中,通过直接数值积分得到的极限环用实线表示,中心流形理论的近似值用虚线表示.使用分岔参数$\Delta\epsilon$的不同值以及κ和Γ的特定值显示极限环.

上面讨论的半经典动力系统为我们提供了关于固定点和极限环的信息,以及它们的稳定性条件.由于动力学的非线性性质,动力学的完全量子解是不可能的,但是我们可以基于对半经典动力学结构的知识,在半经典动力学附近来阐明在半经典固定点附近的量子动力学.这对于某些参数值(即在固定点本身)会失效,因为运动方程中的线性项在这些点上是零,线性化分析的特征值也会归零.尽管有这个限制,线性化的方法在理解接近固定点的量子噪声仍是有效的.

我们可以使用Drummond等人开创的随机方法[95]来推导广义P函数表示中的量子随机微分方程(参见7.2.1小节).这实际上是用独立的复数变量$a, a^\dagger, b, b^\dagger$取代了量子算符$\alpha, \alpha^\dagger, \beta, \beta^\dagger$.当我们忽略噪声并将随机动力学限制在$\alpha^\dagger \to \alpha^*, \beta^\dagger \to \beta^*$定义的子空间

---

① 另一种情况(即$\epsilon < 0, \beta_{i0} > 0$)可以从对称性中得到.

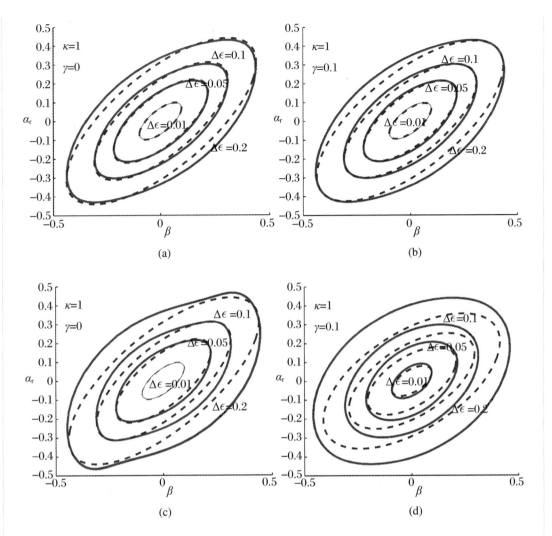

图 7.4　不同参数值的近似极限环(虚线)与数值解(实线)的比较

(a) $\kappa = 1.0, \Gamma = 0.0$; (b) $\kappa = 1.0, \Gamma = 0.1$; (c) $\kappa = 0.5, \Gamma = 0.0$; (d) $\kappa = 0.5, \Gamma = 0.5$. (经许可转自文献[140], WILEY-VCH Verlag GmbH & Co. KGaA 版权所有(2009))

中,就会得到半经典运动方程. 由于我们在这里只对耗散性量子效应感兴趣,因此,我们把处理限制在零温度 $\bar{n} = 0$,得

$$
\frac{\partial}{\partial t}\begin{pmatrix} \beta \\ \beta^{\dagger} \end{pmatrix} = \begin{pmatrix} 2\mathrm{i}\chi\beta^{\dagger}\alpha - \mathrm{i}\,\epsilon - \dfrac{\Gamma}{2}\beta \\ -2\mathrm{i}\chi\beta\alpha^{\dagger} + \mathrm{i}\,\epsilon - \dfrac{\Gamma}{2}\beta^{\dagger} \end{pmatrix} + \begin{pmatrix} 2\mathrm{i}\chi\alpha & 0 \\ 0 & -2\mathrm{i}\chi\alpha \end{pmatrix}\begin{pmatrix} \eta_1(t) \\ \eta_1^{\dagger}(t) \end{pmatrix}
$$

$$
\frac{\partial}{\partial t}
\begin{bmatrix} \alpha \\ \alpha^{\dagger} \end{bmatrix}
=
\begin{bmatrix}
\mathrm{i}\chi\beta^2 - \dfrac{\kappa}{2}\alpha \\[2mm]
-\mathrm{i}\chi\,(\beta^{\dagger})^2 - \dfrac{\kappa}{2}\alpha^{\dagger}
\end{bmatrix}
$$

这里，$\eta_1(t)$，$\eta_1^{\dagger}(t)$ 是相对独立的具有 δ 关联的朗之万噪声项，从而 β，$\beta^{\dagger}$ 是互为复共轭的平均值. 如果我们保持驱动振幅小于霍普夫分岔所需的振幅($\epsilon < \epsilon_h$)，那么在半经典固定点附近的线性化将得到

$$
\frac{\partial}{\partial t}
\begin{bmatrix} \delta\beta \\ \delta\beta^{\dagger} \\ \delta\alpha \\ \delta\alpha^{\dagger} \end{bmatrix}
=
\begin{bmatrix}
-\dfrac{\Gamma}{2} & 2\mathrm{i}\chi\alpha_0 & 2\mathrm{i}\chi\beta_0^{*} & 0 \\[2mm]
-2\mathrm{i}\chi\alpha_0^{*} & -\dfrac{\Gamma}{2} & 0 & -2\mathrm{i}\chi\beta_0 \\[2mm]
2\mathrm{i}\chi\beta_0 & 0 & -\dfrac{\kappa}{2} & 0 \\[2mm]
0 & -2\mathrm{i}\chi\beta_0^{*} & 0 & -\dfrac{\kappa}{2}
\end{bmatrix}
\begin{bmatrix} \delta\beta \\ \delta\beta^{\dagger} \\ \delta\alpha \\ \delta\alpha^{\dagger} \end{bmatrix}
$$

$$
+
\begin{bmatrix}
2\mathrm{i}\chi\alpha_0 & 0 & 0 & 0 \\
0 & -2\mathrm{i}\chi\alpha_0^{*} & 0 & 0 \\
0 & 0 & 0 & 0 \\
0 & 0 & 0 & 0
\end{bmatrix}^{1/2}
\begin{bmatrix} \eta_1(t) \\ \eta_1^{\dagger}(t) \\ \eta_2(t) \\ \eta_2^{\dagger}(t) \end{bmatrix}
$$

我们可以把它写成

$$
\frac{\partial}{\partial t}\big[\delta\boldsymbol{\alpha}\big] = -\boldsymbol{A}\big[\delta\boldsymbol{\alpha}\big] + \boldsymbol{D}^{1/2}\big[\boldsymbol{\eta}(t)\big] \tag{7.57}
$$

其中，$\boldsymbol{A}$ 和 $\boldsymbol{D}$ 分别为漂移和扩散矩阵. 每个正常排序矩的稳态功率谱密度由

$$
S_{ij}(\omega) = \int_{-\infty}^{\infty} \mathrm{e}^{\mathrm{i}\omega\tau} \langle \alpha_i(t)\alpha_j(t+\tau)\rangle_{t\to\infty}\,\mathrm{d}\tau \tag{7.58}
$$

(参见 1.2.2 小节)给出. 因此，我们发现功率谱密度矩阵 $\boldsymbol{S}(\omega)$ 在线性化漂移和扩散矩阵方面的作用是[305]

$$
\boldsymbol{S}(\omega) = (-\mathrm{i}\omega\mathbb{1} + \boldsymbol{A})^{-1}\boldsymbol{D}(\mathrm{i}\omega\mathbb{1} + \boldsymbol{A}^{\mathrm{T}})^{-1} \tag{7.59}
$$

其中，$\mathbb{1}$ 是单位矩阵，上标 T 表示转置.

霍普夫分岔的特征将出现在腔体输出场的频谱中. 图 7.5 显示了当机械驱动强度ϵ接近霍普夫分岔点 ϵ_h 时光场振幅的功率谱密度. 可以看出，随着驱动强度的增加，出现了两个尖锐的峰. 如文献[140]所示，这些峰出现在与霍普夫分岔相关的特征频率 $\pm\omega_h = \pm\kappa/2$处，并由公式(7.52)给出. 对于超过霍普夫分岔的临界值的驱动，α，β 的实

部不再锁定为零,而是根据公式(7.53)进行振荡.量子噪声将引起极限环周围的相位扩散.在极限 $\kappa \gg \Gamma$ 中,相位动力学可以用以下方程近似:

$$\frac{\mathrm{d}\varphi}{\mathrm{d}t} = \frac{1}{A}\sqrt{\frac{1}{2\kappa}}\,\mathrm{d}W(t) \tag{7.60}$$

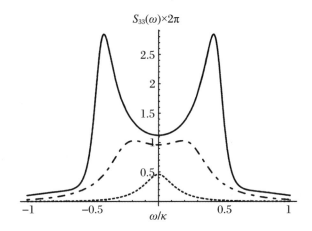

图 7.5 $S_{33}(\omega)$ 的线性化频谱

$\Gamma/\kappa = 0.1$,三种不同的驱动强度:$\epsilon = 0.01/\kappa$(虚线);$\epsilon/\kappa = 0.05$(虚线);$\epsilon/\kappa = 0.13$(实线).(经许可转自文献[140],WILEY-VCH Verlag GmbH & Co. KGaA 版权所有(2009))

其中,$\mathrm{d}W$ 是维纳过程(参见 5.1.1 小节),A 是公式(7.51)给出的极限环的振幅.注意到,根据定义,维纳增量的系数是相位扩散常数 $\sqrt{D_\varphi}$ 的平方根,因此对于 $\kappa \gg \Gamma$,相位扩散常数取决于腔线宽 κ 和高于临界驱动强度 $\Delta \epsilon$ 的超额驱动振幅 ϵ_h,如

$$D_\varphi \propto \frac{\kappa}{\Delta \epsilon} \tag{7.61}$$

我们看到,相位扩散随着腔线宽的减少和驱动强度的增加而减少.这种行为类似于阈值以上的激光器行为.

7.5 机械振子的非线性测量

在本书的大部分内容中,我们认为光力耦合具有标准的辐射压力相互作用,它在机械位移中是线性的.在本节中,我们将考虑在机械位移中是二次的光力相互作用.[①]这样的相互作用可以测量机械振子的能量,或者说,相当于声子数.

2.3 节中对辐射压力相互作用的推导来自这样的现象:光学谐振器的频率取决于机械元件的位移 $\Omega_c(q)$.如果有可能设计一个光力系统,使 $\Omega_c(q)$ 在 $q = q_0$ 点是一个极值,那么对相互作用的线性贡献项就消失了,最低的有效阶数是 q^2.然后,在某个机械振子位置 q_0 的非线性光力耦合常数对应于 $\Omega_c(q)$ 的泰勒级数

$$\Omega_c(q) = \Omega_c(q_0) + \frac{1}{2}\left.\frac{\mathrm{d}^2\Omega_c(q)}{\mathrm{d}q^2}\right|_{q_0} q^2 + \cdots \tag{7.62}$$

的二阶项.实现这种二次耦合的一种方法是通过膜居中模型[248,283],如图 7.6 的描述.现在可以通过沿腔体轴线移动膜的位置来改变腔体的谐振频率.通常,这些频率随 q_0 周期性地变化.在最小值或最大值附近,有可能发现 q_0 附近的变化在小位移中满足二次方的关系.

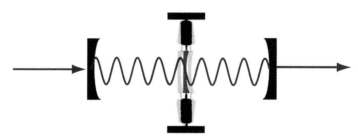

图 7.6　膜居中的光力系统的示意图

该膜是一个薄的电介质膜,位于法布里-珀罗腔的两个镜面之间沿腔轴线的点 x_0 处.

练习 7.7　将公式(7.62)中存在与机械振子的二次耦合时的光腔频率代入公式 (2.14)中的哈密顿量,以得出如下二次耦合哈密顿量:

$$\hat{H} = \hbar\Omega_c a^\dagger a + \hbar\Omega b^\dagger b + \frac{\hbar g_2}{2} a^\dagger a\,(b + b^\dagger)^2 \tag{7.63}$$

其中

$$g_2 = x_{zp}^2 \left.\frac{\mathrm{d}^2\Omega_c(q)}{\mathrm{d}q^2}\right|_{q_0} \tag{7.64}$$

这里,我们已经进行了 $\hbar\Omega_c(q_0) \to \hbar\Omega_c$ 的替换.注意,需忽略公式(7.62)中高于二阶的项.

Thompson 等人达到的 g_2 值约为 $10^{-4}\ \mathrm{s}^{-1[283]}$.在另一个不同的方案中,Brawley 等人达到了大约 $10^{-3}\ \mathrm{s}^{-1[50]}$.在以机械频率旋转的相互作用绘景中,我们可以忽略快速振

---

①　我们之前在 7.4.1 小节简要地考虑了相同的相互作用.

荡项,假设 $g_2/\Omega \ll 1$,从而得到

$$\hat{H}_I = \hbar g_2 a^\dagger a b^\dagger b \tag{7.65}$$

形式的近似相互作用. 我们将假设腔体在适当的腔共振附近被相干地驱动,并且像往常一样,在没有光力耦合的情况下,在稳定的稳态场附近线性化光场动力学(参见 2.7 节). 然后,我们用

$$\hat{H}_I = \hbar\chi(a + a^\dagger)b^\dagger b \tag{7.66}$$

近似相互作用哈密顿量,其中,与 2.7 节中处理的线性情况类似,我们定义 $\chi \equiv g_2\alpha_0$. 考虑腔体和机械耗散,其速率分别为 κ 和 Γ,然后我们得出以下主方程:

$$\dot{\rho} = -\frac{i}{\hbar}[\hat{H}_I,\rho] + \kappa\mathcal{D}[a]\rho + \Gamma(\bar{n}+1)\mathcal{D}[b]\rho + \Gamma\bar{n}\,\mathcal{D}[b^\dagger]\rho \tag{7.67}$$

其中,超级算符 $\mathcal{D}$ 已经在公式(5.10a)中定义,像通常一样,$\bar{n}$ 是频率为 Ω 的机械热库的平均热占据数.

公式(7.66)中的相互作用哈密顿量与经典声子数算符对易,这表明该耦合可以实现对机械声子数的量子非破坏测量. 在线性化近似,以及没有耦合的情况下,声子数导致腔场从其稳态值 α_0 偏移. 原则上,这可以通过对腔体的输出场进行零差探测来检测. 当然,由于与机械环境的耦合,声子数不会是运动的常数. 是否有可能通过足够仔细地测量零差探测所显示的腔场振幅的变化来监测声子数的这些转变? 换句话说,我们能否在零差信号中看到机械声子数的量子跳跃?

为了回答这个问题,我们将遵循文献[109]介绍的方法. 要起对声子福克态转换进行实时监测,很明显,测量带宽必须大于热转换的速率,即 $\Gamma\bar{n}$[249]. 公式(7.67)中的主方程表明:

$$\frac{d\langle a\rangle}{dt} = -i\frac{\chi}{2}\bar{n}_b - \frac{\kappa}{2}\langle a\rangle \tag{7.68}$$

$$\frac{d\bar{n}_b}{dt} = -\Gamma\bar{n}_b + \Gamma\bar{n} \tag{7.69}$$

其解为

$$\bar{n}_b(t) = \bar{n}_b(0)e^{-\Gamma t} + \bar{n}(1 - e^{-\Gamma t}) \tag{7.70}$$

$$\langle a\rangle(t) = \langle a\rangle(0)e^{-\kappa t/2} - i\frac{\chi}{2}\left\{[\bar{n}_b(0) - \bar{n}]\frac{(e^{-\Gamma t} - e^{-\kappa t/2})}{\kappa/2 - \Gamma} + \bar{n}\,\frac{(1 - e^{-\kappa t/2})}{\kappa/2}\right\} \tag{7.71}$$

在绝热极限中,$\kappa \gg \Gamma$,我们发现 $\langle a\rangle(t) \approx -i\frac{\chi}{\kappa}\bar{n}_b(t)$. 关于平均声子数的信息,可以通过监测稳态振幅 α_0(已选择为实数)的相位正交分量振幅来获得. 在光力耦合开启之前,机

械振子将与环境处于热平衡状态,所以 $\bar{n}_b(0) = \bar{n}$. 在长时限内,腔体振幅与稳定背景振幅的变化量为 $\Delta \alpha = -i \bar{\chi} \bar{n}/\kappa$. 然后我们把 χ/κ 定义为测量的增益.

延伸我们在 5.1 节中对机械振子的连续测量的处理,在对输出光场进行连续零差探测的情况下,腔光力系统的条件动力学由以下随机主方程给出[318]:

$$d\rho = -\frac{i}{\hbar}[\hat{H}_I, \rho]dt + \Gamma(\bar{n}+1)\mathcal{D}[b]\rho dt + \Gamma\bar{n}\,\mathcal{D}[b^\dagger]\rho dt + \kappa\,\mathcal{D}[a]\rho dt$$
$$+ \sqrt{\eta\kappa}\,dW\,\mathcal{H}[ia]\rho \tag{7.72}$$

其中,η 是探测器效率.零差光电流与腔相位正交分量振幅成正比,并带有由于局域振子和腔场的内在量子噪声而产生的随机噪声:

$$i_h(t)dt = i\eta\kappa\langle a^\dagger - a\rangle dt + \sqrt{\eta\kappa}\,dW \tag{7.73}$$

在这里,我们需要绝热消除腔场后的随机主方程,以得到一个单独的机械自由度的随机主方程.这就是[109]

$$d\rho_b = \Gamma(\bar{n}+1)\mathcal{D}[b]\rho_b dt + \Gamma\bar{n}\,\mathcal{D}[b^\dagger]\rho_b dt + \mu\,\mathcal{D}[b^\dagger b]\rho_b dt - \sqrt{\eta\mu}\,\mathcal{H}[b^\dagger b]\rho_b dW \tag{7.74}$$

其中,$\mu \equiv \chi^2/\kappa$ 是测量率,如第 5 章所定义的.在绝热极限下,零差光电流变为

$$i_h(t)dt = -2\eta\chi\langle b^\dagger b\rangle_c dt + \sqrt{\eta\kappa}\,dW(t) \tag{7.75}$$

ρ_b 的对角线元素的条件泡利主方程为

$$d\rho_n = \Gamma\bar{n}[n\rho_{n-1} - (n+1)\rho_n]dt$$
$$+ \Gamma(\bar{n}+1)[(n+1)\rho_{n+1} - n\rho_n]dt - 2\sqrt{\eta\mu}(n-\langle n\rangle)\rho_n dW \tag{7.76}$$

此后,为了便于表述,我们将设定探测效率 $\eta = 1$.

随机的条件演化倾向于导致在粒子数态基矢下机械状态的方差减少.在与此过程的竞争中,热转换具有相反的效果.为了看到声子数的转变,测量率必须主导热化率.这需要下述的良好测量极限.

条件泡利主方程(公式(7.76))表明,在没有测量的情况下,机械福克状态 $|n\rangle$ 的热化率是 $\Gamma[\bar{n}(n+1) + (\bar{n}+1)n]$ [249](参见练习 2.1).因此,我们需要绝热条件 $\kappa \gg \Gamma[\bar{n}(n_{max}+1) + (\bar{n}+1)n_{max}]$,其中,$n_{max}$ 是可能的最大声子数态.即使在绝热极限下,测量也会以有限的速度提取声子数的信息.因此,良好的测量条件是 $\mu \gg \Gamma[\bar{n}(n_{max}+1) + (\bar{n}+1)n_{max}]$,以及绝热条件.良好的测量极限对 χ/κ 的任意值有效,而对强耦合区域($\chi/\kappa \geqslant 1$)不是必需的.

在良好的测量极限中,腔绝热地跟随机械模式的粒子数态,测量非常迅速地将机械模式塌缩到粒子数态基矢.因此,我们预计腔振幅将在连续跳跃时间 t_j 之间达到其稳态

值 $-\mathrm{i}\dfrac{\chi}{\kappa}n$,而相位正交分量振幅的条件平均值将表现为随机电报信号.

我们可以通过对公式(7.72)的数值积分来证明这一点.选择参数 $\bar{n}=0.5,\chi/\kappa=1.5,\kappa=100\Gamma\bar{n},\chi^2/\kappa=225\Gamma\bar{n}$,以确保系统处于低声子数的良好测量极限中.我们假设机械振子开始于基态,这也许是由于之前有一段可分辨边带冷却(参见 4.2 节).图 7.7 显示了由此产生的轨迹,表现出条件平均声子数的良好可分辨的量子跳跃.我们还绘制了与低通滤波器进行卷积后的零差光电流(公式(7.73)).

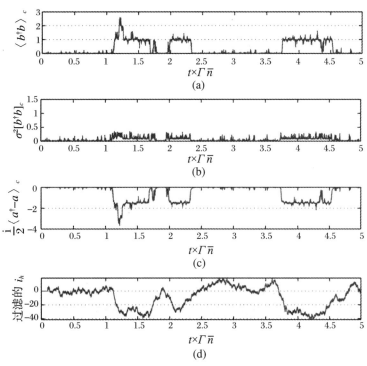

图 7.7 平均声子数量子跳跃的规迹图

(a)～(c)依次表示条件声子数、条件声子数方差以及低声子数($n\approx1$)的良好测量极限中条件腔场相位正交分量的演化.声子数的量子跳跃由条件腔相位正交分量振幅来跟踪.(d) 表示过滤的零差电流给出的腔相位正交轨迹的一个噪声版本.(经许可转自文献[109],IOP Publishing & Deutsche Physikalische Gesellschaft,CC BY-NC-SA,版权所有)

第 8 章

混合光力系统

在本章中,我们将探讨光力系统的一些研究方向,这些系统包含除腔场和机械振子之外的其他量子自由度.典型的例子包括单一的二能级系统,它可以与外场、机械振子或与两者同时耦合.我们将进一步介绍机械振子与光腔和微波谐振器同时耦合的光力系统.在没有详细考虑的其他例子中,光力系统还可以与冷原子气体耦合,例如,玻色-爱因斯坦凝聚体[30,56,146,186,266,285]或超流体[5,84,135].

有许多包含二能级系统的例子.通常情况下采取将电偶极子耦合到腔中的光场的形式.偶极子可以是单原子[25]或量子点[326].二能级系统通常通过嵌入的二能级系统(如氮空位(NV)色心或量子点)的应变诱导效应[315]直接耦合到机械自由度上.在磁力共振显微镜中,机械振子与固体或分子中的一个或多个核或电子自旋相耦合.在其他情况下,二能级系统被耦合到机械振子上,并可作为机械运动的传感器使用.[17]

8.1 机电系统

正如我们在第 2 章中提到的,在微波领域通过机械振子与超导微波电路的电容耦合也可以实现在光力系统中观察到的物理效应. 在本节中,我们将对这一领域进行简要介绍. 我们举三个例子:第一,在科罗拉多大学博尔德分校的 JILA/NIST 超导机电组[216],一个带有悬浮薄膜电容的集总 LC 超导电路(机械元件)被耦合到 LC 电路中的微波场. 第二,我们讨论 LaHaye 等人的实验[169],该实验涉及一个静电能量由电容耦合到机械元件来控制的小型超导岛(即库珀对盒,CPB). 第三,我们将讨论 O'Connell 等人的里程碑式的实验[213],该实验用稀释制冷机将一个非常高频的机械振子冷却到其量子基态,并通过振子与超导比特的耦合在单声子水平上进行了相干操控.

8.1.1 耦合到机械元件的超导电路

和量子光力学一样,超导量子电路是一个通过设计系统展示宏观集体自由度的量子行为的领域,这一新领域也被称为电路量子电动力学(cQED). 光力学处理的是机械模式的量子化运动,而量子电路处理的是电容器和电感器上的电荷和磁通量的量子动力学. 它们的量子状态可以通过标准的电容和电感控制,并且已经实现了各种量子极限测量方案. 约瑟夫森结作为一个非线性电路元件发挥了关键作用. 关于量子电路的知识,请读者参考 Clarke 和 Wilhelm 的综述.[72]

我们考虑一个由集总元件(一个电感回路和一个电容)组成的超导 LC 电路. 机械振子是一个由厚度为 100 nm、直径为 15 μm 的超导铝膜构成的鼓模顶板,它与底部电极形成一个间距为 50 nm 的真空电容器[216],参见图 8.1. 集总 LC 谐振器本身耦合到超导共面传输线,用于驱动 LC 谐振器.

LC 电路频率为 Ω_c,机械振子频率为 Ω,电容耦合是机械振子远离其平衡位置位移 q 的函数. 在位移的最低阶,电容 $C_0(q) = C_0(1 - q/d)$,其中,C_0 代表平衡电容,d 代表平衡板间距. 因此,LC 有一个等效电容 $C_\Sigma = C + C_0$ 和等效电感 L,这样耦合共振频率为 $\Omega_c \approx 1/\sqrt{LC_\Sigma}$. 取一阶近似,系统的电容能量由 $Q^2/(2C_\Sigma) + [\beta/(2dC_\Sigma)]qQ^2$ 给出,其

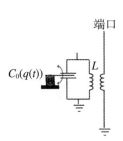
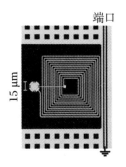

端口

端口

15 μm

$C_0(q(t))$

L

图 8.1　将高频机械振子冷却至其量子基态

由电感回路和机械鼓膜悬浮顶板的电容组成的共面超导电路,以及该系统的等效电路.(经许可改编自文献[216],麦克米伦出版有限公司版权所有(2011))

中,$\beta = C_0 / C_\Sigma$,$Q^{①}$ 是等效电容 C_Σ 上的电荷.该系统由以下经典哈密顿量描述:

$$H = \frac{p^2}{2m} + \frac{1}{2} m\Omega^2 q^2 + \frac{\Phi^2}{2L} + \frac{Q^2}{2C_\Sigma} + \frac{\beta}{2dC_\Sigma} qQ^2 + \frac{1}{2} E(t)\Phi \tag{8.1}$$

其中,(q,p) 是机械振子的位置和动量坐标,(Q,Φ) 是腔体的规范坐标(代表电容器 C_Σ 上的电荷和通过电感 L 的磁通量),在我们的推导中,时间依赖项只保留了通过传输线进入的驱动场 $E(t)$.

我们可以通过对易关系 $[\hat{q},\hat{p}] = i\hbar$ 和 $[\hat{Q},\hat{\Phi}] = i\hbar$ 来量子化上述哈密顿量,其方式与我们在 2.2 和 2.3 节为光力学所做的相似.虽然不是很明显,但是这个方法确实给出了一个量子电路有效的量子描述.它之所以有效,是因为和块状机械模式一样,超导电路中由电流和磁通量描述的集体自由度在很大程度上脱离了底层的微观动力学.当然,与微观自由度的残余相互作用仍然存在,它们是噪声和耗散的来源.像这样的有效量子化是量子工程系统的特点.

在薛定谔绘景中,上述系统的哈密顿量为

$$\hat{H} = \hbar\Omega_c a^{\dagger}a + \hbar\Omega b^{\dagger}b + \frac{1}{2}\hbar g_0(b + b^{\dagger})(a + a^{\dagger})^2$$
$$+ \hbar(\mathcal{E}_2^* e^{i\omega_d t} + \mathcal{E}_2 e^{-i\omega_d t})(a + a^{\dagger}) \tag{8.2}$$

其中

$$a = \sqrt{\frac{\Omega_c L}{2\hbar}}\hat{Q} + \frac{i}{\sqrt{2\hbar\Omega_c L}}\hat{\Phi} \tag{8.3a}$$

---

① 这里,不要把 Q 与机械振子的位置或机械品质因子相混淆,我们在本书的其他部分使用了相同的符号.

$$b = \sqrt{\frac{m\Omega}{2\hbar}}\,\hat{q} + \frac{\mathrm{i}}{\sqrt{2\hbar m\Omega}}\,\hat{p} \tag{8.3b}$$

耦合常数是

$$g_0 \equiv \frac{\beta\Omega_{\mathrm{c}}}{2}\frac{x_{\mathrm{zp}}}{d} \tag{8.4}$$

像前面一样，$x_{\mathrm{zp}} = [\hbar/(2m\Omega)]^{1/2}$ 是机械基态波函数的标准差，即零点长度.

将公式 (8.2) 中的哈密顿量转化到相互作用绘景下，裸哈密顿量为 $\hat{H}_0 = \hbar\Omega_{\mathrm{L}}a^\dagger a + \hbar\Omega b^\dagger b$，其中，$\Omega_{\mathrm{L}}$ 是驱动 "激光" 的频率 (在此情况下是微波场). 将其进行旋转波近似，可以得出

$$\hat{H}_{\mathrm{I}} = \hbar\Delta a^\dagger a + \sqrt{2}\,\hbar g_0 \hat{X}_{\mathrm{M}}(t)a^\dagger a + \hbar(\mathcal{E}_1^* a + \mathcal{E}_1 a^\dagger) \tag{8.5}$$

其中，$\Delta \equiv \Omega_{\mathrm{c}} - \Omega_{\mathrm{L}}$ 是腔体共振频率和驱动频率之间的失谐；像通常一样，机械 X 正交分量是 $\hat{X}_{\mathrm{M}}(t) = (be^{-\mathrm{i}\Omega t} + b^\dagger e^{\mathrm{i}\Omega t})/\sqrt{2}$，这完全等同于光力辐射压力的相互作用. 只要我们注意不同的参数值，我们之前的讨论就可以对应过来. 例如，在文献 [216] 的实验中，参数分别是 $\Omega_{\mathrm{c}} \approx 2\pi \times 7.5\ \mathrm{GHz}$，$\Omega = 2\pi \times 10.5\ \mathrm{MHz}$，$m = 48\ \mathrm{pg}$，$x_{\mathrm{zp}} = 4.1\ \mathrm{fm}$，$g_0 = 2\pi \times 200\ \mathrm{Hz}$.

8.1.2　耦合到机械元件的超导结

在第二个例子中，LaHaye 等人 [169] 使用了一个库珀对盒. 它是一个超导金属岛通过一个分裂的约瑟夫森结耦合到一个超导电路上. 因为结被分割开，通过孔的磁通量可以用来调整结的约瑟夫森能量. 直流栅极电压可以用来调整该岛的充电能量. 库珀对盒和微波场之间的耦合由文献 [121] 给出，即

$$\hat{H} = 4E_{\mathrm{C}}\sum_N (N - n_{\mathrm{g}}(t))^2\,|\,N\rangle\langle N\,| - \frac{E_{\mathrm{J}}(\varphi)}{2}\sum_{N=0}(|\,N\rangle\langle N+1\,| + |\,N+1\rangle\langle N\,|)$$

$$\tag{8.6}$$

其中，N 是结上库珀对的数量，并且有

$$E_{\mathrm{C}} = \frac{e^2}{2C_\Sigma}$$

$$E_{\mathrm{J}}(\varphi) = E_{\mathrm{J}}\cos(2\pi\varphi/\varphi_0)$$

$$n_{\mathrm{g}}(t) = \frac{C_{\mathrm{g}}V_{\mathrm{g}}(t)}{2e}$$

其中，C_Σ 是岛和电路其他部分之间的电容，C_g 是库珀对盒岛和偏置栅极之间的电容，$e = 1.6 \times 10^{-19}$ C 为基本电荷，$V_g(t)$ 为由直流电场 $V_g^{(0)}$ 和腔体中的微波场 $\hat{v}(t)$ 组成的偏置栅极施加到岛的总电压. 因此，我们可以写出 $V_g(t) = V_g^{(0)} + \hat{v}(t)$，其中，变量顶上的符号表示腔场的量子化. 公式(8.6)中的哈密顿量是在以珀对数目为基矢写出来的. 在这个基矢中，第一项的静电能量是非常清楚的. 约瑟夫森能量项描述了单个库珀对在结上的隧穿.

我们现在允许库珀对盒(或其偏置栅极)被安置在一个机械振子上. 这导致了栅极电容的周期性调制，只考虑位移的最低阶，则电容表示为

$$C_g(t) = C_g[1 - \hat{q}(t)/d] \tag{8.7}$$

其中，$\hat{q}$ 是机械振子的位移算符，d 是一个典型的长度尺度. 考虑随时间变化的腔场和调制的栅极电容，我们可以写出

$$n_g(t) = n_g^{(0)} + \delta\hat{n}_g(t) \tag{8.8}$$

其中

$$\delta\hat{n}_g(t) = \frac{C_g}{2e}\hat{v}(t) - \frac{n_g^{(0)}}{d}\hat{q}(t) - \frac{C_g}{2ed}\hat{q}(t)\hat{v}(t) \tag{8.9}$$

将库珀对盒的希尔伯特空间限制为 $N = \{0, 1\}$(即一个量子比特)，则我们可以将电子哈密顿量写成

$$\hat{H}_{el} = \hat{H}_q - 4E_C\delta\hat{n}_g(t)(1 - 2n_g^{(0)} - \bar{\sigma}_z) \tag{8.10}$$

其中，裸比特的哈密顿量定义为

$$\hat{H}_q = \frac{\hbar\epsilon}{2}\bar{\sigma}_z + \frac{\hbar\delta}{2}\bar{\sigma}_x \tag{8.11}$$

其中，$\bar{\sigma}_z = |0\rangle\langle0| - |1\rangle\langle1|$，$\bar{\sigma}_x = |1\rangle\langle0| + |0\rangle\langle1|$，参数 δ 和 ϵ 由

$$\hbar\epsilon = -4E_C(1 - 2n_g^{(0)}) \tag{8.12}$$

$$\hbar\delta = -E_J\cos(2\pi\varphi/\varphi_0) \tag{8.13}$$

给出. 值得注意的是，这两个参数可以通过改变直流栅极电压和分裂结库珀对盒上的磁通偏置在很大范围内进行调整. 例如，当库珀对盒被偏置在电荷简并态 $n_g = 1/2$ 时，ϵ 就会变成零.

如果没有交流偏置电压，我们就可以忽略公式(8.9)中涉及 $\hat{v}(t)$ 的项，对应于结上

库珀对数量的量子涨落. 假设直流偏置电压是由库珀对盒和机械振子之间的压降设定的, 因此有 $V_g^{(0)} \equiv V_m$ 和 $C_g \equiv C_m$, 那么公式(8.10)中结和机械振子之间的相互作用项为

$$\hat{H}_I = \hbar\lambda(b + b^\dagger)\bar{\sigma}_z \tag{8.14}$$

其中, 我们使用了标准关系 $\hat{q} = x_{zp}(b + b^\dagger)$, 结-振子耦合率定义为

$$\lambda \equiv -\frac{eV_m}{\hbar}\frac{C_m}{C_\Sigma}\frac{x_{zp}}{d} \tag{8.15}$$

其中, x_{zp} 是通常的零点长度尺度(机械振子基态的标准偏差). 我们忽略了机械振子上的直流偏置力, 因为这可以通过改变机械振子平衡位置的定义来消除. 在 LaHaye 等人的实验中[169], λ 的范围是 $0.3 \sim 3$ MHz. 机械频率 $\Omega \approx 60$ MHz, 而量子比特参数的最大值为 $\epsilon \approx \delta \approx 14$ MHz. 最近, Pirkkalainen 等人报道了结-振子耦合率大至 $\lambda = 160$ MHz.[227] 这种可观的耦合率证明了场和振子之间的光力耦合强度 g_0 允许有 6 个数量级的有效增强. 正如在文献[137]中所提出的那样, 这是通过利用直接的量子比特-场的相互作用来实现的, 这种相互作用是以量子比特状态依赖的腔场频率的色散斯塔克移位的形式而存在的. 这种相互作用使得振子-量子比特的耦合被转换成振子和场之间的耦合.

如果二能级系统是 1/2 自旋磁偶极子, 我们需要考虑磁偶极子与机械振子的耦合, 也许可以通过在机械振子上放置一个小型永磁体来实现. 相互作用哈密顿量的形式与公式(8.14)相似[235], 这是研究磁力共振显微镜(MRFM)的基础[242]. 在这种情况下, 自旋对机械位移施加了一个力, 如果自旋被翻转, 这个力的符号就会改变(很像斯特恩-盖拉赫实验中的情况).

如果有一个交流微波场存在, 就有 4 个额外的项, 分别是: ① 与 $\hat{v}(t)$ 成正比的微波谐振器的交流驱动项; ② 与 $\hat{q}\hat{v}(t)$ 成正比的机械系统和微波之间的直接耦合项; ③ 与 $\hat{v}(t)\bar{\sigma}_z$ 成正比的微波驱动场和比特之间的耦合项; ④ 与 $\hat{q}\hat{v}(t)\bar{\sigma}_z$ 成正比的立方耦合项. 在下文中, 我们将假设交流微波场是频率为 ω_d 的强经典相干场, 并只关注量子比特对该场的响应. 这是由以下相互作用哈密顿量来描述的:

$$\hat{H}_d = \hbar E_0 \cos(\omega_d t)\bar{\sigma}_z \tag{8.16}$$

其中

$$E_0 = \frac{eV_0}{\hbar}\left(\frac{C_g}{C_\Sigma}\right) \tag{8.17}$$

V_0 是微波场在量子比特上的电压振幅.

8.2 机械振子与二能级系统耦合

在 8.1 节中,我们展示了二能级系统和机械振子之间的耦合是如何由线性电势描述的,这提供了一个由二能级系统控制的机械力.我们现在考虑这种耦合的两个应用.在第一个例子中,量子比特被快速阻尼,以提供一个机制来冷却机械振子.在第二个例子中,基于 O'Connell 等人的实验[213],我们将展示二能级系统如何用来实现单声子水平上力学量的量子控制.

我们首先讨论机械振子与单一的二能级系统(一个量子比特)的耦合.这样的系统已经被提出来作为机械冷却的另一种方法[144],而不是在 4.2 节和 5.2 节中分别处理的可分辨边带冷却和反馈冷却.如果机械振子被耦合到两个或更多的二能级系统中,那么它可以提供一种直接耦合远程量子比特的方法.[267]利用上一节的结果,该模型的一般理论可以用如下的量子比特-机械振子的哈密顿量给出:

$$\hat{H}_{qm} = \hbar\Omega b^{\dagger}b + \frac{\hbar\epsilon}{2}\bar{\sigma}_z + \frac{\hbar\delta}{2}\bar{\sigma}_x + \hbar\lambda(b + b^{\dagger})\bar{\sigma}_z + \hbar E_0\cos(\omega_d t)\bar{\sigma}_z \qquad (8.18)$$

其中,$b, b^{\dagger}$ 是机械激励的上升算符和下降算符,Ω 是机械频率,机械振子和库珀对盒量子比特之间的耦合由耦合常数 λ 描述,E_0 是交流微波驱动场的振幅.值得注意的是,我们并不假设子比特与机械模式的耦合项在裸量子比特的能量本征态中是对角化的,所以一般来说 $\delta \neq 0$.在电容耦合到超导量子比特的例子中[169],参数 δ 和 ϵ 可以由电压栅极偏压和磁通偏置分别独立控制.如前所述,LaHaye 等人和 Pirkkalainen 等人的实验实现的量子比特-机械振子的耦合率 λ,分别高达 3 MHz 和 160 MHz.Yeo 等人在 GaAs 纳米线的应变量子点上进行的实验中,耦合常数为 500 kHz 量级.[326]

现在,让我们忽略交流驱动场,设置 $E_0 = 0$.第一步是进行规范变换,将量子比特的裸哈密顿量进行对角化.为此,我们根据以下定义对量子比特进行旋转:

$$\begin{bmatrix} \sigma_x \\ \sigma_z \end{bmatrix} = \begin{bmatrix} \epsilon/\Omega_q & -\delta/\Omega_q \\ \delta/\Omega_q & \epsilon/\Omega_q \end{bmatrix} \begin{bmatrix} \bar{\sigma}_x \\ \bar{\sigma}_z \end{bmatrix} \qquad (8.19)$$

其中,量子比特劈裂为 $\Omega_q = \sqrt{\epsilon^2 + \delta^2}$.以新变量表示的哈密顿量为

$$\hat{H} = \hbar\Omega b^{\dagger}b + \frac{\hbar\Omega_q}{2}\sigma_z + \hbar\lambda(b + b^{\dagger})\left(\frac{\epsilon}{\Omega_q}\sigma_z - \frac{\delta}{\Omega_q}\sigma_x\right) \qquad (8.20)$$

在量子比特频率的相互作用绘景中,哈密顿量为

$$\hat{H}_I = \hbar\Omega b^\dagger b + \hbar\lambda(b+b^\dagger)\left[\frac{\epsilon}{\Omega_q}\sigma_z - \frac{\delta}{\Omega_q}(\sigma_+ e^{i\Omega_q t} + \sigma_- e^{-i\Omega_q t})\right] \tag{8.21}$$

其中,$\sigma_\pm = \sigma_x \pm i\sigma_y$.

这样就可以很自然地在一个以量子比特频率旋转的坐标系中,通过转换到机械振子的相互作用图景,并且忽略反旋转项,来进行量子光学的一般旋转波近似.这就得到了如下的杰恩斯-卡明斯哈密顿量:

$$\hat{H}_I = \hbar\Delta b^\dagger b + \hbar g_0(b\sigma_+ + b^\dagger\sigma_-) \tag{8.22}$$

其中,$g_0 = -\frac{\lambda\delta}{\Omega_q}, \Delta = \Omega - \Omega_q$.我们将在 8.2.2 小节回到对这个模型的讨论.

如果参数 δ,ϵ 中的任何一个量变为零,旋转波近似就会出现问题,就像在文献[169]中一样.此外,机械频率通常比量子比特频率低很多.例如,如果量子比特是用约瑟夫森结实现的,那么 Ω_q 为 1~10 GHz.[169]如果量子比特是用金刚石中的氮空位(NV)缺陷中的电子自旋实现的,也有类似的数量级.

回到公式(8.21),我们现在利用机械频率比量子比特频率低得多这一事实,来获得有效的色散相互作用哈密顿量.将公式(8.21)代入幺正演化算符在时间 $t \gg 1/\Omega$ 上的 Dyson 展开,我们发现,在这个时间尺度上,近似到 λ 的二阶项,系统的动力学由时间无关的哈密顿量很好地描述,即

$$\widetilde{H}_I(t) = \hbar\Omega b^\dagger b + \hbar\lambda(b+b^\dagger)\frac{\epsilon}{\Omega_q}\sigma_z + \frac{\hbar\lambda^2\delta^2}{\Omega_q^3}(b+b^\dagger)^2\sigma_z \tag{8.23}$$

在以机械频率旋转的相互作用绘景中,我们可以忽略正比于 $b^2, b^{\dagger 2}$ 的项,从而得到最终的近似相互作用哈密顿量:

$$\widetilde{H}_I \approx \hbar\Omega b^\dagger b + 2\hbar\frac{\lambda^2\delta^2}{\Omega_q^3}b^\dagger b\sigma_z \tag{8.24}$$

我们看到,量子比特表现为对机械系统的条件性频移.

当包括微波驱动并进行旋转波近似时,在驱动场频率相互作用绘景中的相互作用哈密顿量为

$$\hat{H}_d = -\frac{\hbar\delta_q}{2}\sigma_z + \hbar\Omega b^\dagger b + \hbar g(b+b^\dagger)\sigma_z + \frac{\hbar\mathcal{E}_0}{2}\sigma_x \tag{8.25}$$

其中

$$\mathcal{E}_0 = \frac{E_0 \delta}{\Omega_q} \tag{8.26}$$

$$g = \frac{\lambda \epsilon}{\Omega_q} \tag{8.27}$$

量子比特和微波驱动频率之间的失谐定义为 $\delta_q \equiv \omega_d - \Omega_q$.

8.2.1 通过二能级系统的机械冷却

到目前为止,我们忽略了机械振子和量子比特的耗散.完整的动力学由以下主方程给出:

$$\frac{d\rho}{dt} = -\frac{i}{\hbar}[\hat{H}_d, \rho] + \Gamma(\bar{n}+1)\mathcal{D}[b]\rho + \Gamma\bar{n}\,\mathcal{D}[b^\dagger]\rho$$
$$+ \Gamma_q(\bar{n}_q+1)\mathcal{D}[\sigma_-]\rho + \Gamma_q\bar{n}_q\mathcal{D}[\sigma_+]\rho + \Gamma_p\mathcal{D}[\sigma_z]\rho \tag{8.28}$$

其中,相互作用绘景中的哈密顿量由公式(8.25)给出,Γ 和 Γ_q 分别是机械振子和量子比特的耗散率,Γ_p 是量子比特的退相干速率,而 $\bar{n}$ 和 $\bar{n}_q$ 分别是机械和量子比特热库的平均热占据数.通常情况下,量子比特演化的不可逆动力学速率要比机械系统的可逆和不可逆动力学速率大得多.例如,在 LaHaye 等人的实验中[169],$\Gamma = 1$ kHz,$\Gamma_q = 0.3$ GHz.在这些情况下,我们将假设量子比特弛豫到一个稳态.这使我们能够绝热地消除量子比特的动力学,得到仅用于机械体系的有效主方程.

从机械振子的角度来看,量子比特看起来就像一个通过公式(8.21)的时间依赖项耦合的有效热库.正如我们将在下面看到的,这可能导致机械体系的加热或冷却,以及共振频率的移动.在进行上面讨论的绝热消除之前,我们可以估计与二能级系统的相互作用而产生的频率移动的大小.假设没有微波驱动场,则 $E_0 = 0$,我们可以用与机械系统没有相互作用时的稳态值替换公式(8.24)中的算符 σ_z,由下式给出:

$$\langle \sigma_z \rangle_{ss} = -\frac{1}{2\bar{n}_q+1} \tag{8.29}$$

其中,$\langle \sigma_+ \rangle_{ss} = 0$.

练习 8.1 请使用主方程(即公式(8.28))验证这些是量子比特的稳态值.

在这个相当粗略的近似中,机械频移将由如下表达式给出:

$$\delta\Omega = \frac{2g^2}{\Omega_q}\langle \sigma_z \rangle_{ss} = -\frac{2g^2}{\Omega_q}\frac{1}{2\bar{n}_q+1} \tag{8.30}$$

其中,$\bar{n}_q$ 由公式(1.7)给出.我们将给出一个更好的频移评估,使用更精确的绝热方法来消除量子比特的影响.LaHaye 等人在实验中研究了此频率偏移与量子比特参数的函数关系.[169]

量子比特可以用 Zwanzig 投影算符进行绝热消除(参见 Gardiner 和其合作者的文献[111,114],以及文献[144]),得到如下振子的有效主方程:

$$\dot{\rho} = -\frac{\mathrm{i}}{\hbar}[\hat{H}',\rho] + \Gamma(\bar{n}+1)\,\mathcal{D}[b]\rho + \Gamma\bar{n}\,\mathcal{D}[b^{\dagger}]\rho$$
$$+ \Gamma_\sigma(\bar{n}_\sigma+1)\mathcal{D}[b]\rho + \Gamma_\sigma\bar{n}_\sigma\,\mathcal{D}[b^{\dagger}]\rho \tag{8.31}$$

其中

$$\hat{H}' = \hbar(\Omega + \delta\Omega)b^{\dagger}b \tag{8.32}$$

这表明与量子比特的耦合确实引起了机械振子的共振频率的偏移 $\delta\Omega$,同时也有效地引入了第二个具有新阻尼率 Γ_σ 和热占据 $\bar{n}_\sigma$ 的热库.

Γ_σ 和 $\bar{n}_\sigma$ 都可以通过量子比特对机械振子施加的力的功率谱密度 $S_{FF}(\pm\Omega)$ 来确定,方法与 4.2.1 小节中介绍的用于量子化机械振子腔冷却的有效光场热库相同.根据公式(8.25),在量子比特和机械振子的相互作用绘景中,量子比特与振子的相互作用哈密顿量可写为

$$\hat{H}_{\mathrm{I}} = \frac{\hbar g}{x_{zp}}\hat{q}\sigma_z \tag{8.33}$$

其中,我们使用了公式(1.9a)中定义的动量位置算符.据此得出由量子比特施加到机械振子上的力是

$$\hat{F} = \frac{\partial\hat{H}_{\mathrm{I}}}{\partial\hat{q}} = \frac{\hbar g}{x_{zp}}\sigma_z \tag{8.34}$$

使用公式(1.42)中的功率谱密度,我们可以直接用 σ_z 的功率谱密度求出力的功率谱密度,即

$$S_{FF}(\omega) = \left(\frac{\hbar g}{x_{zp}}\right)^2 S_{\sigma_z\sigma_z}(\omega) \tag{8.35}$$

然后,公式(1.62)和公式(1.54b)给出了阻尼率 Γ_σ 和有效热库占据数 $\bar{n}_\sigma$:

$$\Gamma_\sigma = g^2[S_{\sigma_z\sigma_z}(\Omega) - S_{\sigma_z\sigma_z}(-\Omega)] \tag{8.36a}$$

$$\bar{n}_\sigma = \frac{g^2}{\Gamma_\sigma}S_{\sigma_z\sigma_z}(-\Omega) \tag{8.36b}$$

它们与内在的机械阻尼率 Γ 和热库占据数 $\bar{n}$ 一起,决定了最终机械振子的声子占据数,如公式(4.23)中描述的那样.只要量子比特热库的有效占据数 $\bar{n}_\sigma$ 远远小于 $\bar{n}$,并且振子与量子比特热库的耦合率和 Γ 相当或更大,机械振子就会被大幅地冷却.

为了确定量子比特引起的共振频率偏移 $\delta\Omega$,我们定义了如下单边功率谱密度:

$$S_{\mathcal{OO}}^{\text{单边}}(\omega) \equiv \int_0^\infty \mathrm{d}t\,\mathrm{e}^{\mathrm{i}\omega t}\langle \mathcal{O}(t)\,\mathcal{O}(0)\rangle \tag{8.37}$$

它就像用自关联函数定义的双边功率谱密度一样,仅在长时极限的稳定状态下对静态统计有效.

习题 8.2 利用长时极限和静态统计中功率谱密度在时间平移下是不变的这一特性,通过下式说明两边和单边功率谱密度的相关性:

$$S(\omega) = 2\mathrm{Re}\big[S^{\text{单边}}(\omega)\big] \tag{8.38}$$

用 σ_z 的单边功率谱密度表示量子比特引起的频率偏移为[144]

$$\delta\Omega = g^2\mathrm{Im}\big[S_{\Delta\sigma_z\Delta\sigma_z}^{\text{单边}}(\Omega) + S_{\Delta\sigma_z\Delta\sigma_z}^{\text{单边}}(-\Omega)\big] \tag{8.39}$$

其中,$\Delta\sigma_z \equiv \sigma_z - \langle\sigma_z\rangle$

在这个极限中,量子比特的动力学项已经被绝热地消除了,量子比特动力学对机械振子的影响作为第二个有效热库的形式出现.为了定量地确定这个热库的影响,我们必须计算 $\Delta\sigma_z$ 的功率谱密度,或者等效地计算长时稳态极限下的关联函数 $\langle\Delta\sigma_z(t)\Delta\sigma_z(0)\rangle$.这个关联函数可以用量子比特动力学相互作用绘景中的量子回归定理来计算.要做到这一点,我们首先要找到量子比特动量的运动方程.包括阻尼在内的量子比特的运动方程由以下相互作用绘景中的主方程决定:

$$\dot{\rho} = -\mathrm{i}\frac{\mathrm{i}}{\hbar}[\hat{H}_q,\rho] + \Gamma_q(\bar{n}_q+1)\mathcal{D}[\sigma_-]\rho + \Gamma_q\bar{n}_q\mathcal{D}[\sigma_+]\rho + \Gamma_p\mathcal{D}[\sigma_z]\rho \tag{8.40}$$

其中,量子比特哈密顿量是

$$\hat{H}_q = -\frac{\hbar\delta_q}{2}\sigma_z + \frac{\hbar\mathcal{E}_0}{2}\sigma_x \tag{8.41}$$

其中,$\bar{n}_q$ 是量子比特频率处量子比特热库的平均热占有数,Γ_q 是量子比特的自发发射率,Γ_p 是其退相干率.

用 $\boldsymbol{\sigma} = (\langle\sigma_-\rangle, \langle\sigma_+\rangle, \langle\sigma_z\rangle)^{\mathrm{T}}$ 的矢量形式写出这些动量,我们发现

$$\frac{\mathrm{d}\boldsymbol{\sigma}}{\mathrm{d}t} = \boldsymbol{A}\boldsymbol{\sigma} + \boldsymbol{\Gamma} \tag{8.42}$$

其中，$\boldsymbol{\Gamma} = (0, 0, -\Gamma_q)$，以及

$$A = \begin{pmatrix} -\Gamma_2/2 - \mathrm{i}\delta_q & 0 & -\mathrm{i}\varepsilon_0/2 \\ 0 & -\Gamma_2/2 + \mathrm{i}\delta_q & \mathrm{i}\varepsilon_0/2 \\ -\mathrm{i}\varepsilon_0/2 & \mathrm{i}\varepsilon_0/2 & -\Gamma(2\bar{n}_q + 1) \end{pmatrix} \tag{8.43}$$

其中，$\Gamma_2 = \Gamma_q(2\bar{n}q + 1) + 8\Gamma_p$. A 的特征值有负实部，这个微分方程的解为

$$\boldsymbol{\sigma}(t) = \mathrm{e}^{At}\boldsymbol{\sigma}(0) + \mathrm{e}^{At}\int_0^t \mathrm{d}t'\,\mathrm{e}^{-At'}\boldsymbol{\Gamma} \tag{8.44}$$

稳态解为

$$\boldsymbol{\sigma}_{ss} = \lim_{t\to\infty} \mathrm{e}^{At}\int_0^t \mathrm{d}t'\,\mathrm{e}^{-At'}\boldsymbol{\Gamma} = \lim_{t\to\infty}\int_0^t \mathrm{d}t''\,\mathrm{e}^{At''}\boldsymbol{\Gamma} = -A^{-1}\boldsymbol{\Gamma} \tag{8.45}$$

现在考虑关于 $\Delta\boldsymbol{\sigma} = \boldsymbol{\sigma} - \boldsymbol{\sigma}_{ss}$ 的微分方程：

$$\frac{\mathrm{d}}{\mathrm{d}t}\Delta\boldsymbol{\sigma} = \frac{\mathrm{d}}{\mathrm{d}t}\boldsymbol{\sigma} = A\boldsymbol{\sigma} + \boldsymbol{\Gamma} = A\Delta\boldsymbol{\sigma} + A\boldsymbol{\sigma}_{ss} + \boldsymbol{\Gamma} = A\Delta\boldsymbol{\sigma} \tag{8.46}$$

量子回归定理指出，像 $\langle \Delta\sigma_z(\tau)\Delta\sigma_z(0)\rangle_{ss}$ 这样的时序二阶矩的微分方程服从与平均值相同的微分方程，因此，如果我们定义矩阵

$$G(\tau) = \begin{pmatrix} \langle\Delta\sigma_-(\tau)\Delta\sigma_-(0)\rangle_{ss} & \langle\Delta\sigma_-(\tau)\Delta\sigma_+(0)\rangle_{ss} & \langle\Delta\sigma_-(\tau)\Delta\sigma_z(0)\rangle_{ss} \\ \langle\Delta\sigma_+(\tau)\Delta\sigma_-(0)\rangle_{ss} & \langle\Delta\sigma_+(\tau)\Delta\sigma_+(0)\rangle_{ss} & \langle\Delta\sigma_+(\tau)\Delta\sigma_z(0)\rangle_{ss} \\ \langle\Delta\sigma_z(\tau)\Delta\sigma_-(0)\rangle_{ss} & \langle\Delta\sigma_z(\tau)\Delta\sigma_+(0)\rangle_{ss} & \langle\Delta\sigma_z(\tau)\Delta\sigma_z(0)\rangle_{ss} \end{pmatrix} \tag{8.47}$$

那么

$$\frac{\mathrm{d}G}{\mathrm{d}\tau} = AG \tag{8.48}$$

从而

$$G(\tau) = \mathrm{e}^{A\tau}G(0) \tag{8.49}$$

最后，我们得到单边频谱密度为

$$S(\omega) = \int_0^\infty \mathrm{d}\tau\,\mathrm{e}^{\mathrm{i}\omega\tau}G(\tau) = \int_0^\infty \mathrm{d}\tau\,\mathrm{e}^{\mathrm{i}\omega\tau}\mathrm{e}^{A\tau}G(0) = -(\mathrm{i}\omega\mathbb{1} + A)^{-1}G(0) \tag{8.50}$$

初始条件可以用稳态期望值来表示，即

$$G(0) = \begin{pmatrix} -\langle \sigma_-(0) \rangle_{ss}^2 & \frac{1}{2}(1 - \langle \sigma_z \rangle_{ss}) - |\langle \sigma_- \rangle_{ss}|^2 & \langle \sigma_- \rangle_{ss}(1 - \langle \sigma_z \rangle_{ss}) \\ \frac{1}{2}(1 + \langle \sigma_z \rangle_{ss}) - |\langle \sigma_- \rangle_{ss}|^2 & -\langle \sigma_+(0) \rangle_{ss}^2 & -\langle \sigma_+ \rangle_{ss}(1 + \langle \sigma_z \rangle_{ss}) \\ -\langle \sigma_- \rangle_{ss}(1 + \langle \sigma_z \rangle_{ss}) & \langle \sigma_+ \rangle_{ss}(1 - \langle \sigma_z \rangle_{ss}) & 1 - \langle \sigma_z \rangle_{ss}^2 \end{pmatrix}$$

(8.51)

习题 8.3 在无驱动的情况下，$(\mathcal{E}_0 \to 0)$，阐明对于 $t \geqslant 0$，有如下表达式：

$$\langle \Delta \sigma_z(t) \Delta \sigma_z(0) \rangle_{ss} = \left[1 - \frac{1}{(2\bar{n}_q + 1)^2} \right] e^{-\Gamma_q \langle 2\bar{n}_q + 1 \rangle t} \tag{8.52}$$

$$\langle \Delta \sigma_-(t) \Delta \sigma_+(0) \rangle_{ss} = \frac{\bar{n}_q + 1}{2\bar{n}_q + 1} e^{-\Gamma_2 t/2} e^{-i\Omega_q t} \tag{8.53}$$

$$\langle \Delta \sigma_+(t) \Delta \sigma_-(0) \rangle_{ss} = \frac{\bar{n}_q}{2\bar{n}_q + 1} e^{-\Gamma_2 t/2} e^{i\Omega_q t} \tag{8.54}$$

其中，$\Gamma_2 = \Gamma_q(2\bar{n}_q + 1) + 8\Gamma_p$. 然后，利用这些结果以及公式(8.37)，阐明 $\Delta \sigma_z$ 的完整单边功率谱密度为

$$\begin{aligned} S_{\Delta \sigma_z \Delta \sigma_z}^{\text{单边}}(\omega) = {} & \frac{\epsilon^2 \lambda^2}{\Omega_q^2} \left(1 - \frac{1}{(2\bar{n}_q + 1)^2} \right) \left(\frac{1}{\Gamma_q(2\bar{n}_q + 1) - i\omega} \right) \\ & + \frac{\delta^2 \lambda^2}{\Omega_q^2} \left[\frac{\bar{n}_q + 1}{2\bar{n}_q + 1} \left(\frac{1}{\Gamma_2/2 - i(\omega - \Omega_q)} \right) \right. \\ & \left. + \frac{\bar{n}_q}{2\bar{n}_q + 1} \left(\frac{1}{\Gamma_2/2 - i(\omega + \Omega_q)} \right) \right] \end{aligned} \tag{8.55}$$

将公式(8.55)的功率谱密度代入公式(8.39)，可以得到振子的频移，它可以近似为

$$\delta\Omega \simeq -\frac{1}{2\bar{n}_q + 1} \left(\frac{\epsilon}{\Omega_q} \right)^2 \frac{2\lambda^2 \Omega_q}{(\Gamma_2/2)^2 + \Omega_q^2} \tag{8.56}$$

其中，ϵ 由公式(8.27)定义. 这应该与公式(8.30)中通过忽略耗散和简单使用色散型哈密顿量得到的频移 $\delta\Omega$ 进行比较. 当 $\Gamma_2 \ll \Omega_q$ 时，即当量子比特频率 Ω_q 远大于其热退相干率 $\Gamma_q(2\bar{n}_q + 1)$ 和退相干率 Γ_p 时，两个结果一致. 公式(8.56)给出的频率偏移明确地包括了耗散，避免了当 Ω_q 调到零时，由简单的色散分析给出的频率偏移的表达方式导致的发散.

文献[144]中给出了包含驱动($\mathcal{E}_0 \neq 0$)的频谱. 一般来说，它有三个峰值，一个在零频率，另外两个分别在等距两侧 $\pm \sqrt{\mathcal{E}_0^2 + \delta_q^2}$ 的位置. 中心峰 Γ_0 和侧峰 $\Gamma_\pm$ 的宽度分别由以下公式给出：

$$\Gamma_0 = \Gamma_q \left(\frac{2\delta_q^2 + \mathcal{E}_0^2}{\delta_q^2 + \mathcal{E}_0^2} \right) \left[1 + \frac{4\Gamma_p}{\Gamma_q} \left(\frac{\mathcal{E}_0^2}{2\delta_q^2 + \mathcal{E}_0^2} \right) \right] \tag{8.57}$$

$$\Gamma_\pm = \frac{\Gamma_q}{2} \left(\frac{\delta_q^2 + 3\mathcal{E}_0^2}{\delta_q^2 + \mathcal{E}_0^2} \right) \left[1 + \frac{4\Gamma_p}{\Gamma_q} \left(\frac{2\delta_q^2 + \mathcal{E}_0^2}{2\delta_q^2 + 3\mathcal{E}_0^2} \right) \right] \tag{8.58}$$

现在让我们回到稳态平均振动量子数的问题,这个问题由公式(8.36)中的有效量子比特-热库耦合率和占据率,并结合公式(4.23)给出.正如我们在1.2节看到的一般情况,$S_{\sigma_z \sigma_z}(\Omega)$对应驱动冷却转换,而$S_{\sigma_z \sigma_z}(-\Omega)$则对应驱动加热转换.只要$S_{\sigma_z \sigma_z}(\Omega)>S_{\sigma_z \sigma_z}(-\Omega)$,以及量子比特的有效热库占有数$\bar{n}_\sigma < \bar{n}$,就会发生净冷却.与4.2.2小节中可分辨边带冷却的情况类似,在该节中,冷却需要光场的红失谐,而且只有在负失谐($\delta_q < 0$)的情况下才能满足$S_{\sigma_z \sigma_z}(\Omega)>S_{\sigma_z \sigma_z}(-\Omega)$的条件.

为了清楚地看到冷却的效果,我们将假设量子比特与零温度热库($\bar{n}_q = 0$)进行强耦合,并且没有退相干($\Gamma_p = 0$).然后,使用文献[144]中的完整噪声功率谱,我们可以近似地认为$\bar{n}_\sigma = 0$.则对于弱驱动$\mathcal{E}_0 \ll |\delta_q|$,有

$$\bar{n}_{b,ss} = \frac{\bar{n}}{1 + \beta \, (\delta / \Omega_q)^2} \tag{8.59}$$

其中

$$\beta = \frac{2g^2}{\Gamma \Gamma_q} \tag{8.60}$$

因此,稳态的平均振动声子数小于$\bar{n}$的平衡稳态值.在LaHaye等人的实验中[169],$\beta \approx 20$.

8.2.2 通过超导量子比特实现单声子操控

在本节中,我们将讨论O'Connell等人的里程碑式的实验,即文献[213],该实验使用微波腔中的超导量子比特来控制微波频率机械振子的量子状态.这是第一个实现块状机械振子基态冷却和单声子操控的实验.

该实验的关键是一个非常高频率(6 GHz)的机械振子,它的基态可在温度$T < 0.1$ K时达到,这可以通过在25 mK的稀释制冷机中的被动冷却来实现.该机械振子由具有基本扩张模式的压电材料(氮化铝)构成,它被夹在两个铝电极之间.通过向电极施加电压,压电氮化铝振子在垂直于金属电极平面的方向上扩张和压缩.该机械元件被悬挂起来,其一端被固定,参见图8.2.

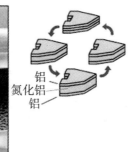

铝
氮化铝
铝

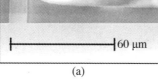

(a)   (b)

图 8.2　悬浮氮化铝薄膜体声波谐振器

(a) 扫描电子显微镜照片；(b) 基本的扩张谐振机械模式. 其中, 发生振荡的是薄膜.(经许可改编自文献[213], 麦克米伦出版有限公司版权所有(2010))

该机械振子与一个由电容和电感并联的约瑟夫森结制成的约瑟夫森相位量子比特耦合起来. 该量子比特的共振频率通过电流偏置来改变, 以便在 5～10 GHz 范围内调节. 量子比特的状态可以用单次读出来测量. 这是通过使用磁通偏置电流使磁通有选择地从量子比特的激发态 $|e\rangle$ 隧穿到结的宏观可区分的磁通态, 过程中量子比特的基态 $|g\rangle$ 保持不变. 这近似于实现了对量子比特激发态的投影测量. 多次重复这个过程, 就能对量子比特处于激发态的概率进行采样.

通过电容将量子比特和机械振子耦合. 耦合用公式(8.22)中给出的杰恩斯-卡明斯哈密顿量描述. 在共振时, $\Omega_q = \Omega$, 这个耦合系统的本征态由

$$|\pm, n\rangle = \frac{1}{\sqrt{2}}(|g, n+1\rangle \pm |e, n\rangle) \tag{8.61}$$

给出. 相应的特征值为

$$\lambda_n = \pm g_0 \sqrt{n+1} \tag{8.62}$$

两个最低特征值($n = 0$)之间的分裂是 $2g_0$, 即真空拉比劈裂.

微波驱动可以作用于电子电路, 从而激发量子比特. 这样就可以测量耦合的机械-量子比特系统的频谱. 该测量给出了激发态的概率 P_e, 作为量子比特频率和微波激励频率的函数关系. 在共振 $\Omega_q = \Omega$ 时, 杰恩斯-卡明斯耦合导致了量子比特能级的反交叉现象, 这给出了 $\delta\omega = 2g_0$ 的真空能级劈裂, 该耦合强度的实验值为 $g_0/(2\pi) = 124$ MHz.

为了评估机械振子的温度, 量子比特最初与机械振子失谐(频率为 $\Omega_q = 5.44$ GHz),

并被制备到量子基态.然后施加一个磁通偏置脉冲,使量子比特与机械振子在选定的相互作用时间内产生共振,之后再失谐.机械振子中的热激发可以在相互作用时间内激发量子比特.随后读出的量子比特状态可以用来估计机械振子的平均占据数.实验得到$\bar{n}_b < 0.007$,即表明机械振子确实非常接近其基态.考虑到机械振子的频率和它的温度,这个结果并不令人惊讶.

习题 8.4 使用结果

$$\bar{n}_b = \frac{1}{e^{\beta \hbar \Omega} - 1} \tag{8.63}$$

其中,$\beta = (k_B T)^{-1}$.证明对于 $\Omega = 6$ GHz 和 $T = 15$ mK,实验获取的平均声子数是合理的.

在实验的最后,量子比特被调节到与机械振子共振,并被制备到激发态.如果这时选择的相互作用时间是半个拉比周期,那么这种激发应该被转移到机械振子的单声子激发中.当然,这是在假设量子比特没有被快速阻尼的情况下.O'Connell 等人估计,量子比特的衰减时间小于 17 ns,而交换激励所需的时间小于 3.8 ns.通过采样相互作用结束时量子比特处于激发态的概率与相互作用时间的关系,我们能够明显观察到光子和声学振子之间的拉比振荡.

8.3 微波到光学接口

正如我们在本章中所看到的,辐射压力和块状机械运动的机械式相互作用在微波和光学领域都有等效的描述.这表明,如果能找到一种方法来将它们耦合到一个共同的机械元件,那么机械振子就可以作为微波和光学之间的量子频率转换器.我们将把它称为微光力(MOM)量子接口.这将为混合系统提供一种新的方法,比如将光学系统(如原子和分子)与超导固态设备耦合起来.JILA 的研究小组已经开发了一种微光力量子接口的方法.[13-14,236] 该方法使用一个灵活的氮化硅膜,通过辐射压力耦合到微波电路和法布里-珀罗光学腔.其他可用作微光力接口的腔光机电系统,包括回音壁模式[174,322]和光子晶体几何结构[33,316].

值得注意的是,除了上面讨论的量子接口,腔光机电系统还存在其他的应用,下面将进一步详细介绍.特别是,我们提醒读者注意腔光机电系统在射频或微波频率信号的光学转换中的应用[276],例如,它已被证明可以用来实现低噪声的射频接收机[21].

8.3.1 微光力接口的频率转换器

频率转换现象是电介质非线性响应的一个典型现象.量子光学刚开始时就对此有相关的描述.在微光力接口中,电磁场的非线性响应是由机械元件提供的有效非线性极化率所介导的.我们将遵循文献[13,196]开展讨论.

描述光场和微波场同时与一个机械振子相互作用的哈密顿量为

$$\hat{H} = \hbar\Omega_c a^\dagger a + \hbar\Omega b^\dagger b + \hbar\Omega_\mu c^\dagger c + \hbar(g_0 a^\dagger a + g_{0,\mu} c^\dagger c)(b + b^\dagger)$$
$$+ (E_0^* a e^{i\omega_0 t} + E_0 a^\dagger e^{-i\omega_0 t}) + (E_\mu^* c e^{i\omega_\mu t} + E_\mu c^\dagger e^{-i\omega_\mu t}) \tag{8.64}$$

其中,Ω_c,Ω_μ 和 Ω 分别是光、微波和机械振子的谐振频率;g_0 和 $g_{0,\mu}$ 分别是光场和微波场的辐射压力耦合常数;E_0 和 E_μ 分别是载波频率为 ω_0 和 ω_μ 的光和微波谐振器的经典驱动场振幅;光(微波)场湮灭算符 $a(c)$;与通常一样,b 代表机械振子的湮灭算符.

我们假设在各自的红边带上驱动光腔和微波腔,因此 $\Omega_c - \omega_0 = \Omega_\mu - \omega_\mu = \Omega$.像往常一样,我们将围绕每个腔在没有辐射压力相互作用的情况下会存在的稳态场,对光力相互作用进行线性化,在相互作用绘景中给出以下哈密顿量:

$$\hat{H}_I = \hbar g(ab^\dagger + a^\dagger b) + \hbar g_\mu(cb^\dagger + c^\dagger b) \tag{8.65}$$

其中,$g \equiv g_0 \langle a \rangle_{ss}$,$g_\mu \equiv g_{0,\mu} \langle c \rangle_{ss}$.在文献[13]的实验部分,线性化的光力耦合常数是机械频率的10%左右.以通常的方式得出如下包含耗散的主方程:

$$\frac{d\rho}{dt} = -\frac{i}{\hbar}[\hat{H}_I, \rho] + \kappa_0 \mathcal{D}[a]\rho + \kappa_\mu \mathcal{D}[c]\rho$$
$$+ \Gamma(\bar{n}+1)\mathcal{D}[b]\rho + \Gamma\bar{n}\mathcal{D}[b^\dagger]\rho \tag{8.66}$$

其中,κ_0 和 κ_μ 分别是光学和微波腔的衰减率.

习题 8.5 *如果$\{\kappa_0, \kappa_\mu\} \gg \{\chi_0, \chi_\mu, \Gamma\}$,光学和微波腔场将被迅速阻尼,则光学和微波场服从机械系统动力学的演化.说明在这种情况下,机械动力学可以用量子朗之万方程来近似,即*

$$\frac{db}{dt} = -\frac{(\Gamma_0 + \Gamma_\mu + \Gamma)}{2} b - i\sqrt{\Gamma_0} a_{in} - i\sqrt{\Gamma_\mu} c_{in} + \sqrt{\Gamma} b_{in} \tag{8.67}$$

在这里,我们看到光学和微波场已经引入了机械加热和阻尼,各自的速率由 $\Gamma_0 \equiv 4g^2/\kappa_0$,$\Gamma_\mu \equiv 4g_\mu^2/\kappa_0$ 给出.因此,正如我们在3.2节中所看到的,机械系统将每个外场的腔模看作一个额外的耗散通道.

按照练习8.5,我们对光学和微波腔场模式进行了绝热消除,并利用输入-输出关系

（参见 1.4.3 小节），得到以下频域中输出场和输入场之间耦合的表达式：

$$a_{\text{out}}(\omega) = -\frac{(\Gamma_0 - A/2 + \text{i}\omega)}{A/2 - \text{i}\omega}a_{\text{in}}(\omega) - \frac{\sqrt{\Gamma_0\Gamma_\mu}}{A/2 - \text{i}\omega}c_{\text{in}}(\omega)$$
$$- \frac{\text{i}\sqrt{\Gamma_0\Gamma}}{A/2 - \text{i}\omega}b_{\text{in}}(\omega) \tag{8.68}$$

$$c_{\text{out}}(\omega) = -\frac{(\Gamma_\mu - A/2 + \text{i}\omega)}{A/2 - \text{i}\omega}c_{\text{in}}(\omega) - \frac{\sqrt{\Gamma_0\Gamma_\mu}}{A/2 - \text{i}\omega}a_{\text{in}}(\omega)$$
$$- \frac{\text{i}\sqrt{\Gamma_\mu\Gamma}}{A/2 - \text{i}\omega}b_{\text{in}}(\omega) \tag{8.69}$$

其中，Γ_0 和 Γ_μ 分别是声子通过红边带拉曼耦合到光和微波腔场的损耗率；$A \equiv \Gamma + \Gamma_0 + \Gamma_\mu$ 是机械系统的总有效衰减率，包括上转换为光和微波光子的声子损耗. 机械输入算符的相关函数 $b_{\text{in}}(\omega)$，$b_{\text{in}}^\dagger(\omega)$ 由 1.4.1 小节中定义的机械振子所耦合的热库给出. 在一个理想的转换器中，我们希望 $a_{\text{out}} \approx c_{\text{in}}$ 和 $c_{\text{out}} \approx a_{\text{in}}$.

我们可以将微波到光学模式的传递函数定义为

$$t(\omega) = \frac{\langle a_{\text{out}}(\omega) \rangle}{\langle c_{\text{in}}(\omega) \rangle} \tag{8.70}$$

在理想情况下，它由下式给出：

$$t(\omega) = \frac{\sqrt{\Gamma_0\Gamma_\mu}}{A/2 - \text{i}\omega} \tag{8.71}$$

回顾一下，我们是在一个旋转机械频率的相互作用绘景中进行的推导，所以这个表达式中的 $\omega = 0$ 对应于实验室框架中的 $\omega = \Omega$，即机械频率. 在 Andrews 等人[13] 的实验中，由于低效率的各种外场耦合以及偏离理想可分辨边带极限，所以这个理想的传递函数减少了约 17%.

公式(8.68)阐明了输入微波场是如何转换为光输出场的，反之亦然. 作为一个有趣的应用，我们考虑微波输入场是一个单光子状态的情况(参见第 6 章)，定义为

$$|1\rangle_\mu = \int \text{d}\omega \xi(\omega) c_{\text{in}}^\dagger(\omega) |0\rangle \tag{8.72}$$

由于场中只有一个光子，所以成功的概率为

$$p_s = \int \text{d}t \langle a_{\text{out}}^\dagger(t) a_{\text{out}}(t) \rangle \tag{8.73}$$

单光子状态的平均振幅为零，即 $\langle c_{\text{in}}(t) \rangle = 0$，但强度非零，$\langle c_{\text{in}}^\dagger(t) c_{\text{in}}(t) \rangle = |\xi(t)|^2$，其中，$\xi(t)$ 是 $\xi(\omega)$ 的时域傅里叶变换. 如果我们现在假设输入光场处于真空态，那么我们可以看到输出光场的振幅也为零，但强度为

$$\langle a_{\text{out}}^{\dagger}(t) a_{\text{out}}(t) \rangle = | \nu(t) |^2 + \frac{\Gamma_0 \Gamma N}{\Gamma_0 + \Gamma_\mu + \Gamma} \tag{8.74}$$

其中，$\nu(t)$是下式的时域傅里叶变换：

$$\widetilde{\nu}(\omega) = \frac{\sqrt{\Gamma_0 \Gamma_\mu}}{A/2 - \mathrm{i}\omega} \xi(\omega) \tag{8.75}$$

公式(8.74)的最后一项代表由于机械热库声子被转换为光学光子的热背景. 如果忽略这项, 成功的概率就由下式给出：

$$p_{\text{s}} = \frac{4\Gamma_0 \Gamma_\mu}{(\Gamma_0 + \Gamma_\mu + \Gamma)^2} \eta \tag{8.76}$$

其中

$$\eta = \int \mathrm{d}\omega \, \frac{| \xi(\omega) |^2}{1 + (\omega/A)^2} \tag{8.77}$$

如果光阻尼率和微波阻尼率相等（$\Gamma_0 = \Gamma_\mu$）, 并且都比机械损耗率 Γ 大得多[1], 则成功的概率仅由 η 给出. 为了达到统一, 我们要求单个微波光子脉冲的带宽要远远小于转换率 Γ_0 和 Γ_μ. 由于在微波领域制备单光子状态比在光学领域制备单光子状态相对更容易, 所以这可能是通向确定性光学单光子源的一条可行途径, 前提是将机械振子冷却.

8.3.2　微光力接口的隐形传态

非线性光学的极化也可以导致两个光学模式的非简并参量放大. 同样, 由一个共同的机械元件提供的非线性极化可以用来实现光学和机械腔场的参量放大. 在这种情况下, 光场和微波场可以通过双模压缩[2]的机制产生纠缠. 这种纠缠可以作为光和微波自由度之间隐形传态方案的基础. 我们将沿用 Barzanjeh 等人的处理方法.[24]

与频率转换的情况不同, 现在我们在蓝边带驱动一个电磁场振子, 在红边带驱动另一个电磁场振子（这里的电磁振子指微波腔或光腔）. 在机械和微波驱动频率的相互作用绘景中, 线性化的哈密顿量是

$$\hat{H} = \hbar\Delta_0 \hat{a}^{\dagger} \hat{a} + \hbar\Delta_\mu \hat{c}^{\dagger} \hat{c} + \hbar\Omega \hat{b}^{\dagger} \hat{b}$$
$$- \hbar g (\hat{a}^{\dagger} + \hat{a})(\hat{b} + \hat{b}^{\dagger}) - \hbar g_\mu (\hat{c}^{\dagger} + \hat{c})(\hat{b} + \hat{b}^{\dagger}) \tag{8.78}$$

---

[1]　这对应于光学和微波光力协同度都远远大于1的区间（参见 3.2 节）.

[2]　以这种方式产生的光力纠缠, 读者可以参阅 4.4 节.

其中,$\Delta_0 = \Omega_0 - \omega_0$,$\Delta_\mu = \Omega_\mu - \omega_\mu$.与前面讨论的简单转移方案不同,这里我们选择相反的失谐 $\Delta_0 = -\Delta_\mu = \Omega$,并假设处于快速机械振荡情况,即 $\Omega \gg \{\chi_0, \chi_\mu, \kappa_0, \kappa_\mu\}$,这样我们就处于两个腔体的边带可分辨区域,红边带驱动光腔,蓝边带驱动微波腔.如果我们切换到频率为 Ω 的相互作用绘景,并进行旋转波近似,那么我们发现近似的相互作用哈密顿量为

$$\hat{H}_a = \hbar g(\hat{a}^\dagger \hat{b} + \hat{a}\hat{b}^\dagger) + \hbar g_\mu(\hat{c}\hat{b} + \hat{c}^\dagger \hat{b}^\dagger) \tag{8.79}$$

第二项来自蓝失谐,描述了非简并的参量放大,并负责将微波振子与机械振子纠缠在一起,这在 4.4 节中已经讨论过.第一项来自红失谐,和前面的例子一样,对应于频率转换.我们现在寻找一个区域,在该区域中,光学和微波振子纠缠在一起,从而为连续变量隐形传态协议提供资源.而耗散使用与前一个主方程中相同的不可逆项来计算.

习题 8.6 如果 $\{\kappa_0, \kappa_\mu\} \gg \{g, g_\mu, \Gamma\}$,使光腔和微波腔场快速阻尼,那么光学和微波场服从于机械系统动力学.请说明在这种情况下,机械动力学可以用下式来近似:

$$\frac{\mathrm{d}b}{\mathrm{d}t} = -\frac{1}{2}(\Gamma_0 + \Gamma)b + \frac{\Gamma_\mu}{2}b - \mathrm{i}\sqrt{\Gamma_0}\,a_{\mathrm{in}} - \mathrm{i}\sqrt{\Gamma_\mu}\,c_{\mathrm{in}}^\dagger + \sqrt{\Gamma}\,b_{\mathrm{in}} \tag{8.80}$$

其中,如前所述,$\Gamma_0 = 4g^2/\kappa_0$,$\Gamma_\mu = 4g^2/\kappa_\mu$.因此,机械系统将光学模式视为阻尼通道,而将微波模式视为放大通道.

同样,使用光学和微波模式的绝热消除法,我们发现有效的输入-输出关系是

$$
\begin{aligned}
a_{\mathrm{out}}(\omega) = {} & \frac{(\Gamma_0 - B/2 + \mathrm{i}\omega)}{B/2 - \mathrm{i}\omega}a_{\mathrm{in}}(\omega) - \frac{\sqrt{\Gamma_0 \Gamma_\mu}}{B/2 - \mathrm{i}\omega}c_{\mathrm{in}}^\dagger(-\omega) \\
& - \mathrm{i}\frac{\sqrt{\Gamma_0 \Gamma}}{B/2 - \mathrm{i}\omega}b_{\mathrm{in}}(\omega)
\end{aligned} \tag{8.81}
$$

$$
\begin{aligned}
c_{\mathrm{out}}^\dagger(-\omega) = {} & \frac{(\Gamma_\mu + B/2 - \mathrm{i}\omega)}{B/2 - \mathrm{i}\omega}c_{\mathrm{in}}^\dagger(-\omega) - \frac{\sqrt{\Gamma_0 \Gamma_\mu}}{B/2 - \mathrm{i}\omega}a_{\mathrm{in}}(\omega) \\
& + \mathrm{i}\frac{\sqrt{\Gamma_\mu \Gamma}}{B/2 - \mathrm{i}\omega}b_{\mathrm{in}}(\omega)
\end{aligned} \tag{8.82}
$$

其中,$B \equiv \Gamma_0 - \Gamma_\mu + \Gamma$.这些方程与公式(8.68)和公式(8.69)的关键区别在于 B 的表达式中 Γ_μ 的符号发生了变化,它表示线性放大.与此相对应的是用 $c_{\mathrm{in}}^\dagger(-\omega)$ 代替 $c_{\mathrm{in}}(\omega)$,这表示线性放大器带来的噪声.这种放大和噪声增加的物理机制已经在微波光力系统中进行了实验研究[172].在没有机械阻尼的情况下,即 $\Gamma = 0$,场的输入-输出关系反映了光学输入场 a_{in} 和微波输入场 c_{in} 的多模压缩变换(参见 4.4.3 小节).只要机械系统与零温度热库耦合,光学和微波输出场将被纠缠在一起.Barzanjeh 等人[24]展示了如何利用这一点来实现光场和微波场之间的连续变量隐形传态协议.因为隐形传态是一个没有经典模拟的量子通信协议,所以这个方案可以被认为是一个真正的量子接口.

第 9 章

光力系统阵列

在本章中,我们将考虑由多个机械元件组成的光力系统.这可能包括多个机械元件耦合到一个光腔模式的情况,甚至是不同光力系统的耦合阵列.我们对普适的同步现象比较感兴趣.图 9.1 展示了一些光力阵列的例子.

9.1 光力阵列的同步

非线性振子网络的同步可用于解释不同的现象[225],从生物系统(如神经细胞网络)[262]到工程系统(如用于传感的微机电系统)[332],以及它们在传感中的应用[306].光力振子方面的新发展使人们有机会在微制造的器件中实现光学驱动和光学传感的同步.[22,335]

对光力同步的理论和实验研究[335]都处于早期阶段.Marquardt 研究了两个耦合的

光力系统[138],实现了 Kuramoto 型同步[167].Lee 和 Cross 考虑了处于量子区域的两个耦合的非线性光腔的同步问题.[175]虽然他们的研究没有明确包括机械元素,但与光力学中感兴趣的参量驱动模型有相似之处.Heinrich 等人考虑了由弹性力直接耦合的机械振子[138],其中,每个振子局域地耦合到电磁场模中.这里的同步机制与 Kuramoto 模型类似的机制导致了同步.

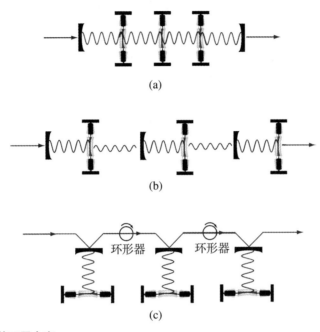

图 9.1　光力阵列的不同方案
(a) 多个机械振子与一个共同的光腔场可逆地进行相互作用;(b) 不同的光力腔可逆地进行耦合;
(c) 光腔通过环形器进行不可逆耦合.

我们在分析中将不包括热噪声,因为它不参与建立同步条件的半经典稳定性分析.当然,考虑热噪声对实验的实现是非常有意义的.可以通过经典随机微分方程考虑热噪声.然而,不能用这种方法来处理零温度条件量子噪声的情况,正如我们已经在杜芬振子中看到的不同情况的量子隧穿(参见 7.2.1 小节).我们将简要地讨论量子噪声对同步的影响,以表明可以使用量子光学的正 P 函数来处理它.经典的热噪声也可以用这种方法来处理.

9.1.1　共腔模的可逆耦合阵列

我们将从第一类阵列的例子开始,其中,两个或更多的机械振子可逆地耦合到一个单腔模(参见图 9.1(a)). Holmes 等人详细地讨论了一种同步现象,其中包含两个或更多的纳米机械振子耦合到一个共同的电磁振子.[139]他们在振幅-相位模型中揭示了同步现象.与 Kuromoto 的相位模型[167]不同,该模型可以显示振子的消亡. Zhang 等人实现了一个类似系统的实验.[335]

我们定义半经典腔场振幅 $\alpha = \langle a \rangle$,以及每个机械振子 j 共轭的经典位置和动量变量,即 $q_j = \langle \hat{q}_j \rangle$ 和 $p_j = \langle \hat{p}_j \rangle$,并假定腔场被一个相干源驱动.我们将对所有其他阶的矩量进行因子化. 9.1.2 小节使用正 P 函数对得出的半经典运动方程进行了更严格的论证.如果是相同的无耦合机械振子,那么振子就会彼此同步.这是线性阻尼过程的自然结果,它源于每个振子经历了相同的外力驱动(参见文献[139]).为了简单起见,我们还假设所有的机械振子具有相同的质量(m)、频率(Ω)和能量衰减率(Γ),但是我们并不假设具有相同的光力耦合强度.如果机械振子以不同的频率进行自然地振荡,它们之间的频率差异太大,就不能发生同步现象. Cudmore 和 Holmes 已经考虑了机械频率分布的情况[82].需要注意的是,同步并不简单地意味着每个振子以相同的频率振荡,而是集体运动被吸引至一个具有单一频率的稳定极限环上.也就是说,振子的振荡有确切的相位关系.

与公式(1.13)类似,用机械振子的无量纲规范变量处理问题,即

$$\hat{Q}_j = \left(\frac{\hbar}{m\Omega}\right)^{-1/2} \hat{q}_j \tag{9.1}$$

$$\hat{P}_j = (\hbar m\Omega)^{-1/2} \hat{p}_j \tag{9.2}$$

假设腔场和每个机械振子之间有常规的光力耦合,则相互作用哈密顿量为

$$\hat{H} = \hbar\Delta a^\dagger a + \hbar\Omega_j \sum_j b_j^\dagger b_j + \hbar a^\dagger a \sum_j g_j \hat{Q}_j \tag{9.3}$$

其中,g_j 是场和振子 j 之间的真空光力耦合率,与往常一样,$\Delta \equiv \Omega_c - \Omega_L$ 是光驱动场与腔共振频率的失谐.

练习 9.1 (a) 使用公式(1.112)的量子朗之万方程,并将经典光学驱动项 $\hbar(\epsilon_* a + \epsilon a^\dagger)$ 引入公式(9.3)的哈密顿量中,其中,ϵ 代表驱动场的振幅,得出腔场 a 以及机械变量 $\hat{Q}_i$ 和 $\hat{P}_i$ 的运动方程.

(b) 定义集体变量:

$$X \equiv \sum_j g_j Q_j \tag{9.4a}$$

$$Y \equiv \sum_j g_j P_j \tag{9.4b}$$

$$G \equiv 2\sum_j g_j^2 \tag{9.4c}$$

其中, $Q_i \equiv \langle Q_i \rangle$ 和 $P_i \equiv \langle P_i \rangle$, 证明: (将算符中高于一阶的矩因式化)系统的半经典运动方程可以简明地表示为

$$\frac{\mathrm{d}\alpha}{\mathrm{d}t} = -\mathrm{i}\Delta\alpha - \mathrm{i}\epsilon - \alpha X - \frac{\kappa}{2}\alpha$$

$$\frac{\mathrm{d}X}{\mathrm{d}t} = \Omega Y - \frac{\Gamma}{2}X \tag{9.5}$$

$$\frac{\mathrm{d}Y}{\mathrm{d}t} = -\Omega X - \frac{G}{2}|\alpha|^2 - \frac{\Gamma}{2}Y$$

其中, κ 和 Γ 分别为电磁能和机械能的能量衰减率.

从上面的练习结果我们可以看出, 在这种特殊情况下, 系统的全部半经典动力学可以简化为两个耦合振子的动力学, 系统中每个机械振子的贡献, 由其各自的光力耦合率 g_i 进行加权, 并且场对振子集体动量 Y 的影响超过了对单一振子耦合率的影响, 正如公式(9.4c)所量化的那样.

系统中有两个时间尺度: 共腔模的振幅衰减率 κ 和振子的衰减率. 后者一般明显较小, 而这对推导振幅的方程很重要. 共腔模的振幅衰减率 κ 提供了一个自然的时间尺度. 我们引入一个新的时间参数 $t' = \kappa t/2$, 以此重新标定光力变量 $Q_i' = 2\frac{Q_i}{\kappa}$ 和 $P_i' = 2\frac{P_i}{\kappa}$; 以及无量纲的耦合常数 $\delta' = 2\frac{\Delta}{\kappa}$, $\epsilon' = \frac{2\epsilon}{\kappa}$, $\Omega' = \frac{2\Omega}{\kappa}$, $\Gamma' = \frac{2\Gamma}{\kappa}$, $G' = \frac{4G}{\kappa^2}$, 和 $\overline{\Omega}' = \sqrt{\Omega'^2 + (\Gamma')^2/4}$. 公式(9.5)的同步运动方程则可以用集体变量来表示, 忽略右上标并将集体振子动力学改写为单一的二阶微分方程, 得到

$$\frac{\mathrm{d}\alpha}{\mathrm{d}t} = -(1+\mathrm{i}\delta)\alpha - \mathrm{i}\alpha X - \mathrm{i}\epsilon$$

$$\frac{\mathrm{d}^2 X}{\mathrm{d}t^2} = -\overline{\Omega}^2 X - \frac{G\Omega}{2}|\alpha|^2 - \Gamma\frac{\mathrm{d}X}{\mathrm{d}t} \tag{9.6}$$

此后, 我们将忽略符号中右上标的使用, 但要记住, 现在所有的耦合都是无量纲的, 并且腔的衰减率决定了系统的自然时间尺度.

腔驱动 ϵ 可以被视为分岔参数. 临界点的位置 X_0 由

$$2\overline{\Omega}^2 X_0 [1 + (\delta + X_0)^2] + G\Omega \epsilon^2 = 0 \tag{9.7}$$

中立方项的单一实根给出. 其中

$$\alpha_0 = -\frac{\mathrm{i}\epsilon}{1 + \mathrm{i}(\delta + X_0)} \tag{9.8}$$

从这个表达式可以看出, 当驱动强度 ϵ 从零增加时, 临界点会远离原点. 然而, 对于 $\delta > 0$

（红失谐）和$\delta<0$（蓝失谐），只要$\Gamma>0$并远小于1，系统将在一个霍普夫分岔上变得不稳定[123]，并形成了一个周期性轨道.对于弱阻尼和弱强迫振子，可以存在周期性轨道和多周期性轨道.其他研究者已经注意到了这种由弱阻尼和腔强迫之间的博弈而产生的多稳态行为.[138,192,205]

对于$\delta>0$（红失谐），霍普夫曲线（参数空间中由ϵ临界值定义的线）是对$\Gamma=0$情况（其中$\sqrt{G}\epsilon=\sqrt{2\overline{\delta\Omega}}$）的扰动.近似到$\Gamma$的一阶，得

$$\epsilon = \epsilon_H(\Omega, \delta, \Gamma, G) = \sqrt{\frac{2\Omega}{G}\left[\delta + \Gamma\frac{(1+\Omega^2)^2}{4\delta\Omega^2}\right]} \tag{9.9}$$

对于$\delta<0$（蓝失谐），ϵ与$\sqrt{\Gamma}$同阶：

$$\epsilon = \epsilon_H(\Omega, \delta, \Gamma, G) = \sqrt{\frac{\Gamma(1+\delta^2)\left[(\delta^2-\Omega^2+1)^2+4\Omega^2\right]}{-\delta G\Omega}} \tag{9.10}$$

对于$\delta<-\sqrt{\frac{8\Omega^2+3}{5}}$（蓝失谐），霍普夫分岔是亚临界的，其中，周期性轨道可以存在于$\epsilon<\epsilon_H(\Omega, \delta, \Gamma, G)$的情况.事实上，因为存在极限环的鞍结点分岔，每个都会产生一对稳定和不稳定的极限环，而在某些参数值下，则可以存在许多稳定的极限环.这产生了在其他地方已经注意到的类似系统的多稳态行为.[94,192]图9.2显示了参数为$\Omega=2$和$\Gamma=0.001$对应的分岔.极限环分岔图是通过下述振幅方程进行绘制的.我们把讨论限制在$\delta<0$（蓝失谐）的情况.对于这种情况，极限环显示出8个鞍点分岔.它表示有1~8对稳定和不稳定的周期轨道的区域.对于$\delta>0$（红失谐），动力学变得更为复杂.它涉及周期翻倍和混沌区域，更多的细节请参见文献[139].

图9.2中的光力分岔图是相当复杂的.在阴影区域内没有周期性的轨道，但有一个稳定的临界点.霍普夫分岔曲线（用超临界霍普夫表示）提供了这个区域的部分边界.在广义霍普夫（GH），也就是$\Omega=2$, $\delta=\sqrt{7}$处，霍普夫分岔从超临界变为亚临界.对于$\delta<\sqrt{7}$，霍普夫分岔是亚临界的，并且周期性轨道存在于霍普夫曲线的左侧.同样，对于$0<\delta<\sqrt{3}$，有些区域的周期性轨道存在于霍普夫曲线的左侧.曲线AGH、BGK、CFK、DEK、KH-尖突、KM-尖突等是周期性轨道的鞍点分岔.它们产生了稳定的和不稳定的周期性轨道，并存在于它们的右侧.菱形的虚线也是周期性轨道的鞍点分岔，但是破坏了稳定的和不稳定的周期性轨道.在区域ABG(GH)和HM-尖突中，有一个稳定的临界点和一对稳定性相反的周期轨道.在G(GH)HK区域，有一个不稳定的临界点，一个稳定的周期轨道.在区域BCFG和M-尖突的左边区域，有一个稳定的临界点和两对稳定性相反的周期性轨道.在FGK区域，有一个不稳定的临界点和两个稳定的周期性轨道，以及一个不

稳定的周期性轨道. 在 CDEF 区域,有一个稳定的临界点和三个稳定的周期性轨道,以及三对稳定性相反的周期性轨道等.

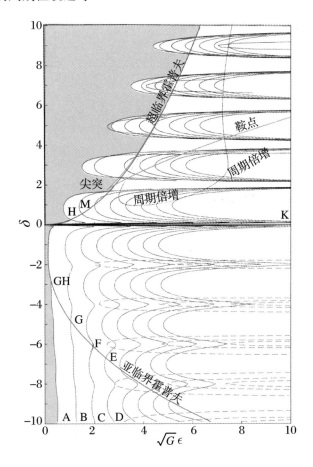

图 9.2　光力分岔图

$\Omega=2,\Gamma=0.001$,转自文献[139],详见正文.(经许可转自文献[139],美国物理学会版权所有(2012))

对于文献[138,192]中描述的实验,我们需要考虑 $\Omega=2$ 的情况(也就是说,机械频率是光学衰减率的 2 倍). 然而,对于 $\Omega>2$ 的情况(如在文献[271,281]中),分岔图并没有质的变化,尽管在较大的 $|\delta|$ 值下会出现广义的霍普夫分岔 $\left(\delta=-\sqrt{\dfrac{8\Omega^2+3}{5}}\right)$. 在图 9.3 中,我们看到了 $\Omega=5$(a),$\Omega=10$(b)和 $\Gamma=0.001$ 且 $\delta<0$(蓝失谐)的相应情况. 由于极限环的相互叠加,多稳态行为仍然是该分岔图的一个重要特征.

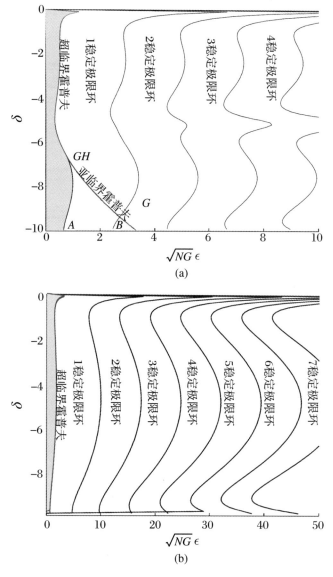

(a)

(b)

图 9.3　不同机械频率对应的光力分岔图

(a) $\Omega = 5$，(b) $\Omega = 10$ 且两图中 $\Gamma = 0.001$，$\delta < 0$（蓝失谐）. 显示了周期性轨道的霍普夫分岔和鞍点分岔.（a）中的标示与图 9.2 相似. 例如，在 ABG（GH）区域，有一个稳定的临界点和一对稳定性相反的周期性轨道.（经许可转自文献[139]，美国物理学会版权所有（2012））

现在我们将使用振幅方程的方法更详细地考虑发生在霍普夫分岔之上的周期性运动. 该方法需定义一个与振子的阻尼率成正比的慢速时间（$\tau = \Gamma t$），并假设强迫项为阻尼的平方根量级，因此我们定义 $\epsilon \equiv \sqrt{\Gamma}\epsilon$. 腔振幅自然与强迫项保持同阶，从而我们可以得到缓慢变化的振幅 $A(\tau)$ 的方程：

$$X = X_0 + [A(\tau)e^{\overline{\Omega}t} + \text{c.c.}] = X_0 + 2|A(\tau)|\cos(\overline{\Omega}t + \theta) \tag{9.11}$$

其中，X_0 是霍普夫分岔的系统的临界点(参见公式(9.7)). 我们把这个表达式代入场方程(公式(9.6)中的第一个方程)，得到

$$\frac{\mathrm{d}\alpha}{\mathrm{d}t} = -\{1 + \mathrm{i}[\delta + X_0 + 2|A(\tau)|\cos(\overline{\Omega}t + \theta)]\}\alpha - \mathrm{i}\,\epsilon \tag{9.12}$$

利用如下定理：

$$\alpha = e^{\mathrm{i}\psi(t)}\sum_m B_m e^{\mathrm{i}m\Omega t} \tag{9.13}$$

可以得出

$$\dot{\alpha} = \mathrm{i}\dot{\psi}(t)\alpha + e^{\mathrm{i}\psi(t)}\sum_m \mathrm{i}m\Omega B_m e^{\mathrm{i}m\Omega t} \tag{9.14}$$

将这些表达式代入公式(9.12)，得

$$\dot{\psi}(t) = -\frac{2|A|}{\Omega}\cos(\Omega t + \theta)$$

$$B_m = -\frac{\mathrm{i}^{m+1}\,\epsilon\,J_m\left(\dfrac{2|A|}{\Omega}\right)}{\overline{\kappa} + \mathrm{i}m\Omega} \tag{9.15}$$

其中，$\overline{\kappa} = 1 + \mathrm{i}(\delta + X_0)$，$J_m(x)$ 是第一类贝塞尔函数. 将其代入 X 的方程(即公式(9.11))，可以得到以多对贝塞尔函数之和计算振荡的振幅方程：

$$\frac{\mathrm{d}A}{\mathrm{d}\tau} = -A - \frac{\mathrm{i}G\,\epsilon^2 e^{\mathrm{i}\theta}}{4}\sum_{m=-\infty}^{\infty}\frac{J_m\left(\dfrac{2|A|}{\Omega}\right)J_{m+1}\left(\dfrac{2|A|}{\Omega}\right)}{[\overline{\kappa} + \mathrm{i}(m+1)\Omega](\overline{\kappa}^* - \mathrm{i}m\Omega)} \tag{9.16}$$

相同的机械振子将以振幅 $A(\tau)$ 同步振荡，振幅 $A(\tau)$ 由上述方程给出.

由于公式(9.16)中求和项的每项都有 $|A|$ 作为因子，振幅方程可以改写为

$$\frac{\mathrm{d}A}{\mathrm{d}\tau} = -A + G\,\overline{\epsilon^2}AF(|A|,\Omega,\delta) \tag{9.17}$$

其中，$F(r,\Omega,\delta)$ 是一个复数函数.

使用极坐标，$A = re^{\mathrm{i}\theta}$，通过在线性化的径向方程中设置 $\dfrac{\mathrm{d}r}{\mathrm{d}\tau} = 0$，可以得到霍普夫分岔的条件. 然后，我们发现 θ 并没有出现在 r 的方程中，所以系统的周期性轨道由

$$F_r(r,\Omega,\delta) = \frac{1}{r}\sum_{m=0,\infty}a_{mr}(\overline{\delta},\Omega)J_m\left(\frac{2r}{\Omega}\right)J_{m+1}\left(\frac{2r}{\Omega}\right) = \frac{1}{G\,\overline{\epsilon^2}} \tag{9.18}$$

决定.图9.4绘制了分别对应于$\Omega=2$,$\Gamma=0.01,0.001,0.0001$,以及各种δ值的情况.与这些振荡相对应,腔场振幅以频率$\overline{\Omega}+F_i(r,\Omega,\delta)$和振幅$\epsilon\sqrt{2r|F|}$振荡,即

$$|\alpha|^2 \text{中主要的振荡项} = 2r\epsilon^2|F(r,\Omega,\delta)|\cos\{[\overline{\Omega}+F_i(r,\Omega,\delta)]t+\zeta\}$$

$$(9.19)$$

其中,ζ是一个常数.

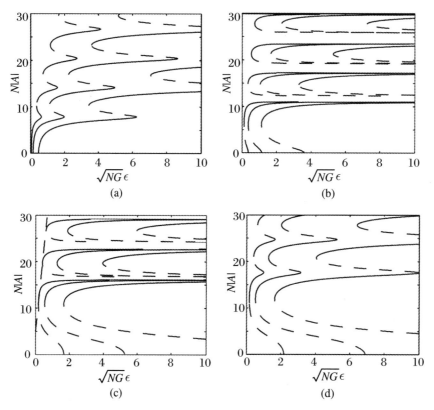

图9.4　在$\Omega=2$,$\Gamma=0.01,0.001,0.0001$和各种δ值的情况下,由振幅方程计算出系统周期轨道的振幅($|A|=r$)作为$\sqrt{G}\epsilon$的函数

(a) $\delta=-2$,(b)$\delta=-5$,(c)$\delta=-9$,(d) $\delta=-10$;虚线代表不稳定的周期性轨道,实线代表稳定的周期性轨道.

如果每个单独的机械振子都有不同的共振频率和(或)阻尼,就不再可能减少到单一的集体变量.然而,上述结果可以将多振子耦合概括为给出一组耦合的振幅方程.我们将考虑两组机械振子的情况,它们的共振频率大致相等:$\overline{\Omega}_i=\Omega+\gamma\Delta\Omega_i$.在这种情况下,振幅方程为

$$\frac{\mathrm{d}A_1}{\mathrm{d}\tau} = -(1 + \mathrm{i}\Delta\Omega_1)A_1 + GN_1\overline{\epsilon^2}(A_1 + A_2)F(|A_1 + A_2|)$$

$$\frac{\mathrm{d}A_2}{\mathrm{d}\tau} = -(1 + \mathrm{i}\Delta\Omega_2)A_2 + GN_2\overline{\epsilon^2}(A_1 + A_2)F(|A_1 + A_2|)$$

$$(9.20)$$

其中，N_i 是每组振子的数量. 如果 $\Delta\Omega_i$ 相等，则径向运动不变，我们仍有

$$\frac{\mathrm{d}r}{\mathrm{d}\tau} = -r + G\overline{\epsilon^2}NrF_r(Nr, \Omega, \delta) \tag{9.21}$$

这意味着 $N^2 r^2 = r_1^2 + r_2^2 + 2r_1 r_2\cos(\theta_2 - \theta_1)$ 是运动的常数. 将其代入 A_i 的方程，得到一个线性系统，它具有稳定的对称解 $N_1 A_2 = N_2 A_1$. $N_1 A_2 - N_2 A_1$ 服从运动方程 $\frac{\mathrm{d}(N_1 A_2 - N_2 A_1)}{\mathrm{d}t} = -(\gamma + \mathrm{i}\Delta\omega)(N_1 A_2 - N_2 A_1)$. 因此，随着时间的推移 $|N_1 A_2 - N_2 A_1| \to 0$，在最初的瞬态之后，各个振子将会同步. 如果 $\Delta\Omega_i$ 不相等，则

$$\frac{\mathrm{d}r_1}{\mathrm{d}\tau} = -r_1 + \overline{\epsilon^2}GN_1\{r_1 F_r(Nr) + r_2[F_r(Nr)\cos\varphi - F_i(Nr)\sin\varphi]\}$$

$$\frac{\mathrm{d}r_2}{\mathrm{d}\tau} = -r_2 + \overline{\epsilon^2}GN_2\{r_2 F_r(Nr) + r_1[F_r(Nr)\cos\varphi + F_i(Nr)\sin\varphi]\}$$

$$\frac{\mathrm{d}\varphi}{\mathrm{d}\tau} = \Delta\Omega_{21} + \overline{\epsilon^2}GF_i(Nr)\left[(N_2 - N_1) + \left(\frac{N_2 r_1}{r_2} - \frac{N_1 r_2}{r_1}\right)\cos\varphi\right]$$

$$\qquad + \overline{\epsilon^2}GF_r(Nr)\left(\frac{N_2 r_1}{r_2} + \frac{N_1 r_2}{r_1}\right)\sin\varphi \tag{9.22}$$

其中，$F_{i,r}(Nr) = F_{i,r}(Nr, \omega, \delta)$，$Nr = |A_1 + A_2| = \sqrt{r_1^2 + r_2^2 + 2r_1 r_2\cos\varphi}$ 和 $\Delta\Omega_{21} = \Delta\Omega_2 - \Delta\Omega_1$，并且 $N = N_1 + N_2$. 对于 $N_1 = N_2$，我们可以假设 $\Delta\Omega_{21} > 0$，因为变换 $\Delta\Omega_{21} \to -\Delta\Omega_{21}$，$\varphi \to -\varphi$ 和 $r_1 \to r_2$（反之亦然）并不改变方程. 然而，耦合是强而不是弱的，系统不能被简化为 Kuramoto 相位模型. 但是尽管如此，将其动力学与类似的相位和相位振幅模型（如文献 [18,167,179,225,268] 中的模型）进行比较仍是有益的.

在最简单的双振子相位模型（$\dot\varphi = \Delta\Omega_{21} - K\sin\varphi$，$\varphi = \theta_2 - \theta_1$）中，有两个临界点，它们的近似是一个同相解和一个反相解. 对于足够小的 $|\Delta\Omega_{21}|$（$|\Delta\Omega_{21}| < K$），其中一个临界点是稳定的. 当临界点通过鞍点分岔（$|\Delta\Omega_{21}| > K$）消失后，则出现不同步的振荡. 在这里，该模型也可以从同相和反同相解的稳定性方面进行讨论. 然而，不同步行为是作为一种瞬态发生的，类似于阻尼的非线性钟摆，当开始接近于未阻尼系统的分界线时，会发生瞬态旋转运动. 已在其他具有多稳性的系统中观察到类似的运动[205]. 非零的 $\Delta\Omega_{21}$ 打破了对称性，并且在 $\Delta\Omega_{21}$ 非常小的情况下，同相临界点仍然稳定，但是只在 $r_1 \neq r_2$ 的情况下存在. 图 9.5(b) 显示了它们随着 $|\Delta\Omega_{21}|$ 的变化而产生的相对大小. 随着 $|\Delta\Omega_{21}|$ 的增加，它们通过一个霍普夫分岔而失去稳定性，如图 9.5(a) 所示. 这就产生了一个稳定的周

期性轨道,该轨道最初并不包围原点.然而,在大振幅耦合[225]的典型分岔情况下,它迅速增长并包围原点(在(r_1,r_2,φ)空间,这个过渡是一个异轴分岔,鞍点对应$r_{1或2}=0,\varphi=\pm\frac{\pi}{2}$).瞬态非同步运动的结果对应在(不稳定的)同相解附近开始的解,其中,解在同相中不被束缚,但最终被稳定的反相解捕获.(事实上,反相解只有在$\Delta\Omega_{21}$非常小的情况下才变得不稳定,此时它们具有大振幅,参见图9.5(c).)

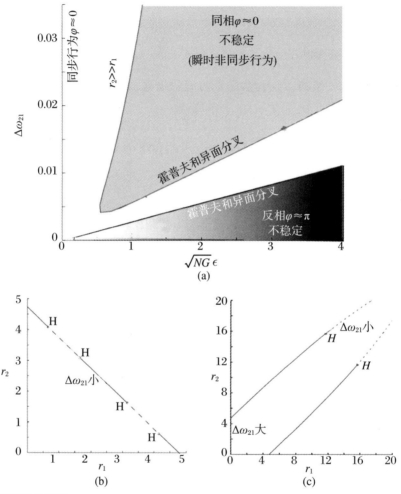

图9.5 双振子相位模型

(a) 对应$N_1=N_2,\Gamma=0.0001,\Omega=2,\delta=-1.5$的两个机械振子系统的分岔图.在阴影区域外同相解是稳定的,在水平轴附近的片区外,反相位解是稳定的.它们在$\Delta\Omega_{21}=0$时是奇异的,并且在$|\Omega_{21}|$较小的情况下是不稳定的,此处它们出现在非常大的r_i值下.在非阴影的区域,同相解和反相解都是稳定的,但是存在不同的吸引域.(b) 显示了随着$\Delta\Omega_{21}$的变化,在(r_1,r_2)空间中的同相解.r_1+r_2大致保持不变.(c) 显示了随着$\Delta\Omega_{21}$的变化,在(r_1,r_2)空间中的反相解.(经许可转自文献[139],美国物理学会版权所有(2012))

9.1.2 量子噪声和同步

目前,还没有什么工作讨论关于量子动力学对半经典极限环的影响.Lörch 等人考虑了稳定极限环上的声子统计[183],并在文献[182]中进行了扩展.Wang 等人在具有两个光学模式的模型中也考虑了机械声子的二阶相干性,其中,机械自由度调制了光学模式的耦合强度(事实上,该模型与 6.4 节中讨论的模型类似).Suchoi 等人考虑了两个场模的情况(其中一个是光学模式,另一个是微波模式,它们耦合到同一个机械模式)[269],并展示了如何在极限环的量子系统中出现深度非经典的叠加状态.

人们可能期望量子噪声在描述同步的极限环上的作用,与我们在 7.4 节讨论的量子噪声在极限环上产生扩散的作用相似.这里,我们将展示如何利用量子光学为耗散的非线性系统开发的随机方法来解决这个问题.

公式(9.23)给出了相互作用绘景中对应于半经典动力学的量子哈密顿量:

$$\hat{H} = \hbar\Delta a^{\dagger}a + \sum_{i=1}^{N}\hbar\Omega_i b_i^{\dagger}b_i + \hbar(\epsilon^* a + \epsilon\, a^{\dagger}) + \sum_{i=1}^{N}\hbar g_i a^{\dagger}a\,(b_i + b_i^{\dagger}) \quad (9.23)$$

我们在弱阻尼和零温度热库的极限下,并在系统-环境耦合的旋转波近似中(参见 5.1.3 小节),用主方程来描述耗散性动力学:

$$\frac{\mathrm{d}\rho}{\mathrm{d}t} = -\frac{\mathrm{i}}{\hbar}\big[\hat{H},\rho\big] + \kappa\,\mathcal{D}[a]\rho + \sum_{i=1}^{N}\Gamma_i\,\mathcal{D}[b_i] \quad (9.24)$$

与经典描述相对应,我们对集体量 $\hat{X}$ 和 $\hat{Y}$ 感兴趣.通过用规范算符替代公式(9.4a)中的经典变量而定义这些集体量.我们可以为这些集体机械模式定义产生算符和湮灭算符:

$$\hat{B} = \sum_j b_j \quad (9.25)$$

$$\hat{B}^{\dagger} = \sum_j b_j^{\dagger} \quad (9.26)$$

其中

$$\big[\hat{B},\hat{B}^{\dagger}\big] = \frac{G}{2}\hat{I} \quad (9.27)$$

其中,G 由公式(9.4c)定义.

从主方程出发,我们继续推导描述光力系统演化的类福克-普朗克方程,即正 P 函数

$P(\boldsymbol{\chi})$ 的运动方程. 使用文献[305]中的方法, 我们得出了如下类福克-普朗克方程:

$$\frac{\mathrm{d}P(\boldsymbol{\chi})}{\mathrm{d}t} = -\sum_i \frac{\partial}{\partial \chi_i} \left[\boldsymbol{A}(\boldsymbol{\chi})\right]_i P(\boldsymbol{\chi}) + \frac{1}{2}\sum_{ij} \frac{\partial}{\partial \chi_i} \frac{\partial}{\partial \chi_j} \left[\boldsymbol{B}(\boldsymbol{\chi})\boldsymbol{B}(\boldsymbol{\chi})^{\mathrm{T}}\right]_{ij} P(\boldsymbol{\chi}) \quad (9.28)$$

其中

$$\boldsymbol{\chi} = \begin{bmatrix} \alpha & \beta & \mu & \upsilon \end{bmatrix}^{\mathrm{T}} \quad (9.29)$$

这些变量和相应的量子算符之间的对应关系是 $a \leftrightarrow \alpha, a^{\dagger} \leftrightarrow \beta, b \leftrightarrow \mu, b^{\dagger} \leftrightarrow \upsilon$. 漂移项矢量 $\boldsymbol{A}(\boldsymbol{\chi})$ 为

$$\boldsymbol{A}(\boldsymbol{\chi}) = \begin{bmatrix} -(1+\mathrm{i}\delta)\alpha - \mathrm{i}\frac{1}{2}\alpha(\mu+\upsilon) - \mathrm{i}\epsilon \\[2mm] -(1-\mathrm{i}\delta)\beta + \mathrm{i}\frac{1}{2}\beta(\mu+\upsilon) + \mathrm{i}\epsilon \\[2mm] -(\Gamma+\mathrm{i}\omega)\mu - \mathrm{i}\frac{G}{2}\alpha\beta \\[2mm] -(\Gamma-\mathrm{i}\omega)\upsilon + \mathrm{i}\frac{G}{2}\alpha\beta \end{bmatrix} \quad (9.30)$$

扩散项矩阵为

$$\boldsymbol{B}(\boldsymbol{\chi})\boldsymbol{B}(\boldsymbol{\chi})^{\mathrm{T}} = \begin{bmatrix} 0 & 0 & -\mathrm{i}\frac{G}{2}\alpha & 0 \\[2mm] 0 & 0 & 0 & \mathrm{i}\frac{G}{2}\beta \\[2mm] -\mathrm{i}\frac{G}{2}\alpha & 0 & 0 & 0 \\[2mm] 0 & \mathrm{i}\frac{G}{2}\beta & 0 & 0 \end{bmatrix} \quad (9.31)$$

只考虑福克-普朗克的漂移项, 并作如下映射: $\beta \mapsto \alpha^*$ 和 $\mu \mapsto \upsilon^*$, 使得相空间维度减少一半到半经典相空间[①], 我们就得到了如下半经典运动方程:

$$\begin{aligned} \frac{\mathrm{d}\alpha}{\mathrm{d}t} &= -\mathrm{i}\Delta\alpha - \mathrm{i}\epsilon - \mathrm{i}\alpha X - \frac{\kappa}{2}\alpha \\[2mm] \frac{\mathrm{d}X}{\mathrm{d}t} &= \Omega Y - \frac{\Gamma}{2}X \\[2mm] \frac{\mathrm{d}Y}{\mathrm{d}t} &= -\Omega X - \frac{G}{2}|\alpha|^2 - \frac{\Gamma}{2}Y \end{aligned} \quad (9.32)$$

---

① 正 P 函数的维度是经典相空间的两倍.

这些方程与 9.1.1 小节中的运动方程相吻合. 这些方程是在量子运动方程中通过因子化矩量 $\langle \hat{a}\hat{X} \rangle = \langle \hat{a} \rangle \langle \hat{X} \rangle$ 而获得的. 有了这种因子化, 从量子算符的期望值到半经典动态变量的映射就是 $\langle \alpha \rangle \mapsto \alpha, \langle \hat{X} \rangle \mapsto X, \langle \hat{Y} \rangle \mapsto Y$.

现在, 我们可以研究量子噪声对同步的影响. 为了做到这一点, 我们计算随着驱动强度增加至接近超临界霍普夫线的第一个霍普夫分岔 ($\delta < 0$) 时 (图 9.2 和图 9.3) 的线性化频谱. 我们按照文献 [140] 中的方法计算针对单组光力振子的情况. 对于单组情况, 使用无量纲符号 (其中, 耦合系数和时间由腔耗散率 κ 重新标定), 对应的福克–普朗克方程 (公式 (9.28)) 的随机微分运动方程为

$$\frac{\mathrm{d}\boldsymbol{\chi}}{\mathrm{d}t} = \boldsymbol{A}(\boldsymbol{\chi}) + \boldsymbol{B}(\boldsymbol{\chi})\boldsymbol{E}(t) \tag{9.33}$$

其中, $\boldsymbol{E}(t)$ 是噪声过程. 扩散矩阵 $\boldsymbol{B}(\boldsymbol{\chi})\boldsymbol{B}(\boldsymbol{\chi})^{\mathrm{T}}$ 的主矩阵平方根为

$$\boldsymbol{B}(\boldsymbol{\chi}) = \boldsymbol{B}(\boldsymbol{\chi})^{\mathrm{T}} = \frac{\sqrt{G}}{2}\begin{bmatrix} \sqrt{\alpha} & 0 & -\mathrm{i}\sqrt{\alpha} & 0 \\ 0 & \sqrt{\beta} & 0 & -\mathrm{i}\sqrt{\beta} \\ -\mathrm{i}\sqrt{\alpha} & 0 & \sqrt{\alpha} & 0 \\ 0 & \mathrm{i}\sqrt{\beta} & 0 & \sqrt{\beta} \end{bmatrix} \tag{9.34}$$

扩散矩阵及其平方根具有如下行列式:

$$\det\{\boldsymbol{B}(\boldsymbol{\chi})\boldsymbol{B}(\boldsymbol{\chi})^{\mathrm{T}}\} = \frac{1}{16}G^4\alpha^2\beta^2$$

$$\det\{\boldsymbol{B}(\boldsymbol{\chi})\} = \frac{1}{4}G^2\alpha\beta \tag{9.35}$$

这两个矩阵在 $\beta = \alpha^*$ 的半经典流形上是正定的, 因此, 确实描述了一个有效的随机过程. 然而, 矩阵平方根 $\boldsymbol{B}(\boldsymbol{\chi})$ 中含有 i 的非对角项将导致上述解脱离半经典流形. 这是动力学中量子关联的直接表现.

我们可以围绕 9.1 节的经典分析得到的半经典固定点, 将这些运动方程进行线性化. 线性化的随机微分方程是

$$\frac{\mathrm{d}\boldsymbol{\chi}}{\mathrm{d}t} \approx \boldsymbol{M}(\boldsymbol{\chi} - \boldsymbol{\chi}_0) + \boldsymbol{D}^{1/2}\boldsymbol{E}(t) \tag{9.36}$$

其中, 雅可比系数 $\boldsymbol{M}$ 是

$$
\begin{bmatrix}
-(1+\mathrm{i}\delta)-\mathrm{i}\frac{1}{2}(\mu_0+\mu_0^*) & 0 & -\mathrm{i}\frac{1}{2}\alpha_0 & -\mathrm{i}\frac{1}{2}\alpha_0 \\[2mm]
0 & -(1-\mathrm{i}\delta)+\mathrm{i}\frac{1}{2}(\mu_0+\mu_0^*) & \mathrm{i}\frac{1}{2}\alpha_0^* & \mathrm{i}\frac{1}{2}\alpha_0^* \\[2mm]
-\mathrm{i}\dfrac{G}{2}\alpha_0^* & -\mathrm{i}\dfrac{G}{2}\alpha_0 & -(\Gamma+\mathrm{i}\omega) & 0 \\[2mm]
\mathrm{i}\dfrac{G}{2}\alpha_0^* & \mathrm{i}\dfrac{G}{2}\alpha_0 & 0 & -(\Gamma-\mathrm{i}\omega)
\end{bmatrix}
\tag{9.37}
$$

关于半经典固定点的扩散矩阵 $\boldsymbol{D}=\boldsymbol{B}(\boldsymbol{\chi}_0)\boldsymbol{B}(\boldsymbol{\chi}_0)^{\mathrm{T}}$ 是

$$
\boldsymbol{D}=
\begin{bmatrix}
0 & 0 & -\mathrm{i}\dfrac{G}{2}\alpha_0 & 0 \\[2mm]
0 & 0 & 0 & \mathrm{i}\dfrac{G}{2}\alpha_0^* \\[2mm]
-\mathrm{i}\dfrac{G}{2}\alpha_0 & 0 & 0 & 0 \\[2mm]
0 & \mathrm{i}\dfrac{G}{2}\alpha_0^* & 0 & 0
\end{bmatrix}
\tag{9.38}
$$

其中,α_0 由公式(9.8)给出.稳态下的线性化正常有序矩可以用这些矩阵来表示[305],即

$$
\boldsymbol{S}(\omega)=\frac{1}{2\pi}\int_{-\infty}^{\infty}\mathrm{e}^{-\mathrm{i}\omega\tau}\langle\boldsymbol{\chi}(t)\boldsymbol{\chi}(t+\tau)^{\mathrm{T}}\rangle_{t\to\infty}\mathrm{d}\tau
$$

$$
=\frac{1}{2\pi}(\mathrm{i}\omega\mathbb{1}-\boldsymbol{M})^{-1}\boldsymbol{D}(-\mathrm{i}\omega\mathbb{1}-\boldsymbol{M}^{\mathrm{T}})^{-1}
\tag{9.39}
$$

其中,$\mathbb{1}$ 是单位矩阵.我们在图 9.6(a)中绘制了这些量子噪声谱的腔场分量.随着霍普夫分岔的接近,谱在两个频率上变得更加尖锐.对应于霍普夫分岔的频率是机械频率 Ω 的峰值.第二个更短但更宽的峰处在失谐 Δ 处.如果驱动腔的激光被调谐到一个边带,这两个峰值就会重合.在超临界霍普夫分岔之外,半经典固定点不再稳定.系统进入由第一个稳定极限环主导的区域,正如 9.1 节中半经典振幅方程所分析的那样,此处存在振荡运动.然而,我们可以继续对这一点进行线性化,其结果如图 9.6(b)所示.随着驱动强度和耦合强度的增加,可以看出这两个峰值开始收敛.

我们在这里计算的稳态噪声功率谱可以通过零差探测的方式进行测量.在霍普夫分岔点以下,这些涨落的噪声功率谱,在与涨落衰减到固定点相关的频率上达到峰值.峰值的宽度给出了这种衰减的时间尺度.在霍普夫分岔点以上,涨落对应于极限环的扩散噪声.因为我们忽略了热涨落,所以这种扩散完全来自量子噪声.

非线性耗散动力系统可以表现出其他的量子特征,例如,我们在第 7 章中看到的固

定点之间的耗散切换.这并不等效于双阱中的相干量子隧穿,也不能简化为热激活的开关,这是因为它发生在零温耗散存在的情况下.图 9.6(b)可能是极限环之间耗散量子开关的证据.这种现象已经在量子光学中的驱动阻尼参量放大的情况下被研究过[158],它有一个线性化的扩散矩阵,与这里讨论的模型类似.

Schmidt 等人举例说明了当量子隧穿可以实现时,可能产生的强烈效应[252].他们提出了一个方案,其中,量子光力阵列可以表现出新颖的集体量子行为,包括狄拉克型可调谐能带结构.

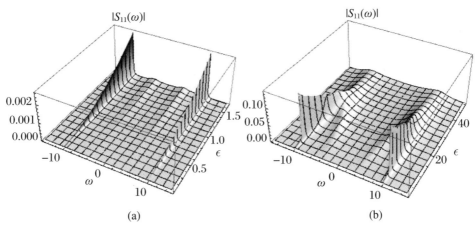

图 9.6　光腔的线性化量子噪声谱

(a) 接近霍普夫分岔;(b) 超过霍普夫分岔.稳态正常序的腔谱 $\frac{1}{2\pi}\int_{-\infty}^{\infty}\mathrm{e}^{-\mathrm{i}\omega\tau}\langle\alpha(t)\alpha(t+\tau)^{\mathrm{T}}\rangle_{t\to\infty}\mathrm{d}\tau$,即 $S(\omega)$ 的第一个对角线元素,在频率 ω 处随着不同的驱动振幅 ϵ 的变化.这里,我们设定 $\Omega=10,\delta=-4$,$\Gamma=0.001,N=1,G=1$,此时霍普夫分岔发生在驱动强度为 $\epsilon_h\approx1.76$ 时.(经许可转自文献[139],美国物理学会版权所有(2012))

9.2　不可逆耦合的光力系统阵列

现在,我们来看图 9.1(c)描述的不可逆耦合的光力阵列的情况,我们称之为第 2 类型.第 2 类型的系统中有许多电磁腔,其中,每个腔都包含一个机械振子.可以在大型阵列中对这些电磁腔进行光学耦合.这使得耦合腔网络成为可能,并且可以根据需要操作网络拓扑结构本身,而不像单个腔中的多个振子必须以全区域的方式进行耦合.这种类型的阵列还开辟了将两个相距甚远的机械振子的运动关联起来的可能性.第 2 类型的级联腔方案是全光学前馈的一种形式.Stannigel 等人提出了一种基于级联光力腔的量子信息处理协议.[267]Shah 等人使用基于测量的方法展示了彼此相距甚远（3.2 km）的两个独立的机械振子之间的耦合.[257]通过零差探测测量来自主腔的光.探测信号被用来调制从属光力系统的相干输入光.

6.2.2 小节使用主方程的方法给出了级联量子腔的理论.例如,对于三个级联腔,我们有

$$\frac{\mathrm{d}\rho}{\mathrm{d}t} = -\frac{\mathrm{i}}{\hbar}[\hat{H}, \rho] + \sum_{n=1}^{3} \kappa_n \mathcal{D}[a_n]\rho + \Gamma(\bar{n}+1)\mathcal{D}[b]\rho + \Gamma\bar{n}\mathcal{D}[b^\dagger]\rho$$
$$+ \sqrt{\kappa_1\kappa_2}([a_1\rho, a_2^\dagger] + [a_2, \rho a_1^\dagger]) + \sqrt{\kappa_1\kappa_3}([a_1\rho, a_3^\dagger] + [a_3, \rho a_1^\dagger])$$
$$+ \sqrt{\kappa_2\kappa_3}([a_2\rho, a_3^\dagger] + [a_3, \rho a_2^\dagger]) \tag{9.40}$$

其中,κ_n 是第 n 个腔的衰减率,$\hat{H}$ 包含对相干动力学的描述（它包括每个腔模和它所耦合的机械振子之间的光力相互作用）.

暂时忽略机械动力学,每个腔中场振幅的均值运动方程为

$$\dot{\alpha}_1 = -\frac{\kappa}{2}\alpha_1$$

$$\dot{\alpha}_2 = -\kappa\alpha_1 - \frac{\kappa}{2}\alpha_2$$

$$\dot{\alpha}_3 = -\kappa\alpha_2 - \frac{\kappa}{2}\alpha_3$$

其中,我们将所有的腔衰减率设定为相等的（$\kappa_1 = \kappa_2 = \kappa_3 \equiv \kappa$）.请注意,这个模型已经包括了腔振幅的衰减.该衰减仅仅来自从腔体泄露出来并驱动下一个下游腔的场.事实上,它由腔之间耦合率的相同参数决定.我们可以将其与三个相干耦合的腔进行比较,该腔由形式为 $\hat{H}_\mathrm{I} = \chi\sum_k(a_k a_{k+1}^\dagger + a_{k+1}a_k^\dagger)$ 的相互作用哈密顿量描述,其结果为

$$\dot{\alpha}_1 = \frac{\chi}{2}\alpha_2 - \frac{\kappa}{2}\alpha_1$$

$$\dot{\alpha}_2 = -\frac{\chi}{2}\alpha_1 + \frac{\chi}{2}\alpha_3 - \frac{\kappa}{2}\alpha_2$$

$$\dot{\alpha}_3 = -\frac{\chi}{2}\alpha_2 - \frac{\kappa}{2}\alpha_3$$

练习 9.2 请使用公式

$$\dot{\alpha}_i = \mathrm{tr}\left(a_i \frac{\mathrm{d}\rho}{\mathrm{d}t}\right) \tag{9.41}$$

检验上述两组方程.

我们可以很容易地验证,在没有耗散（$\kappa = 0$）的情况下,动力学 $\sum_k |\alpha_j|^2$ 保持不变.现在我们可以看到,在相干情况下,中间的腔与它两侧的腔是耦合的,而在不可逆情况

下,中间的腔只与上游的腔相耦合.

作为一个不可逆耦合腔阵列的例子,我们将考虑 Joshi 等人提出的模型.[147] 在这种情况下,目标是在机械振子的运动中引入量子关联(纠缠).我们将假设光力系统由每个腔上相同载波频率的强相干驱动场驱动,并同时调谐到每个腔的红失谐或蓝失谐边带.然后,可以使用 2.7 节中讨论的线性化光力相互作用.动力学由公式(9.40)的主方程决定,其中

$$\hat{H} = \sum_{k=1}^{3} \hbar\Delta_k a_k^\dagger a_k + \sum_{k=1}^{3} \hbar\Delta_k b_k^\dagger b_k + \hbar g_k (a_k^\dagger + a_k)(b_k^\dagger + b_k) \quad (9.42)$$

像往常一样,每个腔的光学失谐定义为 $\Delta_k \equiv \Omega_{c,k} - \Omega_L$,其中,$\Omega_{c,k}$ 是 k 腔的共振频率,Ω_L 是激光驱动频率,Ω_k 是第 k 个机械振子的频率;a_k, b_k 分别是 k 腔中的光子和第 k 个机械振子中的声子湮灭算符.在书写这个方程时,我们忽略了从每个腔向前串联的相干场.在实践中,它可以被环形器过滤,从而使每个腔被相同的相干振幅所驱动(参见文献[147]).我们可以同时驱动红或蓝失谐边带,即分别选择 $\Delta_k = \Omega_k$ 或 $\Delta_k = -\Omega_k$.

Vitali 等人的文章[299] 表明腔内光子-声子纠缠可以在单个光力单元中产生(参见 4.4 节).能否在一个级联光力腔网络中引入光学和机械振子之间的纠缠呢? 在线性化近似中,因为我们从真空开始,所以所有的状态都是高斯的,并且运动方程组是线性的.然后,我们可以使用 Vidal[297] 制定的高斯状态的对数负性度量来量化纠缠(参见 4.4.6 小节).为了确定每个 2×2 矩阵 A, B 和 C 的元素(这些矩阵组合起来构成了状态的协方差矩阵),我们从组合系统的主方程计算出二阶矩.在这些矩阵中插入相关的二阶矩,我们可以计算出系统的任何两个模式之间的纠缠.我们将把讨论限制在红失谐边带驱动和零温度的情况下.

图 9.7(a)展示了在稳态下由三个级联光力腔组成的系统的腔模式和机械模式之间的成对纠缠.我们假设了红失谐边带驱动和零温度的条件,但没有对线性化的相互作用做旋转波近似.图 9.7(b)绘制了不同腔的所有可能的光和机械模式对之间的纠缠,即复合系统中腔间的光子-声子纠缠.该系统的所有 6 对光子-声子模式都相互纠缠在一起的.

一个也许更有趣的情况是,在红失谐边带上驱动一些腔,而在蓝失谐边带上驱动其他腔.文献[269]已经报道了类似的实验,即一个光学模式和一个微波模式同时耦合到一个机械振子上.正如我们在 4.4.1 小节中看到的,蓝失谐边带驱动在光学和机械自由度之间产生量子关联.在由两个光力腔组成的系统的简单情况下,目标是利用第二个腔上的红失谐边带驱动,并利用光场的级联作用在两个空间上分离的机械振子上分配纠缠.图 9.8绘制了两个机械振子之间的稳态纠缠作为光力耦合强度 g_1 和 g_2 的不同数值的函数.在接收光力系统的弱耦合区域,两个机械振子之间的纠缠变得更大.

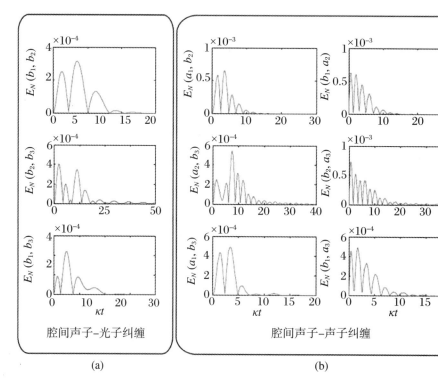

图 9.7　在三个级联光力系统中,机械和光学元件在零温度下的纠缠

纠缠的时间演变由光力阵列所有可能的腔间模式之间的对数负性 E_N(第 4 章中称为 L)来量化:(a) 声子-声子;(b) 光子-光子.其中,$\kappa_{1,2,3} = \kappa$;$\Gamma_{1,2,3} = 0.01\kappa$,$\Delta_{1,2,3} = \omega_{1,2,3} = 400\kappa$,$g_{1,2,3} = 0.5\kappa$.(经许可转自文献[8],美国物理学会版权所有(2012))

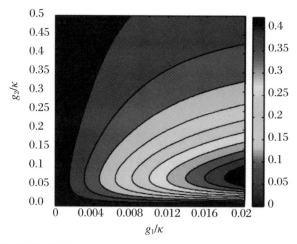

图 9.8　两个光力阵列的不可逆耦合

源腔为蓝失谐,单个接收腔为红失谐.(a) 两个光力单元(b_1,b_2)的腔内声子间的稳态纠缠(用对数负性量化)与 g_1/κ 和 g_2/κ 的关系,其中,$\kappa_{1,2} = \kappa$,$\Gamma_{1,2} = 0.01\kappa$,温度为零.(经许可转自文献[8],美国物理学会版权所有(2012))

量子光学
Quantum Optomechanics

第 10 章

引力量子物理学和光力学

　　激光干涉引力观测站的发展使得引力物理学和光力学有了长期的联系.事实上,这些实验是量子光力学领域的历史推动力之一.引力辐射的观测和常规研究将开启我们对经典广义相对论和宇宙学理解的革命.当然,光力学有可能对引力物理学提供更加深远的影响.

　　到目前为止,量子物理学的大多数实验都不需要考虑引力相互作用.这是因为与电磁力相比,引力是非常弱的.当然,也有一些重要的例外,如中子和原子干涉仪[77,223].在这些情况中,地球的引力场作为其他量子物体的一个经典控制,即我们不关心原子和中子本身的引力场.相比之下,鉴于光力学有可能控制相当大质量物体的量子状态,它提供了一条研究量子系统的途径,而在这个系统中物体本身的引力相互作用必然包括在内.[12]这迫使我们面对一个重大问题:处于两种不同经典运动状态叠加的大质量物体的引力场是什么?

　　人们早就认识到这个问题了.[85,124]如果我们有一个关于引力的量子理论,那么就能给出解决方案.正如在量子电动力学中一样,引力场的量子理论将提供对引力及其来源的一致性描述,同时也提供了引力可以被经典处理的条件,即提供了一种半经典近似的处理方法.由于引力的特殊性,我们并不容易找寻到半径典近似的条件.引力被描述为时空曲率,并且与电磁场不同,我们原则上不能屏蔽它.

由于在寻找引力量子理论方面面临显著的困难,因此一些人提出:也许该量子理论不是必要的,我们可以用一种量子-经典混合理论[57]来替代.然而,当人们试图在同一框架内结合经典和量子动力学时,发现存在着明显的不一致之处.[28,222]Diosi 已经表明,如果在经典和量子动力学中都包含一些最少量的噪声,就可以避免这些明显的不一致之处.[88]我们将在下面讨论另一种给出 Diosi 结论的方法.对应于大质量物体之间的引力相互作用以一个可以被适当定义的经典测量通道为媒介的情形.

Penrose 认为引力场的特殊性质必然导致量子态的自发坍缩.[220]他用类似于自发辐射导致激发电子态回到基态的自发变化来描述上述过程.虽然 Penrose 没有使用"退相干"这个词语,但是可以通过阐述与自发辐射的类比来建立它们之间的联系.因此,我们将继续参考 Penrose 的论点,为引力退相干提供一个案例.

10.1　引力退相干的含义

一个独立的具有大质量的物体,如果处在由两个非常局域化的高斯波函数构成的一个叠加态上,那么它的引力场是什么样的呢? 图 10.1 描述了这种情况.通过测量实验粒子的轨迹来确定引力场.对于一个质量为 M 的独立的大质量物体来说,当实验粒子以确定的动量沿两个可能位置的中垂线穿过,并随后在远场中被探测到时,我们会得到什么结果? 如果大质量物体在原点的左边,则实验粒子将向左偏转.如果大质量物体在右边,则实验粒子将偏转到右边.实验粒子实际上对大质量物体的位置进行了测量.由此可见,如果大质量物体处于局域在左边和右边的两个高斯波函数的相等叠加态上,那么实验粒子将以相同的概率在一次次实验中偏转到左边或右边.这样看来,引力场有一个不确定的特性.

对于图 10.1 所描述的情形,回答引力场是什么的这个问题的一种方法是:追溯到玻恩提出概率解释之前,由薛定谔首次提出的关于波函数的一种旧的阐述.在这种半经典方法中,波函数的模数平方代表一种经典的质量密度函数 $\rho(r) = M\,|\psi(r)|^2$,对于这种函数,可以用

$$\nabla^2 \Phi(r) = -4\pi G \rho(r) \tag{10.1}$$

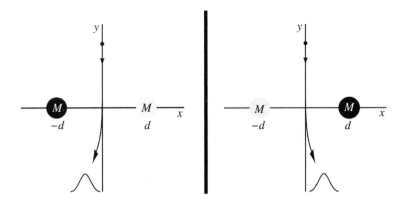

图 10.1 确定引力场的构想实验

一个质量为 M 的独立大质量物体处在两个非常局域化的高斯波函数的一个叠加态上使用实验粒子(质量 $m \ll M$)确定引力场.

来计算引力势场,其中,G 是牛顿引力常数.这是一种平均场理论.在这个例子中,对于完全局域化的状态,质量分布有两个相等的峰值,$\rho(r) \approx \rho_l(r) + \rho_r(r)$,它们由叠加状态的两个分量组成.直观上应该很清楚,这将导致一组非常不同的实验粒子轨迹:每个实验粒子将在大质量物体的两个可能位置中间直接不偏不倚地通过.虽然这种半经典方法通常是有效的,但它肯定不适用于我们在这个例子中所考虑的宏观薛定谔猫态.双峰质量分布(即使是经典的)也是引力不稳定的.在实际问题中,只有一个粒子而不是两个.

应该指出,这里强调的问题并不能借助于广义相对论公式来避免.在爱因斯坦场方程中,当人们试图用从所研究的任何量子场中得到的相关算符,替代经典应力能量的张量密度函数时,也会出现如何一致地协调量子和经典动力学的问题:左手边是一组度规域的经典非线性微分方程,而右手边是一个算符密度.用我们刚才讨论的平均场方法来处理这个问题由来已久.使用在某些合适的半经典量子态上的平均值所取代应力能量算符密度.这对我们最感兴趣的高度非经典状态来说是不成立的.

Penrose 关于引力退相干的论点可以在图 10.1 的实验中得到最好的阐述.我们需要把重点放在带来大质量物体叠加状态的机制上.让我们假设这是一个完全可逆的过程,在 t_i 时有一个大质量物体在左边(或右边),创造出类似于薛定谔猫的叠加状态,该状态一直持续到某个有限的时间 T,然后在 t_f 时恢复至初始状态,如图 10.2 所描述的.一方面,在这个过程的最后,用实验粒子的偏转来探测粒子的位置.如果这个过程确实是幺正的,最后探测实验粒子将显示大质量物体在每次实验中都回到 t_i 时的初始位置.另一方面,如果 Penrose 的论点是正确的,那么大质量粒子在实验结束时将以一个有限的概率出现在与 t_i 时的位置相反的一侧.这是因为在引力场不确定的时间 T 内,大质量粒子的状态将发生坍缩,在 Penrose 看来,它将进入两个可能的确定位置中的一个或另一个,即要么在左边,要么在右边. Penrose 对这种坍缩发生的单位时间概率(速率)给出的评估如下:

$$R_{\text{grav}} = \frac{\Delta_{\text{p}}}{\hbar} \tag{10.2}$$

其中

$$\Delta_{\text{p}} = - G \int d^3 x \int d^3 y \, \frac{\left[\rho_l(x) - \rho_r(x)\right]\left[\rho_l(y) - \rho_r(y)\right]}{|x - y|} \tag{10.3}$$

Penrose 将其描述为"两个凸起位置的质量分布之差的引力自能".

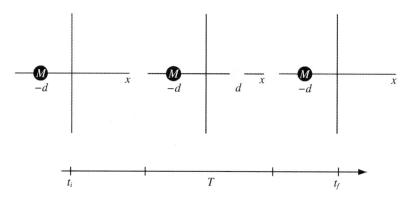

图 10.2　一种引力的马赫-曾德尔干涉仪
一个质量为 M 的独立大质量物体处在左边的高斯态上,然后可逆地转变为原点两侧的两个局域高斯波函数的叠加,并再次返回到初始状态.

在 Penrose 的论证中,自发坍缩的概念有些不清楚.但这并不是论证的核心,因为我们可以通过将问题表述为测量-退相干问题.为了证实这一点,我们假设在产生叠加的(似乎是)幺正过程中,有一些过程正在微弱且持续地监测大质量粒子的位置.例如,我们可以设想如图 10.1 所示的一束非常微弱的实验粒子流.如果这种测量能够区分所涉及的两种可能的质量分布,那么它必然导致大质量粒子的条件状态逐渐随机地定位到左边或右边,这与所产生的进行调节的测量记录保持一致.如果测量记录是未知的,那么我们只需要计算大质量粒子的无条件状态.在这种情况下,我们看到对于一个良好的测量过程,波函数的两个组成部分之间的相干性迅速衰减.实验的重复性将表明大质量粒子有时会出现在与初始定位相反的一侧,这正如 Penrose 所建议的那样,它们的相对比例由基本的退相干速率决定.

一个持续监测的系统当然会出现退相干现象.众所周知,为了产生类似薛定谔猫态,我们需要把所有的退相干源保持在最低限度.例如,在 Monroe 等人进行的离子阱实验中,通过将未知的杂散电磁场的影响降到最低(一种电磁屏蔽),离子被成功地置于两种不同运动状态的叠加态上.正是在这一点上,我们注意到关于引力场的一些相当特别的特征:原则上,总是存在一个开放的测量通道.在爱因斯坦的表述中,引力场表现为时空曲率,它可以用任何方式监测:标尺、时钟甚至实验粒子.我们并不能屏蔽引力场.

如果我们有一个关于引力的量子理论,那么大概我们可以把这个开放的测量通道考虑进去,就像我们在电磁场的情况下做的那样.粒子的位置变得与量子引力场纠缠在一起,如果不对引力场进行监控,那么这将导致引力场源的退相干.显然,这种退相干必须制约任何关于量子引力的理论.正是出于这个原因,在实验中寻找引力退相干的证据是如此重要:它将提供关于未来的量子引力理论的踪迹.

Diosi 提出了另一种等效的引力退相干理论.[87-88] 在这种方法中,微弱连续测量起核心作用.在 Diosi 的方法中,退相干速率取决于与 Penrose 不同的质量密度的函数积分.Diosi 使用了如下表达式:

$$\Delta_{\mathrm{d}} = -G \int \mathrm{d}^3 x \int \mathrm{d}^3 y \frac{\rho_{\mathrm{l}}(x)\rho_{\mathrm{r}}(y)}{|x-y|} \tag{10.4}$$

并以类似于第 5 章中讨论的微弱连续测量协议的方式推进.在球形球的情况下(如上面讨论的例子),人们可以对内部坐标进行平均,以获得关于质心位移($\hat{x}$)的有效退相干速率,从而得到质心状态的马尔可夫主方程:

$$\frac{\mathrm{d}\rho}{\mathrm{d}t} = L\rho - \Gamma[\hat{q},[\hat{q},\rho]] \tag{10.5}$$

其中

$$\Gamma = \left(\frac{4\pi\kappa G\rho_{\mathrm{m}}}{3\hbar}\right)M \tag{10.6}$$

其中,L 是粒子动力学静止部分的刘维尔算符,ρ_{m} 是材料的密度,κ 是统一数量级的无量纲常数.

公式(10.5)等号右侧第二项的双对易项导致了位置基矢中非对角线矩阵元素的衰减

$$\frac{\mathrm{d}\langle y|\rho|x\rangle}{\mathrm{d}t} = (\cdots) - \Gamma(y-x)^2\langle y|\rho|x\rangle \tag{10.7}$$

和动量扩散(加热)

$$\frac{\mathrm{d}\langle\hat{\rho}^2\rangle}{\mathrm{d}t} = (\cdots) + 2\Gamma\hbar^2 \tag{10.8}$$

也可以在重力等同于经典通道的假设下得到 Diosi 方程.[148-149]对于两个质点 m_1 和 m_2 之间的经典通道,我们可以通过假设对每个质点位置的同时微弱连续测量来获取.然后,这两个测量记录被前向反馈在对面的质量上,以施加完全正确的力来模拟引力作用. 如果最小化噪声,那我们得到的退相干速率与 Diosi 估计的数量级相同.

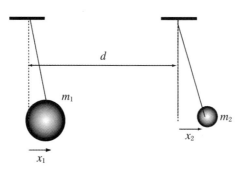

图 10.3　经典通道模型

由两个悬浮质量为 m_1 和 m_2 的谐振子组成的引力耦合系统.

作为经典通道模型的说明,我们考虑图 10.3 中描述的情况.两个以简谐方式被束缚住的质量体纯粹以引力方式相互作用.由于引力很弱,我们可以将牛顿力扩展到位移的二阶,从而得到一个有效的哈密顿量.与位移线性的项代表了质量体之间的恒定力,它简单地修正了质量体的平衡位置,并且可以将其纳入位移坐标的定义中.与 $\hat{q}_k^2$ 成比例的二次项可以纳入每个质量体的共振频率的定义中.然后,总的机械哈密顿量由

$$\hat{H}_{\mathrm{qm}} = \hat{H}_0 + K\hat{q}_1\hat{q}_2 \tag{10.9}$$

给出.其中

$$\hat{H}_0 = \sum_{k=1}^{2} \frac{\hat{p}_k^2}{2m_k} + \frac{m_k\Omega_k^2}{2}\hat{q}_k^2 \tag{10.10}$$

其中,Ω_k 是谐振子 k 经由引力作用修正的机械共振频率,并且

$$\Omega_k^2 = \omega_k^2 - K/m_k \tag{10.11}$$

其中

$$K = \frac{2Gm_1m_2}{d^3} \tag{10.12}$$

而 ω_k 是没有引力作用时每个振子的裸频率.在标准的量子描述中,规范对易关系是

$$\left[\hat{x}_k , \hat{p}_j \right] = i\hbar \delta_{kj}.$$

练习 10.1 （a）将此系统转换为简正模基 $\hat{q}_{\pm} \equiv (\hat{q}_1 \pm \hat{q}_2)/\sqrt{2}$，其中，$\hat{q}_+$ 是质心模式，$\hat{q}_-$ 是扩展模式.

（b）证明质心模和扩展模的特征频率分别由

$$\omega_{\pm}^2 = \frac{\Omega_1^2 + \Omega_2^2}{2} \pm \frac{1}{2} \left[(\Omega_1^2 - \Omega_2^2)^2 + \frac{4K^2}{m_1 m_2} \right]^{1/2} \tag{10.13}$$

给出. 为简单起见，我们现在假设 $m_1 = m_2 = m$，$\Omega_1 = \Omega_2 = \Omega$. 那么，简正模的频率就变成

$$\omega_+ = \Omega, \quad \omega_- = \Omega \left[1 - \frac{2K}{m\Omega^2} \right]^{1/2} \tag{10.14}$$

在引力耦合足够弱这一实际极限中，即 $2K/(m\Omega^2) \ll 1$，两个简正模之间的频率差（简正模劈裂）可以近似为

$$\Delta \equiv \omega_+ - \omega_- \approx \frac{K}{m\Omega} \tag{10.15}$$

在经典通道模型中，我们引入了对每个质量位移的有效微弱连续测量和前置反馈控制过程. 测量记录是一个连续的条件随机过程，它用于调制作用在每个质量体上的线性力. 当对测量结果进行平均时，所产生的系统动力学等同于由公式（10.9）中的有效哈密顿量所给出的动力学过程. 然而，必须通过两种机制引入噪声. 首先，测量本身导致反作用噪声；其次，噪声的测量记录作为一个有噪声的力作用于每个振子. 这两个噪声源是互补的：当反作用噪声大时，控制噪声就小. 我们可以设置测量速率来最小化噪声的总体影响. 然后，我们可以在测量记录上求平均值[318]，得到一个只取决于引力相互作用强度 K[149] 的主方程：

$$\frac{d\rho}{dt} = -\frac{i}{\hbar}[\hat{H}_0, \rho] - \frac{i}{\hbar}K[\hat{q}_1\hat{q}_2, \rho] - \frac{K}{2\hbar}\sum_{k=1}^{2}[\hat{q}_k, [\hat{q}_k, \rho]] \tag{10.16}$$

这与 Diosi 模型是一致的，它给出的退相干速率与在类似近似下得到的退相干速率相同.

为了简单起见，我们将假设两个机械振子具有相同的质量（$m_1 = m_2 = m$）和频率（$\omega_1 = \omega_2 = \omega$）. 公式（10.16）中的最后一项表示两个互补的效应：它以 $\hbar K$ 的速率驱动每个振子动量的扩散过程，我们将其称为引力加热速率：

$$D_{\text{grav}} = \hbar K \tag{10.17}$$

动量扩散导致机械振子的加热. 将声子数的变化率定义为平均机械能的变化率除以 $\hbar\Omega$，则加热速率为

$$R_{\text{grav}} = \frac{K}{2m\Omega} \tag{10.18}$$

每个机械振子位置基矢中的非对角相干性的衰减由

$$\frac{\mathrm{d}\langle q'_k \mid \rho \mid q_k \rangle}{\mathrm{d}t} = (\cdots) - \frac{K}{2\hbar}(q'_k - q_k)^2 \tag{10.19}$$

给出. 为了评估这一效应的大小, 我们需要对位移和动量进行缩放以得到无量纲的量. 正如我们将在 10.2 节所讨论的那样, 在光力学中检测引力退相干的大多数实验协议都将粒子限制在简谐势阱中. 零点位置的不确定性 $x_{\text{zp}} = \sqrt{\dfrac{\hbar}{2m\Omega}}$ 就提供了一个有效的长度尺度. 就这个尺度而言, 我们可以把引力退相干速率写成

$$\Lambda_{\text{grav}} = \frac{K}{2\hbar}x_{\text{zp}}^2 = \frac{K}{4m\Omega} \tag{10.20}$$

因此, 位置的引力退相干速率是引力加热速率的一半.

这些速率可以等效地用引力相互作用较弱时的简正模的劈裂来表示:

$$R_{\text{grav}} = \frac{\Delta}{2} \tag{10.21}$$

$$\Lambda_{\text{grav}} = \frac{\Delta}{4} \tag{10.22}$$

因此, 负责引力退相干的关键参数是两个机械振子之间由它们的引力耦合而产生的简正模劈裂. 这对观测有重大影响. 大多数可能用于实验测试的材料密度为 $\rho_{\text{m}} \approx 10^3 \text{ kg} \cdot \text{m}^{-3}$. 由于引力常数 G 在 SI 单位制中是 10^{-11} 的数量级, 因此, 最好使用尽可能低的囚禁频率. 例如, 对于激光干涉引力波观测站的悬浮 (摆) 端镜, Ω 为 $1 \approx 100 \text{ s}^{-1}$. 因此, 对引力退相干/加热速率的乐观估计是 $\Lambda_{\text{grav}} \approx 10^{-7} \text{ s}^{-1}$.

在现实中, 由引力退相干引起的加热被真正的热涨落所掩盖. 如果包括热效应, 公式 (10.16) 中两个耦合振子的主方程包括热效应项[318]:

$$\frac{\mathrm{d}\rho}{\mathrm{d}t}\bigg|_{\text{diss}} = \sum_{j=1}^{2} -\frac{\mathrm{i}\Gamma_j}{\hbar}\big[\hat{q}_j, \{\hat{p}_j, \rho\}\big] - \frac{2\Gamma_j k_{\text{B}} T m_j}{\hbar^2}\big[\hat{q}_j, [\hat{q}_j, \rho]\big] \tag{10.23}$$

其中, Γ_j 是每个机械振子的耗散率, 并且假定每个机械振子与温度为 T 的共同热环境相互作用.

练习 10.2 考虑质量为 m、衰减率为 Γ、频率为 ω 的单个谐振子的情况. 请证明加入主方程 (公式 (10.23)) 的热项将导致平均动量以 2Γ 的速率衰减, 并且还引入了一个加热项使动量方差以恒定速率 $D = 4\Gamma k_{\text{B}} T m$ 增加. 因此, 证明平均振动占据数以恒定速率

$2\Lambda_{\text{thermal}}$增加:

$$\Lambda_{\text{thermal}} = \frac{k_B T}{\hbar Q} \tag{10.24}$$

其中,$Q \equiv \Omega / \Gamma$ 是振子的品质因子.

因此,我们需要比较由引力退相干引起的加热速率和热加热速率.要使这两项达到相同的数量级,我们需要大约 1 nK 的热环境和大约 10 亿的品质因子,这是一个具有挑战性的实验,但是在光力技术的范围之内.同样重要的是,要注意这里考虑的加热速率只是一个下限.重力有可能是一个非最佳的经典控制通道,因此会引入更多的加热量.

从唯象的角度来看,引力退相干的效应类似于布朗加热效应.为了看到这一点,我们注意到平均振动量子数呈现扩散性地增加:

$$\frac{\mathrm{d}\langle b^\dagger b \rangle}{\mathrm{d}t}\bigg|_{\text{grav}} = 2\Lambda_{\text{grav}} \tag{10.25}$$

事实上,我们可以通过随机哈密顿量

$$\hat{H}_s = \frac{\mathrm{d}P}{\mathrm{d}t}(b + b^\dagger) \tag{10.26}$$

向机械元素添加一个随机驱动力来模拟这种效应.其中,$P(t)$满足伊藤随机微分方程:

$$\mathrm{d}P(t) = \sqrt{2\Lambda_{\text{grav}}}\,\mathrm{d}W(t) \tag{10.27}$$

其中,$\mathrm{d}W(t)$是维纳增量(参见 5.1.1 小节).对随机驱动力的所有历史过程进行平均,可以得到公式(10.5)中的最后一项.

10.2 引力退相干的光力学检验

10.2.1 单光子光力学

Bouwmeester 给出了寻找引力退相干的早期提议之一[193,221],该提议基于简谐约束镜与单个光子之间的光力相互作用.该模型与 6.5 节描述的非常相似.考虑图 10.4 中的马赫-曾德尔干涉仪.每个臂都包含一个光力腔,并且这些腔需要尽可能的相似,使得光子无法区分各臂.在一个输入端口注入一个光子,这意味着每个光力腔的输入是零和一个光子的叠加态.由于光力相互作用是以光子数量为条件的,这导致了机械元件的不同机械状态的叠加.正如 Akram 等人所显示的,以 t 时刻的延时光子探测为条件,机械运动的条件状态非常接近于[6]

$$|\psi(t)\rangle = \mathcal{N}(|\beta(t)\rangle_1 |0\rangle_2 + |0\rangle_1 |\beta(t)\rangle_2) \tag{10.28}$$

形式的薛定谔猫态.其中 $\beta = (e^{-i\Omega t} - 1)g_0/\Omega$,$\mathcal{N}$ 是归一化常数.

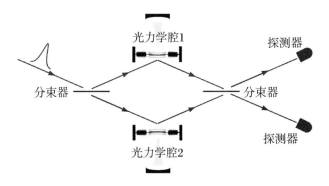

图 10.4 一个产生机械运动叠加状态的光力方案
使用马赫-曾德尔干涉仪的每个臂上的光力学腔.两个简谐约束的镜面在重力作用下相互影响.

分析图 10.4 中方案的困难之一是检测时间的随机性(见 6.5 节).这意味着 $\beta(t)$ 的值会随着光子在每个光力腔中停留时间的涨落而涨落.为了避免这些涨落,我们将转向基于 Nisbet-Jones 等人描述的腔内单光子拉曼源的不同模型.在这个方案中(图 10.5),一个控制脉冲可以通过驱动两个超精细能级之间的拉曼跃迁,我们将其分别标记为 $|g\rangle$ 和 $|e\rangle$,快速且有效地制备出一个处于单光子状态的腔模.此外,通过使用时间反转的控制脉冲,可以将单光子映射回光源并读出,即通过一个有效的可开关单光子探测器.如果对控制脉冲的面积进行仔细控制,那么我们就可以制备出源和光子的纠缠状态 $|g\rangle|0\rangle_a + |e\rangle|1\rangle_a$.

首先我们忽略光子和力学衰减以及引力退相干.从拉曼激发脉冲开始的初始总状态为

$$|\psi(0)\rangle = \frac{1}{\sqrt{2}}(|g\rangle|0\rangle_a + |e\rangle|1\rangle_a)|0\rangle_b \tag{10.29}$$

我们假设机械体系最初处于其基态.对于 $t>0$ 时的状态仅由光力相互作用决定,它由公式(2.18)中的哈密顿量决定.在这里,我们选择一个以腔体频率旋转(以便腔体失谐 $\Delta =$

0)的相互作用绘景. 然后,状态演化为

$$|\psi(t)\rangle = \frac{1}{\sqrt{2}}(|g\rangle|0\rangle_a|0\rangle_b + |e\rangle|1\rangle_a|\beta(t)\rangle_b) \tag{10.30}$$

$\beta(t)$ 与公式(10.28)相同.

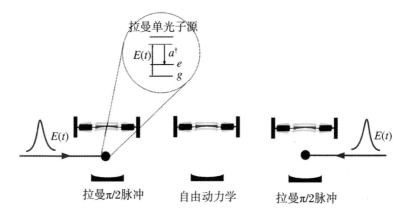

图 10.5　使用拉曼单光子激发方案产生机械运动叠加状态的光力方案

有三个步骤:① 拉曼 $\pi/2$ 脉冲产生原子和单光子的纠缠状态;② 光力系统的自由动力学;③ 第二个拉曼 $\pi/2$ 脉冲,然后读出原子状态 $|g\rangle$.

练习 10.3　请使用光力哈密顿量 $\hat{H} = \hbar\Omega b^\dagger b + \hbar g_0 a^\dagger a(b + b^\dagger)$,得出公式(10.30),其中,$\beta \equiv (\mathrm{e}^{-i\Omega t} - 1)g_0/\Omega$.

　　我们现在考虑拉曼脉冲方案的最后一个应用,它使最终状态变为

$$|\psi_f\rangle = \frac{1}{2}\{|g\rangle|0\rangle_a[|0\rangle_b - |\beta(t)\rangle_b] + |e\rangle|1\rangle_a[|0\rangle_b - |\beta(t)\rangle_b]\} \tag{10.31}$$

一方面,如果在这一点对原子状态进行投影读出,则发现系统处于基态的概率为

$$p_g(t) = \frac{1}{2}[1 - \mathrm{e}^{-|\beta(t)|^2/2}] \tag{10.32}$$

如果动力学恰恰是么正的,正如所假设的那样,在一个周期之后,系统永远不可能再处于基态.另一方面,如果机械系统在一个周期内存在引力退相干,那么正如我们现在所展示的,在基态中找到系统的概率就不为零.这与我们在 10.1 节中 Penrose 的论证时所讨论的方案是相同的.

　　为了确定引力退相干的影响,我们使用上面提到的引力退相干的影响与作用在机械系统上的涨落的经典力之间的等价关系.这需要作如下替换:$g_0 \to g_0 + \dfrac{\mathrm{d}P}{\mathrm{d}t}$,其中,$\mathrm{d}P$ 服

从公式(10.27)中的随机微分方程.这将导致机械位移的振幅增加了一个随机分量:$\beta(t)$ → $\beta(t) + \delta\beta(t)$.将此纳入公式(10.32),对涨落进行平均,并在一个周期($T = 2\pi/\Omega$)后进行评估,得到这段时间内的最低阶为

$$p_g(T) = \Lambda_{\text{grav}} T \tag{10.33}$$

假设在我们的例子中,周期是单位数量级的,这意味着系统由于引力退相干而留在基态的概率非常小.毫不奇怪,这将是一个具有挑战性但并非不可能的实验.热效应将模仿引力退相干的效果,因为它们看起来也像机械元件上的涨落的经典力.当然,对于热效应来说,它们对参数的依赖关系是相当不同的,所以在一个复杂的实验中有可能区分它们.

10.2.2 利用纠缠光子检验引力退相干

现在科学家已经可以常规地制备成对的纠缠光子.由于纠缠通常会因退相干而迅速消失,也许这些来源可能是探测引力退相干的一种更为敏感的方式.图 10.6 显示了一个使用纠缠光子对来测试引力退相干的方案.如图 10.6 所示,具有两个可区分的输出模式(信号和杂散)的连续驱动的自发下转换源用于激发两个光力系统,即每个输出模式上都

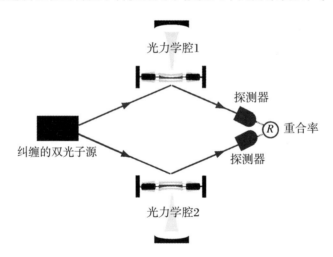

图 10.6 一个使用纠缠光子对来测试引力退相干的光力方案

自发下转换源的信号束和杂散束被两个光力腔反射,并记录两个探测器的重合率.两个以简谐方式束缚的镜子在引力作用下相互作用.

有一个光力系统.接着,光被引导至光电探测器上,并对重合电流进行分析.基本思想是

引力加热将导致从腔体发射光场的相位扩散.这将影响两个路径的不可分特性,从而导致重合探测(参见文献[337]中关于这一思想的纯光学方案的协议).

这个源中每个腔的输入场的状态可以认为是[288]

$$|\psi\rangle = \int_0^\infty \mathrm{d}\omega_1 \int_0^\infty \mathrm{d}\omega_2 \rho(\omega_1, \omega_2) a_1^\dagger(\omega_1) a_2^\dagger(\omega_2)|0\rangle \tag{10.34}$$

其中,a_1 和 a_2 分别指定信号模式和杂散模式.对于频率为 2Ω 的经典泵浦场的自发参量下转换,我们可以作如下假设:

$$\rho(\omega_1, \omega_2) = \alpha(\omega_1 + \omega_2)\varphi(\omega_1, \omega_2) \tag{10.35}$$

其中,$|\alpha(\omega)|^2$ 在 $\omega = 2\Omega$ 处达到非常尖锐的峰值,是泵浦场频率 Ω 的 2 倍.如果我们现在改变变量 $\epsilon = \Omega - \omega_1$,并假设 $\alpha(\omega_1)$ 明显不同于零的带宽 B,满足 $\Omega \gg B$,那么我们可以写出

$$|\psi\rangle = \lambda \int_{-\infty}^\infty \mathrm{d}\epsilon\, \beta(\epsilon) a_1^\dagger(-\epsilon) a_2^\dagger(\epsilon)|0\rangle \tag{10.36}$$

其中,$\lambda = \alpha(0)$,我们定义了振幅函数 $\beta(\epsilon) = \varphi(\Omega - \epsilon, \Omega + \epsilon)$,$a_1(-\epsilon) = a_1(\Omega - \epsilon)$,$a_2(\epsilon) = a_2(\Omega + \epsilon)$.我们还将假设 $\beta(-\epsilon) = \beta(\epsilon)$.从物理角度来看,$|\lambda|^2$ 与泵浦场的时间宽度有关.则 $|\psi\rangle$ 的归一化要求为

$$|\lambda|^2 \int_{-\infty}^\infty \mathrm{d}\epsilon\, |\beta(\epsilon)|^2 = 1 \tag{10.37}$$

定义载波频率的场的正频率分量 ω_a 为

$$a_1(t) = \frac{1}{\sqrt{2\pi}} \int_0^\infty \mathrm{d}\omega\, a_1(\omega) e^{-i\omega t} \tag{10.38}$$

其中,$[a_1(\omega'), a_1^\dagger(\omega)] = \delta(\omega' - \omega)$.对于新的频率变量 ϵ 来说,其对应于

$$a_1(t) = \frac{e^{-i\Omega t}}{\sqrt{2\pi}} \int_{-\infty}^\infty \mathrm{d}\epsilon\, a_1(\Omega + \epsilon) e^{-i\epsilon t} \tag{10.39}$$

我们已将下限 $-\Omega$ 扩展到负无穷大,这个假设要求载波频率 Ω 远大于光频的带宽.

暂且不考虑与光力腔的相互作用,则在单位时间内用单位效率探测器探测到这个场的光子的概率是

$$n_1(t) = \langle\psi| a_1^\dagger(t) a_1(t) |\psi\rangle \tag{10.40}$$

$$= \frac{1}{2\pi} \int_{-\infty}^\infty \int_{-\infty}^\infty \mathrm{d}\epsilon_1 \mathrm{d}\epsilon_2 \langle\psi| a_1^\dagger(\epsilon_1) a_1(\epsilon_2) |\psi\rangle e^{i(\epsilon_1 - \epsilon_2)t} \tag{10.41}$$

通过归一化,我们发现

$$n_1(t) = |\lambda|^2 \int_{-\infty}^{\infty} d\omega \, |\beta(\omega)|^2 = 1 \tag{10.42}$$

类似的结果也适用于模式 2. 因此,在单位时间内检测到来自任一模式光子的概率与时间无关. 这意味着我们将在随机分布的时间内从每个场 a_1 和 a_2 中对光子进行计数.

现在让我们计算一下重合率:

$$C(t, t') = \langle \psi \mid a_1^{\dagger}(x, t') a_1(x, t') a_2^{\dagger}(x, t) a_2(x, t) \mid \psi \rangle \tag{10.43}$$

它由

$$C(t, t') = |\lambda|^2 \left| \int_{-\infty}^{\infty} d\epsilon \, \beta(\epsilon) e^{-i\epsilon(t'-t)} \right|^2 \tag{10.44}$$

$$= |\lambda|^2 |\tilde{\beta}(\tau)|^2 \tag{10.45}$$

$$= C(\tau) \tag{10.46}$$

给出. 其中, $\tau = t' - t$, $\tilde{\beta}(\tau)$ 是 $\beta(\epsilon)$ 的傅里叶变换,因此重合率关于 $t' - t = 0$ 是对称的,并且当 $t' = t$ 时,最大值为 1. Rohde 和 Ralph 给出了一个基于自发参量下转换的例子[241],其中,振幅函数 $\beta(\epsilon)$ 是一个洛伦兹曲线.

我们现在考虑两个关联的模式 a_1 和 a_2 注入一对光力腔的情况,如图 10.6 所示. 我们假设光力腔远离可分辨边带区域,即 $\kappa \gg \Omega$. 在这种情况下,光学系统的时间尺度要比机械系统的时间尺度快得多,特别是要比重力加热速率快得多. 因此,我们只能希望对机械运动的热稳态保持敏感性,而机械运动的热稳态将引力的加热和热的加热相结合. 在这个极限中,光力腔对每个腔发射的场的影响如 6.3 节所述,同时,我们可以把每个机械元件的规范位移 $\hat{Q}_1$ 和 $\hat{Q}_2$ 当作具有高斯(热)分布的经典随机变量 X_1 和 X_2.

其结果是,从腔发出的输出场处于混合状态:

$$\rho_f = \int dX_1 dX_2 P(X_1, X_2) \mid \psi(X_1, X_2) \rangle \langle \psi(X_1, X_2) \mid \tag{10.47}$$

其中

$$\mid \psi(X_1, X_2) \rangle = \int_{-\infty}^{\infty} d\epsilon \, \beta(\epsilon) \xi(\epsilon \mid X_1) \xi(\epsilon \mid X_2) a_1^{\dagger}(-\epsilon) a_2^{\dagger}(\epsilon) \mid 0 \rangle \tag{10.48}$$

其中(在相互作用绘景中)

$$\xi(\epsilon \mid X_1) = \left[\frac{\gamma_0/2 + i(\epsilon + g_0 X_1)}{\gamma_0/2 - i(\epsilon + g_0 X_1)} \right] \tag{10.49}$$

$$\xi(\epsilon \mid X_2) = \left[\frac{\gamma_0/2 - i(\epsilon - g_0 X_2)}{\gamma_0/2 + i(\epsilon - g_0 X_2)} \right] \tag{10.50}$$

而 $P(X_1, X_2)$ 是每个腔中机械位移的联合概率分布. 我们已假定处于热状态.

实际上, 光力腔将光子的谱关联性转化为

$$\beta(\epsilon) \rightarrow \beta(\epsilon)\,\xi(\epsilon \mid X_1)\,\xi(\epsilon \mid X_2) \tag{10.51}$$

$$= \beta(\epsilon)\left[\frac{\gamma_0/2 + \mathrm{i}(\epsilon + g_0 X_1)}{\gamma_0/2 - \mathrm{i}(\epsilon + g_0 X_1)}\right]\left[\frac{\gamma_0/2 - \mathrm{i}(\epsilon - g_0 X_2)}{\gamma_0/2 + \mathrm{i}(\epsilon - g_0 X_2)}\right] \tag{10.52}$$

由此产生的重合率由

$$C_g(\tau) = |\lambda|^2 \left|\int_{-\infty}^{\infty} \mathrm{d}\epsilon\, \beta(\epsilon)\,\xi(\epsilon \mid X_1)\,\xi(\epsilon \mid X_2)\,\mathrm{e}^{-\mathrm{i}\epsilon\tau}\right|^2 \tag{10.53}$$

给出. 注意, 如果 $g_0 = 0$, 就无法区分路径, 同时, $\beta(\epsilon)$ 保持不变, 因此, 重合关联性也是不变的.

近似到 g_0 的二阶, $\tau = 0$ 时的重合率会减少至

$$C(0) - C_g(0) = 16\,(g_0/\gamma_0)^2\,(x_1 + x_2)^2\,(A - B) \tag{10.54}$$

其中

$$A = \left|\int_{-\infty}^{\infty} \mathrm{d}\epsilon\, \frac{\beta(\epsilon)}{[1 + 4\,(\epsilon/\gamma_0)^2]}\right|^2 \tag{10.55}$$

$$B = \lambda \int_{-\infty}^{\infty} \mathrm{d}\epsilon\, \frac{\beta(\epsilon)}{[1 + 4\,(\epsilon/\gamma_0)^2]^2} \tag{10.56}$$

最后, 我们需要对机械运动的状态进行平均. 在这种情况下, 即

$$\int_{-\infty}^{\infty} \mathrm{d}X_1 \mathrm{d}X_2\, P(X_1, X_2)\,(X_1 + X_2)^2 = 2(2\bar{n} + 1) \tag{10.57}$$

因此, 在零延迟时重合率的下降是对机械系统温度的有效测量. 正如我们所看到的, 它有两个组成部分: 一个是独立于温度的引力退相干, 另一个是真正的热涨落, 因为热的成分随着系统温度的降低而减少, 所以引力退相干的关键特征是通过降低系统的温度来分辨恒定背景对重合率的反应.

10.3 通过几何相位检验非标准引力效应

不确定性原理是量子理论的基石, 然而它很容易被视为与广义相对论不相容. 不确

定性原理意味着,任何将粒子局域到越来越小的空间的尝试都会导致动量方差的增加.由于粒子的动能受到动量变化除以2倍质量的约束,将粒子限制在小空间必然会增加其动能.最终这将导致引力地平线的形成.一旦发生这种情况,就不能再局域粒子了.这给出了一个最小的物理长度尺度[3].弦理论也导致了一个修正的不确定性原理和最小长度尺度.[294,319]在这两种情况下,修正的不确定性原理的一般形式可以写成

$$\Delta q \Delta p \geqslant \frac{\hbar}{2} \left(1 + \beta_0 \frac{\Delta p}{M_P c^2} \right) \tag{10.58}$$

其中,$M_P = 2 \mu g$ 是普朗克质量,β_0 是一个无量纲参数,它取决于具体的理论模型.

有两种方法可以修正标准量子力学,以达到上述形式的不确定性原理.由于不确定性原理同时取决于算符代数和状态空间,所以我们可以通过修正其中任何一个来达到广义的形式.关于修正后的对易关系的一个版本是[152]

$$[\hat{q}, \hat{p}] = i\hbar \left[1 + \beta_0 \left(\frac{\hat{p}}{M_P c^2} \right)^2 \right]$$

另一个版本由 Ali 等人给出[9],即

$$[\hat{q}, \hat{p}] = i\hbar \left[1 - \gamma_0 \frac{\hat{p}}{M_P c^2} + \gamma_0^2 \left(\frac{\hat{p}}{M_P c^2} \right)^2 \right]$$

对易关系代表位置和动量的规范位移的局域幺正表示.数学上的等效表述可以用 Heisenberg-Weyl 形式给出,用于位置和动量的连续位移为

$$\hat{V}^\dagger \hat{U}^\dagger \hat{V} \hat{U} = e^{i\varphi} \tag{10.59}$$

其中

$$\hat{U} = e^{iA\hat{q}/\hbar} \tag{10.60}$$

$$\hat{V} = e^{-iB\hat{p}/\hbar} \tag{10.61}$$

其中,$\varphi = AB/\hbar$ 代表相空间中以普朗克常数为单位的一个区域.公式(10.59)给出的形式有一个简单的几何解释.这一连串的变换对应于经典相空间中面积为 AB 的闭环,即几何相位.几何相位门用来实现离子阱中的量子门.[176,200]几何相位也被认为是通向光力学中新形式的量子控制的途径.[156]为了测试规范对易关系,如在实验中实现几何相位就相当于测试了规范对易关系.

Pikovski 等人提出在脉冲光力系统中控制光场来实现几何相位.在这种情况下,位移参数 A 和 B 与腔光子数算符 $\hat{n} = a^\dagger a$ 成正比,面积成为光学自由度上的算符.设置 $A = \lambda \hat{n} / x_{zp}$,$B = \lambda \hat{n} / P_{zp}$,其中,$x_{zp}$ 和 P_{zp} 分别是机械振子的位置和动量的基态不确定性,并使

用标准的规范对易关系,得

$$\hat{V}^{\dagger}\hat{U}^{\dagger}\hat{V}\hat{U} = e^{-i\lambda^2\hat{n}^2} \tag{10.62}$$

在这种情况下,幺正变换序列相当于克尔非线性介质作用于光腔模式.然而,如果使用文献[152]中修正过的经典对易关系,则有

$$\hat{V}^{\dagger}\hat{U}^{\dagger}\hat{V}\hat{U} = e^{-i\lambda^2\hat{n}^2} e^{-i\beta[\lambda^2\hat{n}^2\hat{P}^2 + \lambda^3\hat{n}^3\hat{P} + (1/3)\lambda^4\hat{n}^4]} \tag{10.63}$$

其中

$$\beta = \beta_0 \frac{\hbar m\Omega}{(M_P c)^2} \tag{10.64}$$

其中,Ω 是机械振子的频率;像往常一样,机械的无量纲动量和位置算符是 $\hat{P} = -i(a - a^{\dagger})/\sqrt{2}$,$\hat{Q} = (a + a^{\dagger})/\sqrt{2}$.这不再是克尔非线性变换,而是机械运动和光场之间的纠缠操作,并且该操作随着 β 缩放.

在实施幺正变换序列之前,假设光场处于相干状态 $|\alpha\rangle$,并且 $|\alpha|^2 \gg 1$.假设机械运动最初处于热态,则在序列结束时产生的光场平均振幅为

$$\langle a \rangle = \alpha_0 e^{-i\Phi_\beta} \tag{10.65}$$

其中,标准($\beta = 0$)量子变换由

$$\alpha_0 = \alpha e^{-i[\lambda^2 - |\alpha|^2(1 - e^{-2i\lambda^2})]} \tag{10.66}$$

$$\Phi_\beta \approx \frac{4}{3}\beta |\alpha|^3 \lambda^4 e^{-i6\lambda^2} \tag{10.67}$$

给出.

我们的目标是通过测量平均腔场来找到此结果的实验特征.图 10.7 显示了一个使用脉冲光力学的方案.该方案使用远短于机械频率的相干输入脉冲.腔场被激发为相干状态,其振幅随时间变化.与机械频率相比,振幅仅在很短的时间内非零.由于光力相互作用只有在腔场不处于真空状态时才会开启,这使得我们能够通过作用于腔中的脉冲寿命内的幺正映射来描述动力学.这个幺正映射由

$$\hat{U} = e^{i\lambda a^{\dagger} a \hat{Q}} \tag{10.68}$$

定义.其中,$\lambda = g_0/\kappa$,κ 是腔衰减率.这个映射实现了机械动量的偏移.

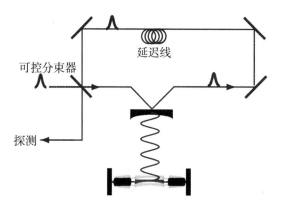

图 10.7　通过将光脉冲重新注入光力腔来实现几何相的方案

受控分束器使一个脉冲被重新注入 4 次,重新进入之间的延迟等于机械周期的四分之一.在 4 个回合结束时,受控分束器将脉冲从装置中切换出来并将其引向一个零差探测系统.

为了实现位置上的偏移,我们利用脉冲之间机械振子的自由演化,将相空间旋转 $\pi/4$.这具有将动量的偏移转换为位置的偏移的效果.为了实现这一点,Pikovsky 等人提出,在第一次幺正操作后,离开腔的相干脉冲在光学延迟线中延迟四分之一个机械周期,然后再次注入光力腔中(由图 10.7 中的可控分束器表示).这种再注入可以用偏振分光器连同电光调制器和 1/4 波片控制.同一个脉冲必须被重新注入 4 次,以确保 4 个位移的序列作用于机械和光学的相同状态.最后,光学控制被切换至光学脉冲离开系统,并对其进行相位探测.

Pikovsky 等人认为用目前技术可以实现文献[152]中第一版的对易关系中对易子的测试,而对第二版的对易关系中对易子的测试将更具挑战性.使用质量为 $m = 10^{-11}$ kg、共振频率为 $\Omega/(2\pi) = 10^5$ Hz 的机械振子,可以达到 $\delta\gamma_0 = 1$ 的灵敏度,这将使该参数的现有约束提高 10 个数量级.对于公式(10.3)中的对易子,需要更高的(但可实现的)功率来达到单位灵敏度,但在现有范围上的改进将是惊人的 33 个数量级,使得普朗克尺度触手可及.当然,光学损耗、热噪声和不完善的光学器件将限制这些灵敏度.特别是需要机械振子在 100 mK 左右的温度下进行操作,并且质量系数要大于 10^6.尽管具有这些挑战,仍可能达到测试弦理论和量子引力的关键预测的灵敏度,这对光力系统来说是非常了不起的.

附录

光场的线性探测

在本附录中,我们将简要地介绍一些与光场的线性探测建模有关的技术细节,包括如何考虑探测的低效率以及零差和外差探测的机制.然后我们将提供一些有用的技术,以便从观察到的功率谱密度中准确地校准光力参数.

A.1 低探测效率效应

在实际的实验中,并非所有离开腔光力系统的光子都被探测装置收集.光子可能在腔体中损耗,例如从输入-输出耦合器之外的一个腔反射镜泄露,或者被腔体吸收,或者通过输入-输出耦合器离开腔体后,可能由于探测过程的低效率而损耗,或者在到达探测器之前被散射或吸收(图 A.1).虽然这些损耗机制在物理上都很不同,但是它们都是线性的.因此,它们对光场都有类似的定性影响.

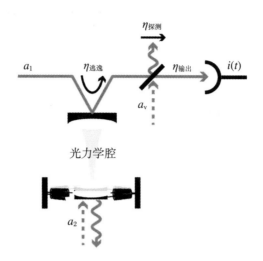

图 A.1　包括光损耗通道的腔光力系统示意图

损耗包括在系统内(由逃逸效率 η_{esc} 量化)和光场离开系统之后探测之前以及探测的损耗(由探测效率 η_{det} 量化). 虚线箭头表示引入光场的真空涨落,波浪形箭头表示耗散.

发生在光腔内的损耗可以通过在光腔上引入第二个光学端口来建模,该光学端口的输出不能被实验者访问. 在这种情况下,腔体总衰减的一部分是输入-输出耦合器的衰减,另一部分是损耗端口的衰减,各自的速率分别为 κ_1 和 κ_2,因此,腔体的总衰减率 $\kappa = \kappa_1 + \kappa_2$. 我们可以很自然地定义一个腔逃逸效率 $\eta_{\text{esc}} = \kappa_1/\kappa$,来量化腔内光子通过输入-输出耦合器衰减的概率. 新的腔体损耗端口为光真空涨落①进入腔体提供了第二条路径(或者换句话说,将光腔耦合到第二个光热库). 额外的光学振幅 $\hat{X}_2$ 和相位 $\hat{Y}_2$ 正交分量涨落可以包括在内,例如,通过以下替换:

$$\hat{X}_{\text{in}} = \sqrt{\eta_{\text{esc}}}\,\hat{X}_1 + \sqrt{1 - \eta_{\text{esc}}}\,\hat{X}_2 \tag{A.1a}$$

$$\hat{Y}_{\text{in}} = \sqrt{\eta_{\text{esc}}}\,\hat{Y}_1 + \sqrt{1 - \eta_{\text{esc}}}\,\hat{Y}_2 \tag{A.1b}$$

其中,$\hat{X}_1$ 和 $\hat{Y}_1$ 描述了通过输入端口进入腔体的涨落. 由于并非所有的腔体衰减都发生在输入端口相反的方向,所以量化腔光力系统输出场的输入-输出关系(公式(1.126))必须修正为

$$\hat{X}_{\text{out}} = \hat{X}_1 - \sqrt{\kappa_1}\,\hat{X} \tag{A.2a}$$

$$\hat{Y}_{\text{out}} = \hat{Y}_1 - \sqrt{\kappa_1}\,\hat{Y} \tag{A.2b}$$

---

① 更准确地说是热涨落,但是正如我们前面所讨论的,在光学频率下,这些涨落可以很好地被近似为真空涨落.

从离开腔体到探测之间发生在光场上的总线性损耗的整体效果，可以通过放置在输出场中的分束器来建模，分束器反射部分入射光场，并向光场进一步引入真空涨落。如果光离开腔体后的总比例探测效率（即不包括腔体逃逸效率 η_{esc}）为 η_{det}，那么这种低效率的影响将海森伯绘景中输出场的正交分量转化为

$$\hat{X}_{\text{out}} \rightarrow \sqrt{\eta_{\text{det}}}\,\hat{X}_{\text{out}} + \sqrt{1 - \eta_{\text{det}}}\,\hat{X}_{\text{v}} \tag{A.3a}$$

$$\hat{Y}_{\text{out}} \rightarrow \sqrt{\eta_{\text{det}}}\,\hat{Y}_{\text{out}} + \sqrt{1 - \eta_{\text{det}}}\,\hat{Y}_{\text{v}} \tag{A.3b}$$

其中，$\hat{X}_{\text{v}}$ 和 $\hat{Y}_{\text{v}}$ 是引入的真空涨落。

以第 3 章中处理的共振光驱动的线性化腔光力系统为例，进行上述修正后，我们发现在腔内和存在低探测效率的情况下，输出的正交分量算符和机械位置算符分别为

$$\hat{X}_{\text{out}}(\omega) = \hat{X}'_{\text{in}} \tag{A.4a}$$

$$\hat{Y}_{\text{out}}(\omega) = \hat{Y}'_{\text{in}} + 2\sqrt{\eta \Gamma C_{\text{eff}}}\,\hat{Q} \tag{A.4b}$$

$$= \hat{Y}'_{\text{in}}(\omega) + 2\Gamma\sqrt{C_{\text{eff}}}\,\chi(\omega)\big[\hat{P}_{\text{in}}(\omega) - \sqrt{2C_{\text{eff}}}\,\hat{X}_{\text{in}}(\omega)\big] \tag{A.4c}$$

$$\hat{Q}(\omega) = \sqrt{2\Gamma}\,\chi(\omega)\big[\hat{P}_{\text{in}} - \sqrt{2C_{\text{eff}}}\,\big(\sqrt{\eta_{\text{esc}}}\,\hat{X}_1 + \sqrt{1 - \eta_{\text{esc}}}\,\hat{X}_2\big)\big] \tag{A.4d}$$

其中，总量子效率 $\eta = \eta_{\text{esc}}\eta_{\text{det}}$。为了方便，我们定义新的正交算符 $\hat{X}'_{\text{in}}$ 和 $\hat{Y}'_{\text{in}}$，它包含了腔内输入场，以及由低探测效率而引入的真空场对输出场的贡献。$\hat{X}'_{\text{in}}$ 由

$$\hat{X}'_{\text{in}} = \eta_{\text{det}}^{1/2}\bigg[\Big(1 - \frac{2\eta_{\text{esc}}}{1 - 2\mathrm{i}\omega/\kappa}\Big)\hat{X}_1 - \frac{2\sqrt{\eta_{\text{esc}}(1 - \eta_{\text{esc}})}}{1 - 2\mathrm{i}\omega/\kappa}\hat{X}_2\bigg] + \sqrt{1 - \eta_{\text{det}}}\,\hat{X}_{\text{v}} \tag{A.5}$$

给出。$\hat{Y}'_{\text{in}}$ 有一个等效的表达，但需要在整个过程中作如下替换：$\hat{X} \rightarrow \hat{Y}$。

练习 A.1 请推导

$$S_{\hat{X}'_{\text{in}}\hat{X}'_{\text{in}}}(\omega) = S_{\hat{Y}'_{\text{in}}\hat{Y}'_{\text{in}}}(\omega) = \frac{1}{2} \tag{A.6}$$

它与公式（1.118a）的旋转坐标系中零温度热库的功率谱密度一致。

注意，原则上光场也有可能经历非线性损耗，例如双光子散射或吸收。非线性损耗不能通过这里给出的简单方法进行建模。然而在典型的实验中，与线性损耗相比，非线性损耗可以忽略不计。

A.2 光场的线性探测

在这一节中,我们将提供一些如图 3.2 所示的零差探测和外差探测方案的细节.

A.2.1 零差探测

在零差探测中,待探测的光场 a_{det} 在 50/50 分束器上与同频率的一个大振幅的本地振子 a_{LO} 进行干涉.我们分别用 a_- 和 a_+ 表示分束器的输出,它们是

$$a_\pm = \frac{1}{\sqrt{2}}(a_{\text{LO}} \pm a_{\text{det}}) \tag{A.7}$$

然后,在光电二极管上独立探测这些输出,产生由探测场算符 $\hat{i}_\pm = a_\pm^\dagger a_\pm$ 描述的光电流,最后将它们进行相减.

练习 A.2 在线性化之前,请推导出差分光电流的探测场算符:

$$\hat{i}(t) = \hat{i}_+(t) - \hat{i}_-(t) = a_{\text{LO}}^\dagger a_{\text{det}} + a_{\text{LO}} a_{\text{det}}^\dagger \tag{A.8}$$

在本地振子场比探测场大得多的极限情况下($|\alpha_{\text{LO}}| = |\langle a_{\text{LO}} \rangle| \gg |\alpha_{\text{det}}|$),本地振子场可以采用经典方式处理,零差差分光电流算符是

$$\hat{i}(t) = \alpha_{\text{LO}}^* a_{\text{det}} + \alpha_{\text{LO}} a_{\text{det}}^\dagger \tag{A.9}$$

$$= |\alpha_{\text{LO}}| \hat{X}_{\text{det}}^\theta \tag{A.10}$$

其中,与直接探测的情况类似,这里 $e^{i\theta} = \alpha_{\text{LO}}/|\alpha_{\text{LO}}|$.

通过比较公式(3.32)和公式(A.10),可以看出直接探测是零差探测的一个子集,即对应于把本地振子的相位角设置为 $\theta = \theta_{\text{det}}$.

零差探测比直接探测有两个主要优点.首先,可以通过控制本地振子的相位 θ 来控制探测的正交分量信号;其次,在极限 $|\alpha_{\text{LO}}| \gg |\alpha_{\text{det}}|$ 情况下,将探测的正交分量信号扩展到光电流的比例常数与 α_{det} 无关.通过阻断探测的光场,并用真空场来代替探测光场,我们可以直接和准确地将测量结果校准到光真空涨落的水平.

A.2.2　外差探测

外差探测本质上等同于零差探测,只是本地振子的频率与要探测场的频率有一定的失谐 $\Delta_{LO} = \Omega_{LO} - \Omega_L$.在这种情况下,可以直接表明,公式(A.9)的探测光电流算符变成

$$\hat{i}(t) = \alpha_{LO}^* a_{det} e^{i\Delta_{LO}t} + \alpha_{LO} a_{det}^\dagger e^{-i\Delta_{LO}t} \tag{A.11}$$

$$= |\alpha_{LO}| \hat{X}_{det}^{\theta-\Delta_{LO}t} \tag{A.12}$$

因此,我们看到外差探测场的正交分量在时间上是振荡的,其频率由本地振子的失谐给出.正如我们在下一节和 3.3.6 小节中所看到的,虽然这提供了关于场相位和振幅正交分量的信息,但也导致了不可避免的半个量子噪声干扰.

A.3　外差探测获取功率谱密度

可以相对直接地确定腔光力系统输出的外差探测的功率谱密度.从公式(1.42)出发,我们可以得到

$$S_{\hat{i}\hat{i}}(\omega) = \lim_{\tau \to \infty} \frac{1}{\tau} \langle \hat{i}_\tau^\dagger(\omega) \hat{i}_\tau(\omega) \rangle \tag{A.13}$$

$$= \lim_{\tau \to \infty} \frac{1}{\tau} \int\int_{-\tau/2}^{\tau/2} dt\, dt'\, e^{-i\omega t} e^{i\omega t'} \langle \hat{i}^\dagger(t) \hat{i}(t') \rangle \tag{A.14}$$

使用公式(A.11),时域的期望值可以用探测场湮灭算符和产生算符表示为

$$\langle \hat{i}^\dagger(t) \hat{i}(t') \rangle = |\alpha_{LO}|^2 \left[e^{i\Delta_{LO}(t'-t)} \langle a_{det}^\dagger(t) a_{det}(t') \rangle + e^{i\Delta_{LO}(t-t')} \langle a_{det}(t) a_{det}^\dagger t' \rangle \right]$$

其中,我们使用了旋转波近似,即忽略了快速旋转项.把这个表达式代入公式(A.14),经过一些推导工作,我们发现

$$S_{\hat{i}\hat{i}}^{het}(\omega) = |\alpha_{LO}|^2 \lim_{\tau \to \infty} \frac{1}{\tau} \left[\langle a_{det}^\dagger(\Delta_{LO} + \omega) a_{det}(\Delta_{LO} + \omega) \rangle \right.$$
$$\left. + \langle a_{det}(\Delta_{LO} - \omega) a_{det}^\dagger(\Delta_{LO} - \omega) \rangle \right] \tag{A.15}$$

$$= |\alpha_{LO}|^2 \left[S_{a_{det} a_{det}}(\Delta_{LO} + \omega) + S_{a_{det}^\dagger a_{det}^\dagger}(\Delta_{LO} - \omega) \right] \tag{A.16}$$

可以看出,外差信号和本地振子之间的拍频将 $\Delta_{\mathrm{LO}} \pm \omega$ 的频率分量引至频率 ω 处的功率谱密度,并给出光子数(而不是光学正交分量)的功率谱密度.用探测场的振幅和相位正交分量进行表示,并进行归一化(类似于零差探测的情况,使 1/2 的值对应于真空噪声水平),我们得出第 3 章公式(3.37)中的外差功率谱密度.我们已经将其等同于观察到的经典功率谱密度,因为与零差探测不同,$S_{\hat{\imath}\hat{\imath}}^{\mathrm{het}}(\omega) = S_{\hat{\imath}\hat{\imath}}^{\mathrm{het}}(-\omega) = \bar{S}_{\hat{\imath}\hat{\imath}}^{\mathrm{het}}(\omega)$.

A.4　表征光力协同度

在实验中,我们可以通过几种不同的方法对腔光力系统的光力协同度进行表征.例如,用于法布里-珀罗腔光力系统的一个常用方法是对机械振子施加静态偏移,并对其在光腔上引起的频率偏移进行表征.只要机械振子的运动与静态位移相匹配(也就是说,机械振子沿着法布里-珀罗腔的轴线产生简单的偏移),再加上机械振子的零点运动、频率和衰减率的信息,就可以通过公式(2.17)、公式(3.14)和公式(3.13))来确定光力协同度.一个更普遍适用和直接的方法是对机械振子的特定特征模式施加一个已知的力,并通过输出光场的相移来校准光力协同度.应用已知力的两种自然方法是:① 让机械振子与已知温度下的热库相互作用;② 使用辐射压力的散粒噪声作为力.在这两种情况下,光力协同度可以直接从零差探测或外差探测的功率谱密度中确定.

考虑更常见的零差探测,在辐射压力加热效应可以忽略不计($|C_{\mathrm{eff}}(\Omega)| \ll \bar{n} + 1/2$)和共振相干光驱动($\Delta = 0$)的情况下,公式(3.43)可以被重新排列,从而得到光力协同度与功率谱密度峰值、光量子效率和热库温度的函数,即

$$|C_{\mathrm{eff}}(\Omega)| = \frac{1}{8\eta} \frac{S_{ii}^{\mathrm{homo}}(\Omega) - 1/2}{\bar{n} + 1/2} \tag{A.17}$$

同样,在热库加热与辐射压力加热相比可以忽略不计的情况下($|C_{\mathrm{eff}}(\Omega)| \gg \bar{n} + 1/2$),光力协同度由

$$|C_{\mathrm{eff}}(\Omega)| = \sqrt{\frac{S_{ii}^{\mathrm{homo}}(\Omega) - 1/2}{8\eta}} \tag{A.18}$$

给出.在这种情况下,确定光力协同度所需的唯一校准是光学真空噪声水平($S_{ii}(\Omega)$ 的归一化),以及包括腔体逃逸效率和探测效率的光量子效率.然而,达到辐射压力加热主导区域的要求是苛刻的.与此同时,虽然可以直接通过实验校准逃逸效率,但是探测效率的

校准更具挑战性且容易出错.

　　校准光力协同度的另一种方法是利用相干光力来驱动机械振子,并测量对该力的响应.这种方法可以消除达到辐射压力加热主导区域和校准探测效率的要求.例如,在机械共振频率 Ω 处对光力腔的入射光场进行振幅调制,即

$$\hat{X}_{\text{in}}(t) \rightarrow \hat{X}_{\text{in}}(t) + A\cos(\Omega t) \tag{A.19}$$

其中,A 是调制的振幅.通过辐射压力,这种调制驱动机械振子的相干振荡,随后被映射在输出光场的相位正交分量上.由公式(A.4)和公式(A.5),得

$$\hat{X}_{\text{out}}(\omega) \rightarrow \hat{X}_{\text{out}}(\omega) + \sqrt{\eta_{\text{det}}} A\left(\frac{1}{2} - \frac{\eta_{\text{esc}}}{1 - 2\mathrm{i}\omega/\kappa}\right)\left[\delta(\Omega) + \delta(-\Omega)\right] \tag{A.20a}$$

$$\hat{Y}_{\text{out}}(\omega) \rightarrow \hat{Y}_{\text{out}}(\omega) - 2\eta_{\text{esc}}\Gamma\sqrt{\eta_{\text{det}}} A\chi(\omega)C_{\text{eff}}\left[\delta(\Omega) + \delta(-\Omega)\right] \tag{A.20b}$$

$$\hat{Q}(\omega) \rightarrow \hat{Q}(\omega) - A\chi(\omega)\sqrt{\Gamma\eta_{\text{esc}}C_{\text{eff}}}\left[\delta(\Omega) + \delta(-\Omega)\right] \tag{A.20c}$$

这里需要注意的一个关键问题是,由调制引入的作用在两个输出光正交分量上(作为调制幅度 A 和探测效率 η_{det} 的函数)以相同的方式缩放.因此,如果连续对光学振幅和相位正交分量进行零差探测,并且比值 R 采用调制引入的功率.那么这些因素就会被抵消,在机械共振频率处计算这个比值,可得

$$R = \frac{\bar{S}_{Y_{\text{out}}Y_{\text{out}}}(\Omega) - \bar{S}_{Y_{\text{out}}Y_{\text{out}}}^{A=0}(\Omega)}{\bar{S}_{X_{\text{out}}X_{\text{out}}}(\Omega) - \bar{S}_{X_{\text{out}}X_{\text{out}}}^{A=0}(\Omega)} \tag{A.21}$$

$$= 16\eta_{\text{esc}}^2 \left|C_{\text{eff}}(\Omega)\right|^2 \left[\frac{1 + 4(\Omega/\kappa)^2}{(1 - 2\eta_{\text{esc}})^2 + 4(\Omega/\kappa)^2}\right] \tag{A.22}$$

然后,光力协同度可以通过实验来确定,而不需要校准探测效率或达到辐射压力加热主导的作用区域,即

$$C_{\text{eff}}(\Omega) = \frac{R^{1/2}}{4\eta_{\text{esc}}}\left[\frac{(1 - 2\eta_{\text{esc}})^2 + 4(\Omega/\kappa)^2}{1 + 4(\Omega/\kappa)^2}\right]^{1/2} \tag{A.23}$$

A.5 表征机械振子的温度

A.5.1 使用散粒噪声水平进行表征

一旦知道了光力协同度,就可以比较直接地从探测输出场的正交相位分量的功率谱密度以实验的方式确定机械振子的温度(对于共振光驱动的情况,由公式(A.4c)给出). 我们从 1.3.4 小节知道,振子在所有频率处的对称功率谱密度的积分等于 $\bar{n} + 1/2$,这里,$\bar{n} = \bar{n}_b$ 是振子的热占据数,已包括来自辐射压力加热的影响(公式(3.19)). 整合公式(3.44)中探测的零差功率谱密度并重新排列,我们立即发现 $\bar{n}_b$ 可以通过实验确定,为

$$\bar{n}_b = \frac{1}{4\eta\Gamma|C_{\text{eff}}(\Omega)|} \int_0^\infty \mathrm{d}\omega \left[S_{ii}^{\text{homo}}(\omega) - \frac{1}{2} \right] - \frac{1}{2} \tag{A.24}$$

其中,假设机械功率谱在机械共振频率周围具有足够强的峰值,以至于有效的光力协同度在可观的机械功率的整个频谱区域内基本恒定.但应该注意的是,为了应用这个表达式确定占据数(或后面的公式(A.26)),必须对零差功率谱密度 $S_{ii}^{\text{homo}}(\omega)$ 进行校准和归一化,以使光散粒噪声水平等于 1/2. 通常情况下,由于经典激光的相位噪声或其他经典噪声源,光力学实验中的激光器并不受散粒噪声的限制.在这种情况下,与其在公式(A.24)的积分中从功率谱中减去 1/2,不如使用实际被散粒噪声归一化的光学噪声谱密度.

另外,热占据数可以不通过积分来确定,而是使用机械共振频率处机械和散粒噪声对功率谱密度贡献的比值.这是一种信噪比的形式,它的优点是可以直接从实验中观测的功率谱密度中读出.一般来说,噪声成分等于光学散粒噪声(这里归一化为1/2),而"信号"成分等于 $S_{ii}^{\text{homo}}(\Omega)$ 减去 Ω 处由散粒噪声归一化的光学噪声功率谱密度(我们在这里认为它等于散粒噪声水平的1/2). 使用公式(3.43),这个被散粒噪声限制的信噪比可以表示为

$$\text{SNR} = 2S_{ii}^{\text{homo}}(\Omega) - 1 = 8\eta\Gamma|C_{\text{eff}}(\Omega)|\left(\bar{n}_b + \frac{1}{2}\right) \tag{A.25}$$

那么,机械占据数为

$$\bar{n}_b = \frac{SNR}{8\eta\Gamma |C_{\text{eff}}(\Omega)|} - \frac{1}{2} \qquad (\text{A}.26)$$

A.5.2　利用边带不对称性进行表征

正如我们在第 1 章和第 3 章中已经讨论论过的,机械占据数和温度也可以直接由外差探测中观测的边带不对称性来确定.在 1.3.3 小节中,我们发现高品质因子振子的热占据数可以只用振子在 $\pm\Omega$ 处的功率谱密度的比值来确定(公式(1.104b)).通过检查公式(3.46)和公式(3.48),我们发现,这个比值可以从外差功率谱密度中确定,为

$$\frac{S_{QQ}(\Omega)}{S_{QQ}(-\Omega)} = \frac{S_{ii}^{\text{het}}(\Delta_{\text{LO}} + \Omega) - 1/2}{S_{ii}^{\text{het}}(\Delta_{\text{LO}} - \Omega) - 1/2} \qquad (\text{A}.27)$$

以这种方式确定机械占据数的主要优点是,除了需要确定量子噪声的水平,它无需额外的校准.相比之下,上一节中使用零差功率谱密度的方法需要知道光学探测效率、机械衰减率和有效的光力协同度.然而,因为正、负频率功率谱密度的差异是在单个声子的水平上,所以只可以分辨在这个水平的边带不对称性的差异,也才能用于测温.相比之下,之前基于零差探测只要求总的热声子数在测量的散粒噪声上是可分辨的即可.

参考文献

[1] Aasi J, Abadie J, Abbott B P, et al. Enhanced sensitivity of the LIGO gravitational wave detector by using squeezed states of light[J]. Nature Photonics, 2013, 7(8):613-619.

[2] Abbott B, Abbott R, Adhikari R, et al. Observation of a kilogram-scale oscillator near its quantum ground state[J]. New Journal of Physics, 2009, 11(7):073032.

[3] Adler R J, Santiago D I. On gravity and the uncertainty principle[J]. Modern Physics Letters A, 1999, 14:1371.

[4] Agarwal G S, Huang S. Electromagnetically induced transparency in mechanical effects of light [J]. Physical Review A, 2010, 81(4):041803.

[5] Agarwal G S, Jha S S. Theory of optomechanical interactions in superfluid He[J]. Physical Review A, 2014, 90(2):023812.

[6] Akram U, Bowen W P, Milburn G J. Entangled mechanical cat states via conditional single photon optomechanics[J]. New Journal of Physics, 2013, 15(9):093007.

[7] Akram U, Kiesel N, Aspelmeyer M, et al. Single-photon optomechanics in the strong coupling regime[J]. New Journal of Physics, 2010, 12(8):083030.

[8] Akram U, Munro W, Nemoto K, et al. Photon-phonon entanglement in coupled optomechanical arrays[J]. Physical Review A, 2012, 86(4):042306.

[9] Ali A F, Das S, Vagenas E C. Discreteness of space from the generalized uncertainty principle [J]. Physics Letters B, 2009, 678:497.

[10] Alligood K T, Saue T D, Yorke J A. Chaos[M]. Berlin Heidelberg: Springer, 1997.

[11] Almog R, Zaitsev S, Shtempluck O, et al. Noise squeezing in a nanomechanical Duffing resonator[J]. Physical Review Letters, 2007, 98(7):078103.

[12] Amelino-Camelia G. Gravity in quantum mechanics[J]. Nature Physics, 2014, 10(4):254-255.

[13] Andrews R W, Peterson R W, Purdy T P, et al. Bidirectional and efficient conversion between microwave and optical light[J]. Nature Physics, 2014, 10(4):321-326.

[14] Andrews R W, Peterson R W, Purdy T P, et al. Connecting microwave and optical frequencies with a vibrational degree of freedom[C]. International Society for Optical Engineering, 2015.

[15] Antoni T, Makles K, Braive R, et al. Nonlinear mechanics with suspended nanomembranes [J]. Europhysics Letters, 2012, 100(6):68005.

[16] Arcizet O, Cohadon P F, Briant T, Pinard M, et al. Radiation-pressure cooling and optomechanical instability of a micromirror[J]. Nature, 2006, 444(7115):71-74.

[17] Arcizet O, Jacques V, Siria A, et al. A single nitrogen-vacancy defect coupled to a nanomechanical oscillator[J]. Nature Physics, 2011, 7(11):879-883.

[18] Aronson D G, Ermentrout G B, Kopell N. Amplitude response of coupled oscillators[J]. Physica D: Nonlinear Phenomena, 1990, 41(3):403-449.

[19] Ashkin A. Acceleration and trapping of particles by radiation pressure[J]. Physical Review Letters, 1970, 24(4):156.

[20] Babourina-Brooks E, Doherty A, Milburn G J. Quantum noise in a nanomechanical Duffing resonator[J]. New Journal of Physics, 2008, 10(10):105020.

[21] Bagci T, Simonsen A, Schmid S, et al. Optical detection of radio waves through a nanomechanical transducer[J]. Nature, 2014, 507(7490):81-85.

[22] Bagheri M, Poot M, Fan L, et al. Photonic cavity synchronization of nanomechanical oscillators[J]. Physical Review Letters, 2013, 111(21):213902.

[23] Baragiola B Q, Cook R L, Brańczyk A M, et al. N-photon wave packets interacting with an arbitrary quantum system[J]. Physical Review A, 2012, 86(1):013811.

[24] Barzanjeh S H, Abdi M, Milburn G J, et al. Reversible optical-to-microwave quantum interface[J]. Physical Review Letters, 2012, 109(13):130503.

[25] Barzanjeh S H, Naderi M H, Soltanolkotabi M. Steady-state entanglement and normal-mode splitting in an atom-assisted optomechanical system with intensity-dependent coupling [J]. Physical Review A, 2011, 84(6):063850.

[26] Basiri-Esfahani S, Akram U, Milburn G J. Phonon number measurements using single photon optomechanics[J]. New Journal of Physics, 2012, 14(8):085017.

[27] Basiri-Esfanhi S, Myers J, Combes C R, et al. Quantum and classical control of single photon states via a mechanical resonator[J]. New Journal of Physics, 2016, 18(6):063023.

[28] Baym G, Ozawa T. Two-slit diffraction with highly charged particles: Niels Bohr's consistency argument that the electromagnetic field must be quantized[J]. Proceedings of the National Academy of Sciences, 2009, 106(9):3035-3040.

[29] Belavkin V. Non-demolition measurement and control in quantum dynamical systems. Information Complexity and Control in Quantum Physics[M]. New York: springer, 1987, 311-329.

[30] Bennett J S, Madsen L S, Baker M, et al. Coherent control and feedback cooling in a remotely coupled hybrid atom-optomechanical system[J]. New Journal of Physics, 2014, 16(8):083036.

[31] Blair D G, Ivanov E N, Tobar M E, et al. High sensitivity gravitational wave antenna with parametric transducer readout[J]. Physical Review Letters, 1995, 74(11):1908.

[32] Blais A, Huang R S, Wallraff A, et al. Cavity quantum electrodynamics for superconducting electrical circuits: An architecture for quantum computation[J]. Physical Review A, 2004, 69(6):062320.

[33] Bochmann J, Vainsencher A, Awschalom D D, et al. Nanomechanical coupling between microwave and optical photons[J]. Nature Physics, 2013, 9(11):712-716.

[34] Bogolubov N. On the theory of superfluidity[J]. Journal of Physics, 1966, 11:23-29.

[35] Bose S, Jacobs K, Knight P L. Preparation of nonclassical states in cavities with a moving mirror[J]. Physical Review A, 1997, 56(5):4175.

[36] Bowen W P, Schnabel R, Lam P K, et al. Experimental characterization of continuous-variable entanglement[J]. Physical Review A, 2004, 69(1):012304.

[37] Braginski V B, Manukin A B. Ponderomotive effects of electromagnetic radiation[J]. Soviet Journal of Experimental and Theoretical Physics, 1967, 25:653.

[38] Braginskii V B, Manukin A B, Tikhonov M Y. Investigation of dissipative ponderomotive effects of electromagnetic radiation [J]. Soviet Journal of Experimental and Theoretical Physics, 1970, 31:829.

[39] Braginskii V B, Vorontsov Y I. Quantum-mechanical limitations in macroscopic experiments and modern experimental technique[J]. Physics-Uspekhi, 1975, 17(5):644-650.

[40] Braginskii V B, Vorontsov Y I, Khalili F Y. Quantum singularities of a ponderomotive meter of electromagnetic energy[J]. Soviet Journal of Experimental and Theoretical Physics, 1977, 46:705.

[41] Braginskii V B, Vorontsov Yu I, Khalili F Y. Optimal quantum measurements in detectors of gravitation radiation[J]. Journal of Experimental and Theoretical Physics Letters, 1978, 27(5): 276-281.

[42] Braginsky V B, Gorodetsky M L, Khalili F Ya. Optical bars in gravitational wave antennas[J]. Physics Letters A, 1997, 232(5):340-348.

[43] Braginsky V B, Khalili F Y A. Low noise rigidity in quantum measurements[J]. Physics Letters A, 1999, 257(5):241-246.

[44] Braginsky V B, Khalili F Y. Quantum Measurement[M]. Cambridge: Cambridge University Press, 1995.

[45] Braginsky V B, Strigin S E, Vyatchanin S P. Parametric oscillatory instability in Fabry-Perot interferometer[J]. Physics Letters A, 2001, 287(5):331-338.

[46] Braginsky V B, Vorontsov Y I. Quantum-mechanical restrictions in macroscopic measurements and modern experimental devices[J]. Uspekhi Fiz. Nauk, 1974, 114:41-53.

[47] Braginsky V B, Vorontsov Y I, Thorne K S. Quantum nondemolition measurements[J]. Science, 1980, 209(4456):547-557.

[48] Brahms N, Botter T, Schreppler S, et al. Optical detection of the quantization of collective atomic motion[J]. Physical Review Letters, 2012, 108(13):133601.

[49] Brawley G A, Bowen W P. Quantum nanomechanics: Feeling the squeeze[J]. Nature Photonics, 2013, 7(11):854-855.

[50] Brawley G A, Vanner M R, Larsen P E, et al. Nonlinear optomechanical measurement of mechanical motion[J]. Nature Communications, 2016, 7(1):10988.

[51] Brennecke F, Ritter S, Donner T, et al. Cavity optomechanics with a Bose-Einstein condensate [J]. Science, 2008, 322(5899):235-238.

[52] Brooks D W C, Botter T, Schreppler S, et al. Non-classical light generated by quantum-noise-driven cavity optomechanics[J]. Nature, 2012, 488(7412):476-480.

[53] Brown R G, Hwang P Y C, et al. Introduction to random signals and applied Kalman filtering [M]. New York: Wiley, 1992.

[54] Caldeira A O, Leggett A J. Influence of dissipation on quantum tunneling in macroscopic systems[J]. Physical Review Letters, 1981, 46(4):211.

[55] Caldeira A O, Leggett A J. Quantum tunnelling in a dissipative system[J]. Annals of Physics, 1983, 149(2):374-456.

[56] Camerer S, Korppi M, Jöckel A, et al. Realization of an optomechanical interface between ultracold atoms and a membrane[J]. Physical Review Letters, 2011, 107(22):223001.

[57] Carlip S. Is quantum gravity necessary? [J]. Classical and Quantum Gravity, 2008, 25(15):154010.

[58] Carmichael H J. Quantum trajectory theory for cascaded open systems[J]. Physical Review Letters, 1993, 70(15):2273.

[59] Carmichael H J, Milburn G J, Walls D F. Squeezing in a detuned parametric amplifier[J]. Journal of Physics A: Mathematical and General, 1984, 17(2):469.

［60］ Carmon T, Cross M C, Vahala K J. Chaotic quivering of micron-scaled on-chip resonators excited by centrifugal optical pressure[J]. Physical Review Letters, 2007, 98(16):167203.

［61］ Carmon T, Rokhsari H, Yang L, et al. Temporal behavior of radiation-pressure-induced vibrations of an optical microcavity phonon mode[J]. Physical Review Letters, 2005, 94 (22):223902.

［62］ Carr S M, Lawrence W E, Wybourne M N. Accessibility of quantum effects in mesomechanical systems[J]. Physical Review B, 2001, 64(22):220101.

［63］ Caves C M. Defense of the standard quantum limit for free-mass position[J]. Physical Review Letters, 1985, 54(23):2465.

［64］ Caves C M, Milburn G J. Quantum-mechanical model for continuous position measurements [J]. Physical Review A, 1987, 36(12):5543.

［65］ Caves C M, Thorne K S, Drever R W P, et al. On the measurement of a weak classical force coupled to a quantum-mechanical oscillator. I. Issues of principle[J]. Reviews of Modern Physics, 1980, 52(2):341.

［66］ Chan J, Alegre T P M, Safavi-Naeini A H, et al. Laser cooling of a nanomechanical oscillator into its quantum ground state[J]. Nature, 2011, 478(7367):89-92.

［67］ Chang D E, Safavi-Naeini A H, Hafezi M, et al. Slowing and stopping light using an optomechanical crystal array[J]. New Journal of Physics, 2011, 13(2):023003.

［68］ Chatfield C. The Analysis of Time Series: An Introduction[M]. New York: CRC Press, 2013.

［69］ Chelkowski S, Vahlbruch H, Hage B, et al. Experimental characterization of frequency-dependent squeezed light[J]. Physical Review A, 2005, 71(1):013806.

［70］ Chen Y, Danilishin S L, Khalili F Y, et al. QND measurements for future gravitational-wave detectors[J]. General Relativity and Gravitation, 2001, 43(2):671-694.

［71］ Cirac J I, Parkins A S, Blatt R, et al. "Dark" squeezed states of the motion of a trapped ion [J]. Physical Review Letters, 1993, 70(5):556.

［72］ Clarke J, Wilhelm F K. Superconducting quantum bits[J]. Nature, 2008, 453(7198):1031-1042.

［73］ Clerk A A, Devoret M H, Girvin S M, et al. Introduction to quantum noise, measurement, and amplification[J]. Reviews of Modern Physics, 2010, 82(2):1155.

［74］ Clerk A A, Marquardt F, Jacobs K. Back-action evasion and squeezing of a mechanical resonator using a cavity detector[J]. New Journal of Physics, 2008, 10(9):095010.

［75］ Cohadon P F, Heidmann A, Pinard M. Cooling of a mirror by radiation pressure[J]. Physical Review Letters, 1999, 83(16):3174.

［76］ Cohen J D, Meenehan S M, MacCabe G S, et al. Phonon counting and intensity interferometry of a nanomechanical resonator[J]. Nature, 2015, 520(7548):522-525.

［77］ Colella R, Overhauser A W, Werner S A. Observation of gravitationally induced quantum interference[J]. Physical Review Letters, 1975, 34(23):1472.

[78] LIGO Scientific Collaboration, et al. A gravitational wave observatory operating beyond the quantum shot-noise limit[J]. Nature Physics, 2011, 7(12):962-965.

[79] Collett M J, Walls D F. Squeezing spectra for nonlinear optical systems[J]. Physical Review A, 1985, 32(5):2887.

[80] Corbitt T, Wipf C, Bodiya T, et al. Optical dilution and feedback cooling of a gram-scale oscillator to 6.9 mK[J]. Physical Review Letters, 2007, 99(16):160801.

[81] Courty J M, Heidmann A, Pinard M. Quantum limits of cold damping with optomechanical coupling[J]. The European Physical Journal D-Atomic, Molecular, Optical and Plasma Physics, 2001, 17(3):399-408.

[82] Cudmore P, Holmes C A. Phase and amplitude dynamics of nonlinearly coupled oscillators[J]. Chaos: An Interdisciplinary Journal of Nonlinear Science, 2015, 25(2):023110.

[83] Cuthbertson B D, Tobar M E, Ivanov E N, et al. Parametric back-action effects in a high-Q cryogenic sapphire transducer[J]. Review of Scientific Instruments, 1996, 67(7):2435-2442.

[84] De Lorenzo L A, Schwab K C. Superfluid optomechanics: Coupling of a superfluid to a superconducting condensate[J]. New Journal of Physics, 2014, 16(11):113020.

[85] DeWitt C M, Rickles D. The role of gravitation in physics: Report from the 1957 Chapel Hill Conference[R]. Berlin: Max-Planck-Gesellschaft zur Förderung der Wissewschaften, 2011.

[86] Diedrich F, Bergquist J C, Itano W M, et al. Laser cooling to the zero-point energy of motion [J]. Physical Review letters, 1989, 62(4):403.

[87] Diósi L. Models for universal reduction of macroscopic quantum fluctuations[J]. Physical Review A, 1989, 40(3):1165.

[88] Diósi L. The gravity-related decoherence master equation from hybrid dynamics[C]. Journal of Physics: Conference Series, 2011, 306(1):012006.

[89] Dobrindt J M, Kippenberg T J. Theoretical analysis of mechanical displacement measurement using a multiple cavity mode transducer[J]. Physical Review Letters, 2010, 104(3):033901.

[90] Doherty A C, Habib S, Jacobs K, et al. Quantum feedback control and classical control theory [J]. Physical Review A, 2000, 62(1):012105.

[91] Doherty A C, Jacobs K. Feedback control of quantum systems using continuous state estimation [J]. Physical Review A, 1999, 60(4):2700.

[92] Doherty A C, Szorkovszky A, Harris G I, et al. The quantum trajectory approach to quantum feedback control of an oscillator revisited[J]. Philosophical Transactions of the Royal Society A: Mathematical, Physical and Engineering Sciences, 2012, 370(1979):5338-5353.

[93] Dorsel A, McCullen J D, Meystre P, et al. Optical bistability and mirror confinement induced by radiation pressure[J]. Physical Review Letters, 1983, 51(17):1550.

[94] Dorsel A, McCullen J D, Meystre P, et al. Optical bistability and mirror confinement induced by radiation pressure[J]. Physical Review Letters, 1983, 51(17):1553.

[95] Drummond P D, McNeil K, Walls D F. Quantum theory of optical bistability. I. Nonlinear polarisability model[J]. Optica Acta, 1981, 28:211.

[96] Drummond P D, Walls D F. Quantum theory of optical bistability. I. Nonlinear polarisability model[J]. Journal of Physics A: Mathematical and General, 1980, 13(2):725.

[97] Duan L M, Giedke G, Cirac J I, et al. Inseparability criterion for continuous variable systems [J]. Physical Review Letters, 2000, 84(12):2722.

[98] Dykman M I. Critical exponents in metastable decay via quantum activation[J]. Physical Review E, 2007, 75(1):011101.

[99] Eichenfield M, Chan J, Camacho R M, et al. Optomechanical crystals[J]. Nature, 2009, 462 (7269):78-82.

[100] Einstein A, Podolsky B, Rosen N. Can quantum-mechanical description of physical reality be considered complete? [J]. Physical Review, 1935, 47(10):777.

[101] Ekinci K L, Roukes M L. Nanoelectromechanical systems [J]. Review of scientific instruments, 2005, 76(6):061101.

[102] Elste F, Girvin S M, Clerk A A. Quantum noise interference and backaction cooling in cavity nanomechanics[J]. Physical Review Letters, 2009, 102(20):207209.

[103] Fabre C, Pinard M, Bourzeix S, et al. Quantum-noise reduction using a cavity with a movable mirror[J]. Physical Review A, 1994, 49(2):1337.

[104] Fleischhauer M, Imamoglu A, Marangos J P. Electromagnetically induced transparency: Optics in coherent media[J]. Reviews of Modern Physics, 2005, 77(2):633.

[105] Ford G W, Lewis J T, OÕConnell R F. Quantum Langevin equation[J]. Physical Review A, 1988, 37(11):4419.

[106] Forstner S, Prams S, Knittel J, et al. Cavity optomechanical magnetometer[J]. Physical Review Letters, 2012, 108(12):120801.

[107] Forstner S, Sheridan E, Knittel J, et al. Ultrasensitive optomechanical magnetometry[J]. Advanced Materials, 2014, 26(36):6348-6353.

[108] Galland C, Sangouard N, Piro N, et al. Heralded single-phonon preparation, storage, and readout in cavity optomechanics[J]. Physical Review Letters, 2014, 112(14):143602.

[109] Gangat A A, Stace T M, Milburn G J. Phonon number quantum jumps in an optomechanical system[J]. New Journal of Physics, 2011, 13(4):043024.

[110] Gardiner C. Stochastic methods: A handbook for the natural and social sciences springer series in synergetics[M]. Berlin: Springer-Verlag, 2009.

[111] Gardiner C, Zoller P. Quantum noise: A handbook of Markovian and non-Markovian

quantum stochastic methods with applications to quantum optics[M]. Berlin: Springer-Verlag, 2010.

[112] Gardiner C W. Driving a quantum system with the output field from another driven quantum system[J]. Physical Review Letters, 1993, 70(15):2269.

[113] Gardiner C W, Collett M J. Input and output in damped quantum systems: Quantum stochastic differential equations and the master equation[J]. Physical Review A, 1985, 31(6):3761.

[114] Gardiner C W, Eschmann A. Master-equation theory of semiconductor lasers[J]. Physical Review A, 1995, 51(6):4982.

[115] Gavartin E, Verlot P, Kippenberg T J. A hybrid on-chip optomechanical transducer for ultrasensitive force measurements[J]. Nature Nanotechnology, 2012, 7(8):509-514.

[116] Genes C, Mari A, Tombesi P, et al. Robust entanglement of a micromechanical resonator with output optical fields[J]. Physical Review A, 2008, 78(3):032316.

[117] Ghaffari S, Chandorkar S A, Wang S, et al. Quantum limit of quality factor in silicon micro and nano mechanical resonators[J]. Scientific Reports, 2013, 3: 3244.

[118] Ghesquiere A. Entanglement in a Bipartite Gaussian State [D]. Maynooth: National University of Ireland, 2009.

[119] Gieseler J, Deutsch B, Quidant R, et al. Subkelvin parametric feedback cooling of a lasertrapped nanoparticle[J]. Physical Review Letters, 2012, 109(10):103603.

[120] Gigan S, Böhm H R, Paternostro M, et al. Self-cooling of a micromirror by radiation pressure[J]. Nature, 2006, 444(7115):67-70.

[121] Girvin S M, Devoret M H, Schoelkopf R J. Circuit QED and engineering charge-based superconducting qubits[J]. Physica Scripta, 2009, 2009(T137):014012.

[122] Glauber R J. The quantum theory of optical coherence [J]. Physical Review, 1963, 130 (6):2529.

[123] Glendinning P. Stability, instability and chaos: an introduction to the theory of nonlinear differential equations[M]. Cambridge: Cambridge University Press, 1994.

[124] Gorelick G E. In: Studies in the history of general relativity[M]. Boston: Birkhaueser, 1992.

[125] Goryachev M, Ivanov E N, Van Kann F, et al. Observation of the fundamental Nyquist noise limit in an ultra-high Q-factor cryogenic bulk acoustic wave cavity [J]. Applied Physics Letters, 2014, 105(15):153505.

[126] Gough J. Optimal quantum feedback for canonical observables. Quantum stochastics and information: statistics, filtering and control[M]. Singapore: World Scientific Publishing Co Pte Ltd, 2008.

[127] Gough J E, James M R, Nurdin H I, et al. Quantum filtering for systems driven by fields in single-photon states or superposition of coherent states[J]. Physical Review A, 2012, 86

(4):043819.

[128] Grangier P, Slusher R E, Yurke B, et al. Squeezed-light-enhanced polarization interferometer [J]. Physical Review Letters, 1987, 59(19):2153.

[129] Griffiths D J. Introduction to Quantum Mechanics, second edition[M]. Cambridge: Pearson Education Limited, 2014.

[130] Gröblacher S, Hammerer K, Vanner M R, et al. Observation of strong coupling between a micromechanical resonator and an optical cavity field[J]. Nature, 2009, 460(7256):724-727.

[131] Gröblacher S, Hertzberg J B, Vanner M R, et al. Demonstration of an ultracold microoptomechanical oscillator in a cryogenic cavity[J]. Nature Physics, 2009, 5(7):485-488.

[132] Gustavson T L, Bouyer P, Kasevich M A. Precision rotation measurements with an atom interferometer gyroscope[J]. Physical Review Letters, 1997, 78(11):2046.

[133] Haroche S, Raimond J M. Exploring the quantum: Atoms, cavities, and photons[M]. Oxford: Oxford University Press, 2006.

[134] Harris G I, Andersen U L, Knittel J, et al. Feedback-enhanced sensitivity in optomechanics: Surpassing the parametric instability barrier[J]. Physical Review A, 2012, 85(6):061802.

[135] Harris I G, McAuslan L D, Sheridan E, et al. Laser cooling and control of excitations in superfluid helium[J]. Nature Physics, 2016, 12(8):788-793.

[136] Harris G I, McAuslan D L, Stace T M, et al. Minimum requirements for feedback enhanced force sensing[J]. Physical Review Letters, 2013, 111(10):103603.

[137] Heikkilä T T, Massel F, Tuorila J, et al. Enhancing optomechanical coupling via the Josephson effect[J]. Physical Review Letters, 2014, 112(20):203603.

[138] Heinrich G, Ludwig M, Qian J, et al. Collective dynamics in optomechanical arrays[J]. Physical Review Letters, 2011, 107(4):043603.

[139] Holmes C A, Meaney C P, Milburn G J. Synchronization of many nanomechanical resonators coupled via a common cavity field[J]. Physical Review E, 2012, 85(6):066203.

[140] Holmes C A, Milburn G J. Parametric self pulsing in a quantum optomechanical system[J]. Fortschritte der Physik, 2009, 57(11-12):1052-1063.

[141] Isham C J. Integrable Systems, Quantum Groups, and Quantum Field Theories[M]. Dordrecht: Springer, 1992.

[142] Jacobs K, Knight P L. Linear quantum trajectories: Applications to continuous projection measurements[J]. Physical Review A, 1998, 57(4):2301.

[143] Jacobs K, Steck D A. A straightforward introduction to continuous quantum measurement[J]. Contemporary Physics, 2006, 47(5):279-303.

[144] Jaehne K, Hammerer K, Wallquist M. Ground-state cooling of a nanomechanical resonator via a Cooper-pair box qubit[J]. New Journal of Physics, 2008, 10(9):095019.

[145] Jessen P S, Gerz C, Lett P D, et al. Observation of quantized motion of Rb atoms in an optical field[J]. Physical Review Letters, 1992, 69(1):49-52.

[146] Jöckel A, Faber A, Kampschulte T, et al. Sympathetic cooling of a membrane oscillator in a hybrid mechanical-atomic system[J]. Nature Nanotechnology, 2015, 10:55-59.

[147] Joshi C, Akram U, Milburn G J. An all-optical feedback assisted steady state of an optomechanical array[J]. New Journal of Physics, 2014, 16:023009.

[148] Kafri D, Milburn G J, Taylor J M. Bounds on quantum communication via Newtonian gravity [J]. New Journal of Physics, 2015, 17(1):015006.

[149] Kafri D, Taylor J M, Milburn G J. A classical channel model for gravitational decoherence [J]. New Journal of Physics, 2014, 16(6):065020.

[150] Karabalin R B, Feng X L, Roukes M L. Parametric nanomechanical amplification at very high frequency[J]. Nano Letters, 2009, 9(9):3116-3123.

[151] Katz I, Retzker A, Straub R, et al. Signatures for a classical to quantum transition of a driven nonlinear nanomechanical resonator[J]. Physical Review Letters, 2007, 99(4):040404.

[152] Kempf G, Mangano A, Mann R B. Hilbert space representation of the minimal length uncertainty relation[J]. Physical Review D, 1995, 52:1108.

[153] Kepesidis K V, Bennett S D, Portolan S, et al. Phonon cooling and lasing with nitrogen-vacancy centers in diamond[J]. Physical Review B, 2013, 88(6):064105.

[154] Ketterle W. Nobel lecture: When atoms behave as waves: Bose-Einstein condensation and the atom laser[J]. Reviews of Modern Physics, 2002, 74(4):1131-1151.

[155] Khalili F Y. Frequency-dependent rigidity in large-scale interferometric gravitational-wave detectors[J]. Physics Letters A, 2001, 288(5):251-256.

[156] Khosla K E, Vanner M R, Bowen W P, et al. Quantum state preparation of a mechanical resonator using an optomechanical geometric phase[J]. New Journal of Physics, 2013, 15(4):043025.

[157] Kimble H J, Levin Y, Matsko A B, et al. Conversion of conventional gravitational-wave interferometers into quantum nondemolition interferometers by modifying their input and/or output optics[J]. Physical Review D, 2001, 65(2):022002.

[158] Kinsler P, Drummond P D. Quantum dynamics of the parametric oscillator[J]. Physical Review A, 1991, 43(11):6194.

[159] Kippenberg T J, Rokhsari H, Carmon T, et al. Analysis of radiation-pressure induced mechanical oscillation of an optical microcavity[J]. Physical Review Letters, 2005, 95(3):033901.

[160] Kippenberg T J, Vahala K J. Cavity opto-mechanics[J]. Optics Express, 2007, 15(25):17172-17205.

[161] Kleckner D, Bouwmeester D. Sub-kelvin optical cooling of a micromechanical resonator[J]. Nature, 2006, 444(7115):75-78.

[162] Kleckner D, Pepper B, Jeffrey E, et al. Optomechanical trampoline resonators[J]. Optics Express, 2011, 19(20):19708-19716.

[163] Kozinsky I, Postma H W C, Kogan O, et al. Basins of attraction of a nonlinear nanomechanical resonator[J]. Physical Review Letters, 2007, 99(20):207201.

[164] Krause A G, Winger M, Blasius T D, et al. A high-resolution microchip optomechanical accelerometer[J]. Nature Photonics, 2012, 6(11):768-772.

[165] Kronwald A, Marquardt F, Clerk A A. Arbitrarily large steady-state bosonic squeezing via dissipation[J]. Physical Review A, 2013, 88(6):063833.

[166] Kubo R. The fluctuation-dissipation theorem[J]. Reports on Progress in Physics, 29(1):255, 1966.

[167] Araki H. International symposium on mathematical problems in theoretical physics[M]. Berlin: Springer, 2005.

[168] Kuzmich A, Bowen W P, Boozer A D, et al. Generation of nonclassical photon pairs for scalable quantum communication with atomic ensembles[J]. Nature, 2003, 423 (6941): 731-734.

[169] LaHaye M D, Suh J, Echternach P M, et al. Nanomechanical measurements of a superconducting qubit[J]. Nature, 2009, 459(7249):960-964.

[170] Langevin P. Sur la théorie du mouvement Brownien[J]. Comptes Rendus de l'Académie des Sciences (Paris), 1908, 146:530-533.

[171] Lecocq F, Clark J B, Simmonds R W, et al. Quantum nondemolition measurement of a nonclassical state of a massive object[J]. Physical review, 2015, 5(4):041037.

[172] Lecocq F, Teufel J D, Aumentado J, et al. Resolving the vacuum fluctuations of an optomechanical system using an artificial atom[J]. Nature Physics, 2015.

[173] Lee K C, Sprague M R, Sussman B J, et al. Entangling macroscopic diamonds at room temperature[J]. Science, 2011, 334(6060):1253-1256.

[174] Lee K H, McRae T G, Harris G I, et al. Cooling and control of a cavity optoelectromechanical system[J]. Physical Review Letters, 2010, 104(12):123604.

[175] Lee T E, Cross M C. Quantum synchronization of two coupled cavities with second harmonic generation[J]. Physical Review A, 2012, 88:013834.

[176] Leibfried D, Blatt R, Monroe C, et al. Quantum dynamics of single trapped ions[J]. Reviews of Modern Physics, 2003, 75(1):281.

[177] Lett P D, Watts R N, Westbrook C I, et al. Observation of atoms laser cooled below thedoppler limit[J]. Physical Review Letters, 1988, 61(2):169.

[178] Li T, Kheifets S, Raizen M G. Millikelvin cooling of an optically trapped microsphere in vacuum[J]. Nature Physics, 2011, 7(7):527-530.

[179] Lifshitz R, Cross M C. Review of nonlinear dynamics and complexity[M]. Weinheim: Wiley-VCH Verlag GmbH & Co. KGaA, 2008.

[180] Lin Q, Rosenberg J, Jiang X, et al. Mechanical oscillation and cooling actuated by the optical gradient force[J]. Physical Review Letters, 2009, 103(10):103601.

[181] Lindberg D C. The genesis of Kepler's theory of light: Light metaphysics from Plotinus to Kepler[J]. Osiris, 1986, 2:4-42.

[182] Lörch N, Hammerer K. Sub-Poissonian phonon lasing in three-mode optomechanics[J]. Physical Review A, 2015, 91(6):061803.

[183] Lörch N, Qian J, Clerk A A, et al. Laser theory for optomechanics: Limit cycles in the quantum regime[J]. Physical Review X, 2014, 4(1):011015.

[184] Ludwig M, Safavi-Naeini A H, Painter O, et al. Enhanced quantum nonlinearities in a two-mode optomechanical system[J]. Physical Review Letters, 2012, 109(6):063601.

[185] Ma Y, Danilishin S L, Zhao C, et al. Narrowing the filter-cavity bandwidth in gravitational-wave detectors via optomechanical interaction[J]. Physical Review Letters, 2014, 113(15):151102.

[186] Mahajan S, Aggarwal N, Bhattacherjee, et al. Achieving the quantum ground state of a mechanical oscillator using a Bose-Einstein condensate with back-action and cold damping feedback schemes[J]. Journal of Physics B: Atomic, Molecular and Optical Physics, 2013, 46(8):085301.

[187] Mahan G D. Many-particle physics[M]. New York: Springer Science & Business Media, 2000.

[188] Mancini S, Man'ko V I, Tombesi P. Ponderomotive control of quantum macroscopic coherence[J]. Physical Review A, 1997, 55(4):3042.

[189] Mancini S, Tombesi P. Quantum noise reduction by radiation pressure[J]. Physical Review A, 1994, 49(5):4055.

[190] Mancini S, Vitali D, Tombesi P. Optomechanical cooling of a macroscopic oscillator by homodyne feedback[J]. Physical Review Letters, 1998, 80(4):688.

[191] Marquardt F, Chen J P, Clerk A A, et al. Quantum theory of cavity-assisted sideband cooling of mechanical motion[J]. Physical Review Letters, 2007, 99(9):093902.

[192] Marquardt F, Harris J G E, Girvin S M. Dynamical multistability induced by radiation pressure in high-finesse micromechanical optical cavities[J]. Physical Review Letters, 2006, 96(10):103901.

[193] Marshall W, Simon C, Penrose R, et al. Towards quantum superpositions of a mirror[J]. Physical Review Letters, 2003, 91(13):130401.

[194] Martinis J M, Devoret M H, Clarke J. Experimental tests for the quantum behavior of a macroscopic degree of freedom: The phase difference across a Josephson junction[J]. Physical Review B, 1987, 35(10):4682.

[195] Massel F, Heikkilä T T, Pirkkalainen J M, et al. Microwave amplification with nanomechanical resonators[J]. Nature, 2011, 480(7377):351-354.

[196] McGee S A, Meiser D, Regal C A, et al. Mechanical resonators for storage and transfer of electrical and optical quantum states[J]. Physical Review A, 2013, 87(5):053818.

[197] McRae T G, Bowen W P. Near threshold all-optical backaction amplifier[J]. Applied Physics Letters, 2012, 100(20):201101.

[198] Metzger C, Ludwig M, Neuenhahn C, et al. Self-induced oscillations in an optomechanical system driven by bolometric backaction[J]. Physical Review Letters, 2008, 101(13):133903.

[199] Metzger C H, Karrai K. Cavity cooling of a microlever[J]. Nature, 2004, 432(7020):1002-1005.

[200] Milburn G J, Schneider S, James D F V. Ion trap quantum computing with warm ions[J]. Fortschritte der Physik, 2000, 48:801.

[201] Milburn G J, Woolley M J. An introduction to quantum optomechanics[J]. Acta Physica Slovaca, 2011, 61(5):483-601.

[202] Monroe C, Meekhof D M, King B E, et al. Resolved-sideband Raman cooling of a bound atom to the 3D zero-point energy[J]. Physical Review Letters, 1995, 75(22):4011.

[203] Monroe C, Meekhof D M, King B E, et al. A "Schrödinger cat" superposition state of an atom[J]. Science, 1996, 272(5265):1131-1136.

[204] Mow-Lowry C M, Mullavey A J, Goßler S, et al. Cooling of a gram-scale cantilever flexure to 70 mK with a servo-modified optical spring[J]. Physical Review Letters, 2008, 100(1):010801.

[205] Mueller F, Heugel S, Wang L J. Observation of optomechanical multistability in a high-Q torsion balance oscillator[J]. Physical Review A, 2008, 77(3):031802.

[206] Munro W J, Gardiner C W. Non-rotating-wave master equation[J]. Physical Review A, 1996, 53(4):2633.

[207] Murch K W, Moore K L, Gupta S, et al. Observation of quantum-measurement backaction with an ultracold atomic gas[J]. Nature Physics, 2008, 4(7):561-564.

[208] Naik A, Buu O, LaHaye M D, et al. Cooling a nanomechanical resonator with quantum back-action[J]. Nature, 2006, 443(7108):193-196.

[209] Nayfeh A H, Mook D T. Nonlinear oscillations[M]. New York: Wiley, 1979.

[210] Nielsen M, Chuang I. Quantum computation and quantum information[M]. Cambridge: Cambridge University Press, 2000.

[211] Nisbet-Jones P B R, Dilley J, Ljunggren D, et al. Highly efficient source for indistinguishable single photons of controlled shape[J]. New Journal of Physics, 2011, 13(10):103036.

[212] Nunn J, Reim K, Lee K C, et al. Multimode memories in atomic ensembles[J]. Physical Review Letters, 2008, 101(26):260502.

[213] O'Connell A D, Hofheinz M, Ansmann M, et al. Quantum ground state and single-phonon control of a mechanical resonator[J]. Nature, 2010, 464(7289):697-703.

[214] Orszag M. Quantum optics: Including noise reduction, trapped ions, quantum trajectories, and decoherence[M]. Berlin: Springer-Verlag, 2007.

[215] Ozawa M. Measurement breaking the standard quantum limit for free-mass position[J]. Physical Review Letters, 1988, 60(5):385.

[216] Palomaki T A, Harlow J W, Teufel J D, et al. Coherent state transfer between itinerant microwave fields and a mechanical oscillator[J]. Nature, 2013, 495(7440):210-214.

[217] Palomaki T A, Teufel J D, Simmonds R W, et al. Entangling mechanical motion with microwave fields[J]. Science, 2013, 342(6159):710-713.

[218] Park Y S, Wang H. Resolved-sideband and cryogenic cooling of an optomechanical resonator [J]. Nature Physics, 2009, 5(7):489-493.

[219] Parkins A S, Gardiner C W. Effect of finite-bandwidth squeezing on inhibition of atomic-phase decays[J]. Physical Review A, 1988, 37(10):3867.

[220] Penrose R. On gravity's role in quantum state reduction[J]. General Relativity and Gravitation, 1996, 28(5):581-600.

[221] Pepper B, Ghobadi R, Jeffrey E, et al. Optomechanical superpositions via nested interferometry[J]. Physical Review Letters, 2012, 109(2):023601.

[222] Peres A, Terno D R. Hybrid classical-quantum dynamics[J]. Physical Review A, 2001, 63 (2):022101.

[223] Peters A, Chung K Y, Chu S. Measurement of gravitational acceleration by dropping atoms [J]. Nature, 1999, 400(6747):849-852.

[224] Pikovski I, Vanner M R, Aspelmeyer M, et al. Probing Planck-scale physics with quantum optics[J]. Nature Physics, 2012, 8(5):393-397.

[225] Pikovsky A, Rosenblum M, Kurths J, et al. Synchronization: A universal concept in nonlinear sciences[M]. Cambridge: Cambridge University Press, 2003.

[226] Pinard M, Cohadon P F, Briant T, et al. Full mechanical characterization of a cold damped mirror[J]. Physical Review A, 2000, 63(1):013808.

[227] Pirkkalainen J M, Cho S U, Massel F, et al. Cavity optomechanics mediated by a quantum two-level system[J]. Nature Communications, 2015, 6:6981.

[228] Pirkkalainen J M, Damskägg E, Brandt M, et al. Squeezing of quantum noise of motion in a micromechanical resonator[J]. Physical Review Letters, 2015, 115(24): 243601.

[229] Plenio M B, Virmani S. An introduction to entanglement measures[J]. Quantum Information

and Computation，2007，7(1)：001-051.

[230] Poggio M，Degen C L，Mamin H J，et al. Feedback cooling of a cantilever's fundamental mode below 5 mK[J]. Physical Review Letters，2007，99(1)：017201.

[231] Purdy T P，Peterson R W，Regal C A. Observation of radiation pressure shot noise on a macroscopic object[J]. Science，2013，339(6121)：801-804.

[232] Purdy T P，Yu P L，Peterson R W，et al. Strong optomechanical squeezing of light[J]. Physical Review X，2013，3(3)：031012.

[233] Qin J，Zhao C，Ma Y，et al. Classical demonstration of frequency-dependent noise ellipse rotation using optomechanically induced transparency[J]. Physical Review A，2014，89(4)：041802.

[234] Rabl P. Photon blockade effect in optomechanical systems[J]. Physical Review Letters，2011，107(6)：063601.

[235] Rabl P，Cappellaro P，Dutt M V G，et al. Strong magnetic coupling between an electronic spin qubit and a mechanical resonator[J]. Physical Review B，2009，79：041302(R).

[236] Regal C A，Lehnert K W. From cavity electromechanics to cavity optomechanics[J]. Journal of Physics：Conference Series，2011，264(1)：012025.

[237] Reid M D，Drummond P D，Bowen W P，et al. Colloquium：The Einstein-Podolsky-Rosen paradox：From concepts to applications[J]. Reviews of Modern Physics，2009，81(4)：1727.

[238] Restrepo J，Gabelli J，Ciuti C，et al. Classical and quantum theory of photothermal cavity cooling of a mechanical oscillator[J]. Comptes Rendus Physique，2011，12(9)：860-870.

[239] Rips S，Wilson R I，Hartmann M J. Nonlinear nanomechanical resonators for quantum optoelectromechanics[J]. Physical Review A，2014，89(1)：013854.

[240] Risken H. Distribution-and correlation-functions for a laser amplitude[J]. Zeitschrift für Physik，1965，186(1)：85-98.

[241] Rohde P P，Ralph T C. Frequency and temporal effects in linear optical quantum computing [J]. Physical Review A，2005，71(3)：032320.

[242] Rugar D，Budakian R，Mamin H J，et al. Single spin detection by magnetic resonance force microscopy[J]. Nature，2004，430(6997)：329-332.

[243] Rugar D，Grütter P. Mechanical parametric amplification and thermomechanical noise squeezing[J]. Physical Review Letters，1991，67(6)：699.

[244] Safavi-Naeini A H，Chan J，Hill J T，et al. Observation of quantum motion of a nanomechanical resonator[J]. Physical Review Letters，2012，108(3)：033602.

[245] Safavi-Naeini A H，Gröblacher S，Hill J T，et al. Squeezed light from a silicon micromechanical resonator[J]. Nature，2013，500(7461)：185-189.

[246] Safavi-Naeini H，Alegre T P M，Chan J，et al. Electromagnetically induced transparency and

slow light with optomechanics[J]. Nature，2011，472(7341):69-73.

[247] Sallen G，Tribu A，Aichele T，et al. Exciton dynamics of a single quantum dot embedded in a nanowire[J]. Physical Review B，2009，80(8):085310.

[248] Sankey J C，Yang C，Zwickl B M，et al. Strong and tunable nonlinear optomechanical coupling in a low-loss system[J]. Nature Physics，2010，6(9):707-712.

[249] Santamore D H，Doherty A C，Cross M C. Quantum nondemolition measurement of Fock states of mesoscopic mechanical oscillators[J]. Physical Review B，2004，70(14):144301.

[250] Schliesser A，Del'Haye P，Nooshi N，et al. Radiation pressure cooling of a micromechanical oscillator using dynamical backaction[J]. Physical Review Letters，2006，97(24):243905.

[251] Schliesser A，Rivière R，Anetsberger G，et al. Resolved-sideband cooling of a micromechanical oscillator[J]. Nature Physics，2008，4(5):415-419.

[252] Schmidt M，Peano V，Marquardt F. Optomechanical dirac physics[J]. New Journal of Physics，2015，17(2):023025.

[253] Schreppler S，Spethmann N，Brahms N，et al. Optically measuring force near the standard quantum limit[J]. Science，2014，344(6191):1486-1489.

[254] Schwinger J. Brownian motion of a quantum oscillator[J]. Journal of Mathematical Physics，1961，2(3):407-432.

[255] Scott A J，Milburn G J. Quantum nonlinear dynamics of continuously measured systems[J]. Physical Review A，2001，63(4):042101.

[256] Serafini A，Illuminati F，De Siena S. Symplectic invariants，entropic measures and correlations of Gaussian states[J]. Journal of Physics B：Atomic，Molecular and Optical Physics，2003，37(2):L21.

[257] Shah S Y，Zhang M，Rand R，et al. Master-slave locking of optomechanical oscillators over a long distance[J]. Physical review letters，2015，114(11):113602.

[258] Shapiro J H，Saplakoglu G，Ho S T，et al. Theory of light detection in the presence of feedback[J]. JOSA B，1987，4(10):1604-1620.

[259] Sheard B S，Gray M B，Mow-Lowry C M，et al. Observation and characterization of an optical spring[J]. Physical Review A，2004，69(5):051801.

[260] Shelby R M，Levenson M D，Perlmutter S H，et al. Broad-band parametric deamplification of quantum noise in an optical fiber[J]. Physical review letters，1986，57(6):691.

[261] Simon R. Peres-Horodecki separability criterion for continuous variable systems[J]. Physical Review Letters，2000，84(12):2726.

[262] Singer W. Dynamic formation of functional networks by synchronization[J]. Neuron，2011，69(2):191-193.

[263] Slusher R E，Hollberg L W，Yurke B，et al. Observation of squeezed states generated by four-

wave mixing in an optical cavity[J]. Physical review letters, 1985, 55(22):2409.

[264] Snadden M J, McGuirk J M, Bouyer P, et al. Measurement of the earth's gravity gradient with an atom interferometer-based gravity gradiometer[J]. Physical Review Letters, 1998, 81(5):971.

[265] Srinivas M D, Davies E B. Photon counting probabilities in quantum optics[J]. Journal of Modern Optics, 1981, 28(7):981-996.

[266] Stamper-Kurn D M. Cavity optomechanics with cold atoms[M]//Cavity optomechanics: Nano-and micromechanical resonators interacting with light. Berlin: Springer, 2014:283-325.

[267] Stannigel K, Rabl P, Sørensen A S, et al. Optomechanical transducers for long-distance quantum communication[J]. Physical Review Letters, 2010, 105(22):220501.

[268] Strogatz S H. Nonlinear dynamics and chaos: with applications to physics[M]. Biology, Chemistry, and Engineering, Boca Raton: CRC Prees, 1994.

[269] Suchoi O, Shlomi K, Ella L, et al. Time-resolved phase-space tomography of an optomechanical cavity[J]. Physical Review X, 2014, 4:011015.

[270] Suh J, Weinstein A J, Lei C U, et al. Mechanically detecting and avoiding the quantum fluctuations of a microwave field[J]. Science, 2014, 344(6189):1262-1265.

[271] Sulkko J, Sillanpää M A, Häkkinen P, et al. Strong gate coupling of high-Q nanomechanical resonators[J]. Nano Letters, 2010, 10(12):4884-4889.

[272] Szorkovszky A, Brawley G A, Doherty A C, et al. Strong thermomechanical squeezing via weak measurement[J]. Physical Review Letters, 2013, 110(18):184301.

[273] Szorkovszky A, Clerk A A, Doherty A C, et al. Detuned mechanical parametric amplification as a quantum non-demolition measurement[J]. New Journal of Physics, 2014, 16(4):043023.

[274] Szorkovszky A, Doherty A C, Harris G I, et al. Mechanical squeezing via parametric amplification and weak measurement[J]. Physical Review Letters, 2011, 107(21):213603.

[275] Szorkovszky A, Doherty A C, Harris G I, et al. Position estimation of a parametrically driven optomechanical system[J]. New Journal of Physics, 2012, 14(9):095026.

[276] Taylor J M, Sørensen A S, Marcus C M, et al. Laser cooling and optical detection of excitations in a LC electrical circuit[J]. Physical Review Letters, 2011, 107(27):273601.

[277] Taylor M A, Janousek J, Daria V, et al. Biological measurement beyond the quantum limit [J]. Nature Photonics, 2013, 7(3):229-233.

[278] Taylor M A, Janousek J, Daria V, et al. Subdiffraction-limited quantum imaging within a living cell[J]. Physical Review X, 2014, 4(1):011017.

[279] Teissier J, Barfuss A, Appel P, et al. Strain coupling of a nitrogen-vacancy center spin to a diamond mechanical oscillator[J]. Physical Review Letters, 2014, 113(2):020503.

[280] Teufel J D, Donner T, Li D, et al. Sideband cooling of micromechanical motion to the

quantum ground state[J]. Nature, 2011, 475(7356):359-363.

[281] Teufel J D, Harlow J W, Regal C A, et al. Dynamical backaction of microwave fields on a nanomechanical oscillator[J]. Physical Review Letters, 2008, 101(19):197203.

[282] Teufel J D, Li D, Allman M S, et al. Circuit cavity electromechanics in the strong-coupling regime[J]. Nature, 2011, 471(7337):204-208.

[283] Thompson J D, Zwickl B M, Jayich A M, et al. Strong dispersive coupling of a high-finesse cavity to a micromechanical membrane[J]. Nature, 2008, 452(7183):72-75.

[284] Thorne K S, Drever R W P, Caves C M, et al. Quantum nondemolition measurements of harmonic oscillators[J]. Physical Review Letters, 1978, 40(11):667.

[285] Treutlein P, Hunger D, Camerer S, et al. Bose-Einstein condensate coupled to a nanomechanical resonator on an atom chip [J]. Physical Review Letters, 2007, 99 (14):140403.

[286] Tsang M, Caves C M. Evading quantum mechanics: Engineering a classical subsystem within a quantum environment[J]. Physical Review X, 2012, 2(3):031016.

[287] Tucker J, Walls D F. Quantum theory of the parametric frequency converter[J]. Physical Review Journal Archive, 1969, 178:2036-2043.

[288] U'Ren A B, Banaszek K, Walmsley I A. Photon engineering for quantum information processing[J]. Quantum Information & Computation, 2003, 3(7):480-502.

[289] van der Wal C H, Eisaman M D, André A, et al. Atomic memory for correlated photon states [J]. Science, 2003, 301(5630):196-200.

[290] van Kampen N G. Stochastic processes in physics and chemistry[M]. Amsterdam: Elsevier, 1992.

[291] Vanner M R, Aspelmeyer M, Kim M S. Quantum state orthogonalization and a toolset for quantum optomechanical phonon control[J]. Physical Review Letters, 2013, 110(1):010504.

[292] Vanner M R, Pikovski I, Cole G D, et al. Pulsed quantum optomechanics[J]. Proceedings of the National Academy of Sciences, 2011, 108(39):16182-16187.

[293] Vasilakis G, Shen H, Jensen K, et al. Generation of a squeezed state of an oscillator by stroboscopic back-action-evading measurement[J]. Nature Physics, 2015, 11(5):389-392.

[294] Veneziano G. A stringy nature needs just two constants[J]. Europhysics Letters, 1986, 2:199.

[295] Verhagen E, Deléglise S, Weis S, et al. Quantum-coherent coupling of a mechanical oscillator to an optical cavity mode[J]. Nature, 2012, 482(7383):63-67.

[296] Verlot P, Tavernarakis A, Briant T, et al. Backaction amplification and quantum limits in optomechanical measurements[J]. Physical Review Letters, 2010, 104(13):133602.

[297] Vidal G, Werner R F. Computable measure of entanglement[J]. Physical Review A, 2002,

65(3):032314.

[298] Vijay R, Devoret M H, Siddiqi I. Invited review article: The Josephson bifurcation amplifier [J]. Review of Scientific Instruments, 2009, 80(11):111101.

[299] Vitali D, Gigan S, Ferreira A, et al. Optomechanical entanglement between a movable mirror and a cavity field[J]. Physical Review Letters, 2007, 98(3):030405.

[300] Vitali D, Mancini S, Ribichini L, et al. Macroscopic mechanical oscillators at the quantum limit through optomechanical cooling[J]. Journal of the Optical Society of America B, 2003, 20(5):1054-1065.

[301] Vitali D, Tombesi P, Woolley M J, et al. Entangling a nanomechanical resonator and a superconducting microwave cavity[J]. Physical Review A, 2007, 76(4):042336.

[302] Vogel K, Risken H. Quantum-tunneling rates and stationary solutions in dispersive optical bistability[J]. Physical Review A, 1988, 38(5):2409.

[303] Vyatchanin S P, Matsko A B. Quantum limit on force measurements[J]. Soviet Journal of Experimental and Theoretical Physics, 1993, 77:218-221.

[304] Vyatchanin S P, Zubova E A. Quantum variation measurement of a force[J]. Physics Letters A, 1995, 201(4):269-274.

[305] Walls D F, Milburn G J. Quantum Optics[M]. Berlin: Springer, 2008.

[306] Wang D, Itoh T, Ikehara T, et al. Doubling flexural frequency response using synchronised oscillation in a micromechanically coupled oscillator system[J]. Micro & Nano Letters, 2012, 7(8):717-720.

[307] Wang H, Wang Z, Zhang J, et al. Phonon amplification in two coupled cavities containing one mechanical resonator[J]. Physical Review A, 2014, 90:053814.

[308] Weinstein A J, Lei C U, Wollman E E, et al. Observation and interpretation of motional sideband asymmetry in a quantum electromechanical device[J]. Physical Review X, 2014, 4 (4):041003.

[309] Weis S, Riviere R, Deléglise A, et al. Optomechanically induced transparency[J]. Science, 2010, 330(6010):1520-1523.

[310] Weiss U. Quantum dissipative systems[M]. 4th. Singapore: World Scientific, 2012.

[311] Wiener N. Extrapolation, Interpolation, and Smoothing of Stationary Time Series [M]. Cambridge: MIT Press, 1949.

[312] Wilson D J, Sudhir V, Piro N, et al. Measurement-based control of a mechanical oscillator at its thermal decoherence rate[J]. Nature, 2015, 524:325-329.

[313] Wilson-Rae I. Intrinsic dissipation in nanomechanical resonators due to phonon tunneling[J]. Physical Review B, 2008, 77(24):245418.

[314] Wilson-Rae I, Nooshi N, Zwerger W, et al. Theory of ground state cooling of a mechanical

oscillator using dynamical backaction[J]. Physical Review Letters, 2007, 99(9):093901.

[315] Wilson-Rae I, Zoller P, Imamoglu A. Laser cooling of a nanomechanical resonator mode to its quantum ground state[J]. Physical Review Letters, 2004, 92(7):075507.

[316] Winger M, Blasius T D, Alegre T P M, et al. A chip-scale integrated cavity-electro-optomechanics platform[J]. Optics express, 2011, 19(25):24905-24921.

[317] Wiseman H M, Diósi L. Complete parameterization, and invariance, of diffusive quantum trajectories for markovian open systems[J]. Chemical Physics, 2001, 268(1):91-104.

[318] Wiseman H M, Milburn G J. Quantum Measurement and Control [M]. Cambridge: Cambridge University Press, 2009.

[319] Witten E. Reflections on the fate of spacetime[J]. Physics Today, 1996, 49(4):24-30.

[320] Wollman E E, Lei C U, Weinstein A J, et al. Quantum squeezing of motion in a mechanical resonator[J]. Science, 2015, 349(6251):952-955.

[321] Woolley M J, Clerk A A. Two-mode back-action-evading measurements in cavity optomechanics[J]. Physical Review A, 2013, 87(6):063846.

[322] Xiao M, Wu L A, Kimble H J. Precision measurement beyond the shot-noise limit [J]. Physical Review Letters, 1987, 59(3):278.

[323] Xiong C, Fan L, Sun X, et al. Cavity piezooptomechanics: Piezoelectrically excited, optically transduced optomechanical resonators[J]. Applied Physics Letters, 2013, 102(2):021110.

[324] Xu X, Gullans M, Taylor J M. Quantum nonlinear optics near optomechanical instabilities [J]. Physical Review A, 2015, 91(1):013818.

[325] Xuereb A, Schnabel R, Hammerer K. Dissipative optomechanics in a Michelson-Sagnac interferometer[J]. Physical Review Letters, 2011, 107(21):213604.

[326] Yeo I, de Assis P L, Gloppe A, et al. Strain-mediated coupling in a quantum dot-mechanical oscillator hybrid system[J]. Nature nanotechnology, 2014, 9(2):106-110.

[327] Yuen H P. Contractive states and the standard quantum limit for monitoring free-mass positions[J]. Physical Review Letters, 1983, 51(9):719.

[328] Yuen H P, Shapiro J H. Generation and detection of two-photon coherent states in degenerate four-wave mixing[J]. Optics Letters, 1979, 4(10):334-336.

[329] Yurke B, Stoler D. Generating quantum mechanical superpositions of macroscopically distinguishable states via amplitude dispersion[J]. Physical Review Letters, 1986, 57(1):13.

[330] Zaitsev S, Gottlieb O, Buks E. Nonlinear dynamics of a microelectromechanical mirror in an optical resonance cavity[J]. Nonlinear Dynamics, 2012, 69(4):1589-1610.

[331] Zaitsev S, Shtempluck O, Buks E, et al. Nonlinear damping in a micromechanical oscillator [J]. Nonlinear Dynamics, 2012, 67(1):859-883.

[332] Zalalutdinov M, Aubin K L, Pandey M, et al. Frequency entrainment for micromechanical

oscillator[J]. Applied Physics Letters, 2003, 83 (16):3281-3283.

[333] Zhang J, Peng K, Braunstein S L. Quantum-state transfer from light to macroscopic oscillators[J]. Physical Review A, 2003, 68(1):013808.

[334] Zhang K, Meystre P, Zhang W. Back-action-free quantum optomechanics with negative-mass Bose-Einstein condensates[J]. Physical Review A, 2013, 88(4):043632.

[335] Zhang M, Wiederhecker G S, Manipatruni S, et al. Synchronization of micromechanical oscillators using light[J]. Physical Review Letters, 2012, 109(23):233906.

[336] Zhao C, Fang Q, Susmithan S, et al. High-sensitivity three-mode optomechanical transducer [J]. Physical Review A, 2011, 84(6):063836.

[337] Zych M, Costa F, Pikovski I, et al. Quantum interferometric visibility as a witness of general relativistic proper time[J]. Nature Communications, 2011, 2:505.